普通高等教育"十三五"创新型规划教材·电气工程及其自动化系列

应用电工技术及技能实训

主　编　文和先　易　明
副主编　廖向阳　阳军红　吴锦麟
主　审　邓　霞

U0222765

哈尔滨工业大学出版社

内容简介

本书介绍了电工技术中的理论、应用知识及学员在电工方面的技能训练。包括交直流电路的理论、常用的电工材料、常用的电工仪表及其使用、变压器与电动机、电工常用工具及电动工具、常用机械电气控制电路、高压变配电与低压供电、照明装置、电工安全知识、电气综合实训等知识,并在最后以附件的形式,针对各章的重点和难点,设计了相应的实验和实训项目,结合不同的专业特点,做了较为详细的论述。本书是一本集电工理论知识及技能实训于一体的实用书籍。

本书的特点是图文并茂,通俗易懂,可供各类高职、高专院校作为电工技术的理论和实验实训教材,亦可作为电气安装技能上岗实训教材和职业资格考核认证的培训指南、实用电工培训用的教材,可帮助初学者尽快掌握电工实用技术。

图书在版编目(CIP)数据

应用电工技术及技能实训/文和先,易明主编. —哈尔滨:
哈尔滨工业大学出版社,2018.1(2022.1 重印)
ISBN 978 - 7 - 5603 - 7192 - 4

Ⅰ.①应… Ⅱ.①文…②易… Ⅲ.①电工技术-
教材 Ⅳ.①TM

中国版本图书馆 CIP 数据核字(2017)第 328957 号

策划编辑   王桂芝   范业婷
责任编辑   范业婷   王桂芝
出版发行   哈尔滨工业大学出版社
社　　址   哈尔滨市南岗区复华四道街 10 号   邮编 150006
传　　真   0451 - 86414749
网　　址   http://hitpress.hit.edu.cn
印　　刷   黑龙江艺德印刷有限责任公司
开　　本   787 mm×1 092 mm   1/16   印张 24.5   字数 595 千字
版　　次   2018 年 1 月第 1 版   2022 年 1 月第 2 次印刷
书　　号   ISBN 978 - 7 - 5603 - 7192 - 4
定　　价   49.80 元

前　言

　　随着科学技术的发展,特别是新技术、新产品、新工艺、新材料的不断问世,新型电子产品已被人们广泛应用。特别是家用电器、计算机外围设备、数码产品、手机及通信设备等产品,已成为人们生活、娱乐和工作中不可或缺的信息工具。电力在国民经济中的地位越来越重要,电气设备在国民经济的各个部门和人们生活中的应用也越来越广泛。各种电气设备不仅数量增多,而且功能也在不断变化。所以,要求家庭中的每个人都应了解有关电的知识和安全用电的基本技能,具备一定的电工应用技术知识。与此同时,电工队伍正在不断扩大,为了帮助电工队伍中的新成员尽快掌握电工实用技术,特别是高职类院校的学生普及电工应用方面的知识,特编写了本书。内容包括:交直流电路的理论、常用的电工材料、常用的电工仪表及其使用、变压器与电动机、电工常用工具及电动工具、常用机械电气控制电路、高压变配电与低压供电、照明装置、电工安全知识、电气综合实训等知识;并针对各章的重点和难点,设计了相应的实训项目。本书是一本集电工应用知识与技能实训于一体的实用书籍。

　　在本书的编写过程中,特别注意了以下几点:

　　一是零起点。从初学者的需求出发,从最基本的知识和最容易掌握的技术讲起,尽可能由浅入深地阐述,意在使读者越学越有信心。

　　二是知识和技能结合。一些重要设备,先简要介绍其结构和功能,再讲安装、接线的运行维护方法,使读者在了解相关电工知识的基础上,牢固地掌握基本操作技能。并结合高等职业类院校实训场所的特点,每章都有相应的实训,可作为职业类院校电工实训及中级维修电工考证用教材。

　　三是图文相结合。书中要点和难点所在之处,一般都配有电路或示意图,读者可边读文字边看图,这种图文结合的方法,有利于读者深刻理解书中的要点和难点。

　　四是生产和安全相结合。在介绍各种设备的安装、接线、运行维护的同时,指出了错误的做法对设备和人身可能造成的危害,并列举了一些典型的事故,意在使读者在掌握操作技能的同时,树立安全意识,掌握安全技术。

　　本书在编写过程中,得到了周秀君、曾爱林、蔡泽凡、宋玉宏、瞿彩萍、邓霞、余志鹏、梁厚超、申伟等的大力支持,对他们付出的辛勤劳动,在此深表感谢。

　　限于作者水平,书中难免存在疏漏和不妥之处,读者在使用过程中如发现问题,可直接与作者联系(email:dzwenhx@ sdpt. com. cn),诚望提出宝贵意见。

编　者

2017 年 12 月

目　录

第1章　电路的基本概念与基本定律

重点内容：

◆　电路与电路模型

◆　电路的主要物理量

◆　电路的三种状态

◆　电压源和电流源及其等效变换

◆　基尔霍夫定律

1.1　电路与电路模型

电路是各种电气设备按一定方式连接起来的整体，它提供了电流流通的路径。电源、负载和中间环节是电路的基本组成部分。图 1.1 所示的电路是一个手电筒的最简单的直流电路，在电路中随着电流的流动，进行着不同形式能量之间的转换。其中电源是将非电能转换成电能的装置。例如：干电池和蓄电池将化学能转换成电能，而发电机将热能、水能、风能、原子能等转换成电能。电源是电路中能量的来源，是推动电流运动的源泉，在它的内部进行着由非电能到电能的转换。

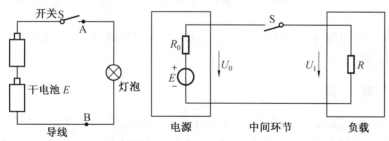

图 1.1　一个最简单的直流电路

而负载是将电能转换成非电能的装置。例如，电炉将电能转换成热能，电灯将电能转换成光能，电动机将电能转换成机械能等。负载是电路中的用电器，是取用电能的装置，在它的内部进行着由电能到非电能的转换。

至于中间环节是把电源与负载连接起来的部分，起传递和控制电能的作用。常用于电力及一般用电系统中的电路称为电力电路，它主要起电能的传输、转换和分配的作用。电力系统电路就是一个典型的例子：发电机组将其他形式的能量转换成电能，经变压器、输电线传输到各用电部门，在那里又把电能转换成光能、热能、机械能等其他形式的能量而加以利用。对于这一类电路,一般要求在传输和转换过程中尽可能地减少能量损耗以提高效率。

另外还有一类在电子技术、电子计算机和非电量电测中广泛应用的信号电路,其主要目的是传递和处理信号(例如语言、音乐、文字、图像、温度、压力等)。例如,收音机和电视机中的电路,其功能是使电信号经过调谐、滤波、放大等环节的处理,而成为人们所需要的其他信号。

在这种电路中,虽然也有能量的传输和转换问题,但其数量很小,一般所关心的是信号传递的质量,如要求不失真、准确、灵敏、快速等。

由此可见,电路按其功能可以分为两类:一类是为了实现能量的传输和转换,这类电路称为电力电路;另一类是为了实现信号的传递和处理,这类电路称为信号电路。

实际的电路器件在工作时的电磁性质是比较复杂的,不是单一的。例如白炽灯、电阻炉,它在通电工作时能把电能转换成热能,消耗电能,具有电阻的性质,但其电压和电流还会产生电场和磁场,故也具有储存电场能量和磁场能量即电容和电感的性质。

在电路的分析和计算中,如果对一个器件要考虑所有的电磁性质,将是十分困难的。为此,对于组成实际电路的各种器件,我们忽略其次要因素,只抓住其主要电磁特性,使之理想化。例如,白炽灯可用只具有消耗电能的性质,而没有电场和磁场特性的理想电阻元件来近似表征;一个电感线圈可用只具有储存磁场能量性能,而没有电阻及电容特性的理想电感元件来表征。这种由一个或几个具有单一电磁特性的理想电路元件所组成的电路就是实际电路的电路模型,我们在进行理论分析时所指的电路就是这种电路模型。根据对电路模型的分析所得出的结论有着广泛而实际的指导意义。

理想电路元件简称电路元件,通常包括电阻元件、电感元件、电容元件、理想电压源和理想电流源。前三种元件均不产生能量,称为无源元件;后两种元件是电路中提供能量的元件,称为有源元件。

1.2 电路的主要物理量

电路分析中常用到电流、电压、电动势、电位、功率等物理量,本节对这些物理量及其相关概念进行简要说明。

1.2.1 电 流

带电粒子的定向移动形成了电流。电流的强弱用电流强度来度量,数值等于单位时间内通过导体某一横截面的电荷量。设在 dt 时间内通过导体某一横截面的电荷量为 dq,则通过该截面的电流强度为

$$i = \frac{dq}{dt} \tag{1.1}$$

式(1.1)表明,在一般情况下,电流强度是随时间变化的。如果电流强度不随时间变化,即 $dq/dt = $ 常数,则称这种电流为恒定电流,简称直流。

于是式(1.1)可写为

$$I = \frac{Q}{t} \tag{1.2}$$

电流强度在工程上常简称电流。这样,"电流"一词便具有双重含义,它既表示电荷定向运动的物理现象,同时又表示电流强度这样一个物理量。在我国法定计量单位中,电流(电流强度)的单位是安培,简称安(A)。在计量特大电流时,以千安(kA)为计量单位;计量微小电流时,以毫安(mA)或微安(μA)为计量单位。

在分析电路时,不仅要计算电流的大小,还应了解电流的方向。我们习惯上规定以正电荷移动的方向或负电荷移动的反方向作为电流的方向(实际方向)。对于比较复杂的直流电路,往往事先不能确定电流的实际方向;对于交流电,其电流的方向是随时间而交变的。为分析方便,需引入电流的参考方向这一概念。

参考方向是人们任意选定的一个方向,在电路图中用箭头表示。当然,所选的电流参考方向不一定就是电流的实际方向。当电流的参考方向与实际方向一致时,电流为正值($i > 0$);当电流的参考方向与实际方向相反时,电流为负值($i < 0$)。这样,在选定的电流参考方向下,根据电流的正负,就可以确定电流的实际方向,如图 1.2 所示。

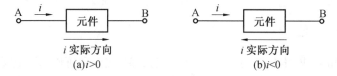

图 1.2　电流参考方向与实际方向的关系

在分析电路时,首先要假定电流的参考方向,并以此为标准去分析计算,最后从答案的正负值来确定电流的实际方向。本书电路图上所标出的电流方向都是指参考方向。

1.2.2　电　压

在图 1.3 中,两个极板 A、B 上分别带有正、负电荷,因而 A、B 两极板间形成电场,其方向由 A 指向 B。电荷在电路中运动,必然受到电场力的作用,也就是说,电场力对电荷做了功。为了衡量其做功的能力,引入"电压"这一物理量,并定义:电场力把单位正电荷从点 A 移动到点 B 所做的功称为 A 点到 B 点间的电压,用 u_{AB} 表示,即

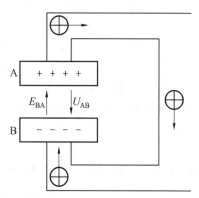

$$u_{AB} = \frac{\mathrm{d}w_{AB}}{\mathrm{d}q} \tag{1.3}$$

式中,分子 $\mathrm{d}w_{AB}$ 表示电场力将 $\mathrm{d}q$ 的正电荷从点 A 移动到点 B 所做的功,单位为焦耳(J);电压单位为伏特,简称伏(V),有时还用千伏(kV)、毫伏(mV)、微伏(μV)等单位。

图 1.3　电压和电动势

直流电路中,式(1.3)应写为

$$U_{AB} = \frac{W_{AB}}{Q} \tag{1.4}$$

电路中两点之间的电压也称为两点之间的电位差,即

$$U_{AB} = U_A - U_B \tag{1.5}$$

式中,U_A 为点 A 的电位,U_B 为点 B 的电位。

电压的实际方向规定为从高电位点指向低电位点,是电压降的方向。和电流一样,电路中两点间的电压也可任意选定一个参考方向,并由参考方向和电压的正负值来反映该电压的实际方向。当电压的参考方向与实际方向一致时,电压为正($U > 0$);相反时,电压为负($U < 0$)。电压的参考方向可用箭头表示,也可用正($+$)、负($-$)极性表示,如图1.4所示。

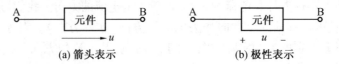

(a) 箭头表示   (b) 极性表示

图 1.4   电压参考方向的表示

对于同一个元件或同一段电路上的电压和电流的参考方向的假定,原则上是任意的,但为了方便起见,习惯上常将电压和电流的参考方向设定为一致,称为关联参考方向。为简单起见,一般情况下只需标出电压或电流其中之一的参考方向,就意味着另一个选定的是与之相关联的参考方向。

1.2.3   电   位

为了分析电路方便,常指定电路中任意一点为参考点。我们定义:电场力把单位正电荷从电路中某点移到参考点所做的功称为该点的电位,用大写字母 V 表示。电路中某点的电位即该点与参考点之间的电压。

为了确定电路中各点的电位,必须在电路中选取一个参考点。它们之间的关系如下:

(1) 参考点的电位为零,即 $U_0 = 0$,比该点高的电位为正,比该点低的电位为负。如图1.5(a) 所示的电路中,选取点 O 为参考电位点,则点 A 的电位为正,点 B 的电位为负。

(2) 其他各点的电位为该点与参考点之间的电位差。如图 1.5(a) 中 A、B 两点的电位分别为

$$U_A = U_A - U_O = U_{AO} = 1 \text{ V}$$
$$U_B = U_B - U_O = U_{BO} = -2 \text{ V}$$

(3) 参考点选取不同,电路中各点的电位也不同,但任意两点间的电位差(电压) 不变。如选取点 B 为参考点,如图1.5(b) 所示,则

$$U_B = 0$$
$$U_A = U_A - U_B = U_{AB} = 3 \text{ V}$$

但 A、B 两点间的电压不变,仍然为 3 V。

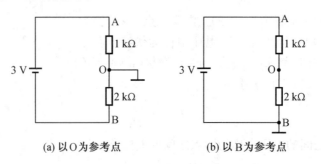

(a) 以 O 为参考点   (b) 以 B 为参考点

图 1.5   电位的计算示例

（4）在研究同一电路系统时，只能选取一个电位参考点。电位概念的引入给电路分析带来了方便，因此，在电子线路中往往不再画出电源，而改用电位标出。图1.6是电路的一般画法与电子线路的习惯画法示例。

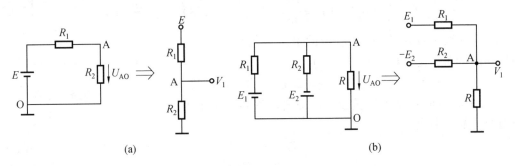

图1.6　电路的一般画法与电子线路的习惯画法

1.2.4　电动势

图1.3所示的电路中，在电场力的作用下，正电荷不断地从A极板移动到B极板，A、B两极板间的电场逐渐减弱，最后消失，导线中的电流也逐渐减小为零。为了维持持续不断的电流，就必须保持A、B极板间有一定的电位差，即保持一定的电场。这必然要借助于外力来克服电场力把正电荷不断地从B极板移到A极板去。这种外力是非电场力，我们称之为电源力，电源就是能产生这种力的装置。例如，在发电机中，当导体在磁场中运动时，磁场能转换为电源力；在电池中，化学能转换为电源力。电动势是用来衡量电源力大小的物理量。电动势在数值上等于电源力把单位正电荷从电源的负极板移到正极板所做的功，用 E 表示。电动势的方向是电源力克服电场力移动正电荷的方向，从低电位到高电位。对于一个电源设备，若其电动势 E 与其端电压 U 的参考方向相反，如图1.7(a)所示，当电源内部没有其他能量转换（如不计内阻）时，根据能量守恒定律，应有 $U = E$；若参考方向相同，如图1.7(b)所示，则 $U = -E$。本书在以后论及电源时，一般用其端电压 U 来表示。

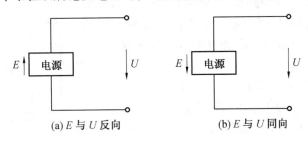

(a) E 与 U 反向　　　　　(b) E 与 U 同向

图1.7　电源的电动势 E 与端电压 U

1.2.5　电能和电功率

图1.8所示的直流电路中，a、b两点间的电压为 U，在时间 t 内电荷 Q 受电场力作用，从 a 点移动到 b 点，电场力所做的功为

$$W = UQ = UIt \tag{1.6}$$

若负载为电阻元件，则在时间 t 内所消耗的电能为

$$W = UIt = I^2Rt = \frac{U^2}{R}t \qquad (1.7)$$

单位时间内消耗的电能称为电功率(简称功率),即

$$P = \frac{W}{t} = UI = I^2R = \frac{U^2}{R} \qquad (1.8)$$

在我国法定计量单位中,能量的单位是焦耳,简称焦(J);功率的单位是瓦特,简称瓦(W)。

电场力做功所消耗的电能是由电源提供的。在时间 t 内,电源力将电荷 Q 从电源负极经电源内部移到电源正极所做的功及功率为

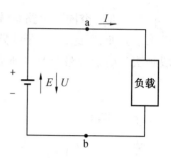

图1.8　电路的功率

$$W_E = EQ = EIt \qquad (1.9)$$
$$P_E = EI \qquad (1.10)$$

根据能量守恒的观点,在忽略电源内部能量损耗的条件下有

$$W = W_E$$

一段电路,在 u 和 i 取关联参考方向时,若 $P > 0$,说明这段电路上电压和电流的实际方向是一致的,电路吸收了功率,是负载性质;若 $P < 0$,则这段电路上电压和电流的实际方向不一致,电路发出功率,是电源性质。

1.3　电路的三种状态

电源与负载相连接,根据所接负载的情况,电路有三种工作状态:空载、短路、有载。现以图1.9所示简单直流电路为例来分析电路的各种状态,图中电动势 E 和内阻 R_0 串联,组成电压源,U_1 是电源端电压,U_2 是负载端电压,R_L 是负载等效电阻。

1.3.1　空载状态

空载状态又称断路或开路状态,如图1.9所示,当开关 S 断开或连接导线折断时,电路处于空载状态,此时电源和负载未构成通路,外电路所呈现的电阻可视为无穷大,电路具有下列特征:

（1）电路中电流为零,即 $I = 0$。

（2）电源的端电压等于电源的电动势,即

$$U_1 = E - R_0I = E$$

此电压称为空载电压或开路电压,用 U_0 表示。因此,要想测量电源电动势,只要用电压表测量电路的开路电压即可。

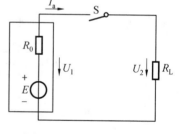

图1.9　简单直流电路

（3）电源的输出功率 P_1 和负载所吸收的功率 P_2 均为零,即

$$P_1 = U_1I = 0, \quad P_2 = U_2I = 0$$

1.3.2　短路状态

在图1.9所示电路中,当电源两端的导线由于某种事故而直接相连时,电源输出的电流

不经过负载,只经连接导线直接流回电源,这种状态称为短路状态,简称短路。短路时外电路所呈现的电阻可视为零,电路具有下列特征:

(1) 电路中的电流为

$$I_S = \frac{E}{R_0} \qquad (1.11)$$

此电流称为短路电流。在一般供电系统中,电源的内电阻很小,故短路电流很大。但对外电路无输出电流,即 $I = 0$。

(2) 电源和负载的端电压均为零,即

$$U_1 = E - R_0 I_S = 0$$
$$U_2 = 0$$
$$E = R_0 I_S$$

上式表明电源的电动势全部落在电源的内阻上,因而无输出电压。

(3) 电源的输出功率 P_1 和负载所吸收的功率 P_2 均为零,这时电源电动势发出的功率全部消耗在内电阻上,即

$$P_1 = U_1 I, \quad P_2 = U_2 I$$
$$P_E = E I_S = \frac{E^2}{R_0} = I_S^2 R_0 \qquad (1.12)$$

由于电源电动势发出的功率全部消耗在内电阻上,因而会使电源发热以致损坏。所以在实际工作中,应经常检查电气设备和线路的绝缘情况,以防电压源被短路的事故发生。此外,通常还在电路中接入熔断器等保护装置,以便在发生短路时能迅速切除故障,达到保护电源及电路器件的目的。

1.3.3　有载工作状态

当开关 S 闭合时,电路中有电流流过,电源输出功率,负载取用功率,这称为有载工作状态。此时电路有下列特征:

(1) 电路中的电流为

$$I = \frac{E}{R_0 + R_L} \qquad (1.13)$$

当 E 和 R_0 一定时,电流由负载电阻 R_L 的大小决定。

(2) 电源的端电压为

$$U_1 = E - I R_0 \qquad (1.14)$$

电源的端电压总是小于电源的电动势,这是因为电源的电动势 E 减去内阻压降 $I R_0$ 后才是电源的输出电压 U_1。

若忽略线路上的压降,则负载的端电压等于电源的端电压,即

$$U_1 = U_2$$

(3) 电源的输出功率为

$$P_1 = U_1 I = (E - R_0 I) I = EI - R_0 I^2 \qquad (1.15)$$

上式表明,电源电动势发出的功率 EI 减去内阻上消耗的功率 $R_0 I^2$ 才是供给外电路的功率。若忽略连接导线上的电阻所消耗的功率,则负载所吸收的功率为

$$P_2 = U_2 I = U_1 I = P_1$$

电源内阻及负载电阻上所消耗的电能转换成热能散发出来,使电源设备和各种用电设备的温度升高。电流越大,温度越高。当电流过大时,设备的绝缘材料会因过热而加速老化,缩短使用寿命,甚至损坏。另外,当电压过高时,也可能使设备的绝缘被击穿而损坏。反之,电压过低将使设备不能正常工作,如电动机不能启动、电灯亮度低等。

为了保证电气设备和器件能安全、可靠、经济地工作,制造商规定了每种设备和器件在工作时所允许的最大电流、最高电压和最大功率,这称为电气设备和器件的额定值,常用下标符号"N"表示,如额定电流 I_N、额定电压 U_N 和额定功率 P_N。这些额定值常标记在设备的铭牌上,故又称铭牌值。

电气设备应尽量工作在额定状态,这种状态又称满载状态。电流和功率低于额定值的工作状态称为轻载;高于额定值的工作状态称为过载。在一般情况下,设备不应过载运行。在电路设备中常装设自动开关、热继电器等,用来在过载时自动切断电源,确保设备安全。

例1.1 在图1.10所示的电路中,已知 $E = 36$ V,$R_1 = 2$ kΩ,$R_2 = 8$ kΩ,试在下列3种情况下,分别求出电压 U_2 和电流 I_2、I_3。

(1) $R_3 = 8$ kΩ;

(2) $R_3 \to \infty$(即 R_3 处断开);

(3) $R_3 = 0$(即 R_3 处短接)。

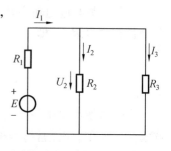

图1.10　例1.1的电路

解 (1) 当 $R_3 = 8$ kΩ 时,电路中的总电阻为

$$R/k\Omega = R_1 + \frac{R_2 R_3}{R_2 + R_3} = 2 + \frac{8 \times 8}{8 + 8} = 6$$

$$I_1/mA = \frac{E}{R} = \frac{36}{6} = 6$$

$$I_2/mA = I_3 = \frac{1}{2} I_1 = 3$$

$$U_2/V = R_2 I_2 = 8 \times 3 = 24$$

(2) 当 $R_3 \to \infty$ 时,电路中的总电阻为

$$R/k\Omega = R_1 + R_2 = 2 + 8 = 10$$

故

$$I_2/mA = I_1 = \frac{E}{R} = \frac{36}{10} = 3.6$$

$$I_3/mA = 0$$

$$U_2/V = R_2 I_2 = 8 \times 3.6 = 28.8$$

(3) 当 $R_3 = 0$ 时,R_2 被短路,电路中的总电阻为

$$R = R_1 = 2 \text{ k}\Omega$$

$$I_2/mA = 0$$

$$I_3/mA = I_1 = \frac{E}{R} = \frac{36}{2} = 18$$

$$U_2/V = 0$$

例1.2 图1.11所示电路可用来测量电源的电动势 E 和内电阻 R_0。若开关 S 闭合时电压表的读数为6.8 V,开关 S 打开时电压表的读数为7 V,负载电阻 $R = 10$ Ω。试求电动势 E

和内阻 R_0（设电压表的内阻为无穷大）。

解　设电压、电流的参考方向如图 1.11 所示，当开关 S 断开时，电路工作在空载状态，电源的端电压等于电动势，即

$$E = U = 7 \text{ V}$$

当开关 S 闭合时，电路工作在有载工作状态，此时电路中的电流为

$$I/\text{A} = \frac{U}{R} = \frac{6.8}{10} = 0.68$$

$$R_0/\Omega = \frac{E - U}{I} = \frac{7 - 6.8}{0.68} \approx 0.29$$

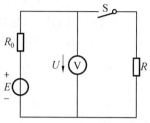

图 1.11　例 1.2 的电路

例 1.3　图 1.12 所示电路为蓄电池供电或充电的电路模型，其中 R 为限流电阻。

（1）试求端电压 U；

（2）此支路是供电支路还是用电支路？求出供电或用电的功率；

（3）求蓄电池发出或吸收的功率；

（4）求电阻所消耗的功率。

解　电路中电压和电流的参考方向如图 1.12 所示。设该支路供电或用电的功率为 P；蓄电池发出或吸收的功率为 P_E；电阻所消耗的功率为 P_R。

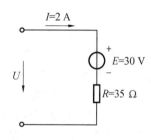

图 1.12　例 1.3 的电路

（1）根据电路中电压和电流的参考方向可知端电压 U 的值为

$$U/\text{V} = E + RI = 30 + 35 \times 2 = 100$$

（2）U、I 为关联方向，其电功率为

$$P/\text{W} = UI = 100 \times 2 = 200$$

P 为正值，可见该支路为用电支路，用电功率为 200 W。

（3）蓄电池正在充电，其吸收的功率为

$$P_E/\text{W} = EI = 30 \times 2 = 60$$

（4）电阻所消耗的功率为

$$P_R/\text{W} = I^2 R = 2^2 \times 35 = 140$$

根据以上分析，供电支路所提供的电能一部分提供给蓄电池，另一部分被电阻所消耗，整个电路遵守能量守恒定律。

1.4　电压源和电流源及其等效变换

电源是能将其他形式的能量转换为电能的装置。任何一个实际的电源（或信号源）对外电路所呈现的特性（即电源端电压与输出电流之间的关系）可以用电压源模型或电流源模型来表示。

1.4.1 电压源

任何一个实际的电源都可以用一个电动势 E 和内阻 R_0 相串联的理想电路元件的组合来表示,这种电路模型称为电压源模型,简称电压源。图 1.13 所示的电路是电压源与外电路的连接。在使用电源时,人们最关心的问题是当负载变化时,电路中的电流 I 与电源的端电压 U 将如何变化,因而我们有必要研究电源的端电压 U 与输出电流 I 之间的关系,这种关系称为电源的伏安特性。直流电压源的伏安特性方程式为

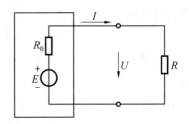

图 1.13 电压源与外电路的连接

$$U = E - R_0 I \qquad (1.16)$$

式中,E 和 R_0 都是常数,故 U 和 I 之间呈线性关系。当电源开路时,$I = 0$,$U = U_0 = E$;当电源短路时,$U = 0$,$I = I_S = E/R_0$。用两点法可以作出电压源的伏安特性曲线,如图 1.14 所示,它表明了电压源的端电压 U 与输出电流 I 之间的关系。

图 1.14 表明,当输出电流 I 增大时,端电压 U 随之下降,这说明电压源外接负载的电阻越小,落在电源内电阻 R_0 上的压降就越高,电源的端电压越低。R_0 越小,则直线越平。在理想情况下,$R_0 = 0$,它的伏安特性是一条平行于横轴的直线,表明负载变化时,电源的端电压恒等于电源的电动势,即 $U = E$。这种端电压恒定,不受输出电流影响的电压源称为理想电压源,其符号如图 1.15 所示。

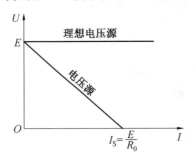

图 1.14 电压源和理想电压源的伏安特性曲线

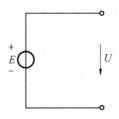

图 1.15 理想电压源模型

理想电压源实际上是不存在的,但如果电源的内电阻远小于负载电阻$(R_0 \ll R)$,则端电压基本恒定,可以忽略 R_0 的影响,认为这是一个理想电压源。

1.4.2 电流源

电流源与外电路的连接方式如图 1.16 所示。

直流电压源的伏安特性方程 $U = E - R_0 I$ 可改写为

$$I = \frac{E}{R_0} - \frac{U}{R_0} = I_S - \frac{U}{R_0} \qquad (1.17)$$

式中,$I_S = E/R_0$ 是电源的短路电流;I 是电源的输出电流;U 是电源的端电压;R_0 为电源内电阻。

式(1.17)表明,一个实际的电源也可用电流源模型来表示,即用一个电流 I_S 和内电阻

R_0 相并联的理想元件的组合来表示。电流源模型简称电流源。式(1.17)又称为直流电流源的伏安特性方程式,式中 I_S 和 R_0 是常数,U 和 I 之间呈线性关系。当电流源开路时,$I = 0$,$U = U_0 = I_S R_0$;当电流源短路时,$U = 0$,$I = I_S$。用两点法可以作出电流源的伏安特性曲线,如图 1.17 所示,它表明了电流源的端电压 U 与输出电流 I 之间的关系。

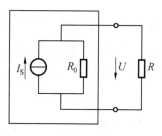

图 1.16　电流源与外电路的连接

图 1.17 表明,R_0 越大,伏安特性曲线越陡。在理想情况下,$R_0 \to \infty$,伏安特性曲线是一条平行于纵轴的直线,表明负载变化时,电流源的输出电流恒等于电流源的短路电流,即 $I = I_S$。这种输出电流恒定,不受端电压影响的电流源称为理想电流源,其符号如图 1.18 所示。

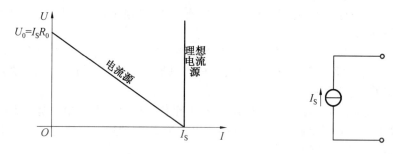

图 1.17　电流源和理想电流源的伏安特性曲线　　图 1.18　理想电流源模型

理想电流源实际上也是不存在的,但如果电源的内电阻远大于负载电阻($R_0 \gg R$),则电流基本恒定,也可将其认为是理想电流源。

例 1.4　求图 1.19 所示电路中的电流 I 和电压 U。

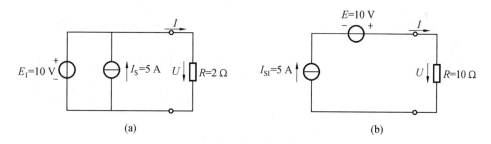

(a)　　　　　　　　　　　　　　　　(b)

图 1.19　例 1.4 的电路

解　在图 1.19(a)所示电路中,E_1 为一理想电压源,而理想电压源的端电压是恒定的,不受电流源 I_S 影响,故电阻 R 上的电压和电流为

$$U = 10 \text{ V}, \quad I/\text{A} = \frac{U}{R} = \frac{10}{2} = 5$$

在图 1.19(b)所示电路中,I_{S1} 为一理想电流源,而理想电流源的输出电流是恒定的,不受电压源 E 的影响,故电阻 R 上的电流和电压为

$$I = 5 \text{ A}, \quad U/\text{V} = IR = 5 \times 10 = 50$$

1.4.3　电压源与电流源的等效变换

电压源和电流源都可作为同一个实际电源的电路模型,在保持输出电压 U 和输出电流 I 不变的条件下,相互之间可以进行等效变换。其等效变换的条件是内阻 R_0 相等,且

$$I_\mathrm{S} = \frac{E}{R_0} \tag{1.18}$$

例如,已知 E 与 R_0 串联的电压源,则与其等效的电流源的短路电流 $I_\mathrm{S} = E/R_0$,而 R_0 与 I_S 并联;如果已知 I_S 与 R_0 并联的电流源,则与之等效的电压源的电动势 $E = R_0 I_\mathrm{S}$,而 R_0 与 E 串联。在电压源与电流源作等效变换时还应注意:

(1) 所谓等效,只是对电源的外电路而言的,对电源内部则是不等效的。例如电流源,当外电路开路时,$I = 0$,$U = E = I_\mathrm{S} R_0$,内部仍有电流 I_S,故内阻上有功率损耗;但电压源开路时,内阻上并不损耗功率。

(2) 变换时要注意两种电路模型的极性必须一致,即电流源流出电流的一端与电压源的正极性端相对应。

(3) 理想电压源与理想电流源不能相互等效变换。因为理想电压源的 $U = E$ 是恒定不变的,而 I 决定于外电路负载,是不恒定的;而理想电流源的 $I = I_\mathrm{S}$ 是恒定的,U 决定于外电路负载,是不恒定的,故两者不能等效。

(4) 这种变换关系中,R_0 不限于内阻,可扩展至任一电阻。凡是电动势为 E 的理想电压源与某电阻 R 串联的有源支路,都可以变换成电流为 I_S 的理想电流源与电阻 R 并联的有源支路,反之亦然。相互变换的关系是

$$I_\mathrm{S} = \frac{E}{R} \tag{1.19}$$

在一些电路中,利用电流源和电压源的等效变换可使计算大为简化。

例 1.5　求图 1.20(a) 所示电路中的电流 I 和电压 U。

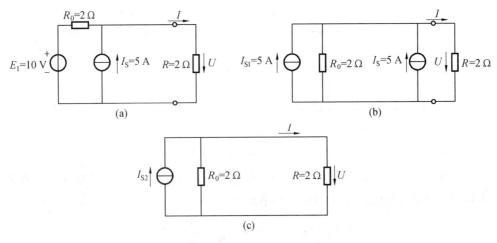

图 1.20　例 1.5 的电路

解　根据电压源与电流源相互转换的原理,由 E_1 与 R_0 组成的电压源可以转换为电流源,转换后的电路如图 1.20(b) 所示。图 1.20(b) 中

$$I_{\mathrm{S1}}/\mathrm{A} = \frac{E_1}{R_0} = \frac{10}{2} = 5$$

将两个并联的电流源合并成一个等效电流源,如图 1.20(c) 所示。图 1.20(c) 中

$$I_{S2}/\text{A} = I_{S1} + I_S = 5 + 5 = 10$$

$$R_0 = 2\ \Omega$$

故负载中的电流和电压为

$$I/\text{A} = \frac{R_0}{R_0 + R_{S2}}I_{S2} = \frac{2}{2 + 2} \times 10 = 5$$

$$U/\text{V} = RI = 2 \times 5 = 10$$

1.5　基尔霍夫定律

1.5.1　基尔霍夫电流定律(KCL)

基尔霍夫电流定律反映了电路中任一节点各支路电流之间的约束关系,反映了电流的连续性。该定律可叙述为在任一瞬时,流入任一节点的电流之和必然等于流出该节点的电流之和。

电路中三条或三条以上支路的连接点称为节点。如图 1.21 所示的电路有三条支路,支路电流分别为 I_1、I_2 和 I_3。此电路有两个节点 a 和 b。

对于图 1.21 所示电路中的节点 a,应用基尔霍夫电流定律可写出

$$I_1 + I_2 = I_3$$

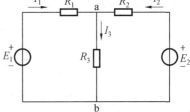

也可改写为

$$I_1 + I_2 - I_3 = 0$$

图 1.21　基尔霍夫电流定律示例

即
$$\sum I_k = 0 \qquad\qquad (1.20)$$

式中,I_k 是连接于该节点的各支路电流,$k = 1,2,\cdots,n$(设有 n 条支路汇接于该节点)。因此,基尔霍夫电流定律也可叙述为在任一瞬时,通过电路中任一节点的各支路电流的代数和恒等于零。

在应用基尔霍夫电流定律时,首先要假定各支路电流的参考方向。假定流出节点的电流为正,则流入节点的电流为负,反之亦然。这里流入或流出都是根据参考方向来说的。

基尔霍夫电流定律不仅适用于电路的节点,还可推广应用于电路中任一假设的闭合面,即通过电路中任一假设闭合面的各支路电流的代数和恒等于零。该假设闭合面称为广义节点。

例1.6　如图 1.22 所示的电路,若电流 $I_1 = 1$ A,$I_2 = 5$ A,试求电流 I_3。

解　假设一闭合面将三个电阻包围起来,如图 1.22 所示,则有

$$I_1 - I_2 + I_3 = 0$$

所以
$$I_3/\text{A} = -I_1 + I_2 = -1 + 5 = 4$$

图 1.22　例 1.6 的电路

1.5.2　基尔霍夫电压定律(KVL)

电路中由若干支路所组成的闭合路径称为回路。基尔霍夫电压定律反映了电路中任一回路各支路电压之间的约束关系。该定律可叙述为任一瞬时,沿任一闭合回路绕行一周,回路中各支路电压的代数和恒等于零。即

$$\sum U_k = 0 \qquad\qquad (1.21)$$

式中,U_k 是组成该回路的各支路电压,$k = 1,2,\cdots,n$(设由 n 条支路组成该回路)。

在应用该定律列写方程时,必须首先假定各支路电压的参考方向并指定回路的绕行方向(逆时针或顺时针),当支路电压与回路绕行方向一致时取"+"号,相反时取"−"号。

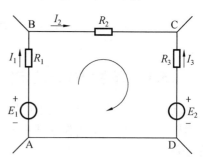

图 1.23 是某电路的一部分,各支路电压的参考方向和回路的绕行方向如图所示,应用基尔霍夫电压定律,可以列出

$$U_{AB} + U_{BC} + U_{CD} = -E_1 + I_1R_1 + I_2R_2 + E_2 - I_3R_3 = 0$$

将上式进行整理后可得

$$I_1R_1 + I_2R_2 - I_3R_3 = E_1 - E_2$$

图 1.23　基尔霍夫电压定律示例

即

$$\sum R_kI_k = \sum E_j \qquad\qquad (1.22)$$

式中,$k = 1,2,3;j = 1,2$。

这就是基尔霍夫电压定律的另一种表达形式,可叙述为任一瞬时,电路中的任一回路各电压降的代数和恒等于这个回路内各电动势的代数和。凡电动势 E_j、电流 I_k 与回路绕行方向一致者取"+"号,相反者取"−"号。

例1.7　图1.24所示为某电路中的一个回路,部分元件参数及支路电流已在电路中标出,求未知参数 R_3 及电压 U_{BD}。

解　图中有两个未知电流 I_1 和 I_2,分别在点 C 和点 D 应用 KCL,可列出关系式

$$I_1/A = 2 + (-6) = -4$$
$$I_2/A = I_1 + 1 = -4 + 1 = -3$$

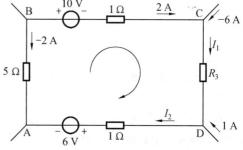

图 1.24　例 1.7 的电路

回路的绕行方向如图 1.24 所示,应用 KVL 列出回路电压方程,并将各数据代入方程得

$$-(-2) \times 5 + 10 + 2 \times 1 + (-4)R_3 + (-3) \times 1 + 6 = 0$$

整理得 $R_3 = 6.25\ \Omega$;对假想回路 ABDA 列 KVL 方程为

$$U_{BD} + (-3) \times 1 + 6 - (-2) \times 5 = 0$$

整理得

$$U_{BD} = -13\ V$$

例1.8　图1.25所示的电路中,已知 $E_1 = 23\ V, E_2 = 6\ V, R_1 = 10\ \Omega, R_2 = 8\ \Omega, R_3 = 5\ \Omega, R_4 = R_6 = 1\ \Omega, R_5 = 4\ \Omega, R_7 = 20\ \Omega$。试求电流 I_{AB} 及电压 U_{CD}。

解　电路中各支路电流的参考方向及回路的绕行方向如图 1.25 所示,各支路电压与电流采取关联参考方向。

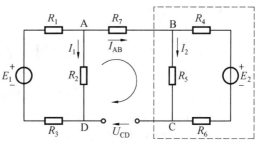

图 1.25　例 1.8 的电路

图中虚线框所示部分可看成广义节点,由于 C、D 两点之间断开,流出此闭合面的电流为零,故流入此闭合面的电流 $I_{AB} = 0$;由于 $I_{AB} = 0$,C、D 两点之间断开,故整个电路相当于两个独立回路,这两个回路中的电流分别为

$$I_1/\mathrm{A} = \frac{E_1}{R_1 + R_2 + R_3} = \frac{23}{10 + 8 + 5} = 1$$

$$I_2/\mathrm{A} = \frac{E_2}{R_4 + R_5 + R_6} = \frac{6}{1 + 4 + 1} = 1$$

在回路 ABCD 中应用基尔霍夫电压定律,假定回路的绕行方向如图 1.25 所示,可列出方程

$$R_7 I_{AB} + R_5 I_2 + U_{CD} - R_2 I_1 = 0$$

由于 $I_{AB} = 0$,上式代入数据可得

$$U_{CD}/\mathrm{V} = R_2 I_1 - R_5 I_2 = 8 \times 1 - 4 \times 1 = 4$$

本章小结

电路是由电源、负载和中间环节三部分组成的电流通路,它的作用是实现电能的输送和转换,电信号的传递和处理。电流、电压、电动势和功率是电路的主要物理量。电路有空载、短路、有载三种状态。使用电路元件必须注意其额定值。在额定状态下工作最为经济。应防止发生短路故障。

在分析计算电路时,必须首先标出电流、电压、电动势的参考方向。参考方向一经选定,在解题过程中不能更改。当求得的电压或电流为正值时,表明假定的参考方向与实际方向相同,否则相反。在未标出参考方向的情况下,其正负是无意义的。

由理想电路元件(简称电路元件)组成的电路称为电路模型。理想电路元件有电阻元件、电感元件、电容元件、理想电压源和理想电流源,它们只有单一的电磁性质。在进行理论分析时需将实际的电路元件模型化。

一个实际的直流电源可采用两种理论模型,即电压源模型和电流源模型,两者之间可以进行等效变换,其变换的条件为 $I_S = E/R_0$。它们的等效关系是对外电路而言的,对电源内部则是不等效的。

电路中某点的电位等于该点与"参考点"之间的电压。参考点改变,则各点的电位值相应改变,但任意两点间的电位差不变。

基尔霍夫定律是电路的基本定律,它分为电流定律(KCL)和电压定律(KVL)。KCL 适用于节点,其表达式为 $\sum I = 0$,基本含义是任一瞬时通过任一节点的电流代数和等于零。

KVL 适用于回路,其表达式为 $\sum U = 0$,表示任一瞬间,沿任一闭合回路,回路中各部分电压的代数和为零。基尔霍夫定律具有普遍性,它不仅适用于直流电路,也适用于由各种不同电路元件构成的交流电路。

思考题与习题

1.1 某有源支路接于 $U = 230$ V 的电源上，极性如图 1.26 所示，支路电阻为 $R_0 = 0.6$ Ω，测得电路中的电流 $I = 5$ A。

（1）求此有源支路的电动势 E；

（2）此支路是向电网输送电能还是从电网吸收电能？写出功率平衡方程式。

1.2 某直流电源的额定功率 $P_N = 200$ W，额定电压 $U_N = 50$ V，内阻 $R_0 = 0.5$ Ω，负载电阻 R 可以调节，如图 1.27 所示。试求：

（1）额定状态下的电流及负载电阻；

（2）空载状态下的电压；

（3）短路状态下的电流。

1.3 今有"220 V 40 W"和"220 V 100 W"的灯泡各一只，将它们并联接在 220 V 电源上，哪个灯泡更亮？为什么？若串联后再接到 220 V 电源上，哪个灯泡更亮？为什么？

1.4 某直流电源的伏安特性曲线如图 1.28 所示，试画出此电源的两种电路模型。

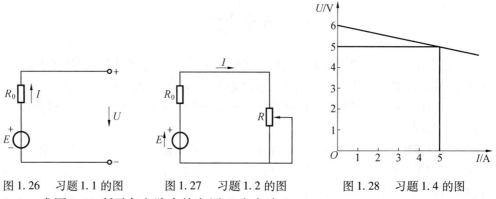

图 1.26 习题 1.1 的图　　图 1.27 习题 1.2 的图　　图 1.28 习题 1.4 的图

1.5 求图 1.29 所示各电路中的电压 U 和电流 I。

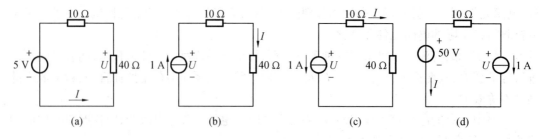

(a)　　　　　　(b)　　　　　　(c)　　　　　　(d)

图 1.29 习题 1.5 的图

1.6 图 1.30 所示电路，已知 $E = 12$ V，$R_1 = 6$ Ω，$R_2 = 3$ Ω，$R_3 = 4$ Ω，$R_4 = 8$ Ω。试计算电流 I_1、I_2 和电压 U。

1.7 图 1.31 所示回路中已标明各支路电流的参考方向，试用基尔霍夫电压定律写出回路的电压方程。

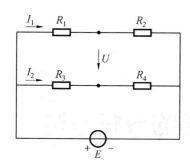

图 1.30　习题 1.6 的图

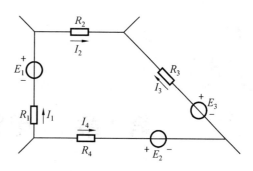

图 1.31　习题 1.7 的图

1.8　讨论并纠错。图 1.32 所示电路中,三电阻的阻值都为 5 Ω。若以 B 为参考点,求 A、C、D 三点的电位及 U_{AC}、U_{AD}、U_{CD}。若改点 C 为参考点,再求 A、C、D 三点的电位及 U_{AC}、U_{AD}、U_{CD}。

1.9　求图 1.33 所示电路中的电压 U_{AB}。

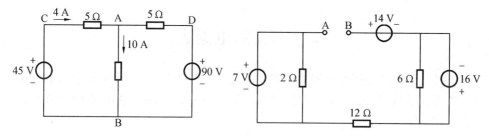

图 1.32　习题 1.8 的图　　　　　图 1.33　习题 1.9 的图

1.10　图 1.34 所示为一直流三线供电系统,已知两根线的电流 $I_{11} = 2$ A,$I_{12} = 3$ A,负载电阻 $R_1 = R_2 = R_3 = 1$ Ω。试求 I_{13} 及各负载的电流 I_1、I_2、I_3。

1.11　求图 1.35 所示电路中点 A 的电位 U_A。

1.12　对图 1.36 所示电路,试计算开关 S 断开和闭合时点 A 的电位 U_A。

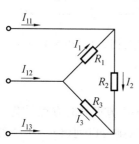

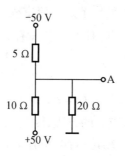

图 1.34　习题 1.10 的图　　　图 1.35　习题 1.11 的图　　　图 1.36　习题 1.12 的图

第 2 章   电路的分析方法

重点内容：
◆ 支路电流法
◆ 叠加定理
◆ 戴维宁定理

2.1   支路电流法

支路电流法是电路分析中普遍适用的求解方法，它可以在不改变电路结构的情况下，以各支路电流为待求量，利用基尔霍夫电压定律和基尔霍夫电流定律列出电路的方程式，从而求解出各支路电流。

支路电流法的求解规律可以通过下面的实例来说明。

例 2.1   电路如图 2.1 所示，已知 $E_1 = 50$ V，$R_1 = 10$ Ω，$E_2 = 20$ V，$R_2 = 10$ Ω，$R = 30$ Ω。试求各支路电流及各电源的功率。

解   先假定各支路电流的参考方向如图 2.1 所示。

根据基尔霍夫电流定律 $\sum I_k = 0$，列出节点电流方程。图 2.1 所示的电路共有 A 和 B 两个节点，对于节点 A 有

$$-I_1 - I_2 + I = 0 \tag{1}$$

对于节点 B 有

$$I_1 + I_2 - I = 0$$

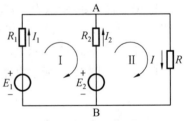

图 2.1   例 2.1 的电路

将节点 A 的方程乘以 -1，就是节点 B 的方程，因此，节点 A 与节点 B 的方程只有一个是独立的。对于节点电流方程，有如下的结论：若电路有 n 个节点，则可以列出 $n-1$ 个独立的节点电流方程。本例中选取节点 A 的电流方程作为独立方程，将其记作式（1）。

根据基尔霍夫电压定律 $\sum R_k I_k = \sum E_j$，列出回路电压方程。同样，所列的回路电压方程应该是独立的，为此，选定的每个回路必须至少包含一条新的支路。为简单起见，通常选择网孔列回路电压方程。所谓网孔，是指平面电路（画在平面上不出现支路交叉的电路）中的一个回路，它所包围的范围内不存在其他支路，如本例中的回路 Ⅰ 和回路 Ⅱ。选定回路 Ⅰ 和回路 Ⅱ 的循行方向如图 2.1 所示。对于回路 Ⅰ 有

$$R_1 I_1 - R_2 I_2 = E_1 - E_2 \tag{2}$$

对于回路 Ⅱ 有

$$R_2 I_2 + RI = E_2 \qquad (3)$$

将回路 Ⅰ 和回路 Ⅱ 的电压方程分别记作式(2) 和式(3)。

本例中共有三条支路,相应的有三个待求电流 I_1、I_2 和 I,为了求解待求的支路电流,需要三个独立的方程。

联立式(1) ~ (3),代入数据,解方程组,求出支路电流。

$$- I_1 - I_2 + I = 0$$
$$10 I_1 - 10 I_2 = 50 - 20$$
$$10 I_2 + 30 I = 20$$

解得

$$I_1 = 2\ \text{A}, \quad I_2 = - 1\ \text{A}, \quad I = 1\ \text{A}$$

电压源 E_1 的功率为

$$P_1 / \text{W} = - E_1 I_1 = - 50 \times 2 = - 100$$

电压源 E_2 的功率为

$$P_2 / \text{W} = - E_2 I_2 = - 20 \times (- 1) = 20$$

由此可知,电压源 E_1 发出 100 W 的功率,电压源 E_2 吸收 20 W 的功率。当两个电动势相差较大的电源并联时,其中一个电源不但不发出功率,反而吸收功率成为负载。在实际的供电系统中,直流电源并联时,应使两电源的电动势相等,内阻接近。

通过例 2.1 的求解过程可以总结出支路电流法的解题步骤如下:

(1) 假定各支路电流的参考方向,如果电路具有 n 个节点,根据基尔霍夫电流定律列出 $(n - 1)$ 个独立的节点电流方程。

(2) 如果电路有 b 条支路,根据基尔霍夫电压定律列出 $(b - n + 1)$ 个独立的回路电压方程。通常选择网孔作为回路。

(3) 解方程组,求出 n 个支路电流。

如果电路中具有电流源,应将电流源的端电压作为待求量计入回路电压方程中,为此,应先选定电流源端电压的参考方向。此时,电流源所在支路的电流为已知的电流源的电流,方程组中待求量的数目仍然不变。

例 2.2　电路如图 2.2 所示。已知 $E_1 = 4\ \text{V}$,$R_1 = 10\ \Omega$,$E_2 = 2\ \text{V}$,$R_2 = 10\ \Omega$,$I_S = 1\ \text{A}$。求电路中各电源的功率及两电阻吸收的功率。

解　假定各支路电流及电流源端电压的参考方向如图 2.2 所示。

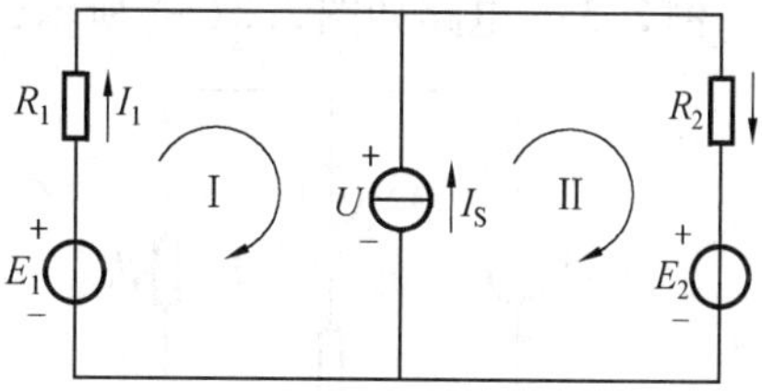

根据基尔霍夫电流定律得

$$I_1 + I_S - I_2 = 0 \qquad (1)$$

图 2.2　例 2.2 的电路

选定回路 Ⅰ 和回路 Ⅱ 的循行方向如图 2.2 所示。根据基尔霍夫电压定律得

回路 Ⅰ:

$$R_1 I_1 + U = E_1 \qquad (2)$$

回路 Ⅱ:

$$R_2 I_2 - U = - E_2 \qquad (3)$$

联立方程(1) ~ (3),代入数据后得

$$I_1 + 1 - I_2 = 0$$
$$10I_1 + U = 4$$
$$10I_2 - U = -2$$

解方程组得

$$I_1 = -0.4 \text{ A}, \quad I_2 = 0.6 \text{ A}, \quad U = 8 \text{ V}$$

电压源 E_1 吸收的功率为

$$P_1/\text{W} = -E_1 I_1 = -4 \times (-0.4) = 1.6$$

电压源 E_2 吸收的功率为

$$P_2/\text{W} = E_2 I_2 = 2 \times 0.6 = 1.2$$

电流源 I_S 吸收的功率为

$$P_S/\text{W} = -U I_S = -8 \times 1 = -8 \quad (\text{实为发出功率})$$

两电阻吸收的功率为

$$P/\text{W} = I_1^2 R_1 + I_2^2 R_2 = (-0.4)^2 \times 10 + 0.6^2 \times 10 = 5.2$$

可见,$P_S = P_1 + P_2 + P$,整个电路中发出的功率等于吸收的功率。

2.2 叠加定理

对于无源元件来讲,如果它的参数不随其端电压或通过的电流而变化,则称这种元件为线性元件。比如电阻,如果服从欧姆定律 $U = RI$,则 $R = U/I$ 为常数,这种电阻就称为线性电阻。由线性元件所组成的电路称为线性电路。

叠加定理是线性电路普遍适用的基本定理,它反映了线性电路所具有的基本性质。其内容可表达为在线性电路中,多个电源(电压源或电流源)共同作用在任一支路所产生的响应(电压或电流)等于这些电源分别单独作用在该支路所产生响应的代数和。

在应用叠加定理考虑某个电源的单独作用时,应保持电路结构不变,将电路中的其他理想电源视为零值,亦即理想电压源短路,电动势为零;理想电流源开路,电流为零。下面通过实例说明应用叠加定理分析电路的方法。

例 2.3 电路如图 2.3(a) 所示,求电路中的电流 I_L。

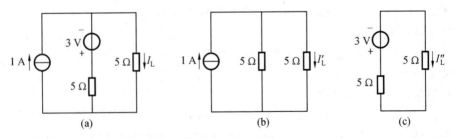

图 2.3 例 2.3 的电路

解 图 2.3(a) 所示的电路中共有两个电源。先考虑电流源单独作用,此时电压源视为短路,如图 2.3(b) 所示,由图可知

$$I'_\mathrm{L}/\mathrm{A} = \frac{5 \times 1}{5 + 5} = 0.5$$

再考虑电压源单独作用,此时电流源视为开路,如图 2.3(c) 所示,由图可知

$$I''_\mathrm{L}/\mathrm{A} = \frac{-3}{5 + 5} = -0.3$$

叠加后得

$$I/\mathrm{A} = I'_\mathrm{L} + I''_\mathrm{L} = 0.5 - 0.3 = 0.2$$

(选讲)受控源在没有其他电源激励的情况下不可能独立存在,不能将受控源视为独立电源。如果电路中含有受控源,在考虑某个电源单独作用时,受控源应保留在原处。

例 2.4　电路如图 2.4(a) 所示,求电压 U_1。

解　这是一个含有受控源的电路。按叠加定理,分别作出电流源单独作用的电路如图 2.4(b) 所示,电压源单独作用的电路如图 2.4(c) 所示。

在图 2.4(b) 和图 2.4(c) 中,都将受控电压源保留在了原处,相应的控制量分别标为 U'_1 和 U''_1。

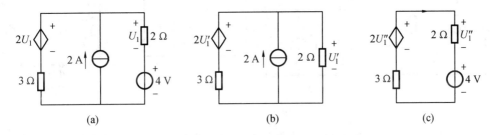

图 2.4　例 2.4 的电路

对于图 2.4(b),根据基尔霍夫电流定律,可列出节点电流方程

$$\frac{U'_1}{2} + \frac{U'_1 - 2U'_1}{3} = 2$$

解得

$$U'_1 = 12 \text{ V}$$

对于图 2.4(c),根据基尔霍夫电压定律,可列出回路电压方程

$$2U''_1 = U''_1 + \frac{3 \times U''_1}{2} + 4$$

解得

$$U''_1 = -8 \text{ V}$$

则有

$$U_1/\mathrm{V} = U'_1 + U''_1 = 12 - 8 = 4$$

使用叠加定理时应注意以下几点:

(1)叠加定理只适用于分析线性电路中的电压和电流,而线性电路中的功率或能量与电流、电压成平方关系,不具有叠加的性质。

(2)叠加定理反映的是电路中理想电压源或理想电流源所产生的响应,而不是实际电源所产生的响应,所以实际电源的内阻必须保留在原处。

(3)叠加时应注意原电路中各电压和电流与各电源单独作用下各分电压和分电流的参

考方向。以原电路中电压和电流的参考方向为准,分电压和分电流的参考方向与其一致时取正号,不一致时取负号。

2.3 戴维宁定理

在电路计算中,有时只需计算电路中某一支路的电流和电压,如果使用支路电流法或叠加定理来分析,会引出一些不必要的电流,因此常使用戴维宁定理来简化计算。

在讨论戴维宁定理之前,先介绍一下二端网络的概念。任何具有两个端点与外电路相连接的网络,不管其内部结构如何,都称为二端网络。

图2.5(a)、(b)所示的两个网络都是已知电路结构的二端网络。根据网络内部是否含有电源又分为有源二端网络和无源二端网络。图2.5(a)是无源二端网络,图2.5(b)是有源二端网络。

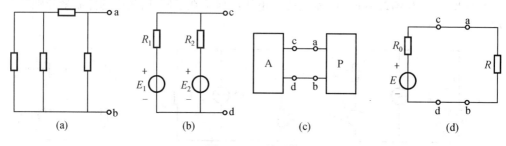

图2.5 二端网络

一般情况下,有源二端网络可用一个带有字母A的方框加两个引出端表示,无源二端网络可用一个带有字母P的方框加两个引出端表示,有源二端网络与无源二端网络的连接方法如图2.5(c)所示。很显然,一个有源支路是最简单的有源二端网络,一个无源支路是最简单的无源二端网络,它们的连接如图2.5(d)所示。

任何一个无源线性二端网络,其端电压与端点电流之间符合欧姆定律,它们的比值是一个常数,因此,任何一个线性无源二端网络都可以用一个等效电阻来代替,该等效电阻也称为无源二端网络的入端电阻。

戴维宁定理又称等效电压源定理。可叙述如下:任一线性有源二端网络,对其外部电路来说,都可用一个电动势为 E 的理想电压源和内阻 R_0 相串联的有源支路来等效代替。这个有源支路的理想电压源的电动势 E 等于网络的开路电压 U_0,内阻 R_0 等于相应的无源二端网络的等效电阻。

所谓相应的无源二端网络的等效电阻,就是原有源二端网络所有的理想电压源及理想电流源均除去后网络的入端电阻。除去理想电压源,$E = 0$,理想电压源所在处短路;除去理想电流源,即 $I_S = 0$,理想电流源所在处开路。

例2.5 试用戴维宁定理求解例2.1中通过电阻 R 的电流 I。

解 将例2.1中的电路重画,如图2.6(a)所示,图中点画线框内是一有源二端网络,根据戴维宁定理可用一电动势为 E 的理想电压源和内阻 R_0 相串联的有源支路来等效代替,如图2.6(b)所示。

其理想电压源的电动势 E 为a、b两端的开路电压 U_0,可由图2.6(c)求得,即

$$I_1/\text{A} = \frac{E_1 - E_2}{R_1 + R_2} = \frac{50 - 20}{10 + 10} = 1.5$$

故
$$E/\text{V} = U_0 = R_2 I_1 + E_2 = 10 \times 1.5 + 20 = 35$$

其内阻 R_0 为 a、b 两端无源网络的入端电阻,可由图 2.6(d) 求得,即

$$R_0/\Omega = \frac{R_1 R_2}{R_1 + R_2} = \frac{10 \times 10}{10 + 10} = 5$$

于是由图 2.6(b) 可得

$$I/\text{A} = \frac{E}{R_0 + R} = \frac{35}{5 + 30} = 1$$

这与例 2.1 求得的结果相同。

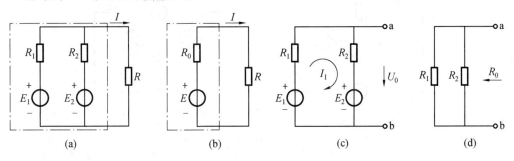

图 2.6   例 2.5 的电路

例 2.6   电路如图 2.7(a) 所示,已知 $E = 10$ V,$R_1 = 4\ \Omega$,$R_2 = 6\ \Omega$,$R_3 = 8\ \Omega$,$R_4 = 2\ \Omega$,$R_5 = 6\ \Omega$。求通过电阻 R_5 的电流 I_5。

解   将电阻 R_5 所在的支路抽出,如图 2.7(b) 所示,点画线框内为一有源二端网络,根据戴维宁定理,它可以用一电动势为 E' 的理想电压源和内阻 R_0 相串联的有源支路来等效代替。电动势 E' 和内阻 R_0 可分别由图 2.7(c) 和图 2.7(d) 求得。

由图 2.7(c) 可得

$$I_1/\text{A} = \frac{E}{R_1 + R_2} = \frac{10}{4 + 6} = 1$$

$$I_2/\text{A} = \frac{E}{R_3 + R_4} = \frac{10}{8 + 2} = 1$$

故
$$E'/\text{V} = U_0 = R_2 I_1 - R_4 I_2 = 6 \times 1 - 2 \times 1 = 4$$

由图 2.7(d) 可得

$$R_0/\Omega = \frac{R_1 R_2}{R_1 + R_2} + \frac{R_3 R_4}{R_3 + R_4} = \frac{4 \times 6}{4 + 6} + \frac{8 \times 2}{8 + 2} = 4$$

最后由图 2.7(e) 求出电流

$$I_5/\text{A} = \frac{E'}{R_0 + R_5} = \frac{4}{4 + 6} = 0.4$$

本例中,由 R_1、R_2、R_3、R_4 构成的是一个电桥电路,理想电压源 E 称作电桥的激励。电桥的一个重要性质是当电桥平衡时,通过电桥对角线支路的电流(本例中 I_5)为零。为此,必须有 $E' = U_0 = 0$,由图 2.7(c) 可知

$$E' = U_0 = R_2 I_1 - R_4 I_2 = R_2 \frac{E}{R_1 + R_2} - R_4 \frac{E}{R_3 + R_4} = 0$$

则
$$\frac{R_2}{R_1 + R_2} = \frac{R_4}{R_4 + R_3}$$

于是
$$R_2 R_3 = R_1 R_4$$

这就是电桥平衡的条件。利用电桥的平衡原理,当三个桥臂的电阻为已知时,可准确地测出第四个桥臂的电阻。

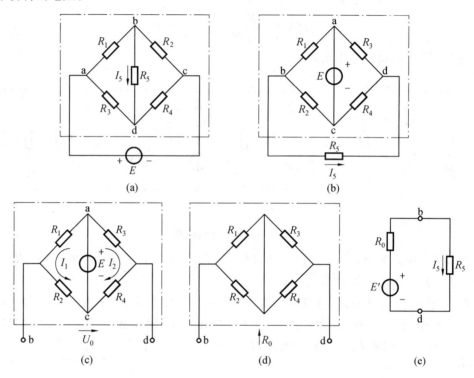

图 2.7   例 2.6 的电路

戴维宁定理告诉我们,有源二端网络可以用电压源来等效代替,而电压源与电流源可以等效变换,因此有源二端网络也可用电流源来等效代替。如图 2.8 所示,图 2.8(a) 的电压源可以变换成图 2.8(b) 所示的电流源。图 2.8(b) 中的 $I_S = E/R_0$ 即为网络的短路电流。这一关系可用诺顿定理叙述为:任一线性有源二端网络,对其外部电路来说,可用一个电流为

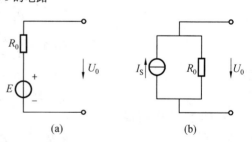

图 2.8   戴维宁定理与诺顿定理的关系

I_S 的理想电流源和内阻 R_0 相并联的有源支路来等效代替。其中,理想电流源的电流 I_S 等于网络的短路电流,内阻 R_0 等于相应的无源二端网络的等效电阻。

例 2.7   如图 2.9(a) 所示的二端网络,用内阻为 1 MΩ 的电压表去测量时其开路电压为 30 V,用内阻为 500 kΩ 的电压表去测量时其开路电压为 20 V。试将该网络用有源支路来代替。

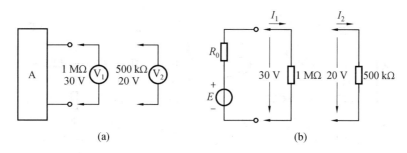

图 2.9　例 2.7 的图

解　用电压表测量网络开路电压的等效电路如图 2.9(b) 所示。由图 2.9(b) 可得

$$\frac{E}{R_0 + 10^6} \times 10^6 = 30$$

$$\frac{E}{R_0 + 500 \times 10^3} \times 500 \times 10^3 = 20$$

解得
$$E = 60 \text{ V}, \quad R_0 = 10^6 \text{ Ω} = 1 \text{ MΩ}$$

本例提示我们,戴维宁定理可用于校正非理想电压表测量的电压。

应用戴维宁定理与诺顿定理求解电路时,需要注意下面两个问题:

(1) 戴维宁或诺顿等效电路只能对线性的有源二端网络进行等效,不能对非线性的有源二端网络进行等效。但外电路不受此限制,即外电路既可以是线性电路,也可以是非线性电路。

(2) 戴维宁或诺顿等效电路只在求解外电路时是等效的,当求解有源二端网络内部的电压、电流及功率时,一般不等效。

本章小结

支路电流法是求解电路最基本的方法。它以支路电流为待求量,应用基尔霍夫定律列出电路方程。当电路有 n 个节点 b 条支路时,可列 $(n-1)$ 个独立的电流方程,然后根据网孔可列出 $(b - n + 1)$ 个独立的电压方程,即可解出 b 个支路电流。

叠加定理反映了线性电路的基本性质。利用叠加定理可将多个激励(理想电压源和理想电流源) 共同作用在某支路所产生的响应(电压或电流) 分解为单个激励分别作用所产生的响应之和。

戴维宁定理说明任何一个有源二端线性网络都可以用一个电动势为 E 的理想电压源和内阻 R_0 串联的有源支路来等效代替,而对外电路的作用不变。戴维宁定理常用于求解某一支路的电流。

思考题与习题

2.1　电路如图 2.10 所示,试列出求解各支路电流所需的方程。

2.2　当数值相等的两理想电压源并联或两理想电流源串联时,叠加定理是否适用?

2.3　电路如图 2.11 所示,当 $E = 10$ V 时,$I = 1$ A。如果 $E = 30$ V,此时 I 等于多少?

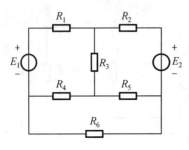

图 2.10 习题 2.1 的图

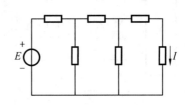

图 2.11 习题 2.3 的图

2.4 试将图 2.12(a)、(b) 所示电路分别用等效电压源来代替,再变换成等效电流源。

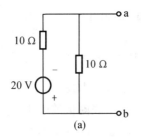

(a)

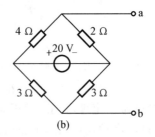

(b)

图 2.12 习题 2.4 的图

2.5 试将图 2.13 所示电路用等效电流源来代替,再变换成等效电压源。

2.6 试用支路电流法求图 2.14 所示电路中的电流 I_1、I_2、I_3。已知 $E_1 = 220$ V,$E_2 = E_3 = 110$ V,内阻 $R_{01} = R_{02} = R_{03} = 1$ Ω,负载电阻 $R_1 = R_2 = R_3 = 9$ Ω。

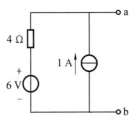

图 2.13 习题 2.5 的图

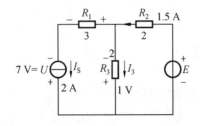

图 2.14 习题 2.6 的图

2.7 试用支路电流法求图 2.15 所示网络中通过电阻 R_3 支路的电流 I_3 及理想电流源的端电压 U。已知 $I_S = 2$ A,$E = 2$ V,$R_1 = 3$ Ω,$R_2 = R_3 = 2$ Ω。

2.8 试用叠加定理重解习题 2.7。

2.9 试用叠加定理求解图 2.16 所示电路中的电流 I。

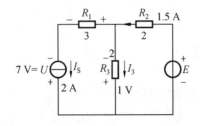

图 2.15 习题 2.7 的图

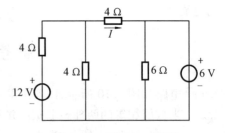

图 2.16 习题 2.9 的图

2.10　试求图 2.17 所示电路中的电压 U。

2.11　电路如图 2.18 所示，$I = 1$ A，试求电动势 E。

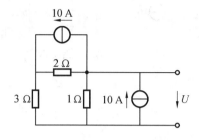

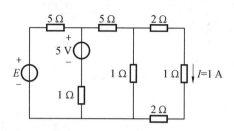

图 2.17　习题 2.10 的图　　　　　图 2.18　习题 2.11 的图

2.12　图 2.19 所示为一电桥电路，试用戴维宁定理求通过对角线 bd 支路的电流 I。

2.13　试用戴维宁定理求图 2.20 所示电路中通过 10 Ω 电阻的电流 I。

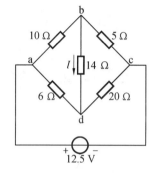

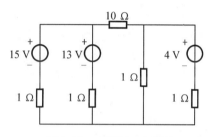

图 2.19　习题 2.12 的图　　　　　图 2.20　习题 2.13 的图

2.14　试用一等效电压源来代替图 2.21 中所示的各有源二端网络。

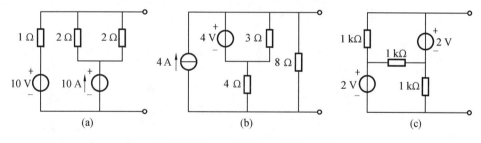

(a)　　　　　　　　　(b)　　　　　　　　　(c)

图 2.21　习题 2.14 的图

2.15　利用戴维宁定理求图 2.22 所示电路等效电路的电压和电阻。

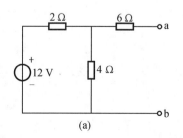

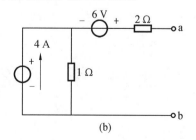

(a)　　　　　　　　　　　　　(b)

图 2.22　习题 2.15 的图

2.16　用戴维宁定理求出图2.23中各电路的等效电路中的电压和电阻。

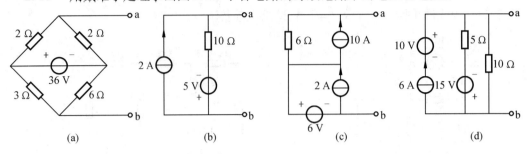

图 2.23　习题 2.16 的图

第3章 正弦交流电路

重点内容:

◆ 正弦交流电的基本概念

◆ 正弦量的相量表示法

◆ 单一参数电路元件的交流电路

◆ 电阻、电感、电容串联电路

◆ 正弦交流电路的一般分析方法

◆ 电路的谐振

◆ 功率因数的提高

3.1 正弦交流电的基本概念

3.1.1 周期和频率

随时间变化的电压和电流称为时变的电压和电流。如果时变电压和电流的每个值经过相等的时间后重复出现,这种时变的电压和电流便是周期性的,称为周期电压和电流。以电流为例,周期电流应该是

$$i(t) = i(t + kT) \tag{3.1}$$

式中,k 为任意正整数;t 的单位为秒(s)。

式(3.1)表明,在时刻 t 和时刻 $(t + kT)$ 的电流值是相等的,于是我们将 T 称为周期,周期的倒数称为频率,用符号 f 表示,即

$$f = \frac{1}{T} \tag{3.2}$$

频率表示单位时间内周期波形重复出现的次数。频率的单位为 1/s,有时称为赫兹(Hz)。我国工业和民用电的频率是 50 Hz,称为标准工业频率或称工频。

3.1.2 相位和相位差

1. 相位

如果周期电压和周期电流的大小和方向都随时间变化,且在一个周期内的平均值为零,则称其为交流电压和交流电流。随时间按正弦规律变化的电压和电流称为正弦电压和正弦电流,也称正弦量。正弦电流的数学表达式为

$$i(t)/A = I_m \sin(\omega t + \varphi_i) \qquad (3.3)$$

式中的三个常数 I_m、ω、φ_i 称为正弦量的三要素。I_m 为正弦电流的振幅,它是正弦电流在整个变化过程中所能达到的最大值。ω 称为正弦电流 i 的角频率,正弦量随时间变化的核心部分是 $(\omega t + \varphi_i)$,它反映了正弦量的变化进程,称为正弦量的相角或相位,ω 就是相角随时间变化的速度,单位是弧度每秒(rad/s),它是反映正弦量变化快慢的要素,与正弦量的周期 T 和频率 f 有如下关系:

$$\omega T = 2\pi$$

或

$$\omega = \frac{2\pi}{T} = 2\pi f$$

φ_i 称为正弦电流 i 的初相角(初相),它是正弦量 $t = 0$ 时刻的相位角,它的大小与计时起点的选择有关。初相角 φ_i 在工程上用角度来度量,一般总是取小于或等于 π 的数值。

我们以正弦交流电过零变正的时刻为一个周期的波形起始点,如在 $t = 0$ 时,正弦交流电正好处于波形起始点,则认为初相角 $\varphi_i = 0$;如正弦交流电在 $t = 0$ 之前已经到达波形起始点,则认为 $\varphi_i > 0$;如正弦交流电在 $t = 0$ 之后才到达波形起始点,则认为 $\varphi_i < 0$。用正弦交流电的三要素能完全地表征正弦交流电在任何瞬间的数值——瞬时值。图 3.1 所示为正弦电流的瞬时值波形。电压或电流瞬时值常用小写字母 $u(t)$ 或 $i(t)$ 来表示。

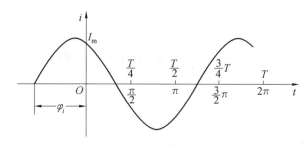

图 3.1　正弦电流的瞬时值波形

2. 相位差

在正弦电流电路的分析中,经常要比较同频率正弦量的相位差。设任意两个同频率的正弦量

$$i_1(t) = I_{1m}\sin(\omega t + \varphi_1)$$
$$i_2(t) = I_{2m}\sin(\omega t + \varphi_2)$$

它们之间的相位之差称为相位差,用 φ 表示,即

$$\varphi = (\omega t + \varphi_1) - (\omega t + \varphi_2) = \varphi_1 - \varphi_2 \qquad (3.4)$$

如图 3.2 所示,若 $\varphi > 0$,表明 i_1 超前 i_2,称 i_1 超前 i_2 一个相位角 φ,或者说 i_2 滞后 i_1 一个相位角 φ。

若 $\varphi = 0$,表明 i_1 与 i_2 同时达到最大值,则它们是同相位的,简称同相。若 $\varphi = \pm 180°$,则称它们的相位相反,简称反相。若 $\varphi = 90°$,则称它们为正交。

图 3.3 为几种常见相位关系波形图。

两个同频率的正弦量,可能相位和初相角不同,但它们之间的相位差不变。在研究多个同频率正弦量之间的关系时,可以选取其中某一正弦量作为参考正弦量,令其初相为零,其他各正弦量的初相即为该正弦量与参考正弦量的相位差。

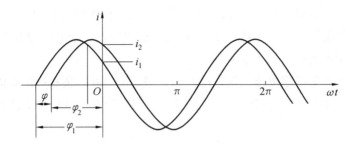

图 3.2　两个同频率正弦量之间的相位差

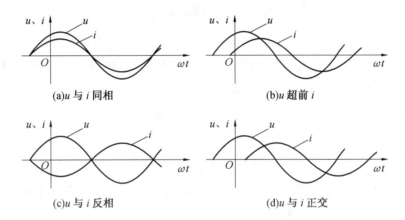

(a)u 与 i 同相　　　　　　　　(b)u 超前 i

(c)u 与 i 反相　　　　　　　　(d)u 与 i 正交

图 3.3　几种常见相位关系波形图

例 3.1　已知正弦电压 u 和电流 i_1、i_2 的瞬时值表达式为

$$u = 310 \sin(\omega t - 45°) \text{ V}$$

$$i_1 = 14.1 \sin(\omega t - 30°) \text{ A}$$

$$i_2 = 28.2 \sin(\omega t + 45°) \text{ A}$$

试以电压 u 为参考量重新写出 u 和电流 i_1、i_2 的瞬时值表达式。

解　以电压 u 为参考量,则电压 u 的表达式为

$$u = 310\sin \omega t \text{ V}$$

由于 i_1 与 u 的相位差为

$$\varphi_1 = \varphi_{i_1} - \varphi_u = -30° - (-45°) = 15°$$

故电流 i_1 的瞬时值表达式为

$$i_1 = 14.1 \sin(\omega t + 15°) \text{ A}$$

由于 i_2 与 u 的相位差为

$$\varphi_2 = \varphi_{i_2} - \varphi_u = 45° - (-45°) = 90°$$

故电流 i_2 的瞬时值表达式为

$$i_2 = 28.2 \sin(\omega t + 90°) \text{ A}$$

3.1.3　有效值

周期电压和电流的瞬时值是随时间变化的,在实际工作中,人们更关心它做功的实际效

果。要反映它的实际效果,用最大值或平均值都不合适,因为最大值是瞬时值,而正弦波在一个周期内平均值是零。在电工技术中,常用有效值来衡量周期电压和电流的大小。电流、电压的有效值分别用大写字母 I、U 表示。

交流电的有效值是根据电流的热效应原理来规定的。在数值相同的电阻 R 上分别通以周期电流 i 和直流电流 I。当直流电流流过电阻时,该电阻在一个周期 T 内所消耗的电能为

$$PT = I^2RT$$

当周期电流流过电阻 R 时,在相同时间 T 内所消耗的电能为

$$\int_0^T p(t)\,\mathrm{d}t = \int_0^T i^2(t)R\mathrm{d}t = R\int_0^T i^2(t)\,\mathrm{d}t$$

如果在周期电流一个周期 T 的时间内,这两个电阻所消耗的电能相等,也就是说,就其做功平均能力来说,这两个电流是等效的,则该直流电流 I 的数值可以表征周期电流 i 的大小,于是,把这一等效的直流电流 I 称为交流电流 i 的有效值,即

$$I^2RT = R\int_0^T i^2(t)\,\mathrm{d}t$$

$$I = \sqrt{\frac{1}{T}\int_0^T i^2(t)\,\mathrm{d}t} \tag{3.5}$$

由式(3.5)可知,周期电流的有效值等于电流瞬时值的平方在一个周期内的平均值再开方,因此,有效值又称均方根值。

同理可得周期电压 U 的有效值为

$$U = \sqrt{\frac{1}{T}\int_0^T u^2(t)\,\mathrm{d}t}$$

正弦交流电流 $i(t) = I_{\mathrm{m}}\sin(\omega t + \varphi_i)$ 的有效值为

$$I = \sqrt{\frac{1}{T}\int_0^T i^2(t)\,\mathrm{d}t} = \sqrt{\frac{1}{T}\int_0^T I_{\mathrm{m}}^2\sin^2(\omega t + \varphi_i)\,\mathrm{d}t} =$$

$$\sqrt{\frac{I_{\mathrm{m}}^2}{2}\frac{1}{T}\int_0^T [1 - \cos 2(\omega t + \varphi_i)]\,\mathrm{d}t} = \frac{I_{\mathrm{m}}}{\sqrt{2}} \tag{3.6}$$

同理可得正弦交流电压的有效值为

$$U = \frac{U_{\mathrm{m}}}{\sqrt{2}} \tag{3.7}$$

在工程上,一般所说的正弦电压、电流的大小都是指有效值;例如,交流测量仪表所指示的读数、电气设备铭牌上的额定值都是指有效值;但各种器件和电气设备的绝缘水平 —— 耐压值则按最大值考虑。

3.2　正弦量的相量表示法

正弦交流电用三角函数式及其波形图表示很直观,但不便于计算。对电路进行分析与计算时经常采用相量表示法,即用复数式与相量图来表示正弦交流电。

3.2.1　相　　量

求解一个正弦量必须先求得它的三要素,但在分析正弦交流电路时,由于电路中所有的电压、电流都是同一频率的正弦量,而且它们的频率与正弦电源的频率相同,因此我们只要分析另外两个要素 —— 幅值(或有效值)及初相位就可以了。正弦量的相量表示就是用一个复数来表示正弦量,这样的复数称为相量。由欧拉公式可知

$$e^{j(\omega t+\varphi)} = \cos(\omega t + \varphi) + j\sin(\omega t + \varphi) \tag{3.8}$$

式(3.8)把一个实变数的复指数函数和两个实变数 t 的正弦函数联系了起来。

$$\dot{I}_m = I_m e^{j\omega_i} = I_m \underline{/\varphi_i} \tag{3.9}$$

$$\dot{I} = I e^{j\omega_i} = I \underline{/\varphi_i} \tag{3.10}$$

它能代表正弦电流的两个要素(幅值和初相)。这种能表示正弦量的复数称为相量,用大写字母上加一点来表示,以示与一般复数的区别,即相量不是一般的复数,它对应于某一正弦的时间函数。

$\dot{I}_m$ 称为电流最大值相量,$\dot{I}$ 称为电流有效值相量。同理,也可以将电压用相量表示为

$$\dot{U}_m = U_m e^{j\varphi_u} = U_m \underline{/\varphi_u}$$

$$\dot{U} = U e^{j\varphi_u} = U \underline{/\varphi_u}$$

式中,$\dot{U}_m$ 称为电压最大值相量;$\dot{U}$ 称为电压有效值相量。

相量在正弦稳态电路分析和计算中起着重要作用。在线性电路中,正弦激励的稳态响应与激励是同频率的正弦量。在分析正弦稳态响应时,只要求出正弦量的振幅和初相就可以了,而相量恰好反映了这两个量。因此,引入相量后,可以用比较简便的复数运算来代替正弦量的三角运算。

注意,相量并不等于正弦量,因为相量只反映了正弦量的两个要素。如电压相量

$$U_m \sin(\omega t + \varphi_u) \leftrightarrow U_m \underline{/\varphi_u}$$

但
$$U_m \sin(\omega t + \varphi_u) \neq \dot{U}_m = U_m \underline{/\varphi_u}$$

3.2.2　相量图

相量在复平面上可以用有向线段表示,电压相量图如图 3.4 所示。

相量在复平面上的几何表示称为相量图。相量图也可以根据式(3.10)作出,式中 $I_m e^{j(\omega t+\varphi_i)}$ 也可以用有向线段表示,但辐角($\omega t + \varphi_i$)是随时间增长而变化的。可以看出,这一有向线段是绕原点以逆时针方向旋转的,角速度就是 ω。因此 $I_m e^{j(\omega t+\varphi_i)}$ 也称为旋转相量,$e^{j\omega t}$ 称为旋转因子,φ_i 称为初始相量。这样,旋转相量在虚轴上的投影便是正弦电流,如图 3.5 所示。采用相量图可以方便直观地表示正弦量。在分析电路时,常常利用相量图上各相量之间的关系,用几何方法求出所需的结果。

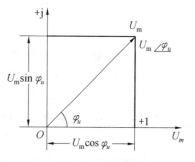

图 3.4　电压相量图

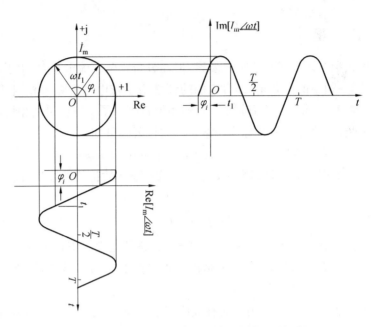

图 3.5　旋转相量及其在实轴和虚轴上的投影

例 3.2　已知 $i_1 = 3\sqrt{2}\sin(\omega t + 60°)\text{A}, i_2 = 4\sqrt{2}\sin(\omega t - 30°)\text{A}$,求总电流 $i = i_1 + i_2$ 的瞬时值。

解　方法一　i_1、i_2 的有效值相量分别为

$$\dot{I}_1 = 3\ \underline{/60°}\ \text{A},\quad \dot{I}_2 = 4\ \underline{/-30°}\ \text{A}$$

所以

$$\dot{I}/\text{A} = \dot{I}_1 + \dot{I}_2 = 3\ \underline{/60°} + 4\ \underline{/-30°} = 1.5 + \text{j}2.6 + 3.46 - \text{j}2 =$$
$$4.96 + \text{j}0.6 = 5\ \underline{/+6.9°}$$

总电流

$$i/\text{A} = i_1 + i_2 = 5\sqrt{2}\sin(\omega t + 6.9°)$$

方法二　i_1、i_2 的相量图如图 3.6 所示,用平行四边形法则求得总电流

$$I/\text{A} = \sqrt{I_1^2 + I_2^2} = \sqrt{3^2 + 4^2} = 5$$

$$\tan(\varphi + 30°) = \frac{I_1}{I_2} = \frac{3}{4}$$

$$\varphi + 30° = 36.9°,\quad \varphi = 6.9°$$

$$\dot{I} = 5\ \underline{/6.9°}\ \text{A}$$

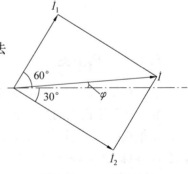

图 3.6　例 3.2 的电路

3.3　单一参数电路元件的交流电路

实际电路中有三种参数:电阻、电感和电容。严格来说,只包含单一参数的理想电路元件是不存在的,但当一个实际元件中只有一个参数起主要作用时,可以近似地把它看成单一参数的理想电路元件。实际电路可能比较复杂,但一般来说,除电源外,其余部分都可以用

单一参数电路元件组成电路模型。本节将导出这三种基本元件电压与电流之间关系的相量形式。

3.3.1　电阻电路

1.电压电流关系

图3.7(a)是一个线性电阻元件的交流电路。

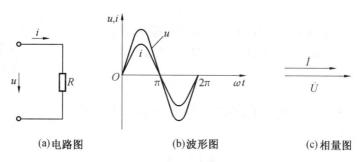

(a)电路图　　　　　　　(b)波形图　　　　　　　(c)相量图

图3.7　电阻元件的交流电路

电阻元件的电压电流关系由欧姆定律确定,在 u、i 参考方向一致时,两者的关系为

$$u = Ri$$

设电流为参考正弦量,即

$$i = I_\mathrm{m} \sin \omega t \tag{3.11}$$

则

$$u = Ri = RI_\mathrm{m} \sin \omega t = U_\mathrm{m} \sin \omega t \tag{3.12}$$

由式(3.11)和(3.12)可见,u、i 为同频率的正弦量,可作出 u、i 的波形图和相量图如图3.7(b)、(c)所示。

比较式(3.11)和式(3.12)可知,电压 u 和电流 i 有如下大小和相位关系：

u、i 的相位差为

$$\varphi = \varphi_u - \varphi_i = 0$$

即电阻元件上电压和电流同相。

u、i 的幅值关系为　　　　　　　　$U_\mathrm{m} = RI_\mathrm{m}$

u、i 的有效值关系为　　　　　　　　$U = RI$

电压、电流的上述关系也可用相量形式表示。若电流相量为 $\dot{I} = I\ \underline{/\varphi_i}$,由于 u、i 同相,则 $\varphi_u = \varphi_i$,而电压有效值 $U = RI$,所以电压相量为

$$\dot{U} = U\ \underline{/\varphi_u} = RI\ \underline{/\varphi_i}$$

因此

$$\dot{U} = R\dot{I} \tag{3.13}$$

式(3.13)就是电阻元件电压电流相量关系式。由于电阻 R 为常数,式(3.13)既表明相量 $\dot{U}$、$\dot{I}$ 的 $\varphi_u = \varphi_i$,即电压和电流同相位;又通过两边的模相等 $U = RI$ 表明了它们的有效值大小关系,体现了相量形式的欧姆定律。

2.功率

电路任一瞬时所吸收的功率称为瞬时功率,用小写字母 p 表示。它等于该瞬时电压 u 和电流 i 的乘积。电阻电路所吸收的瞬时功率为

$$p = ui = U_m I_m \sin 2\omega t = UI(1 - \cos 2\omega t)$$

由此可见,电阻从电源吸收的瞬时功率是由两部分组成的;第一部分是恒定值 UI;第二部分是幅值为 UI,并以 2ω 的角频率随时间变化的交变量 $UI\cos 2\omega t$。

功率的变化曲线如图 3.8 所示,从曲线可以看出,电阻所吸收的功率在任一瞬时总是大于等于零的,即电阻是耗能元件。

瞬时功率无实用意义,通常计算一个周期内吸收功率的平均值,称为平均功率或有功功率,用大写字母 P 表示

$$P = \frac{1}{T}\int_0^T \mathrm{d}t = \frac{1}{T}\int_0^T UI(1 - \cos 2\omega t)\mathrm{d}t = UI$$

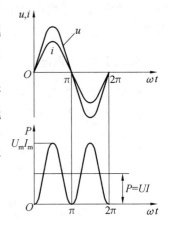

图 3.8　电阻元件的功率

电阻元件的平均功率等于电压和电流的乘积,由于电压有效值 $U = RI$,所以

$$P = UI = RI^2 = \frac{U^2}{R}$$

电阻电路实际消耗的电能等于平均功率乘以通电时间。

例 3.3　已知一个白炽灯泡,工作时的电阻为 484 Ω,其两端的正弦电压 $u = 311\sin(314t - 60°)$ V。试求:

(1) 通过白炽灯的电流相量 $\dot{I}$ 及瞬时表达式 i;

(2) 白炽灯工作时的平均功率。

解　(1) 电压相量为

$$\dot{U}/\mathrm{V} = U \angle \varphi_u = \frac{311}{\sqrt{2}} \angle -60° = 220 \angle -60°$$

电流相量为

$$\dot{I}/\mathrm{A} = \frac{\dot{U}}{R} = \frac{5}{11} \angle -60° \approx 0.45 \angle -60°$$

电流瞬时值表达式为

$$i/\mathrm{A} = \sqrt{2}I\sin(\omega t + \varphi_i) = 0.45\sqrt{2}\sin(314t - 60°)$$

(2) 平均功率

$$P/\mathrm{W} = UI = 220 \times \frac{5}{11} = 100$$

3.3.2　电感电路

1. 电压电流关系

电感电路如图 3.9(a) 所示。

在关联参考方向下,电感元件的电压电流关系为

$$u = -e = L\frac{\mathrm{d}i}{\mathrm{d}t}$$

若设电流 i 为参考正弦量,即

$$i = I_m \sin \omega t \tag{3.14}$$

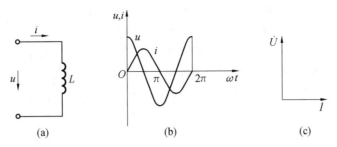

图 3.9　电感元件的交流电路

则
$$u = L\frac{\mathrm{d}i}{\mathrm{d}t} = \omega LI_{\mathrm{m}}\cos \omega t = U_{\mathrm{m}}\sin(\omega t + 90°) \tag{3.15}$$

由式(3.14)、(3.15)可见,电压、电流同频率,其波形图和相量图如图 3.9(b)、(c)所示。比较这两个式子,可知电压 u 和电流 i 有如下大小和相位关系:

u、i 的相位差为　　　　　　　　$\varphi = \varphi_u - \varphi_i = 90°$

即电感元件上电流 i 比电压 u 滞后 90°。

u、i 的幅值关系为　　　　　　　　$U_{\mathrm{m}} = \omega LI_{\mathrm{m}}$

u、i 的有效值关系为　　　　　　$U = \omega LI = X_L I$

式中,X_L 称为感抗,单位为欧姆(Ω),且 $X_L = \omega L = 2\pi fL$。

上式表明,同一个电感线圈其电感值为定值,它对不同频率的正弦电流体现出不同的感抗,频率越高,感抗越大。因此,电感元件对高频电流有较大的阻碍作用。在极端情况下 $f = 0$,则 $X_L = 0$,因此电感在直流电下相当于短路线;当 $f \rightarrow \infty$ 时,$X_L \rightarrow \infty$,即通入交流电的频率越高,电感所呈现的感抗越大。

u、i 的相量关系如下:若电流相量为 $\dot{I} = I\,\underline{/\varphi_i}$,根据前面的关系式可得电压相量为

$$\dot{U} = U\,\underline{/\varphi_u} = X_L I(\varphi_i + 90°) = (X_L\,\underline{/90°}) \times (I\,\underline{/\varphi_i})$$

即
$$\dot{U} = \mathrm{j}X_L\dot{I} \tag{3.16}$$

式(3.16)既表明了 u、i 的相位关系,又表明了 u、i 的有效值关系,是欧姆定律对电感元件的相量表示形式。

2. 功率

电感电路所吸收的瞬时功率为

$$p = ui = U_{\mathrm{m}}\sin(\omega t + 90°) \times I_{\mathrm{m}}\sin \omega t = UI\sin 2\omega t$$

由此可见,电感从电源吸收的瞬时功率是幅值为 UI、以 2ω 的角频率随时间变化的正弦量。

电感元件的功率变化曲线如图 3.10 所示。从功率曲线可以看出,曲线所包围的正、负面积相等,故平均功率(有功功率)为

$$p = \frac{1}{T}\int_0^T p\,\mathrm{d}t = 0$$

这就说明纯电感元件不消耗有功功率,但是电感与电源之间存在着能量交换。在第一个 1/4 周期内,随着电感中电流的增长,磁场建立,电感从电源中吸取能量,且此时电压、电流方向一致,所以 p 大于 0,这一过程电感将电能转换为磁场能;在第二个 1/4 周期内,电感中电流减小,磁场逐渐消失,此时电感将储存的能量释放出来反馈给电源,且电压、电流方向

相反,所以 p 小于 0,这一过程电感将磁场能转换为电能;在第三个 1/4 周期内,电感又有一个储能过程;在第四个 1/4 周期内,电感又有一个放能过程。电感中的能量转换就这样交替进行,在一个周期内吸收和放出的能量相等,因而平均值为零。这一事实说明,电感不消耗能量,是一种储能元件,它在电路中起着能量的"吞吐"作用。

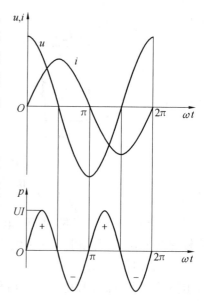

电感虽然不消耗功率,但与电源之间有能量的交换,电源要给电感提供电流,而实际电源的额定电流是有限的,所以电感元件对电源来说仍是一种负载,它要占用电源设备的容量。

电感与电源之间功率交换的最大值用 Q_L 表示,有

$$Q_L = UI = I^2 X_L = \frac{U^2}{X_L} \qquad (3.17)$$

图 3.10   电感元件的功率变化曲线

式(3.17)与电阻电路中的 $P = UI = RI^2 = U^2/R$ 在形式上相似且有相同的量纲,但在本质上是有区别的。P 是电路中消耗的功率,称为有功功率,其单位是瓦(W);而 Q_L 只反映电感中能量互换的速率,不是消耗的功率,为了与有功功率区别,称之为无功功率,单位是乏尔(var),简称乏。

例 3.4   已知一个电感线圈,电感 $L = 0.5$ H,电阻可略去不计,接在 50 Hz 220 V 的电源上。试求:

(1)该电感的感抗 X_L;

(2)电路中的电流 I 及其与电压的相位差 φ;

(3)电感占用的无功功率 Q_L。

解   (1)感抗为

$$X_L/\Omega = 2\pi f L = 2\pi \times 50 \times 0.5 \approx 157$$

(2)选电压 $\dot{U}$ 为参考相量,即 $\dot{U} = 220 \underline{/0°}$ V,则

$$\dot{I} = \frac{\dot{U}}{jX_L} \frac{220 \underline{/0°}}{j157} \approx 1.4 \underline{/-90°} \text{ A}$$

即电流的有效值 $I = 1.4$ A,相位滞后于电压 90°。

(3)无功功率为

$$Q_L/\text{var} = I^2 X_L = 1.4^2 \times 157 \approx 308$$

或

$$Q_L/\text{var} = UI = 220 \times 1.4 \approx 308$$

3.3.3   电容电路

1. 电压电流关系

电容元件的交流电路如图 3.11 所示。

在关联参考方向下,电容元件的电压电流关系为

$$i = \frac{\mathrm{d}Q}{\mathrm{d}t} = C\frac{\mathrm{d}u}{\mathrm{d}t}$$

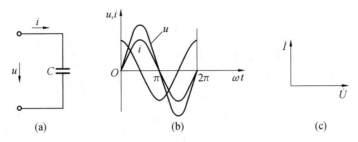

图 3.11　电容元件的交流电路

在图 3.11(a) 所示电路中,设电压为参考正弦量,即

$$u = U_{\mathrm{m}}\sin \omega t \tag{3.18}$$

则

$$i = C\frac{\mathrm{d}u}{\mathrm{d}t} = \omega C U_{\mathrm{m}}\cos \omega t = \omega C U_{\mathrm{m}}\sin(\omega t + 90°) = I_{\mathrm{m}}\sin(\omega t + 90°) \tag{3.19}$$

由此可知,通过电容的电流 i 与它的端电压 u 是同频率的正弦量,两者的波形图与相量图分别如图 3.11(b)、(c) 所示。比较式(3.18)、(3.19) 可知,电压 u 和电流 i 有如下大小和相位关系:

u、i 的相位差为

$$\varphi = \varphi_u - \varphi_i = -90°$$

即电容元件上电流比电压超前 90°。

u、i 的幅值关系为

$$I_{\mathrm{m}} = \omega C U_{\mathrm{m}}, \qquad U_{\mathrm{m}} = \frac{I_{\mathrm{m}}}{\omega C}$$

u、i 的有效值关系为

$$U = \frac{I}{\omega C} = X_C I$$

式中,X_C 称为容抗,单位为欧姆(Ω),且

$$X_C = \frac{1}{\omega C} = \frac{1}{2\pi f C} \tag{3.20}$$

式(3.20) 表明,对一定容量的电容器,通入不同频率的交流电时,电容会表现出不同的容抗,频率越高,容抗越小。在极端情况下,若 $f \to \infty$,则 $X_C \to 0$,此时电容可视为短路;若 $f = 0$(直流),则 $X_C \to \infty$,此时电容可视为开路;这说明了电容元件有"隔直通交"的作用。

u、i 的相量关系如下:

由(3.19)、(3.20) 可知

$$\dot{I} = \mathrm{j}\omega C \dot{U} = \frac{\dot{U}}{-\mathrm{j}\dfrac{1}{\omega C}} = \frac{\dot{U}}{-\mathrm{j}X_C}$$

或

$$\dot{U} = -\mathrm{j}X_C \dot{I}$$

这是电容电路中欧姆定律的相量表示形式,它既表达了纯电容元件电压电流有效值之间的关系,又表达了它们的相位关系($\varphi_u - \varphi_i = -90°$)。

2. 电容电路中的功率

电容电路所吸收的瞬时功率为

$$p = ui = U_{\mathrm{m}}\sin \omega t \times I_{\mathrm{m}}\sin(\omega t + 90°) = UI\sin 2\omega t \tag{3.21}$$

功率瞬时值曲线如图 3.12 所示。

由式(3.21) 可知,电容从电源吸取的瞬时功率是幅值为 UI 并以 2ω 角频率随时间变化的正弦量,其曲线如图 3.12 所示。从功率曲线可以看出其平均功率仍为 0,这说明电容不消耗有功功率,但电容与电源之间仍存在着能量交换。在第一个 1/4 周期内,随着电容中端电压的增长,电场逐渐增强,电容从电源吸取能量,此时 $p > 0$,这一过程中电容将电能转换为电场能(充电);在第二个 1/4 周期内,电容将储存的能量释放出来反馈给电源,此时 $p < 0$,这一过程电容释放能量(放电);在第三个 1/4 周期内,电容反方向充电;在第四个 1/4 周期内,电容反方向放电。在一个周期内充放电能量相等,平均值为零。这一事实说明,电容不消耗能量,但可储存能量,是一个储能元件,在电路中也起着能量的"吞吐"作用。

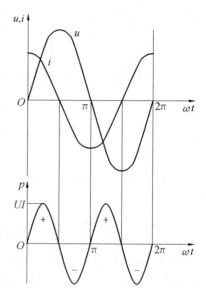

与电感相似,电容与电源功率交换的最大值也称为无功功率,用 Q_C 表示,有

$$Q_C = UI = I^2 X_C = \frac{U^2}{X_C}$$

综上所述,电容电路中电压与电源的关系可由欧姆定律来表示,电容不消耗功率,其占用的无功功率为

图 3.12   电容元件的功率瞬时值曲线

$$Q_C = UI = I^2 X_C = \frac{U^2}{X_C} \tag{3.22}$$

例 3.5   一个 10 μF 的电容元件,接到频率为 50 Hz,电压有效值为 12 V 的正弦电源上,求电流 I。若电压有效值不变,而电源频率改为 1 000 Hz,试重新计算电流 I。

解   (1)当频率 $f = 50$ Hz 时,容抗为

$$X_C/\Omega = \frac{1}{\omega C} = \frac{1}{2\pi fC} = \frac{1}{2 \times 3.14 \times 50 \times 10 \times 10^{-6}} \approx 318.5$$

电流为

$$I/A = \frac{U}{X_C} = \frac{12}{318.5} \approx 0.037\ 7$$

(2)当频率 $f = 1\ 000$ Hz 时,容抗为

$$X_C/\Omega = \frac{1}{\omega C} = \frac{1}{2\pi fC} = \frac{1}{2 \times 3.14 \times 1\ 000 \times 10 \times 10^{-6}} \approx 15.9$$

电流为

$$I/A = \frac{U}{X_C} = \frac{12}{15.9} \approx 0.754$$

3.4   电阻、电感、电容串联电路

在分析实际电路时,我们一般将复杂电路抽象为由若干理想电路元件串并联组成的典型电路模型进行简化处理。本节讨论的 R、L、C 串联电路就是一种典型电路,从中引出的一些概念与结论可用于各种复杂的交流电路,而单一参数电路、RL 串联电路、RC 串联电路则可看成是它的特例。

3.4.1　电压与电流之间的关系

图 3.13(a) 所示为 R、L、C 串联的交流电路。

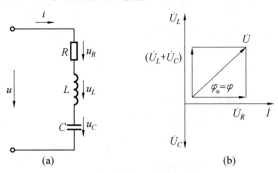

图 3.13　R、L、C 串联的交流电路及相量图

设有正弦电流 $i = I_m \sin \omega t$ 通过 R、L、C 串联电路,根据上一节的分析,该电流在电阻、电感和电容上的电压降分别为

$$u_R = R I_m \sin \omega t$$
$$u_L = \omega L I_m \sin(\omega t + 90°)$$
$$u_C = \frac{1}{\omega C} I_m \sin(\omega t - 90°)$$

根据基尔霍夫电压定律,总电压为

$$u = u_R + u_L + u_C$$

用相量形式表示为

$$\dot{U} = \dot{U}_R + \dot{U}_L + \dot{U}_C$$

现用相量表示法讨论 u、i 的有效值关系及相位关系。

以 $\dot{I}$ 为参考相量,$\dot{I} = I \underline{/0°}$,则

$$\dot{U}_R = R\dot{I} = U_R \underline{/0°}$$
$$\dot{U}_L = jX_L\dot{I} = U_L \underline{/90°}$$
$$\dot{U}_C = jX_C\dot{I} = U_C \underline{/-90°}$$

作 $\dot{I}$、$\dot{U}_R$、$\dot{U}_L$、$\dot{U}_C$ 的相量图,如图 3.13(b) 所示。

1. 电压有效值

将 $\dot{U}_L$ 与 $\dot{U}_C$ 的相量和定义为 $\dot{U}_X$,由相量图可知外接电压相量 $\dot{U}$、相量 $\dot{U}_R$ 与 $\dot{U}_X = (\dot{U}_L + \dot{U}_C)$ 构成一个直角三角形,称为电压三角形,如图 3.14(a) 所示。

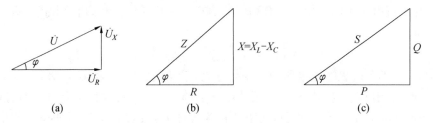

图 3.14　电压、阻抗及功率三角形

不难求出

$$U = \sqrt{U_R^2 + (U_L - U_C)^2} \tag{3.23}$$

将 $U_R = RI, U_L = X_L I, U_C = X_C I$ 代入式(3.23),得

$$U = \sqrt{(RI)^2 + (X_L I - X_C I)^2} = I\sqrt{R^2 + (X_L - X_C)^2} \tag{3.24}$$

根式 $\sqrt{R^2 + (X_L - X_C)^2}$ 具有阻碍电流的性质,称为电路的阻抗,用符号 $|Z|$ 表示,它的单位也是欧姆(Ω),即

$$|Z| = \sqrt{R^2 + (X_L - X_C)^2} \tag{3.25}$$

2. 电压 u 与电流 i 有效值之间的关系

阻抗中的 $(X_L - X_C)$ 被称为电抗,用符号 X 表示,将 $X = X_L - X_C$ 代入式(3.24),有

$$|Z| = \sqrt{R^2 + X^2}$$

阻抗 $|Z|$、R 与 X 的关系也可用直角三角形表示,称为阻抗三角形,如图3.14(b)所示。于是,电压电流有效值关系为

$$U = |Z| I$$

3. 电压 u 与电流 i 的相位差

由于以 $\dot{I}$ 为参考相量,$\varphi_i = 0$,所以 u、i 的相位差 $\varphi = \varphi_u - \varphi_i = \varphi_u$,由电压三角形可知

$$\varphi = \arctan \frac{U_L - U_C}{U_R} = \arctan \frac{X_L - X_C}{R}$$

可见,当电源频率一定时,电压 u 与电流 i 的相位关系和有效值关系都取决于电路参数 R、L、C。

4. 电压 u 与电流 i 的相量关系

由单一参数电路的电压关系可得

$$\dot{U} = \dot{U}_R + \dot{U}_L + \dot{U}_C = [R + j(X_L - X_C)]\dot{I} \tag{3.26}$$

式中,$[R + j(X_L - X_C)]$ 称为复阻抗,用符号 Z 表示,即

$$Z = R + j(X_L - X_C) = \sqrt{R^2 + (X_L - X_C)^2}\, e^{j\arctan\frac{X_L - X_C}{R}} = |Z| e^{j\varphi}$$

式中,$\varphi = \arctan \dfrac{X_L - X_C}{R}$ 是复阻抗的辐角,也称阻抗角,它决定了 R、L、C 串联电路中 u、i 的相位差。

复阻抗是一个复数,具有大小和角度,但它不是表示正弦量的相量,所以其上方不加点。有了复阻抗的概念,则式(3.26)可写成

$$\dot{U} = Z\dot{I} \tag{3.27}$$

式(3.27)与直流电路中的欧姆定律有相似的形式,称为欧姆定律的相量形式。进一步展开推导,有

$$\dot{U} = Z\dot{I} = |Z|\,\underline{/\varphi}\,\dot{I} = |Z|\,\dot{I}\,\underline{/\varphi}$$

可见,式(3.27)既表达了电路中电压与电流有效值之间的关系 $U = |Z| I$,又表达了电压与电流之间的相位差 φ。若 $\varphi > 0$,说明电压超前电流 φ 角,这种电路称为感性电路;若 $\varphi < 0$,说明电压滞后于电流 φ 角,这种电路称为容性电路;若 $\varphi = 0$,说明电压与电流同相位,这种电路称为电阻性电路。

例3.6 已知一个 R、L 串联电路,$u = 220\sqrt{2}\sin(\omega t + 20°)\text{V}$,$R = 30\ \Omega$,$X_L = 40\ \Omega$,求电

流 i。

解　方法一　分别确定 i 的初相 φ_i 和有效值 I。

$$\varphi = \arctan\frac{X_L}{R} = \arctan\frac{40}{30} \approx 53.1°$$

$$\varphi_i = \varphi_u - \varphi = 20° - 53.1° = -33.1°$$

阻抗为　　　　　$|Z|/\Omega = \sqrt{R^2 + X_L^2} = \sqrt{30^2 + 40^2} = 50$

电流为　　　　　$I = \dfrac{U}{|Z|} = \dfrac{220}{50} = 4.4$ A

因此　　　　　$i/A = \sqrt{2}I\sin(\omega t + \varphi_i) = 4.4\sqrt{2}\sin(\omega t - 33.1°)$

方法二　用相量 $\dot{U}$、$\dot{I}$ 的关系求解。

电压相量为　　　　　$\dot{U} = 220\ \underline{/20°}$ V

复数阻抗为　　　　　$Z/\Omega = R + jX_L = 30 + j40 \approx 50\ \underline{/53.1°}$

电流相量为　　　　　$\dot{I}/A = \dfrac{\dot{U}}{Z} = \dfrac{220\ \underline{/20°}}{50\ \underline{/53.1°}} \approx 4.4\ \underline{/-33.1°}$

因此　　　　　$i/A = \sqrt{2}I\sin(\omega t + \varphi_i) = 4.4\sqrt{2}\sin(\omega t - 33.1°)$

3.4.2　电阻、电感、电容串联电路的功率

在分析单一参数电路元件的交流电路时已经知道,电阻是消耗能量的,而电感和电容是不消耗能量的,在 R、L、C 串联电路中能量的交换情况是怎样的,电路的功率又是如何计算的,这些便是下面要讨论的问题。

1. 平均功率(有功功率)

在 R、L、C 串联的正弦交流电路中,若 u、i 参考方向一致,且设有正弦电流 $i = I_m\sin\omega t$ 通过,则电压 $U_m = \sin(\omega t + \varphi)$,电路的瞬时功率为

$$p = ui = I_m\sin\omega t \times U_m\sin(\omega t + \varphi) =$$
$$\frac{U_mI_m}{2}\big[\cos\varphi - \cos(2\omega t + \varphi)\big] =$$
$$UI\cos\varphi - UI\cos(2\omega t + \varphi)$$

电路的平均功率为

$$P = \frac{1}{T}\int_0^T p\,dt = \frac{1}{T}\int_0^T\big[UI\cos\varphi - UI(2\omega t + \varphi)\big]dt = UI\cos\varphi \tag{3.28}$$

式中,φ 为电压 u 与电流 i 的相位差,$\cos\varphi$ 被称为功率因数,这时 φ 又被称为功率因数角。

由电压三角形可知

$$U\cos\varphi = U_R$$

所以　　　　　$P = UI\cos\varphi = U_RI = RI^2$ 　　　　　(3.29)

式(3.29)说明 R、L、C 串联的正弦交流电路的平均功率就是电阻元件消耗的平均功率,因为电感元件和电容元件的平均功率为零。这为以后求解复杂电路的有功功率提供了理论根据。

2. 无功功率

在 R、L、C 串联的正弦交流电路中,电感元件的瞬时功率为 $p_L = u_Li$,电容元件的瞬时功

率为 $p_c = u_c i$。由于电压 u_L 和 u_c 反相,因此当 p_L 为正值时,p_c 为负值,即电感元件取用能量时,电容元件正放出能量;反之,当 p_L 为负值时,p_c 为正值,即电感元件放出能量时,电容元件正取用能量,因此 R、L、C 串联的正弦交流电路中的无功功率为

$$Q = Q_L - Q_c$$

由于 $Q_L = U_L I$,$Q_c = U_c I$,所以

$$Q = Q_L - Q_c = U_L I - U_c I = (U_L - U_c)I = U_x I = XI^2 = \frac{U_x^2}{X}$$

由电压三角形可知

$$U_X = U\sin\varphi$$

故 $$Q = UI\sin\varphi \qquad (3.30)$$

对于感性电路,$X_L > X_c$,则 $Q = Q_L - Q_c > 0$;对于容性电路,$X_L < X_c$,则 $Q = Q_L - Q_c < 0$。为了计算方便,有时直接把容性电路的无功功率取为负值。例如,一个电容元件的无功功率为 $Q = -Q_c = -U_c I$。

3. 视在功率

在正弦交流电路中,把电流、电压有效值的乘积定义为视在功率,用 S 表示,即

$$S = UI \qquad (3.31)$$

为了与平均功率相区别,视在功率不用瓦作单位,而用伏安($V \cdot A$)作单位。

由式(3.29)~(3.31)可以得到

$$S = \sqrt{P^2 + Q^2} \qquad (3.32)$$

P、Q、S 三者也构成直角三角形,称为功率三角形,如图 3.14(c)所示。

式(3.29)~(3.32)还可以推广到正弦交流电路中任一二端网络的功率计算。图 3.15 所示即为一二端网络。

若二端网络上电压 u 和电流 i 的参考方向一致,则二端网络的平均功率和无功功率分别为

$$P = UI\cos\varphi, \quad Q = UI\sin\varphi$$

式中,φ 为电压 u 与电流 i 的相位差,即 $\varphi = \varphi_u - \varphi_i$。

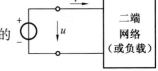

图 3.15 二端网络

另外,计算正弦交流电路中任一二端网络的功率时,电路中总的有功功率等于各部分的有功功率之和,总的无功功率也等于各部分的无功功率之和,即

$$P = \sum P_k, \quad Q = \sum Q_k$$

功率求和时应注意两个问题:电容部分的无功功率应取负值;总的视在功率不等于各部分的视在功率之和。

交流电设备都是按额定电压 U_N 和额定电流 I_N 设计和使用的,若供电电压为 U_N,负载取用的电流应不超过额定值 I_N,通常称额定视在功率 S_N 为电气设备的容量,即

$$S_N = U_N I_N$$

交流电设备以额定电压 U_N 对负载供电,即使输出电流达到额定电流 I_N,其输出的有功功率也不一定能达到视在功率,因为 P 还取决于负载的功率因数,即

$$P = U_N I_N \cos\varphi$$

式中,φ 为电压 u 与电流 i 的相位差,φ 和 $\cos\varphi$ 取决于电路的性质。

例 3.7　计算例 3.6 电路的平均功率、无功功率及视在功率。

解　因为　　　　　　$\varphi = \arctan \dfrac{X_L}{R} = 53.1°,\quad U = 220 \text{ V},\quad I = 4.4 \text{ A}$

所以视在功率为　　　　　　$S/(\text{V} \cdot \text{A}) = UI = 220 \times 4.4 = 968$

平均功率为　　　　　　$P/\text{W} = UI\cos\varphi = 220 \times 4.4 \times \cos 53.1° \approx 580.8$

无功功率为　　　　　　$Q/\text{var} = UI\sin\varphi = 220 \times 4.4 \times \sin 53.1° \approx 774.4$

或　　　　　　　　　　$P/\text{W} = RI^2 = 30 \times 4.4^2 \approx 580.8$

　　　　　　　　　　　$Q/\text{var} = X_L I^2 = 40 \times 4.4^2 \approx 774.4$

3.5　正弦交流电路的一般分析方法

3.5.1　基尔霍夫定律的相量形式

$$\sum Z_k \dot{I}_k = \sum \dot{E}_j$$

基尔霍夫电流定律对电路中的任一节点在任一瞬时都是成立的,即 $\sum i_k = 0$。将方程改写为

$$i_1 + i_2 + \cdots + i_n = 0$$

正弦交流稳态电路中,这些电流 i_k 都是同频率的正弦量,可用相量表示为

$$\sum \dot{I} = 0 \tag{3.33}$$

这就是基尔霍夫电流定律的相量形式,它与直流电路中的基尔霍夫电流定律 $\sum I_k = 0$ 在形式上相似。

基尔霍夫电压定律对电路中的任一节点在任一瞬时也都是成立的,即 $\sum u_k = 0$。

同样,如果这些电压 u_k 都是同频率的正弦量,则可用相量表示为

$$\sum \dot{U}_k = 0$$

这就是基尔霍夫电压定律的相量形式,它与直流电路中的基尔霍夫电压定律 $\sum U_k = 0$ 在形式上相似。

由此还可以推导出基尔霍夫电压定律在正弦交流电路中的另一相量形式

$$\sum Z_k \dot{I}_k = \sum \dot{E}_j$$

它与直流电路中基尔霍夫电压定律的另一表达式 $\sum R_k I_k = \sum E_j$ 在形式上相似。

3.5.2　复阻抗的串联和并联

正弦交流电路中的复阻抗 Z 与直流电路中的电阻 R 是对应的,直流电路中的电阻串并联公式同样可以扩展到正弦交流电路中,用于复阻抗的串并联计算。如图 3.16(a) 所示的多个复阻抗串联时,其总复阻抗等于各个分复阻抗之和,即

$$Z = Z_1 + Z_2 + \cdots + Z_n$$

图 3.16(b) 所示的多个复阻抗并联时,其总复阻抗的倒数等于各个分复阻抗的倒数之

和

$$\frac{1}{Z} = \frac{1}{Z_1} + \frac{1}{Z_2} + \cdots + \frac{1}{Z_n}$$

即上列各式是复数运算,并不是实数运算。因此,在一般情况下,当复阻抗串联时,

$$|Z| \neq |Z_1| + |Z_2| + \cdots + |Z_n|$$

当复阻抗并联时

$$\frac{1}{|Z|} \neq \frac{1}{|Z_1|} + \frac{1}{|Z_2|} + \cdots + \frac{1}{|Z_n|}$$

式中的等号并不成立。

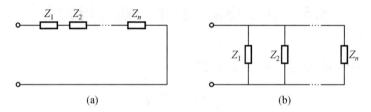

图 3.16　复阻抗的串联和并联

3.5.3　应用举例

下面通过具体的例子来说明相量法的应用及特点。

例 3.8　如图 3.17 所示的电路中,$R_1 = 100\ \Omega$,$R_2 = 100\ \Omega$,$R_3 = 50\ \Omega$,$C_1 = 10\ \mu\mathrm{F}$,$L_3 = 50\ \mathrm{mH}$,$U = 100\ \mathrm{V}$,$\omega = 1\,000\ \mathrm{rad/s}$。求各支路电流。

电路的等效复阻抗为

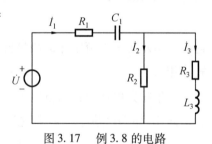

图 3.17　例 3.8 的电路

$$X_{C_1}/\Omega = \frac{1}{\omega C_1} = \frac{1}{1\,000 \times 10 \times 10^{-6}} = 100$$

$$X_{L_3}/\Omega = \omega L_3 = 1\,000 \times 50 \times 10^{-3} = 50$$

$$Z/\Omega = R_1 - \mathrm{j}X_{C_1} + \frac{R_2(R_3 + \mathrm{j}X_{L_3})}{R_2 + R_3 + \mathrm{j}X_{L_3}} = 100 - \mathrm{j}100 + \frac{100(50 + \mathrm{j}50)}{100 + 50 + \mathrm{j}50} \approx 161.2\ \underline{/-29.7°}$$

设 $\dot{U} = 100\ \underline{/0°}\ \mathrm{V}$,则

$$\dot{I}/\mathrm{A} = \frac{\dot{U}}{Z} = \frac{100\ \underline{/0°}}{161.2\ \underline{/29.7}} \approx 0.62\ \underline{/29.7°}$$

$$\dot{I}_2/\mathrm{A} = \dot{I}_1 \frac{R_3 + \mathrm{j}X_{L_3}}{R_2 + R_3 + \mathrm{j}X_{L_3}} = 0.62\ \underline{/29.7°} \times \frac{50 + \mathrm{j}50}{100 + 50 + \mathrm{j}50} \approx 0.28\ \underline{/56.3°}$$

$$\dot{I}_3/\mathrm{A} = \dot{I}_1 - \dot{I}_2 = 0.62\ \underline{/29.7°} - 0.28\ \underline{/56.3°} \approx 0.39\ \underline{/10.9°}$$

例 3.9　图 3.18 电路中,两台交流发电机并联运行,供电给 $Z = 5 + \mathrm{j}5\ \Omega$ 的负载。

每台发电机的理想电压源电压 U_{S1}、U_{S2} 均为 110 V,内阻抗 $Z_1 = Z_2 = 1 + \mathrm{j}1\ \Omega$,两台发电机的相位差为 30°,求负载电流 $\dot{I}$。

解　$\dot{U}_{S1}$ 为参考相量,则 $\dot{U}_{S1} = 110\ \underline{/0°}\ \mathrm{V}$,$\dot{U}_{S2}$ 比 $\dot{U}_{S1}$ 超前30°,则 $\dot{U}_{S2} = 110\ \underline{/30°}\ \mathrm{V} = (95.2 + \mathrm{j}55)\ \mathrm{V}$,下面用支路电流法求解。

先假定各支路电流的参考方向,再选取独立回路 Ⅰ、Ⅱ,并指定回路的绕行方向,对节点应用基尔霍夫电流定律,得

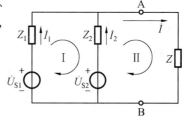

$$\dot{I}_1 + \dot{I}_2 - \dot{I} = 0$$

对回路 Ⅰ、回路 Ⅱ 分别应用基尔霍夫电压定律得

$$Z_1 I_1 - Z_2 I_2 = U_{S1} - U_{S2}$$

$$Z_2 I_2 + ZI = U_{S2}$$

解方程组可得负载电流

图 3.18　例 3.9 的电路

$$\dot{I}/A = 13.7 \underline{/-30°}$$

此题还可以采用戴维宁定理、叠加定理求解,读者不妨试一试。

3.6　电路的谐振

3.6.1　串联谐振

R、L、C 串联电路发生谐振的条件为 $\mathrm{Im}[Z(\mathrm{j}\omega)]$,$X = 0$,设发生谐振时激励的频率为 ω_0,则 ω_0 为 R、L、C 串联电路的谐振角频率,可解得

$$\omega_0 L - \frac{1}{\omega_0 C} = 0 \tag{3.34}$$

由于 $\omega_0 = 2\pi f_0$,所以有

$$\omega_0 = \frac{1}{\sqrt{LC}}$$

$$f_0 = \frac{1}{2\pi\sqrt{LC}} \tag{3.35}$$

f_0 称为串联电路的谐振频率,它与电阻 R 无关,反映了串联电路一种固有的性质,对于每一个 R、L、C 串联电路,总有一个对应的谐振频率,而且改变 ω、L 或 C 都可使电路发生谐振或消除谐振。因此,在需要利用谐振电路时,可以设计出多种调谐方式。串联谐振的特性如下:

①电流与电压同相位,电路呈电阻性。

②电路的阻抗最小,电流最大。

因谐振时电路复阻抗虚部为零,阻抗为纯电阻,阻抗的模为最小值,电路中的最大电流十分容易求出,即

$$Z = R + \mathrm{j}X = R$$

$$I = I_0 = \frac{U}{|Z|} = \frac{U}{R}$$

由 R、L、C 串联电路的阻抗表达式

$$|Z| = \sqrt{R^2 + \left(2\pi fL - \frac{1}{2\pi fC}\right)^2}$$

可知,如果电源输入电压不变,当电源频率 $f > f_0$ 或 $f < f_0$ 时,$|Z|$ 都要增加,I 都要下降。

$|Z|$ 与 I 随 f 变化的关系曲线 $|Z|=f(f)$、$I=f(f)$ 分别称为阻抗特性曲线与电流响应曲线，如图 3.19（a）、（b）所示。

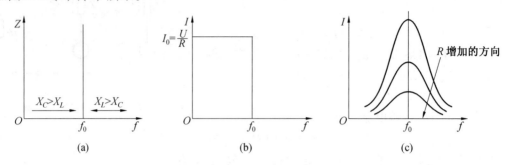

图 3.19　阻抗特性曲线与电流响应曲线

③ 电感端电压与电容端电压大小相等，相位相反；电阻端电压等于外加电压。谐振时，电感端电压与电容端电压有效值相等，相位相反，相互完全抵消，外施电压全部加在电阻上，电阻上电压达到最大值，即

$$\dot{U}_L = -\dot{U}_C$$

$$\dot{U} = \dot{U}_R$$

④ 电感和电容的端电压有可能大大超过外加电压。

谐振时，电感或电容的端电压与外加电压的比值为

$$Q = \frac{U_L}{U} = \frac{X_L I}{RI} = \frac{X_L}{R} = \frac{X_C}{R} = \frac{\omega_0 L}{R} = \frac{1}{\omega_0 RC}$$

$$U_L = U_C = QU$$

Q 称为谐振回路的品质因数或谐振系数。当 X_L 远大于 R 时，Q 值一般可达几十至几百，所以串联谐振时电感和电容的端电压有可能大大超过外加电压。在电子线路中，当输入端含有多种频率成分的信号时，通过调谐可调节电路的参数值，从而在电容或电感上获得所想要频率的放大信号，这种从多种频率信号中挑选出所需信号的能力称为"选择性"。电流响应曲线越尖锐，电路的选择性越好。电路的阻值越小，电流响应曲线就越尖锐，如图 3.19（c）所示。电路选择性的好坏用品质因数来表示：Q 值越大，选择性越好；Q 值越小，选择性越差。因为 Q 值远大于 1，当电路在接近谐振时，电感和电容上会出现超过外施电压 Q 倍的高电压。在电力系统中，出现这种高电压是不允许的，这将引起某些电气设备的损坏；但在无线电技术中它是有用的。

例3.10　收音机的输入回路可以用图 3.20 所示的等效电路来表示，设线圈的电阻为 16 Ω，电感为 0.4 mH，电容为 600 pF。试求：

（1）电路的谐振频率、总阻抗和品质因数；

（2）当频率高于谐振频率 20% 时，电路的总阻抗。

解　（1）电路发生谐振时，谐振频率为

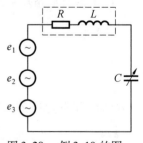

图 3.20　例 3.10 的图

$$f_0/\text{Hz} = \frac{1}{2\pi\sqrt{LC}} = \frac{1}{2 \times 3.14 \times \sqrt{0.4 \times 10^{-3} \times 600 \times 10^{-12}}} \approx 325 \times 10^3$$

总阻抗为 $\qquad\qquad\qquad |Z|/\Omega = R = 16$

品质因数为

$$Q = \frac{1}{\omega_0 RC} = \frac{1}{2\pi f_0 RC} = \frac{1}{2 \times 3.14 \times 325 \times 10^3 \times 16 \times 600 \times 10^{-12}} \approx 51$$

（2）当频率高于谐振频率 20% 时，$f = (1 + 0.2)f_0$，则

感抗为

$$X_L/\Omega = 2\pi fL = 2 \times 3.14 \times 325 \times 10^3 \times (1 + 0.2) \times 0.4 \times 10^{-3} \approx 980$$

容抗为

$$X_C/\Omega = \frac{1}{2\pi fC} = \frac{1}{2 \times 3.14 \times 325 \times 10^3 \times (1 + 0.2) \times 600 \times 10^{-12}} \approx 680$$

$$|Z|/\Omega = \sqrt{R^2 + (X_L - X_C)^2} = \sqrt{16^2 + (980 - 680)^2} \approx 300.4$$

3.6.2　并联谐振

谐振也可以发生在并联电路中，下面以图 3.21 所示的电感线圈与电容器并联的电路为例来讨论并联谐振。

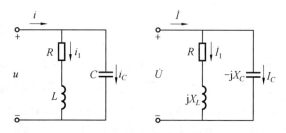

图 3.21　并联谐振电路

在图 3.21 所示电路中，当电路参数选取适当时，可使总电流 I 与外加电压 U 同相位，这时称电路发生了并联谐振。

此时 R、L 支路中的电流

$$\dot{I}_1 = \frac{\dot{U}}{R + jX_L} = \frac{\dot{U}}{R + j\omega L}$$

电容 C 支路中的电流 $\qquad \dot{I}_C = \frac{\dot{U}}{-jX_C} = \frac{\dot{U}}{-j\dfrac{1}{\omega C}} = j\omega C\dot{U}$

总电流 $\qquad \dot{I} = \dot{I}_1 + \dot{I}_C = \frac{\dot{U}}{R + j\omega L} + j\omega C\dot{U} = \left[\frac{R - j\omega L}{R^2 + (\omega L)^2} + j\omega C\right]\dot{U} =$

$$\left\{\frac{R}{R^2 + (\omega L)^2} + j\left[\omega C - \frac{\omega L}{R^2 + (\omega L)^2}\right]\right\}\dot{U}$$

若总电流 $\dot{I}$ 与外加电压 $\dot{U}$ 同相位，则上式虚部应为零，即

$$\omega C = \frac{\omega L}{R^2 + (\omega L)^2}$$

在一般情况下,线圈的电阻 R 很小,故

$$R^2 + (\omega L)^2 = \frac{\omega L}{\omega C} = \frac{L}{C}$$

即

$$\omega C = \frac{\omega L}{R^2 + (\omega L)^2} \approx \frac{1}{\omega L}$$

于是,谐振角频率

$$\omega_0 = \sqrt{\frac{1}{LC} - \left(\frac{R}{L}\right)^2} \approx \frac{1}{\sqrt{LC}}$$

故谐振频率

$$f_0 \approx \frac{1}{2\pi\sqrt{LC}}$$

这说明并联谐振的条件与串联谐振的条件基本相同。并联谐振相量图如图 3.22 所示。

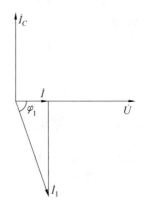

图 3.22　并联谐振相量图

并联谐振有以下特征:

① 电流与电压同相位,电路呈电阻性。

② 电路的阻抗最大,电流最小。

谐振时的电流

$$\dot{I}_0 = \frac{R}{R^2 + (\omega_0 L)^2}\dot{U} = \frac{\dot{U}}{\dfrac{R^2 + (\omega_0 L)^2}{R}} = \frac{\dot{U}}{Z}$$

式中

$$Z = \frac{R^2 + (\omega_0 L)^2}{R} = \frac{L}{RC} \approx \frac{(\omega_0 L)^2}{R}$$

(R 相对很小),因电阻 R 很小,故并联谐振呈高阻抗特性。若 $R \to 0$,则 $Z \to \infty$,即电路不允许频率为 f_0 的电流通过。因而并联谐振电路也有选频特性,但要求流过并联谐振电路的信号源为恒流源,以便从高阻抗上取出高的输出电压。当一个含有多个不同频率信号的信号源与并联电路连接时,并联电路如对其中某个频率的信号发生谐振,对其呈现出最大的阻抗,就可以在信号源两端得到最高的电压,而对其他频率的信号则呈现小阻抗,电压很低,从而将所需频率的信号放大取出,将其他频率的信号抑制掉,达到选频的目的。

③ 电感电流与电容电流近乎大小相等,相位相反。

由于 $\dot{U}$ 与 $\dot{I}$ 同相,且 I 的数值极小,故 $\dot{I}_1$ 与 $\dot{I}_C$ 必然近乎大小相等,相位相反。

④ 电感或电容支路的电流有可能大大超过总电流。并联谐振的品质因数为电感或电容支路的电流与总电流之比,即

$$Q = \frac{I_1}{1} = \frac{\dfrac{U}{\omega_0 L}}{\dfrac{U}{|Z_0|}} = \frac{|Z_0|}{\omega_0 L} = \frac{\dfrac{(\omega_0 L)^2}{R}}{\omega_0 L} = \frac{\omega_0 L}{R}$$

即 $I_1 = I_C = QI$。因为这两条支路的电流是电源供给电流的 Q 倍,所以当电路的品质因数 Q 较大时,必然出现电感或电容支路的电流大大超过总电流的情况。

同串联谐振一样,并联谐振在电子线路设计中是十分有用的,但在电力系统中应避免出现并联谐振,以防因此带来的电力系统过电流。

3.7　功率因数的提高

3.7.1　提高功率因数的意义

1. 使电源设备得到充分利用

电源设备的额定容量 S_N 是指设备可能发出的最大功率,实际运行中设备发出的功率 P 还要取决于 $\cos\varphi$,功率因数越高,发出的功率越接近于额定功率,电源设备的能力就越能得到充分发挥。

2. 降低线路损耗和线路压降

输电线上的损耗为 $P_1 = I^2 R_1$,其中 R_1 为线路电阻,线路压降为 $U_1 = R_1 I$,而线路电流 $I = P/(U\cos\varphi)$,由此可见,当电源电压 U 及输出有功功率 P 一定时,提高功率因数可以使线路电流减小,从而降低传输线上的损耗,提高供电质量。提高功率因数还可在相同线路损耗的情况下节约用铜,因为功率因数提高,电流减小,在 P_1 一定时,线路电阻可以增大,故传输导线可以做得细一些,这样就节约了铜材。

3.7.2　提高功率因数的方法

实际负载大多数是感性的,如工业中大量使用的感应电动机、照明日光灯等,这些感性负载的功率因数大都较低,为了提高电网的经济运行水平,充分发挥设备的潜力,减少线路功率损失和提高供电质量,有必要采取措施提高电路的功率因数。并联电容是提高功率因数的主要方法之一。一般将功率因数提高到 0.9 ~ 0.95 即可,负载可按此要求来计算所并联电容器的容量。

对感性负载提高功率因数的电路如图 3.23(a) 所示。

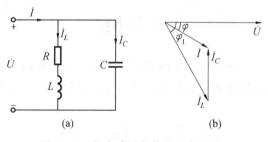

图 3.23　提高感性负载的功率因数

由图 3.23(b) 还可以看出,并联电容后,电容电流 $\dot{I}_C$ 补偿了一部分感性负载电流 $\dot{I}_L$ 的无功分量 $IL\sin\varphi_1$,因而减小了线路中电流的无功分量。显然,并入电容支路的电流有效值为

$$I_C = I_L\sin\varphi_1 - I\sin\varphi$$

因为

$$I_C = \frac{U}{X_C} = U\omega C$$

所以,要是电路的功率因数由原来的 $\cos\varphi_1$ 提高到 $\cos\varphi$,需要并联的电容器的电容量为

$$C = \frac{I_L\sin\varphi_1 - I\sin\varphi}{\omega U} \tag{3.36}$$

从功率意义上分析,感性负载并联电容后,实质上是用电容消耗的无功功率补偿了一部分感性负载消耗的无功功率,它们进行了一部分能量交换,减少了电源供给的无功功率,从而提高了整个电路的功率因数。因此,并联电容的无功功率为

$$- Q_C = Q_L - Q = P(\tan \varphi_1 - \tan \varphi) \tag{3.37}$$

其中 P 为感性负载的有功功率。

又因为

$$Q_C = -\frac{U_C^2}{X_C} = -\omega C U^2$$

所以

$$C = \frac{P}{\omega U^2}(\tan \varphi_1 - \tan \varphi) \tag{3.38}$$

式(3.38)就是提高功率因数所需电容的计算公式。应当注意,在外施电压 U 不变的情况下,感性负载并联电容后消耗的有功功率 P 没有发生变化,这是因为有功功率 P 只由电阻消耗产生,并联电容后电阻上的电压、电流有效值没有改变,因而有功功率 P 没有发生变化。提高功率因数在电力系统中很重要,在实际生产中,并不要求功率因数提高到1,这是因为此时要求并联的电容太大,需要增加设备的投资,从经济效益来看反而不经济了。因此,功率因数达到多大为宜,要比较具体的经济技术等指标后才能确定。

例 3.11 一个 220 V 40 W 的日光灯,功率因数 $\cos \varphi_1 = 0.5$,接入频率 $f = 50$ Hz,电压 $U = 220$ V 的正弦交流电源,要求把功率因数提高到 $\cos \varphi = 0.95$,试计算所需并联电容的电容值。

解 因为 $\cos \varphi_1 = 0.5$,$\cos \varphi = 0.95$,所以

$$\tan \varphi_1 = 1.732, \quad \tan \varphi = 0.329$$

$$Q_C/\text{var} = P(\tan \varphi_1 - \tan \varphi) = 40 \times (1.732 - 0.329) \approx 56.12$$

$$C/\mu\text{F} = \frac{Q_C}{\omega U^2} = \frac{56.12}{314 \times 220^2} \approx 3.69$$

本章小结

幅值、频率和初相位是确定一个正弦量的三要素。只要知道了正弦量的三要素,就可用波形图、正弦函数表达式和相量表示法来表达一个正弦量。正弦交流电的频率 f 与周期、角频率 ω 的关系为

$$I = \frac{I_m}{\sqrt{2}}, \quad u = \frac{U_m}{\sqrt{2}}, \quad E = \frac{E_m}{\sqrt{2}}$$

有效值与幅值的关系为

$$F = \frac{1}{T}, \quad \omega = 2\pi f = \frac{2\pi}{T}$$

两个同频率正弦量之和仍为频率相同的正弦量,其和的有效值(幅值)及初相位可通过相量相加的方法求得。

当交流电路中的电压、电流、电动势分别用相应的相量来表示,$\dot{U}$、$\dot{I}$、$\dot{E}$ 阻抗用复数来表示时,直流电路的基本定律与各种分析方法均可适用于交流电路。

当串联交流电路或并联交流电路对外呈现电阻性时,电路被称为发生了串联谐振或并

联谐振。发生谐振的条件是端口的电压相量 $\dot{U}$ 与电流相量 $\dot{I}$ 同相位,谐振角频率 ω_0 满足式子对于电压 U 和功率 P 一定的感性负载,其功率因数 $\cos\varphi$ 越低,则工作电流越大,这将使电源设备的容量不能得到充分利用,供电线路的能量损耗增加,供电效率降低。因此,对电感性负载常采用并联电容的方法提高功率因数,电容的无功功率 Q_C 和电容值 C 可按以下公式计算:

$$\omega_0 L = \frac{1}{\omega_0 C} = 0$$

$$Q_C = P(\tan\varphi_1 - \tan\varphi)$$

$$C = \frac{P}{\omega U^2}(\tan\varphi_1 - \tan\varphi)$$

思考题与习题

3.1　指出下列各正弦量的幅值、频率、初相角,并画出它们的波形图。

(1) $i = 10\sin(6\,280t + 45°)$ mA;

(2) $u = 220\sin(314t - 120°)$ V;

(3) $u = 5\sin(2\,000\pi t + 90°)$ V。

3.2　在图 3.24 中给出了某正弦交流电路的相量图,已知 $U = 220$ V, $I_1 = 6$ A, $I_2 = 8$ A。试写出 u、i_1、i_2 的瞬时值表达式(角频率为 ω)。

3.3　图 3.25 所示电路中正弦交流电 $u_1 = 220\sqrt{2}\sin\omega t$ V, $u_2 = 220\sqrt{2}\sin(\omega t - 120°)$V,试用相量表示法求出电压 u_a、u_b。

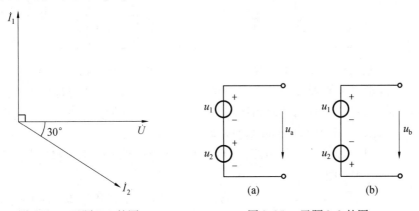

图 3.24　习题 3.2 的图　　　　图 3.25　习题 3.3 的图

3.4　电感元件 $L = 1.59$ H,接于 $u = 220\sqrt{2}\sin 314$ V 的正弦电源上,求感抗 X_L 和电流 i。

3.5　电容元件 $C = 31.8$ μF,接于 $u = 220\sqrt{2}\sin 314$ V 的正弦电源上,求容抗 X_C 和电流 i。

3.6　一个电阻为 1.5 kΩ,电感为 6.37 H 的线圈,接于 50 Hz 380 V 的正弦电源上。求电流 I、功率因数 $\cos\varphi$ 和功率 P、Q、S。

3.7　R、L 串联的电路接于 50 Hz 100 V 的正弦电源上,测得电流 $I = 2$ A,功率 $P = 100$ W。试求电路参数 R、L。

3.8 R、C 串联的电路接于 50 Hz 的正弦电源上，如图 3.26 所示，已知 $R = 100\ \Omega$，$C = 10^4/314\ \mu\text{F}$，电压相量 $\dot{U}_C = 200\ \underline{/0°}\ \text{V}$，求复阻抗 Z、电流 $\dot{I}$ 和电压 $\dot{U}$，并画出电压、电流相量图。

3.9 有一 RC 移相电路如图 3.27 所示，已知 $C = 100\ \mu\text{F}$，$U = 220\ \text{V}$，$f = 50\ \text{Hz}$。求容抗 X_C、复阻抗 Z 及电流 I。

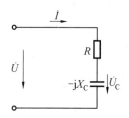 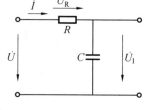

图 3.26　习题 3.8 的图　　　　　图 3.27　习题 3.9 的图

3.10 在 R、L、C 串联电路中，$R = 10\ \Omega$，$L = 0.2\ \text{H}$，$C = 100\ \mu\text{F}$，$U = 200\ \text{V}$，$f = 50\ \text{Hz}$。求感抗 X_L、容抗 X_C、复阻抗 Z 及电流 I。

3.11 在图 3.28 所示电路中，$\dot{U} = 220\ \underline{/0°}\ \text{V}$，$Z_1 = \text{j}10\ \Omega$，$Z_2 = \text{j}50\ \Omega$，$Z_3 = \text{j}100\ \Omega$。求 $\dot{I}_1$、$\dot{I}_2$、$\dot{I}_3$。

3.12 在图 3.29 所示正弦交流电路中，已知电流表 A_1 的读数为 40 mA，A_2 的读数为 80 mA，A_3 的读数为 50 mA。求电流表 A 的读数。

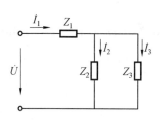 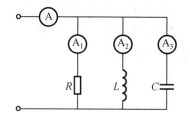

图 3.28　习题 3.11 的图　　　　图 3.29　习题 3.12 的图

3.13 电路如图 3.30 所示，已知 $U = 100\ \text{V}$，$R_1 = 20\ \Omega$，$R_2 = 10\ \Omega$，$X_2 = 10\ \Omega$。

（1）求电流 I，并画出电压、电流相量图；

（2）计算电路的功率 P 和功率因数 $\cos\varphi$。

3.14 图 3.31 所示正弦交流电路，已知 $\dot{U} = 100\ \underline{/0°}\ \text{V}$，$Z_1 = 1 + \text{j}\ \Omega$，$Z_2 = 3 - \text{j}4\ \Omega$。求 $\dot{I}$、$\dot{U}_1$、$\dot{U}_2$，并画出相量图。

3.15 图 3.32 所示正弦交流电路，已知 $X_C = 50\ \Omega$，$X_L = 100\ \Omega$，$R = 100\ \Omega$，电流 $\dot{I} = 2\ \underline{/0°}\ \text{A}$。求电阻上的电流 $\dot{I}_R$ 和总电压 $\dot{U}$。

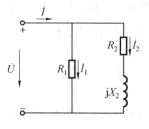 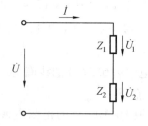 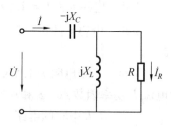

图 3.30　习题 3.13 的图　　　图 3.31　习题 3.14 的图　　　图 3.32　习题 3.15 的图

3.16　已知 $i = 22\sqrt{2}\sin(314t - 30°)$ A,流过不同负载得到以下不同的电压值,问各种情况下负载阻抗的大小和负载的性质:

(1) $u = 220\sqrt{2}\sin(314t - 60°)$ V;

(2) $u = 220\sqrt{2}\sin(314t + 120°)$ V;

(3) $u = 220\sqrt{2}\sin(314t + 90°)$ V;

(4) $u = 220\sqrt{2}\sin(314t - 20°)$ V。

3.17　某电视机的吸收回路如图 3.33 所示,要求吸收 37 MHz 的干扰信号,已知 $C_1 = C_2 = 6.2$ pF,则电感量 L 应为多少?

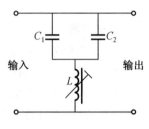

图 3.33　习题 3.17 的图

3.18　日光灯与镇流器串联后接到交流电源上可看作 R、L 串联电路。若已知 220 V 40 W 的日光灯功率因数为 $\cos\varphi_1 = 0.5$,现采用并联电容的方法提高功率因数,使 $\cos\varphi = 0.96$。求所需的电容量 C。

3.19　已知两正弦电压分别为 $u_1 = 220\sin(\omega t + 45°)$ V, $u_2 = 110\sqrt{2}\sin(\omega t - 45°)$ V。求 $u = u_1 + u_2$,并写出 u 的瞬时值表达式。

3.20　两同频率的正弦电流 i_1、i_2 的有效值分别为 30 A 和 40 A。问:

(1) 当 i_1、i_2 的相位差为多少时,$i_1 + i_2$ 的有效值为 70 A?

(2) 当 i_1、i_2 的相位差为多少时,$i_1 + i_2$ 的有效值为 10 A?

(3) 当 i_1、i_2 的相位差为多少时,$i_1 + i_2$ 的有效值为 50 A?

(4) 当 i_1、i_2 的相位差为 120° 时,$i_1 + i_2$ 的有效值是多少?

3.21　10 Ω 的理想电阻,接在一交流电压为 $U = 100\sqrt{2}\sin(\omega t + 30°)$ V 的电路中,试写出通过该电阻的电流瞬时值表达式,并计算电阻所消耗的功率 P。

3.22　某一线圈的电感 $L = 255$ mH,其电阻很小可忽略不计,已知线圈两端的电压为 $u = 220\sqrt{2}\sin(314t + 60°)$ V,试计算该线圈的感抗 X_L,写出通过线圈的电流瞬时值表达式,并计算无功功率 Q。

3.23　容量 $C = 31.85$ μF 的纯电容接于频率 $f = 50$ Hz 的交流电路中,已知流过电容的电流 $i = 2.2\sqrt{2}\sin(\omega t + 90°)$ A,试计算该电容器的容抗 X_C,并写出电容两端电压的瞬时值表达式,计算无功功率 Q。

第4章　三相交流电路

重点内容：
◆　　三相交流电源
◆　　负载的星形连接
◆　　负载的三角形连接
◆　　三相电路的功率
◆　　导线截面的选择

4.1　三相交流电源

三相交流电是由三相交流发电机产生的。在三相交流发电机中,有三个相同的绕组（即线圈）,三个绕组的始端分别用 U_1、V_1、W_1 表示,末端分别用 U_2、V_2、W_2 来表示。U_1U_2、V_1V_2、W_1W_2 三个绕组分别称为 U 相、V 相、W 相绕组。由于发电机结构的原因,这三相绕组所发出的三相电动势幅值相等,频率相同,相位互差120°。这样的三相电动势称为对称的三相电动势,可以表示为

$$e_U = E_m \sin \omega t$$

$$e_V = E_m \sin(\omega t - 120°)$$

$$e_W = E_m \sin(\omega t - 240°) = E_m \sin(\omega t + 120°)$$

如果以相量形式来表示,则有

$$\dot{E}_U = E \underline{/0°}$$

$$\dot{E}_V = E \underline{/-120°}$$

$$\dot{E}_W = E \underline{/-240°} = E \underline{/120°}$$

它们的波形图和相量图如图 4.1 所示。

三相交流电在相位上的先后次序称为相序。如上述的三相电动势依次滞后 120°,其相序为 U → V → W。

通常把发电机三相绕组的末端 U_2、V_2、W_2 连接成一点 N,而把始端 U_1、V_1、W_1 作为与外电路相连接的端点。这种连接方式称为电源的星形连接,如图 4.2 所示。N 点称为中点或零点,从中点引出的导线称为中线或零线,有时中线接地又称为地线。从始端(U_1、V_1、W_1)引出的三根导线称为端线或相线,俗称火线,常用 L_1、L_2、L_3 表示。裸导线上可涂以黄、绿、红、淡蓝颜色标记以区分各导线,走线采用的导线颜色必须符合国家标准。图 4.2 是电源的星形连接常见的两种表示方式。

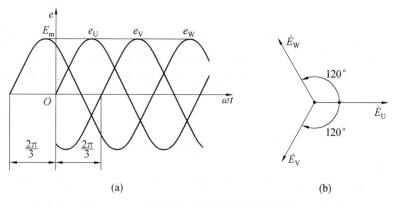

(a)   (b)

图 4.1　三相对称电动势的波形图和相量图

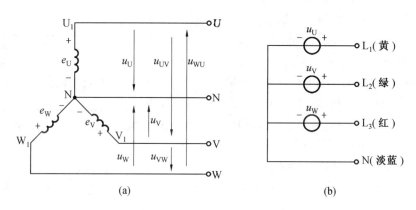

(a)   (b)

图 4.2　电源的星形连接

由三条相线和一条中线构成的供电系统称为三相四线制供电系统。通常低压供电网均采用三相四线制。常见的只有两条导线的供电电路一般只包括三相中的一相，由一条相线和一条中线组成。

三相四线制供电系统可输送两种电压：一种是相线与中线之间的电压，称为相电压，用 U_U、U_V、U_W 表示；另一种是相线与相线之间的电压，称为线电压，用 U_{UV}、U_{VW}、U_{WU} 表示。

通常规定各相电动势的参考方向为从绕组的末端指向始端，相电压的参考方向为从始端指向末端（从相线指向中线）；线电压的参考方向，例如 U_{UV}，则是从 U 端指向 V 端。由图 4.2 可知各线电压与相电压之间的关系为

$$\dot{U}_{UV} = \dot{U}_U - \dot{U}_V$$
$$\dot{U}_{VW} = \dot{U}_V - \dot{U}_W$$
$$\dot{U}_{WU} = \dot{U}_W - \dot{U}_U$$

线电压与相电压的相量图如图 4.3 所示。由于三相电动势是对称的，故相电压也是对称的。由图可知，线电压也是对称的，在相位上比相应的相电压超前 30°。线电压的有效值用 U_l 表示，相电压的有效值用 U_p 表示。由相量图可知它们的关系为

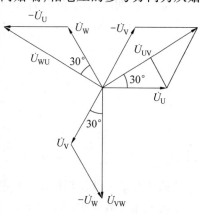

图 4.3　线电压与相电压的相量图

$$U_1 - \sqrt{3}\,U_p$$

一般低压供电系统的线电压是 380 V，它的相电压是 $380/\sqrt{3} \approx 220$ V。可根据额定电压决定负载的接法：若负载额定电压是 380 V，则接在两条相线之间；若负载额定电压是 220 V，则接在相线和中线之间。必须注意，不加说明的三相电源和三相负载的额定电压都是指线电压。

4.2　负载的星形接法

三相交流电路中，负载的连接方式有两种：星形连接和三角形连接。分析三相电路和分析单相电路一样，首先画出电路图，并标出电压和电流的参考方向，然后应用欧姆定律和基尔霍夫定律找出电压和电流之间的关系。

负载星形连接的三相四线制电路如图 4.4 所示。若不计中线阻抗（$Z_N = 0$），则电源中点 N 与负载中点 N′ 电位相等。若端线阻抗可以忽略不计（$Z_l = 0$），则负载的相电压与电源的相电压相等，即 $\dot{U}_{uv} = \dot{U}_{UV}$，$\dot{U}_{vw} = \dot{U}_{VW}$，$\dot{U}_{wu} = \dot{U}_{WU}$；负载的线电压与电源的线电压相等，即

$$\dot{U}_u = \dot{U}_U,\quad \dot{U}_v = \dot{U}_V,\quad \dot{U}_w = \dot{U}_W$$

负载星形连接时，电路有以下基本关系：

① 三相电路中的电流有相电流与线电流之分，每相负载中的电流称为相电流，每条端线中的电流称为线电流，很显然，相电流等于线电流，即

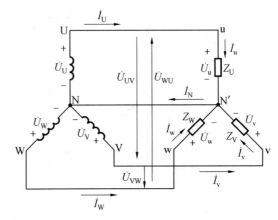

图 4.4　负载星形连接的三相四线制电路

$$\dot{I}_u = \dot{I}_U,\quad \dot{I}_v = \dot{I}_V,\quad \dot{I}_w = \dot{I}_W$$

如果用 I_p 表示相电流，用 I_l 表示线电流，一般可写成

$$I_p = I_l$$

② 三相四线制电路中，各相电流可分成三个单相电路分别计算，即式中

$$\dot{I}_u = \dot{I}_U = \frac{\dot{U}_U}{Z_U} = \frac{\dot{U}_U}{|Z_U|\;\underline{/\varphi_U}} = \frac{\dot{U}_U}{|Z_U|}\;\underline{/-\varphi_U}$$

$$\dot{I}_v = \dot{I}_V = \frac{\dot{U}_V}{Z_V} = \frac{\dot{U}_V}{|Z_V|\;\underline{/\varphi_V}} = \frac{\dot{U}_V}{|Z_V|}\;\underline{/-\varphi_V}$$

$$\dot{I}_w = \dot{I}_W = \frac{\dot{U}_W}{Z_W} = \frac{\dot{U}_W}{|Z_W|\;\underline{/\varphi_W}} = \frac{\dot{U}_W}{|Z_W|}\;\underline{/-\varphi_W}$$

式中　　　　$\varphi_U = \arctan\dfrac{X_U}{R_U}$,　$\varphi_V = \arctan\dfrac{X_V}{R_V}$,　$\varphi_W = \arctan\dfrac{X_W}{R_W}$

图 4.5 是负载星形连接时的相量图。

若三相负载对称，即 $Z_U = Z_V = Z_W = Z = |Z|\;\underline{/-\varphi}$ 时，有

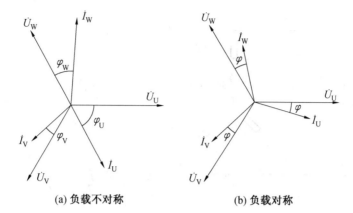

(a) 负载不对称　　　　　　　(b) 负载对称

图 4.5　负载星形连接时的相量图

$$\dot{I}_u = \dot{I}_U = \frac{\dot{U}_U}{Z} = \frac{\dot{U}_U}{|Z|} = \underline{/-\varphi}$$

$$\dot{I}_v = \dot{I}_V = \frac{\dot{U}_V}{Z} = \frac{\dot{U}_V}{|Z|} = \underline{/-\varphi}$$

$$\dot{I}_w = \dot{I}_W = \frac{\dot{U}_W}{Z} = \frac{\dot{U}_W}{|Z|} = \underline{/-\varphi}$$

因而相电流或线电流也是对称的。显然,在三相负载对称的情况下,三相电路可归结到一相来计算。

③ 负载的线电压就是电源的线电压。在对称条件下,线电压是相电压的 $\sqrt{3}$ 倍,且超前于相应的相电压 30°。

④ 中线电流等于三个线(相)电流的相量和。根据图 4.4,由基尔霍夫电流定律有

$$\dot{I}_N = \dot{I}_U + \dot{I}_V + \dot{I}_W$$

如果负载对称,即

$$Z_U = Z_V = Z_W = Z = |Z| \underline{/-\varphi}$$

则有
$$\dot{I}_N = \dot{I}_U + \dot{I}_V + \dot{I}_W = 0$$

由于中线无电流,故可将中线除去,而成为三相三线制电路系统。工业生产上所用的三相负载(比如三相电动机、三相电炉等)通常情况下都是对称的,可用三相三线制电路供电。但是,如果三相负载不对称,中线中就会有电流通过,此时中线不能除去,否则会造成负载上三相电压严重不对称,使用电设备不能正常工作。

例 4.1　如图 4.6(a)所示的三相四线制电路,电源电压为 380 V,试求各相负载电流及中线电流,并画出相量图。

解　相电压为 $U_p = U_l/\sqrt{3} = 380/\sqrt{3} = 220$ V,选取 U_U 为参考相量,则有

$$\dot{U}_U/V = 220 \underline{/0°}$$

$$\dot{U}_V/V = 220 \underline{/-120°}$$

$$\dot{U}_W/V = 220 \underline{/120°}$$

各相负载电流可分别计算

$$\dot{I}_U/A = \frac{\dot{U}_U}{Z_U} = \frac{220 \underline{/0°}}{4 + j3} = \frac{220 \underline{/0°}}{5 \underline{/36.9°}} = 44 \underline{/-36.9°}$$

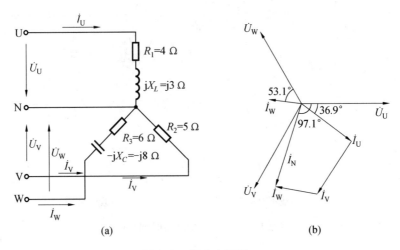

(a)   (b)

图 4.6   例 4.1 的图

$$\dot{I}_V/A = \frac{\dot{U}_V}{Z_V} = \frac{220\ \underline{/-120^\circ}}{5} = 44\ \underline{/-120^\circ}$$

$$\dot{I}_W/A = \frac{\dot{U}_W}{Z_W} = \frac{220\ \underline{/120^\circ}}{6-j8} = \frac{220\ \underline{/120^\circ}}{10\ \underline{/-53.1^\circ}} = 22\ \underline{/173.1^\circ}$$

中线电流为

$$\dot{I}_N/A = \dot{I}_U + \dot{I}_V + \dot{I}_W = 44\ \underline{/-36.9^\circ} + 44\ \underline{/-120^\circ} + 22\ \underline{/173.1^\circ} = 62.5\ \underline{/-97.1^\circ}$$

各负载电流及中线电流的相量图如图 4.6(b) 所示。

例 4.2   如图 4.7(a) 所示的三相四线制电路,每相负载阻抗 $Z = 3 + j4\ \Omega$,外加电压 $U_1 = 380\ V$,试求负载的相电压和相电流。

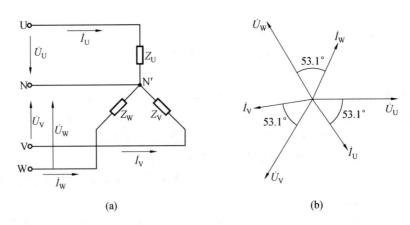

(a)   (b)

图 4.7   例 4.2 的图

解   由于该电路是对称电路,故可以归结到一相来计算,其相电压为

$$U_P/V = \frac{U_1}{\sqrt{3}} = 220$$

相电流为

$$I_p / A = \frac{U_p}{|Z|} = \frac{220}{\sqrt{3^2 + 4^2}} = 44$$

相电压与相电流的电位差角为

$$\varphi = \arctan \frac{X}{R} = \arctan \frac{4}{3} \approx 53.1°$$

选 $\dot{U}_U$ 为参考相量,则有

$$\dot{I}_U / A = \frac{\dot{U}_U}{Z} \approx 44 \underline{/-53.1°}$$

$$\dot{I}_V / A = \dot{I}_U \underline{/-120°} \approx 44 \underline{/-173.1°}$$

$$\dot{I}_W / A = \dot{I}_U \underline{/120°} \approx 44 \underline{/66.9°}$$

相电压和相电流的相量图如图 4.7(b) 所示。

4.3　负载的三角形连接

如果将三相负载的首尾相连,再将三个连接点与三相电源端线 U、V、W 连接,就构成了负载三角形连接的三相三线制电路,如图 4.8 所示。

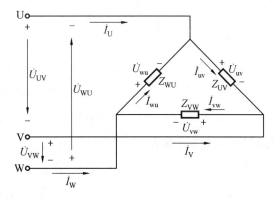

图 4.8　负载的三角形连接

图 4.8 中,Z_{UV}、Z_{VW}、Z_{WU} 分别是三相负载的复阻抗,各电量的参考方向按习惯标出。若忽略端线阻抗($Z_1 = 0$),则电路具有以下基本关系:

① 由于各相负载都直接接在电源的线电压上,所以负载的相电压与电源的线电压相等。因此,无论负载对称与否,其相电压总是对称的,即

$$\dot{U}_{uv} = \dot{U}_{UV}, \quad \dot{U}_{vw} = \dot{U}_{VW}, \quad \dot{U}_{wu} = \dot{U}_{WU}$$

有效值关系为

$$\dot{U}_p = \dot{U}_l$$

② 各相电流可以分成三个单相电路分别计算,即

$$\dot{I}_{UV} = \frac{\dot{U}_{UV}}{Z_{UV}} = \frac{\dot{U}_{UV}}{|Z_{UV}| \underline{/\varphi_{UV}}} = \frac{\dot{U}_{UV}}{|Z_{UV}|} \underline{/-\varphi_{UV}}$$

$$\dot{I}_{VW} = \frac{\dot{U}_{VW}}{Z_{VW}} = \frac{\dot{U}_{VW}}{|Z_{VW}| \underline{/\varphi_{VW}}} = \frac{\dot{U}_{VW}}{|Z_{VW}|} \underline{/-\varphi_{VW}}$$

$$\dot{I}_{WU} = \frac{\dot{U}_{WU}}{Z_{WU}} = \frac{\dot{U}_{WU}}{|Z_{WU}| \underline{/\varphi_{WU}}} = \frac{\dot{U}_{WU}}{|Z_{WU}|} \underline{/-\varphi_{WU}}$$

式中 $\qquad \varphi_{UV} = \arctan\dfrac{X_{UV}}{R_{UV}}, \quad \varphi_{VW} = \arctan\dfrac{X_{VW}}{R_{VW}}, \quad \varphi_{WU} = \arctan\dfrac{X_{WU}}{R_{WU}}$

如果负载对称,即

$$Z_{UV} = Z_{VW} = Z_{WU} = Z = |Z| \underline{/\varphi}$$

则负载的相电流也是对称的,此时,相电流可归到一相来计算,即

$$I_{UV} = I_{VW} = I_{WU} = I_P = \dfrac{U_P}{|Z|}$$

$$\varphi_{UV} = \varphi_{VW} = \varphi_{WU} = \varphi = \arctan\dfrac{X}{R}$$

负载三角形连接时的相量图如图4.9所示。

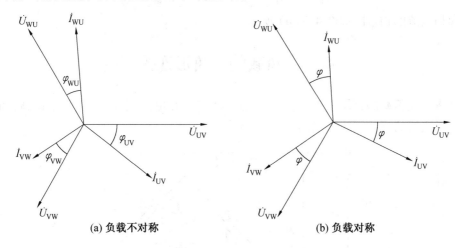

(a) 负载不对称 $\qquad\qquad$ (b) 负载对称

图4.9 负载三角形连接时的相量图

③各线电流可利用基尔霍夫电流定律计算如下:

$$\dot{I}_U = \dot{I}_{UV} - \dot{I}_{WU}$$
$$\dot{I}_V = \dot{I}_{VW} - \dot{I}_{UV}$$
$$\dot{I}_W = \dot{I}_{WU} - \dot{I}_{VW}$$

如果负载对称,负载的相电流也是对称的,通过上式可作出线电流和相电流之间的相量关系如图4.10所示。

从图中不难看出,有

$$\frac{1}{2}I_1 = I_P\cos 30° = \frac{\sqrt{3}}{2}I_P$$

即线电流是相电流的$\sqrt{3}$倍,且滞后于相应的相电流30°。故

$$I_1 = \sqrt{3}\,I_P$$

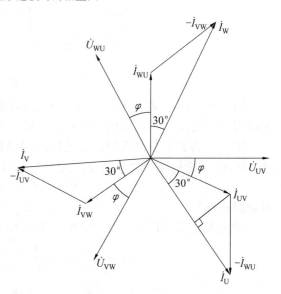

图4.10 对称负载三角形连接时线电流与相电流之间的相量关系

例4.3 如图4.8所示的三相三线制电路,各相负载的复阻抗$Z = 3 + j4\ \Omega$,电源电压

为 380 V,试求负载的相电流和线电流。

解   由于是对称电路,所以可将三相电路归结到一相来计算。其线电流为

$$I_1/A = \sqrt{3} I_p = \sqrt{3} \times 76 \approx 131.6$$

相电流为

$$I_p/A = \frac{U_1}{|Z|} = \frac{380}{\sqrt{3^2 + 4^2}} = 76$$

相电压与相电流的相位角为

$$\varphi = \arctan \frac{X}{R} = \arctan \frac{4}{3} \approx 53.1°$$

4.4   三相电路的功率

三相电路总的有功功率等于各相有功功率之和。当负载为星形连接时,总功率为

$$P = P_U + P_V + P_W$$

如果三相负载对称,则有

$$P = U_U I_U \cos \varphi_U + U_V I_V \cos \varphi_V + U_W I_W \cos \varphi_W$$

式中,φ_U、φ_V、φ_W 分别是各相相电压与相电流的相位差,亦即各相负载的阻抗角或功率因数角。

对于三角形连接,有

$$P = 3U_p I_p \cos \varphi$$

则

$$P = 3U_1 \frac{I_1}{\sqrt{3}} \cos \varphi = \sqrt{3} U_1 I_1 \cos \varphi$$

综上所述,无论负载是星形连接还是三角形连接,三相电路总的有功功率均可用 $P = \sqrt{3} U_1 I_1 \cos \varphi$ 来表达,式中的 φ 均是指相电压与相电流的相位差角,即负载 Z 的阻抗角。三相电路总的无功功率也等于三相无功功率之和,在对称三相电路中,三相无功功率为

$$Q = 3U_p I_p \sin \varphi = \sqrt{3} U_1 I_1 \sin \varphi$$

而三相视在功率为

$$S = \sqrt{P^2 + Q^2} = 3U_p U_p = \sqrt{3} U_1 I_1$$

例 4.4   有一三相电动机,每相的等效电阻 $R = 6\ \Omega$,等效电抗 $X = 8\ \Omega$,用 380 V 线电压的电源供电,试求分别用星形连接和三角形连接时电动机的相电流、线电流和总的有功功率。

解   每相阻抗为

$$Z = 6 + j8\ \Omega \approx 10\ \underline{/53.1°}$$

星形连接时

$$I_1 = I_p = \frac{U_p}{|Z|} = \frac{U_1/\sqrt{3}}{|Z|} = \frac{380/\sqrt{3}}{10} = 22\ A$$

总的有功功率为

$$P_Y/\text{kW} = \sqrt{3}\,U_1 I_1 \cos\varphi = 3 \times 380 \times 22 \times \cos 53.1° \approx 8.68$$

三角形连接时 $U_p = U_1 = 380$ V，于是

$$I_1/\text{A} = \sqrt{3}\,I_p = \sqrt{3}\,\frac{U_p}{|Z|} = \sqrt{3}\,\frac{380}{10} \approx 65.8$$

总的有功功率为

$$P_\triangle/\text{kW} = \sqrt{3}\,U_1 I_1 \cos\varphi = \sqrt{3} \times 380 \times 65.8 \times \cos 53.1° \approx 26.0$$

计算表明，在电源电压不变的情况下，同一负载星形连接和三角形连接时所消耗的功率是不同的，三角形连接时的功率是星形连接时的 3 倍。这就告诉我们，若要使负载正常工作，负载的接法必须正确。如果将正常工作为星形连接的负载误接成三角形，则会因功率过大而烧毁负载；如果将正常工作为三角形连接的负载误接成星形时，则会因功率过小而不能使负载正常工作。

4.5 导线截面的选择

1. 根据发热条件选择导线截面

电流通过导线时，因导线存在电阻而会引起导线发热，导线温度过高又将导致绝缘损坏，甚至引发短路事故。一般规定，橡皮绝缘导线的最高容许温度为 55 ℃，裸导线的最高容许温度为 70 ℃。

根据导线的最高容许温度、周围环境及敷设条件，对于每种标准截面的导线都规定了最大容许持续电流，见表 4.1。导线的最大容许持续电流应该略大于线路的工作电流 I_1，导线的截面就是根据这个条件来选择的。

表 4.1 绝缘导线允许载流量　　　　　　　　　　　　　　　　　　A

导线截面 /mm²	橡皮绝缘线								塑料绝缘线							
	明敷		穿管敷设						明敷		穿管敷设					
			2 根		3 根		4 根				2 根		3 根		4 根	
	铜	铝	铜	铝	铜	铝	铜	铝	铜	铝	铜	铝	铜	铝	铜	铝
1.0	17		14		13		12		18		15		14		13	
1.5	20	15	16	12	15	11	14	10	22	17	18	13	16	12	15	11
2.5	28	21	24	18	23	17	21	16	30	23	26	20	25	19	23	17
4	37	28	35	26	30	23	27	21	40	30	38	29	33	25	30	23
6	46	36	40	31	38	29	34	26	50	40	44	34	41	31	37	28
10	69	51	63	47	50	39	45	34	75	50	68	51	56	42	49	37
16	92	69	74	56	66	50	59	45	100	75	80	61	72	55	64	49
25	120	92	92	74	83	69	78	60	130	100	100	80	90	75	85	65
35	148	115	115	88	100	78	97	70	160	130	125	96	110	84	105	75
50	185	143	150	115	130	100	110	82	200	160	163	125	142	109	120	89
70	230	185	186	144	168	130	149	115	255	200	202	156	182	141	161	125
95	290	225	220	170	210	160	180	140	310	240	243	187	227	175	197	152
120	355	270	260	200	220	173	210	165								
150	400	310	290	230	260	207	240	188								

现以三相异步电动机作为负载为例来计算导线的截面。如果在线路上只有一台电动机,则线路的工作电流 I_1 即为电动机的电流 I_D,即

$$I_1 = I_D = \frac{\beta P_N \times 10^3}{\sqrt{3}\, U_1 \eta \cos\varphi}$$

式中,P_N 为电动机的额定功率,单位为 kW;η 为电动机额定负载时的效率;β 为负载系数,即电动机的实际输出功率与其额定功率的比值,一般为 0.9 ~ 1。

当线路上有多台电动机时,线路的工作电流 I_1 可按下式计算:

$$I_1 = K_0 \sum I_D$$

式中,K_0 为同时运行系数,线路上的电动机越多,该系数越小,一般来讲,若有 5 ~ 8 台电动机,可取 $K_0 = 0.95$;若有 20 ~ 30 台电动机,可取 $K_0 = 0.8$。

按发热条件选择导线截面还必须与熔丝适当配合,使熔丝对线路起到保护作用。

如果导线截面过小,而熔丝的额定电流较大,则当线路过载时熔丝不会熔断,起不到保护作用,因此实际中还规定一定额定电流的熔丝只能保护一定截面以上的导线。

2. 根据电压损失选择导线截面

所谓电压损失,是指线路始端电压 U_1 与末端电压 U_2 之差,即

$$\Delta U = U_1 - U_2$$

电压损失通常也用 ΔU 与额定电压 U_N 的百分比来表示,即

$$\Delta u = \frac{\Delta U}{U_N} \times 100\%$$

计算低压线路的电压损失时,可以忽略线路中的电抗,而只考虑线路电阻。三相电路的电压损失可表示为

$$\Delta u = \frac{Pl \times 10^3}{U_N^2 S \gamma} \times 100\%$$

式中,S 为导线截面,mm^2;P 为线路末端的功率,即负载的输入功率,kW;U_N 为负载的额定电压,V;l 为线路长度,m;γ 为导线的电导率(铜导线为 57×10^6 S/m,铝导线为 32×10^6 S/m)。由上式可知,电压损失与导线截面 S 有关。

例 4.5　距离变电所 400 m 的某建筑物,其照明负载总计 36 kW,用 380/220 V 三相四线制系统供电,设干线上的电压损失不超过 5%,敷设地点的环境温度为 35 ℃,试选择导线截面(取同时运行系数 $K_0 = 0.7$)。

解　因线路距离较长,且为照明线路,因此按允许电压损失选择导线截面。

$$S/\mathrm{mm}^2 = \frac{Pl \times 10^3}{\gamma \Delta u U} = \frac{36 \times 400 \times 10^3}{57 \times 10^6 \times 5 \times 10^{-2} \times 380^2} = 34.98$$

查表 4.1,选用截面为 35 mm^2 的橡皮绝缘铜导线,其最大允许载流量为 148 A。用发热条件进行校验,线路的工作电流为

$$I_1/\mathrm{A} = K_0 I_D = \frac{K_0 P}{\sqrt{3}\, U_N} = \frac{0.7 \times 26 \times 10^3}{\sqrt{3} \times 380} \approx 38.3$$

因所选导线的允许载流量远大于线路的工作电流,故所选导线截面满足要求。

本章小结

三相交流电源的三相电压是对称的,即大小相等,频率相同,相位互差120°。在三相四线制供电系统中,线电压是相电压的 $\sqrt{3}$ 倍,且在相位上超前于相应的相电压30°。

三相负载究竟应该接成星形还是三角形,由电源电压的数值和负载的额定电压来决定。单相负载的额定电压大多等于电源的相电压,应该接在端线与中线之间。三相电路中接入单相负载后一般是不对称的,此时必须有中线。

三相对称电路的计算可归结到一相进行,求得一相的电压和电流后,可根据对称关系得出其他两相的结果。在计算三相对称电路时要注意两个 $\sqrt{3}$ 的关系:星形连接时, $\sqrt{3}\,U_1 = U_p$,但 $I_1 = I_p$;三角形连接时, $I_1 = \sqrt{3}\,I_p$,但 $U_1 = U_p$ 。

三相对称电路的功率为

$$P = \sqrt{3}\,U_1 I_1 \cos\varphi$$

$$Q = \sqrt{3}\,U_1 I_1 \sin\varphi$$

$$S = \sqrt{3}\,U_1 I_1$$

式中, φ 是相电压与相电流的相位差角,即每相负载的阻抗角或功率因数角。供电导线的截面一般可根据发热条件和电压损失来选择。

思考题与习题

4.1 星形连接的对称三相电源,已知 $U_U = 380\sin(\omega t + 30°)$,试写出 U_W 、 U_V 、 U_{WU} 、 U_{VW} 、 U_{UV} 。

4.2 星形连接的对称三相电源,已知 $\dot{U}_W = 220\,\underline{/0°}$,试写出 U_U 、 U_{WU} 、 U_V 。

4.3 三相四线制系统中,中线的作用是什么? 为什么中线干线上不能接熔断器和开关?

4.4 试判断下列结论是否正确:

(1)当负载作星形连接时,必须有中线;

(2)当负载作三角形连接时,线电流必为相电流的3倍;

(3)当负载作三角形连接时,相电压必等于线电压。

4.5 现有120只"220 V 100 W"的白炽灯泡,怎样将其接入线电压为380 V的三相四线制供电线路最为合理? 按照这种接法,在全部灯泡点亮的情况下,线电流和中线电流各是多少?

4.6 如图4.11所示的三相对称负载电路,其线电压为380 V, $Z = 6 + j8\,\Omega$ 。试求相电压、相电流和线电流,并画出相量图。

4.7 电路如图4.12所示,已知 $R_U = 10\,\Omega$, $R_V = 20\,\Omega$, $R_W = 30\,\Omega$, $U_1 = 380$ 。试求:

(1)各相电流及中线电流;

(2)U相断路时,各相负载所承受的电压和通过的电流;

(3)U相和中线均断开时,各相负载的电压和电流;

（4）U 相负载短路，中线断开时，各相负载的电压和电流。

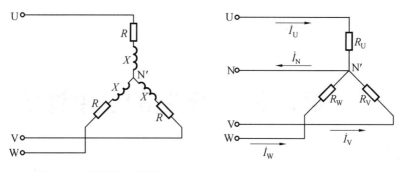

图 4.11　习题 4.6 的图

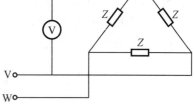

图 4.12　习题 4.7 的图

4.8　如图 4.13 所示，正常工作时电流表的读数是 26 A，电压表的读数是 380 V，三相对称电源供电，试求下列各情况下各相的电流。

（1）正常工作；

（2）W 相负载断路；

（3）W 相线断路。

4.9　三相对称负载作三角形连接，线电压为 380 V，线电流为 17.3 A，三相总功率为 4.5 kW，求每相负载的电阻和感抗。

图 4.13　习题 4.8 的图

4.10　三相电阻炉每相电阻 $R = 10\ \Omega$，接在额定电压 380 V 的三相对称电源上。分别求星形连接和三角形连接时，电炉从电网各吸收多少功率？

4.11　距离变电所 400 m 远的某教学大楼，其照明负荷共计 36 kW，用 380/220 三相四线制供电，若允许在这段导线上的电压损失是 2.5%，敷设地点的环境温度是 35 ℃，试选择干线的导线截面（取 $K_0 = 0.7$）。

4.12　有一条三相四线制 380/220 低压线路，其长度为 200 m，照明负荷为 100 kW，线路采用铝芯橡皮绝缘线三根穿管敷设，已知敷设地点的环境温度为 35 ℃，试根据发热条件选择所需导线截面（取 $K_0 = 0.7$）。

4.13　将图 4.14 中的各相负载分别接成星形或三角形，电源的线电压为 380 V，相电压为 220 V，每只灯的额定电压为 220 V，每台电动机的额定电压为 380 V。

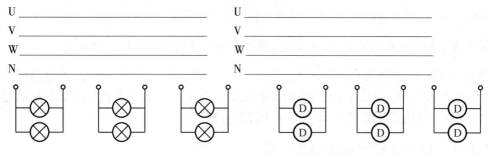

图 4.14　习题 4.13 的图

第5章　电路的过渡过程

重点内容：

◆　过渡过程的产生和换路定律
◆　RC 电路过渡过程及三要素法
◆　RL 电路的过渡过程
◆　RC 电路对矩形波的响应

5.1　过渡过程的产生和换路定律

5.1.1　过渡过程产生的必然性

在含有储能元件的电路中,当电路结构或元件参数发生改变时,会引起电路中电流和电压的变化,而电路中电压和电流的建立或其量值的改变,必然伴随着电容中电场能量和电感中磁场能量的改变。这种改变是能量渐变,而不是跃变(即从一个量值即时地变到另一个量值),否则将导致功率 $P = \mathrm{d}w/\mathrm{d}t$ 成为无限大,这在实际中是不可能的。

在电容中储能表现为电场能量 $W_C = \dfrac{1}{2}Cu_C^2$,由于换路时能量不能跃变,故电容上的电压一般不能跃变。

从电流的观点来看,电容上电压的跃变将导致其中的电流 $i_C = C\dfrac{\mathrm{d}u}{\mathrm{d}t}$ 变为无限大,这通常也是不可能的。由于电路中总要有电阻,i_C 只能是有限值,所以有限电流对电容充电,电容电荷及电压 u_C 就只能逐渐增加,而不可能在瞬间突然跃变。

对电感中储存的磁场能量 $W_L = \dfrac{1}{2}Li_L^2$,电感中的电压电流关系为 $u_L = L\dfrac{\mathrm{d}i_L}{\mathrm{d}t}$。

能量不能跃变,电压为有限值,故电感中的电流一般也不能跃变。因此,当电路结构或电路参数发生改变时,电感的电流和电容的电压必然有一个从原先值到新的稳态值的过渡过程,而电路中其他的电流、电压也会有一个过渡过程。

5.1.2　换路定律和初始值的计算

用直接求解微分方程的方法分析电路的过渡过程需要确定积分常数,因此就必须知道响应的初始值,而初始值可由换路定律得到。

电路理论中把电路结构或元件参数的改变称为换路。如图 5.1(a) 所示,开关 S 由打开到闭合,假设开关动作瞬时完成,开关的动作改变了电路的结构,这就称为换路,开关动作的时刻选为计时时间的起点,记为 $t = 0$。我们研究的就是开关动作后,即 $t = 0$ 以后的电路响应。

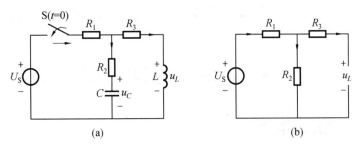

图 5.1　例 5.1 的电路

在换路瞬间,电容元件的电流有限时,其电压 u_C 不能跃变;电感元件的电压有限时,其电流 i_L 不能跃变,这一结论称为换路定律。把电路发生换路时刻取为计时起点 $t = 0$,而以 $t = 0_-$ 表示换路前的最后一瞬间,它和 $t = 0$ 之间的间隔趋近于零;以 $t = 0_+$ 表示换路后的最前一瞬间,它和 $t = 0$ 之间的间隔也趋近于零,则换路定律可表示为

$$\begin{cases} u_C(0_+) = u_C(0_-) \\ i_L(0_+) = i_L(0_-) \end{cases} \tag{5.1}$$

电容上的电荷量和电感中的磁链也不能跃变,而电容电流、电感电压、电阻的电流和电压、电压源的电流、电流源的电压在换路瞬间是可以跃变的。它们的跃变不会引起能量的跃变,即不会出现无限大的功率。

响应在换路后的最初一瞬间(即 $t = 0_+$ 时)的值称为初始值。电容电压的初始值 $u_C(0_+)$ 和电感电流的初始值 $i_{L(0_+)}$ 可按换路定律(式(5.1))求出。$t = 0_-$ 时的值由换路前的电路求出,换路前电路已处于稳态,此时电容相当于开路,电感相当于短路。其他可以跃变的量的初始值可由 $t = 0_+$ 时的等效电路求出。

首先画出 0_+ 等效电路,在 0_+ 等效电路中,将电容元件用电压为 $u_{C(0_+)}$ 的电压源替代,将电感元件用电流为 $i_{L(0_+)}$ 的电流源替代,若 $u_{C(0_+)} = u_{C(0_-)} = 0$,$i_{L(0_+)} = i_{L(0_-)} = 0$,则在 $t = 0_+$ 这一瞬间电容相当于短路,电感相当于开路。电路中的独立电源则取其在 0_+ 时的值,0_+ 等效电路是一个电阻性电路,可根据基尔霍夫定律和欧姆定律求出其他相关初始值。

例 5.1　作出图 5.1(a) 所示电路 $t = 0_+$ 时的等效电路,并计算 $i_{R_3(0_+)}$、$i_{R_2(0_+)}$、$u_{C(0_+)}$、$u_{L(0_+)}$。已知开关闭合前,电路无储能。

解　因为换路前电路无储能,所以 $u_{C(0_-)} = 0$,$i_{L(0_-)} = 0$。作出 $t = 0_+$ 时的等效电路如图 5.1(b) 所示。因为 $u_{C(0_+)} = u_{C(0_-)} = 0$,所以电容可看成短路;因 $i_{L(0_+)} = i_{L(0_-)} = 0$,所以电感可看成开路。

用直流电阻电路分析方法计算得

$$i_{R_2}(0_+) = \frac{U_S}{R_1 + R_2}, \quad i_{R_3}(0_+) = 0, \quad u_C(0_+) = 0$$

$$u_L(0_+) = u_{R_2}(0_+) = \frac{U_S R_2}{R_1 + R_2}$$

5.1.3 研究过渡过程产生的实际意义

研究电路的过渡过程有着重要的实际意义:一方面是为了便于利用它,例如电子技术中多谐振荡器、单稳态触发器及晶闸管触发电路都应用了 RC 充放电电路;另一方面,在有些电路中,由于电容的充放电过程可能出现过电压、过电流,进行过渡过程分析可获得预见,以便采取措施防止出现过电压、过电流。

5.2 RC 电路过渡过程及三要素法

5.2.1 RC 电路的零输入响应

电路没有外加电源,只靠储能元件初始能量产生的响应称为零输入响应。设电路如图5.2(a)所示,开关S置于1的位置,电路处于稳态,电容 C 被电压源充电到电压 U_0。在 $t=0$ 时将开关S倒向2的位置,电容 C 此时通过电阻 R 进行放电。图5.2(b)为换路后的电路,列写换路后的电路方程,可求出其电路响应。

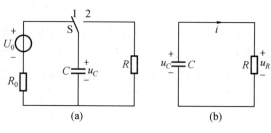

图5.2 零输入响应电路

根据图5.2(b),在所选各量的参考方向下,由 KVL 得

$$-u_R + u_C = 0 \tag{5.2}$$

将元件的电压电流关系 $u_R = Ri$,$i = -C\dfrac{\mathrm{d}u_C}{\mathrm{d}t}$(负号表示电容的电压和电流为非关联参考方向)代入式(5.2),得

$$RC\frac{\mathrm{d}u_C}{\mathrm{d}t} + u_C = 0 \, (t > 0) \tag{5.3}$$

解此 RC 电路的零输入响应方程,得到电容电压随时间的变化规律。用一阶常系数线性齐次常微分方程求解方法和初始条件解得它的通解为

$$u_C = Ae^{Pt}$$

将其代入式(5.3),得特征方程

$$RCp + 1 = 0$$

解得特征根

$$p = -\frac{1}{RC}$$

所以

$$u_C = Ae^{-\frac{t}{RC}} \, (t \geq 0) \tag{5.4}$$

式中的常数 A 由电路的初始条件确定。由换路定律得

$$u_{C(0_+)} = u_{C(0_-)} = U_0$$

即 $t = 0_+$ 时 $u_C = U_0$,将其代入式(5.4)得 $A = U_0$。最后得电容的零输入响应电压

$$u_C = U_0 e^{-\frac{t}{RC}} \, (t \geq 0) \tag{5.5}$$

它是一个随时间衰减的指数函数,u_C 随时间变化的曲线如图5.3所示,在 $t = 0$ 时 $u_C =$

u_0,没有跃变。u_C 求得后,可得电路中的电流响应

$$i = -C\frac{\mathrm{d}u_C}{\mathrm{d}t} = \frac{U_0}{R}\mathrm{e}^{-\frac{1}{RC}} \quad (t > 0) \tag{5.6}$$

它也是一个随时间衰减的指数函数,波形如图 5.4 所示,在 $t = 0$ 时,电流由零跃变为 U_0/R,发生了跃变,这正是由电容电压不能跃变所决定的。

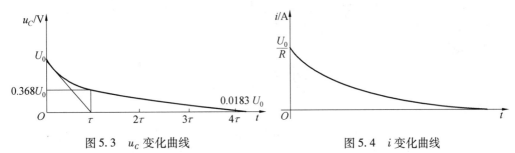

图 5.3　u_C 变化曲线　　　　　　　　图 5.4　i 变化曲线

在式(5.5)、(5.6)中,令

$$\tau = RC$$

则

$$u_C = U_0\mathrm{e}^{-\frac{t}{\tau}} \quad (t \geqslant 0) \tag{5.7}$$

$$i = \frac{U_0}{R}\mathrm{e}^{-\frac{t}{\tau}} \quad (t > 0) \tag{5.8}$$

e 的指数项($-t/\tau$)必然是一个量纲 1 的数,因此 R 和 C 的乘积具有时间的量纲,与电路初始情况无关,所以把 $\tau = RC$ 称为 RC 电路的时间常数。当 C 用法拉,R 用欧姆为单位时,有

$$[\tau] = [RC] = \Omega \cdot \mathrm{F} = \Omega \cdot \frac{\mathrm{C}}{\mathrm{V}} = \Omega \cdot \frac{\mathrm{As}}{\mathrm{V}} = \mathrm{s}$$

下面以式(5.7)为例说明时间常数 τ 的意义。开始放电时,$u_C = u_0$,经过一个 τ 的时间,u_C 衰减为

$$u_{C(\tau)} = U_0\mathrm{e}^{-1} = 0.368U_0$$

时间常数就是按指数规律衰减的量衰减到它的初始值的 36.8% 时所需的时间。可以证明,若以 τ 和 τ 的倍数标注时间轴,那么,u_C 和 i 的指数曲线上任意点的切距长度都等于时间常数 τ,即以任意点的切线匀速衰减到零所需要的时间为 τ。当 $t = 4\tau$ 时,$u_{C(4\tau)} = U_0\mathrm{e}^{-4} = 0.0183U_0$,电压已下降到初始值 U_0 的 1.83%,可认为电压已基本衰减到零。

工程上一般认为,换路后,时间经过 $3\tau \sim 5\tau$,过渡过程就结束。由此可看出,电压、电流衰减的快慢取决于时间常数 τ 的大小,时间常数越大,衰减越慢,过渡过程越长;反之,时间常数越小,衰减越快,过渡过程越短。RC 电路的零输入响应是由电容的初始电压 U_0 和时间常数 $\tau = RC$ 所确定的。τ 对过渡过程的影响见图 5.5 给出的 RC 电路在三种不同 τ 值下电压 u_C 随时间变化的曲线。

在放电过程中,能量的转换关系是电容不断放出能量,电阻则不断消耗能量,最后,原来储存在电容中的电场能量全部为电阻吸收而转换为热量。

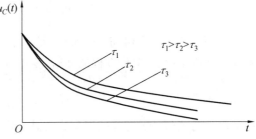

图 5.5　不同 τ 值下的 u_C 曲线

例 5.2 电路如图 5.6 所示,开关 S 闭合前电路已处于稳态。$t = 0$ 时将开关闭合,试求 $t > 0$ 时的电压 u_C 和电流 i_C、i_1 及 i_2。

$$u_C(0_+) = u_C(0_-) = \frac{6\ \text{V}}{1\ \Omega + 2\ \Omega + 3\ \Omega} \times 2\ \Omega = U_0$$

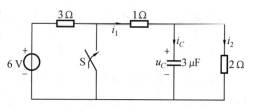

图 5.6 例 5.2 的图

解 在 $t > 0$ 时,左边电路被短路,对右边电路不起作用,这时电容经电阻 1 Ω 和 2 Ω 两支路放电,等效电阻为

$$R/\Omega = \frac{1 \times 2}{1 + 2} = \frac{2}{3}$$

故时间常数为

$$\tau/\text{s} = RC = \frac{2}{3} \times 3 \times 10^{-6} = 2 \times 10^{-6}$$

由式(5.7)和(5.8)得

$$u_C/\text{V} = U_0 e^{-\frac{t}{\tau}} = 2e^{-\frac{t}{2 \times 10^{-6}}} = 2e^{-5 \times 10^5 t}$$

$$i_C/\text{A} = -\frac{U_0}{R} e^{-\frac{t}{\tau}} = -\frac{2}{2/3} e^{-\frac{t}{2 \times 10^{-6}}} = -3e^{-5 \times 10^5 t}$$

$$i_2/\text{A} = \frac{u_C}{2} = e^{-5 \times 10^5 t}$$

$$i_1/\text{A} = i_C + i_2 = -2e^{-5 \times 10^5 t}$$

5.2.2 RC 电路的零状态响应

当电容的初始电压为零时,电路与直流电压源或电流源接通,由外施激励引起的响应称为 RC 电路的零状态响应。电路如图 5.7 所示,设开关 S 合上前电容 C 未充电,$t = 0$ 时合上开关,此时的电路响应求解可用与求解零输入响应同样的方法,即求解微分方程的方法。

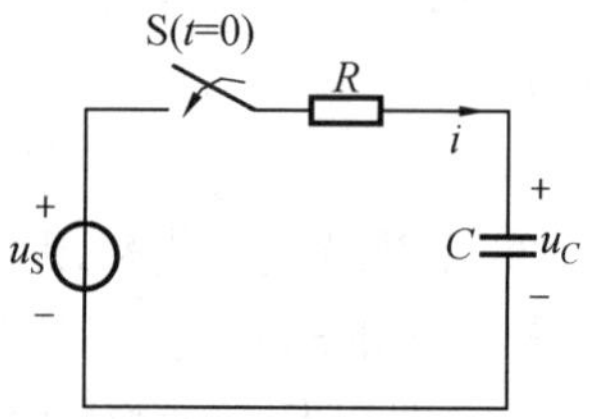

由 KVL 得 $\qquad u_R + u_C = u_S$

把 $\qquad i = C\dfrac{\mathrm{d}u_C}{\mathrm{d}t}, \quad u_R = iR = RC\dfrac{\mathrm{d}u_C}{\mathrm{d}t}$

图 5.7 零状态响应电路

代入上式,得

$$RC\frac{\mathrm{d}u_C}{\mathrm{d}t} + u_C = u_S \quad (t > 0) \tag{5.9}$$

由高等数学知识可知,式(5.9)是一个一阶常系数线性非齐次微分方程,它的解由其特解 u_C' 和相应的齐次微分方程的通解 u_C'' 组成,即

$$u_C = u_C' + u_C''$$

其特解为 $\qquad\qquad u_C = u_S$

而通解为与式(5.9)对应的齐次方程式的解。

由前面可知

$$RC \frac{\mathrm{d}u_C''}{\mathrm{d}t} + u_C'' = 0 \qquad\qquad (5.10)$$

因此，u_C 的通解为
$$u_C'' = A\mathrm{e}^{-\frac{t}{RC}}$$

即
$$u_C(t) = U_S + A\mathrm{e}^{-\frac{t}{RC}} \quad (t \geqslant 0)$$

将 u_C 的初始值 $t = 0$ 时 $u_{C(0_+)} = u_{C(0_-)} = 0$ 代入上式确定出常数 A：
$$0 = U_S + A, \quad A = -U_S$$

最后得出电容电压的零状态响应为
$$u_C = U_S - U_S\mathrm{e}^{-\frac{t}{RC}} = U_S(1 - \mathrm{e}^{-\frac{t}{RC}})$$

令 $\tau = RC$，则
$$u_C(t) = U_S(1 - \mathrm{e}^{-\frac{t}{\tau}}) \quad (t \geqslant 0) \qquad\qquad (5.11)$$

进而可得电路的电流 $i(t)$ 和电阻电压 u_R 为
$$i(t) = C\frac{\mathrm{d}u_C}{\mathrm{d}t} = \frac{U_S}{R}\mathrm{e}^{-\frac{t}{\tau}} \quad (t > 0) \qquad\qquad (5.12)$$

$$u_R(t) = Ri = U_S\mathrm{e}^{-\frac{t}{\tau}} \quad (t > 0) \qquad\qquad (5.13)$$

$u_{C(t)}$、$u_{R(t)}$ 和 $i(t)$ 随时间变化的曲线如图 5.8 所示。

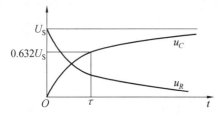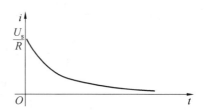

图 5.8　零状态响应变化曲线

由上述分析可知，电容元件与恒定的直流电压源接通后，电容的充电过程是：电容电压从零值按指数规律增长，最后趋于直流电压源的电压 U_S；充电电流从零值跃变到最大值 U_S/R 后按指数规律衰减到零；电阻电压与电流变化规律相同，从零值跃变到最大值 U_S 后按指数规律衰减到零。电压、电流上升或下降的快慢仍然由时间常数 τ 决定，τ 越大，u_C 上升越慢，过渡过程时间越长；反之，τ 越小，u_C 上升越快，过渡过程时间也越短。

当 $t = \tau$ 时，$u_{C(\tau)} = (1 - \mathrm{e}^{-1})U_S = 0.632U_S$，电容电压增至稳态值的 63.2%。当 $t = 5\tau$ 时，$u_C = 0.997U_S$，可以认为充电已经结束。电容充电过程中的能量关系为电源供给的能量一部分转换成电场能量储存在电容中，一部分则被电阻消耗掉。在充电过程中，电阻所消耗的电能为

$$W_R = \int_0^\infty Ri^2\mathrm{d}t = \int_0^\infty R\left(\frac{U_S}{R}\mathrm{e}^{-\frac{t}{RC}}\right)^2\mathrm{d}t = \frac{1}{2}CU_S^2 = W_C$$

例 5.3　电路如图 5.9 所示，开关在 $t = 0$ 时闭合，在闭合前电容无储能，试求 $t \geqslant 0$ 时电容电压以及各电流。

解　因为在开关闭合前无储能，所以由换路定律得
$$u_{C(0_+)} = u_{C(0_-)} = 0$$

因此，电路响应是零状态响应，电路的时间常数 $\tau = RC$，其

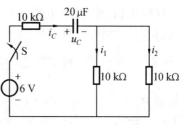

图 5.9　例 5.3 的电路

中

$$R/k\Omega = 10 + \frac{10 \times 10}{10 + 10} = 15$$

则

$$\tau/s = RC = 15 \times 10^3 \times 20 \times 10^{-6} = 0.3$$

$t = \infty$ 时电容上的电压为电源电压 U_S，所以电路的零状态响应为

$$u_C(t)/V = U_S(1 - e^{-\frac{t}{\tau}}) = 6(1 - e^{-\frac{t}{0.3}}) = 6(1 - e^{-\frac{10}{3}t}) \quad (t \geqslant 0)$$

$$u_C(t)/mA = C\frac{du_C}{dt} = 20 \times 10^{-6} \times (-6)\left(-\frac{10}{3}\right)e^{-\frac{10}{3}t} = 0.4e^{-\frac{10}{3}t} \quad (t > 0)$$

由于并联支路电阻相等，得

$$i_1(t)/mA = i_2(t) = \frac{1}{2}i_C(t) = 0.2e^{-\frac{10}{3}t} \quad (t > 0)$$

例5.4 电路如图5.10所示，电容原未充电，$t = 0$ 时开关从1扳向2，求 $u_{C(t)}$ 和 $i_{C(t)}$。

解 电容原未充电，所以 $u_{C(0+)} = u_{C(0-)} = 0$。根据开关动作后的电路，列写电路方程为

$$i_C + i_R = I_S$$

将

$$i_C = C\frac{du_C}{dt}, \quad i_R = \frac{u_C}{R}$$

代入上式，得

$$C\frac{du_C}{dt} + \frac{u_C}{R} = I_S$$

整理得

$$RC\frac{du_C}{dt} + u_C = I_S R$$

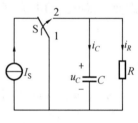

图5.10 例5.4的电路

零状态响应为

$$u_C(t)/V = I_S R(1 - e^{-\frac{t}{RC}}) \quad (t \geqslant 0)$$

$$i_C(t)/A = C\frac{du_C}{dt} = I_S e^{-\frac{t}{RC}} \quad (t > 0)$$

5.2.3 RC 电路的全响应及三要素法

电路的全响应就是在初始状态及外加激励共同作用下的响应。图5.11所示电路中，设电容 C 原已被充电，且 $u_{C(0+)} = U_0$，在 $t = 0$ 时将开关合上，RC 串联电路与直流电压源接通。

显然，换路后的电路响应由输入激励 U_S 和初始状态 U_0 共同产生，是全响应。求解全响应仍然可以用求解微分方程的方法，描述图5.11所示 RC 电路全响应的微分方程与前述 RC 电路的零状态响应的电路方程一样，为

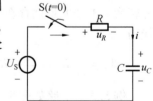

$$RC\frac{du_C}{dt} + u_C = U_S \quad (t \geqslant 0)$$

图5.11 RC 电路

其解为

$$u_C(T) = U_S + Ae^{-\frac{t}{RC}} \quad (t \geqslant 0)$$

但由于初始条件不同，待定系数 A 值不同，将初始值代入得

$$A = U_0 - U_S$$

令 $\tau = RC$，则全响应

$$u_C(t) = U_S + (U_0 - U_S)\,\mathrm{e}^{-\frac{t}{RC}} \tag{5.14}$$

$$u_R(t) = U_S - u_C(t) = (U_0 - U_S)\,\mathrm{e}^{-\frac{t}{\tau}} \tag{5.15}$$

$$i(t) = \frac{u_R(t)}{R} = \frac{U_S - U_0}{R}\mathrm{e}^{-\frac{t}{\tau}}$$

全响应曲线如图 5.12 所示。

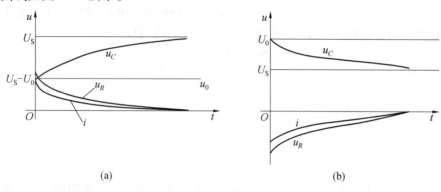

(a)   (b)

图 5.12　全响应曲线

式(5.14)可以看作由两个分量组成;第一项称为稳态分量,它仅决定于激励的性质;第二项称为暂态分量,按指数规律衰减。所以,全响应也可表示为

$$全响应 = 稳态分量 + 暂态分量 \tag{5.16}$$

这是全响应的第一种分解形式。式(5.14)也可写成如下形式:

$$u_C(t) = U_0\mathrm{e}^{-\frac{t}{\tau}} + U_S\left(1 - \mathrm{e}^{-\frac{t}{\tau}}\right) \quad (t \geqslant 0) \tag{5.17}$$

可以看出,第一项是 u_C 的零输入响应,第二项则是 u_C 的零状态响应,即

$$全响应 = 零输入响应 + 零状态响应$$

实质上,这是线性电路叠加的必然结果。因为全响应是由初始值和输入激励共同产生的,所以全响应就等于初始值和输入激励分别作用产生的响应之和。不难看出,电路中的任意电压、电流的全响应都可看成是零输入响应和零状态响应之和,而零输入响应和零状态响应都是全响应的一种特例。

例5.5　电路如图 5.13 所示,已知 $R = 6\ \Omega, C = 1\ \mathrm{F}, U_S = 10\ \mathrm{V}, u_C(0-) = -4\ \mathrm{V}$,开关在 $t = 0$ 时闭合。求 $t > 0$ 时的 $u_C(t)$、$i_C(t)$。

解　电路的微分方程为

$$RC\frac{\mathrm{d}u_C}{\mathrm{d}t} + u_C = U_S$$

电路的时间常数为

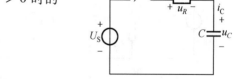

图 5.13　例 5.5 的电路

$$\tau / \mathrm{s} = RC = 6 \times 1 = 6$$

方程的解为

$$u_C = 10 + A\mathrm{e}^{-\frac{t}{\tau}}$$

将初始值 $u_{C(0-)} = -4\ \mathrm{V} = u_{C(0+)}$ 代入上式得

$$-4 = 10 + A$$

所以 $A = -14$ V,最后得

$$u_c/\text{V} = 10 - 14\mathrm{e}^{-\frac{t}{6}} \quad (t \geqslant 0)$$

$$i_c/\text{A} = C\frac{\mathrm{d}u_c}{\mathrm{d}t} = \frac{7}{3}\mathrm{e}^{-\frac{t}{6}} \quad (t > 0)$$

前面我们求解零输入响应、零状态响应和全响应都是采用解一阶微分方程的方法,又知道零输入响应和零状态响应都是全响应的特例,从解的形式可以发现,还有更直接的方法求出一阶电路的全响应。对 RC 电路的全响应式进行分析,如果将待求的电压或电流用 $f(t)$ 表示,其初始值和稳态值分别为 $f(0_+)$ 和 $f(\infty)$,其响应可写成

$$f(0_+) = f(\infty) + A$$

在 $t = 0_+$ 时有

$$A = f(0_+) - f(\infty)$$

所以一阶电路的解就可表达为

$$f(t) = f(\infty) + [f(0_+) - f(\infty)]\mathrm{e}^{-\frac{t}{\tau}}$$

$$f(t) = f(\infty) + A\mathrm{e}^{-\frac{t}{\tau}} \tag{5.18}$$

式中,$f(\infty)$、$f(0_+)$ 和 τ 称为一阶电路的三要素,式(5.18)称为一阶电路的三要素公式。直接利用三要素公式来求解一阶电路称为求解一阶电路的三要素法。一阶电路的零输入响应和零状态响应分别为

$$f(t) = f(0_+)\mathrm{e}^{-\frac{t}{\tau}} \tag{5.19}$$

$$f(t) = f(\infty)(1 - \mathrm{e}^{-\frac{t}{\tau}}) \tag{5.20}$$

用三要素法求解一阶电路时,只要求出待求电压或电流的初始值(0_+ 值)、$t = \infty$ 时的稳态值和电路的时间常数 τ 这三个量,将其代入式(5.18)即可得到所求电压或电流的响应。初始值 $f(0_+)$ 的求法已在5.1节中讲述。稳态值 $f(\infty)$ 由 $t = \infty$ 时的等效电路求得,在等效电路中,电容相当于开路。同一电路只有一个时间常数 $\tau = RC$,其中 R 应理解为从动态元件两端看进去的戴维宁或诺顿等效电路中的等效电阻。

例5.6 电路如图5.14所示,开关S在 $t = 0$ 时闭合,用三要素法求 $u_c(t)$、$i(t)$ 和 $i_c(t)$,并画出其波形。

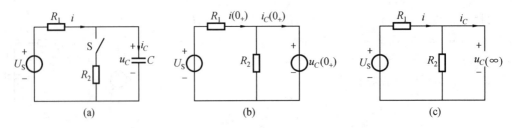

图5.14 例5.6的电路

解 (1)求初始值 $u_c(0_+)$、$i(0_+)$ 和 $i_c(0_+)$。
根据换路定律有

$$u_c(0_+) = u_c(0_-) = U_\text{S}$$

因此,在 $t = 0_+$ 瞬间,电容相当于电压源 U_S,得 $t = 0_+$ 时的等效电路如图5.14(b)所示,由此得

$$i_C(0_+) = -\frac{u_C(0_+)}{R_2} = -\frac{U_S}{R_2}, \quad i(0_+) = 0$$

（2）求稳态值 $u_C(\infty)$、$i(\infty)$ 和 $i_C(\infty)$。

在稳态时,电容相当于开路,等效电路如图 5.14（c）所示,所以有

$$u_C(\infty) = U_S \frac{R_2}{R_1 + R_2}, \quad i_C(\infty) = 0$$

$$i(\infty) = \frac{U_S}{R_1 + R_2}$$

（3）求时间常数。

电压源用短路替代,从电容两端看进去,R_1 和 R_2 并联,其等效电阻为

$$R = \frac{R_1 R_2}{R_1 + R_2}$$

所以

$$\tau = \frac{R_1 R_2}{R_1 + R_2}C$$

（4）将初始值、稳态值和时间常数代入三要素公式,写出全响应为

$$u_C(t)/\text{V} = U_S \frac{R_2}{R_1 + R_2} \left(U_S - U_S \frac{R_2}{R_1 + R_2} \right) e^{-\frac{(R_1+R_2)t}{R_1 R_2 C}} =$$

$$\frac{U_S}{R_1 + R_2} \left[R_2 + R_1 e^{-\frac{(R_1+R_2)t}{R_1 R_2 C}} \right] \quad (t \geqslant 0)$$

$$i_C(t)/\text{A} = 0 + \left(-\frac{U_S}{R_2} - 0 \right) e^{-\frac{(R_1+R_2)t}{R_1 R_2 C}} =$$

$$-\frac{U_S}{R_2} e^{-\frac{(R_1+R_2)t}{R_1 R_2 C}} \quad (t \geqslant 0)$$

$$i(t)/\text{A} = \frac{U_S}{R_1 + R_2} \left[1 - e^{-\frac{(R_1+R_2)t}{R_1 R_2 C}} \right] \quad (t > 0)$$

$u_C(t)$、$i(t)$ 和 $i_C(t)$ 波形如图 5.15 所示。

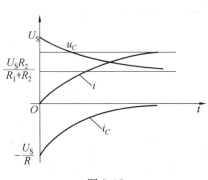

图 5.15

5.3 *RL* 电路的过渡过程

在 5.2 节中对 *RC* 电路的过渡过程进行了详细的分析,对 *RL* 电路过渡过程的分析与 *RC* 电路类似,这里讨论的是含有一个电感元件的 *RL* 电路,描述电路的微分方程是一阶微分方程。我们已知道,当电感电压为有限值时,电感电流不能跃变,假如在 $t = 0$ 时换路,则

$$i_L(0_+) = i_L(0_-)$$

即电感电流的初始值由换路定律求得,其他电压或电流的初始值由 0_+ 等效电路求出。

在 0_+ 等效电路中,电感元件用电流为 $i_L(0_+)$ 的电流源替代。求 $t = \infty$ 时的稳态值时,电感相当于短路。*RL* 电路的时间常数 $\tau = L/R$,R 为从电感元件两端看进去无源二端网络的等效电阻。下面通过几个例子说明如何求解 *RL* 电路的零输入响应、零状态响应和全响应。

例 5.7 电路如图 5.16（a）所示,换路前电路已处于稳态,开关 S 在 $t = 0$ 时闭合,求 $t \geqslant 0$ 时的 $i(t)$、$u_L(t)$、$u_R(t)$ 并画出曲线。

解 换路前电路已处于稳态,电感相当于短路。由换路定律得电感电流初始值

$$i_L(0_+) = i_L(0_-) = \frac{U_S}{R_1 + R} = I_0$$

列换路后的电路方程。所选各量参考方向如图 5.16(a) 所示,由 KVL 得

$$u_L + u_R = 0$$

将元件的电压电流关系 $u_L = L\dfrac{\mathrm{d}i}{\mathrm{d}t}$, $u_R = Ri$ 代入上式得

$$L\frac{\mathrm{d}i}{\mathrm{d}t} + Ri = 0 \quad (t > 0)$$

$$\frac{L}{R}\frac{\mathrm{d}i}{\mathrm{d}t} + i = 0 \quad (t > 0)$$

它是一阶常系数线性齐次常微分方程,求解微分方程即可得出电流的变化规律,在这里我们不再赘述。采用与 RC 电路零输入响应的微分方程

$$RC\frac{\mathrm{d}u_C}{\mathrm{d}t} + u_C = 0$$

对照的办法,其解可直接写出。得 RL 电路的零输入响应电流为

$$i(t) = i(0_+)\mathrm{e}^{-\frac{t}{\tau}} = I_0\mathrm{e}^{-\frac{R}{L}t} \quad (t \geqslant 0)$$

电感电压及电阻电压为

$$u_L(t) = L\frac{\mathrm{d}i}{\mathrm{d}t} = -RI_0\mathrm{e}^{-\frac{R}{L}t} \quad (t > 0)$$

$$u_R = Ri = RI_0\mathrm{e}^{-\frac{R}{L}t} \quad (t > 0)$$

$i(t)$、$u_L(t)$、$u_R(t)$ 随时间变化的曲线如图 5.16(b) 所示。

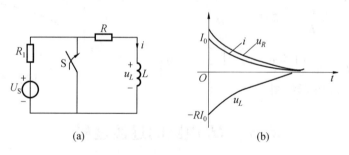

(a)　　　　　　　　　　(b)

图 5.16　例 5.7 的电路和波形

RL 电路的时间常数 $\tau = L/R$,单位是秒(s),RL 电路的零输入响应也是以初始值开始按指数规律衰减的,衰减的快慢决定于时间常数的大小。τ 越小,衰减越快。在这一过程中,电感中原先储存的磁场能量逐渐被电阻消耗,转化为热能。RL 电路的零状态响应和全响应可直接按三要素法写出。

例 5.8　图 5.17 所示电路中,开关 S 在 $t = 0$ 时闭合,已知 $i_L(0_-) = 0$,求 $t \geqslant 0$ 时的 $i_L(t)$、$u_L(t)$。

解　因为 $i_L(0_-) = 0$,故换路后的电路响应是零状态响应,因此电感电流可直接套用式(5.20)。又因为电流稳定后,电感相当于短路,故

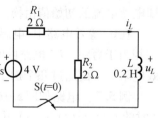

图 5.17　例 5.8 的电路

$$i_L(\infty)/\text{A} = \frac{U_S}{R_1} = \frac{4}{2} = 2$$

时间常数为

$$\tau/\text{s} = \frac{L}{R} = \frac{L}{\dfrac{R_1 R_2}{R_1 + R_2}} = \frac{0.2}{\dfrac{2 \times 2}{2 + 2}} = 0.2$$

所以

$$i_L(t)/\text{A} = i_L(\infty)(1 - \text{e}^{-\frac{t}{\tau}}) = 2(1 - \text{e}^{-\frac{t}{0.2}}) = 2(1 - \text{e}^{5t}) \quad (t \geqslant 0)$$

$$u_L(t)/\text{V} = L\frac{\text{d}i}{\text{d}t} = 0.2 \times 10\text{e}^{-5t} = 2\text{e}^{-5t} \quad (t > 0)$$

例5.9　电路如图5.18(a)所示,开关动作前电路已处于稳态,在 $t = 0$ 时开关闭合,试求 i_L、u_L、i 并画出其波形。

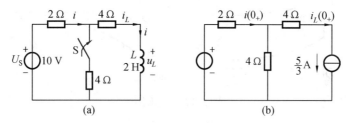

图5.18　例5.9的电路

解　用三要素法。

(1)求初始值。根据对换路前电路的分析及换路定律,有

$$i_L(0_+)/\text{A} = i_L(0_-) = \frac{10}{2 + 4} = \frac{5}{3}$$

画出 0_+ 等效电路如图5.18(b)所示,可得

$$i(0_+) \times (2 + 4) - 4 \times \frac{5}{3} = U_S$$

$$i(0_+)/\text{A} = \frac{5}{3} + \frac{4 \times 5}{3 \times 6} = \frac{25}{9}$$

$$u_L(0_+)/\text{V} = 4[i(0_+) - i_L(0_+)] - 4i_L(0_+) = 4[i(0_+) - 2i_L(0_+)] =$$

$$4 \times \left(\frac{25}{9} - 2\frac{5}{3}\right) = -\frac{20}{9}$$

(2)求稳态值。在稳态时电感相当于短路,所以

$$i(\infty)/\text{A} = \frac{U_S}{2 + \dfrac{4 \times 4}{4 + 4}} = \frac{10}{4} = \frac{5}{2}$$

$$i(\infty)/\text{A} = \frac{1}{2}i(\infty) = \frac{5}{4}$$

$$i_L(\infty) = 0$$

(3)求时间常数。换路后的电路除电感外的等效电阻为

$$R/\Omega = 4 + \frac{2 \times 4}{2 + 4} = \frac{16}{3}$$

$$\tau/\text{s} = \frac{L}{R} = \frac{2}{\frac{16}{3}} = \frac{3}{8}$$

(4) 写出全响应如下:

$$i_L(t)/\text{A} = i_L(\infty) + [i_L(0_+) - i_L(\infty)]\mathrm{e}^{-\frac{t}{\tau}} = \frac{5}{4} + \left(\frac{5}{3} - \frac{5}{4}\right)\mathrm{e}^{-\frac{8}{3}t} = \frac{5}{4} + \frac{5}{12}\mathrm{e}^{-\frac{8}{3}t}$$

$$i(t)/\text{A} = \frac{5}{2} + \left(\frac{25}{9} - \frac{5}{2}\right)\mathrm{e}^{-\frac{8}{3}t} = \frac{5}{2} + \frac{5}{18}\mathrm{e}^{-\frac{8}{3}t} \quad (t > 0)$$

$$u_L(t)/\text{V} = -\frac{20}{9}\mathrm{e}^{-\frac{8}{3}t} \quad (t > 0)$$

(5) i_L、i 和 u_L 的波形如图 5.19 所示。

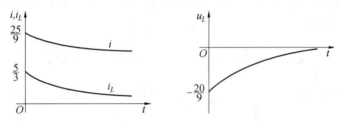

图 5.19 波形图

采用三要素法进行计算时,需要求出待求电压和电流的初始值、稳态值和时间常数。对 RL 电路,电感电流的三要素一般必须求出,而且计算也不太复杂,其他的电压和电流可由 0_+ 等效电路求出初始值,并由换路后电路达到稳态时的电路求出稳态值。某些量的计算较复杂,根据换路后的电路中所求电压、电流与电感电流的关系求出初始值可能更简便。在 RC 电路中,也可采用此方法,即先求出电容电压,其他的电压或电流根据其与电容电压的关系求出。

对例 5.9 中的 $i(t)$ 和 $u_L(t)$ 即可按上述方法求出。前面已经求出了

$$i_L(t) = \frac{5}{4} + \frac{5}{12}\mathrm{e}^{-\frac{8}{3}t}$$

则

$$u_L(t)/\text{V} = L\frac{\mathrm{d}i_L}{\mathrm{d}t} = 2 \times \left(-\frac{5}{12} \times \frac{8}{3}\mathrm{e}^{-\frac{8}{3}t}\right) = -\frac{20}{9}\mathrm{e}^{-\frac{8}{3}t} \quad (t > 0)$$

根据换路后的电路,有

$$i(t)/\text{A} = i_L(t) + \frac{4i_L(t) + u_L(t)}{4} = 2i_L(t) + \frac{u_L(t)}{4} =$$

$$\frac{10}{4} + \frac{10}{12}\mathrm{e}^{-\frac{8}{3}t} - \frac{5}{9}\mathrm{e}^{-\frac{8}{3}t} = \frac{5}{2} + \frac{5}{18}\mathrm{e}^{-\frac{8}{3}t}$$

动态元件的电路称为动态电路,由于动态元件的伏安关系为微分或积分关系,因此描述动态电路的方程为微分方程。线性动态电路由常系数线性微分方程来描述。求解微分方程的解析法称为时域分析法。

任何只含有一个动态元件的线性电路都是用一阶常系数线性微分方程描述的,这种电路称为一阶电路。一阶电路的全响应为

$$f(t) = f(\infty) + [f(0_+) - f(\infty)]\mathrm{e}^{-\frac{t}{\tau}}$$

利用此公式求解一阶电路的方法称为一阶电路的三要素法。$f(0_+)$、$f(\infty)$、τ 称为一阶电路的三要素。

一阶电路的零输入响应为

$$f(t) = f(0_+)\mathrm{e}^{-\frac{t}{\tau}}$$

一阶电路的零状态响应为

$$f(t) = f(\infty)(1 - \mathrm{e}^{-\frac{t}{\tau}})$$

5.4　RC 电路对矩形波的响应

在电子技术中,利用 RC 电路的过渡过程可以构成周期性振荡、周期性信号变换等各种功能电路,RC 电路对矩形波的响应就可以被用于进行波形变换。例如,图 5.20(a) 所示的 RC 电路,当电容初始能量为零,外加电压源波形如图 5.20(b) 所示为单个矩形波时,电路的响应可以分段求解如下。

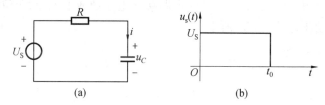

图 5.20　RC 电路输入单个矩形波

在 $t = 0 \sim t_0$ 这一段,电路的响应为零状态响应;

$t > t_0$ 为零输入响应;$t = t_{0+}$ 时的值为零输入响应的初始值。由于电容电压不能跃变,因而 $u_C(t_{0+}) = u_C(t_{0-})$,$u_C(t_{0-})$ 为零状态响应 $t = t_0$ 时的值,则

当 $0 \leqslant t < t_0$ 时,有　　　　　$u_C(t) = U_S(1 - \mathrm{e}^{-\frac{t}{\tau}})$

当 $t \geqslant t_0$ 时,有　　　　　$u_C(t_{0+}) = U_S(1 - \mathrm{e}^{-\frac{t_0}{\tau}})$

$$u_C(t_{0+}) = u_C(t_{0+})\mathrm{e}^{\frac{t-t_0}{\tau}} = U_S(1 - \mathrm{e}^{-\frac{t_0}{\tau}})\mathrm{e}^{\frac{t-t_0}{\tau}}$$

响应曲线如图 5.21 所示。

注意,$t \geqslant t_0$ 时的响应式中,e 的指数时间要用 $t - t_0$,这是因为 $t = t_0$ 时为 e^0。然后按指数规律衰减,$t - t_0 = 3\tau \sim 5\tau$ 时,过渡过程结束。

在分析线性电路的过渡过程时,特别是对矩形波或矩形脉冲序列激励的响应进行分析时,利用阶跃函数来描述电路的激励和响应有时比较方便。下面先介绍什么是阶跃函数,然后介绍阶跃响应。

图 5.21　RC 电路对单个矩形波的响应曲线

1. 单位阶跃函数

单位阶跃函数用符号 $1(t)$ 表示,定义为

$$1(t) = \begin{cases} 0 & t < 0 \\ 1 & t > 0 \end{cases} \tag{5.21}$$

其波形如图5.22(a)所示。

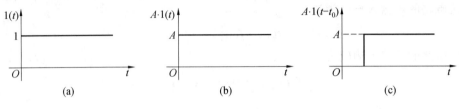

图5.22 阶跃函数

2. 幅度为 A 的阶跃函数

跃变幅度为 A 的阶跃函数为 $A \cdot 1(t)$，其数学定义为

$$A \cdot 1(t) = \begin{cases} 0 & t < 0 \\ A & t > 0 \end{cases} \tag{5.22}$$

其波形如图5.22(b)所示。

利用单位阶跃函数可以表示在 $t = 0$ 时电路接入电压源或电流源，单位阶跃函数的起始特性代替了开关的动作，如图5.23所示。

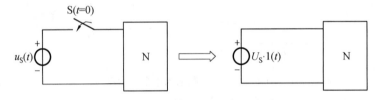

图5.23 用单位阶跃函数代替开关

于是，对于图5.24(a)所示的矩形脉冲，可以看作由图5.24(b)、(c)所示的两个阶跃函数相加而成，表达式为

$$f(t) = A \cdot 1(t) - A \cdot 1(t - t_0) \tag{5.23}$$

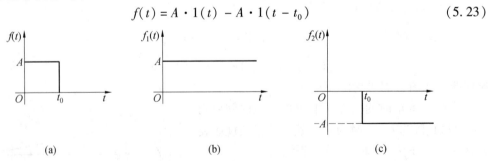

图5.24 矩形脉冲分解成阶跃函数

电路对阶跃激励的零状态响应称为阶跃响应。阶跃响应的求法与零状态响应求法相同。图5.25所示的 RC 串联电路的阶跃响应为

$$u_C(t) = U_S(1 - e^{-\frac{t}{\tau}}) \cdot 1(t) \tag{5.24}$$

式(5.24)后面不需再标明 $t \geq 0$，因为 $1(t)$ 已表示出这

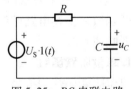

图5.25 RC 串联电路

一条件。

电路对单个矩形波的响应若用阶跃函数表示激励,则图 5.20 的 RC 电路激励和响应分别为

激励为

$$u_S(t) = U_S \cdot 1(t) - U_S \cdot 1(t - t_0)$$

响应为

$$u_C(t) = U_S(1 - e^{-\frac{t}{RC}}) \cdot 1(t) -$$
$$U_S(-e^{-\frac{t-t_0}{RC}}) \cdot 1(t - t_0)$$

$$(5.25)$$

式(5.25)是两个阶跃电压响应的叠加,波形图如图 5.26 所示。从前面的分析可看出,对矩形波的响应既可以分段来求,也可以写成阶跃响应叠加的形式。

例 5.10　图 5.27(a) 所示电路,如果 $T = 10\tau$。求 $u_C(t)$ 和 $u_R(t)$,并画出波形图。

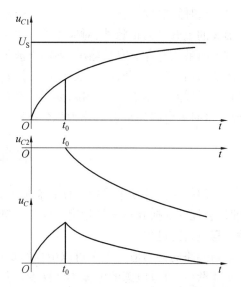

图 5.26　单个矩形波的响应等于阶跃响应的叠加

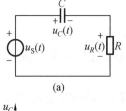
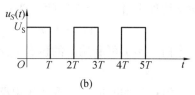

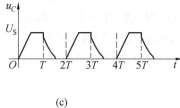
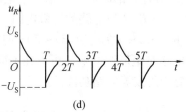

图 5.27　例 5.10 的图

解　图 5.27(b) 所示电压波形是一周期为 $2T$ 的周期函数,第一个周期内的函数可表示为

$$u_S(t)/V = U_S \cdot 1(t) - U_S \cdot 1(t - T)$$

此电压加在 RC 串联电路上时,电容在前半周期内充电,在后半周期内放电。由于 $T = 10\tau$,因此,在每半个周期结束时,已足够精确地认为充电过程和放电过程已经完毕。即在前半个周期结束时,电容已充电到电压 U_S;在后半个周期结束时,电容已放电到电压为零。

如此过程周而复始,不断重复。第一个周期内 $u_C(t)u_R(t)$ 的波形如图 5.27(c)、(d) 所示。

$$u_C(t) = U_S(1 - e^{-\frac{t}{\tau}}) \cdot 1(t) - U_S(1 - e^{-\frac{t-T}{\tau}}) \cdot 1(t - T)$$

$$u_R(t) = u_S - u_C(t) = U_S e^{-\frac{t}{\tau}} \cdot 1(t) - U_S e^{-\frac{t-T}{\tau}} \cdot 1(t - T)$$

通过求解 RC 电路对矩形波的响应可以看出：

（1）当时间常数 τ 远小于 T 时，RC 串联电路如果从电阻上取输出，则输出波形 u_R 对应于矩形波的上升沿为正脉冲，对应于下降沿为负脉冲，可以用作微分电路。

（2）如果从电容上取其输出，则输出波形 u_C 对应于矩形波输入边沿变平缓，体现了电容电压的滞后作用。当时间常数 τ 增大时，u_C 会将输入的矩形波变成锯齿波或三角波，此特性可在电子线路中用于波形变换；如时间常数 τ 远大于 T，则由于电容充电的累积，u_C 会逐渐升高，这时该电路还可近似作为积分电路。

本章小结

含有储能元件并处于稳定工作状态的电路，由于能量不能跃变，当电路参数或输入激励改变时，会逐渐变换到另一种稳定工作状态继续工作，这个随时间变换的过程被称为电路的过渡过程或暂态过程。

电路换路的初始值 $f(0_+)$ 可以由换路定律确定。换路定律的基本含义是：电容两端的电压不能跃变，流过电感的电流不能跃变。具体表达式为

$$u_C(0_+) = u_C(0_-)$$
$$i_L(0_+) = i_L(0_-)$$

一阶电路过渡过程可以通过解一阶微分方程的零输入响应和零状态响应来求解，也可以由三要素法更快地求解，三要素法的计算公式为

$$f(t) = f(\infty) + [f(0_+) - f(\infty)]$$

换路后新的稳态值 $f(\infty)$ 可利用新的稳态电路求出。对直流电路应注意将电感短路，电容开路。

一阶电路过渡过程的时间长短取决于电路的时间常数 τ。在 RC 电路中，$\tau = RC$；在 RL 电路中，$\tau = L/R$，注意 R 为电路的等效电阻。过渡过程在经历一个 τ 时间后，$f(t)$ 的变化量达到总变化量的 63.2%；在经历 $(3 \sim 5)\tau$ 时间后，可认为 $f(t)$ 到达稳态。

利用 RC 电路对矩形波的响应可以在不同的 τ 参数下设计不同的 RC 电路，以完成微分、积分、矩形波变三角波等电路功能。

思考题与习题

5.1　试分别说明电容和电感元件什么时候可看成开路，什么时候可看成短路？

5.2　什么是零输入响应？零输入响应具有怎样的形式？

5.3　什么是零状态响应？零状态响应具有怎样的形式？

5.4　什么是全响应？全响应具有怎样的形式？

5.5　一阶电路的时间常数如何确定？时间常数的大小与过渡过程的关系是怎样的？

5.6　一阶电路的三要素是什么？如何求取？

5.7　试用阶跃函数分别表示图 5.28 所示各波形。

5.8　分别判断图 5.29 所示电路中，当 S 动作后有无过渡过程？为什么？

5.9　如图 5.30 所示，各电路在换路前均已稳定，在 $t = 0$ 时换路。试求图中标出的各电压、电流的初始值。

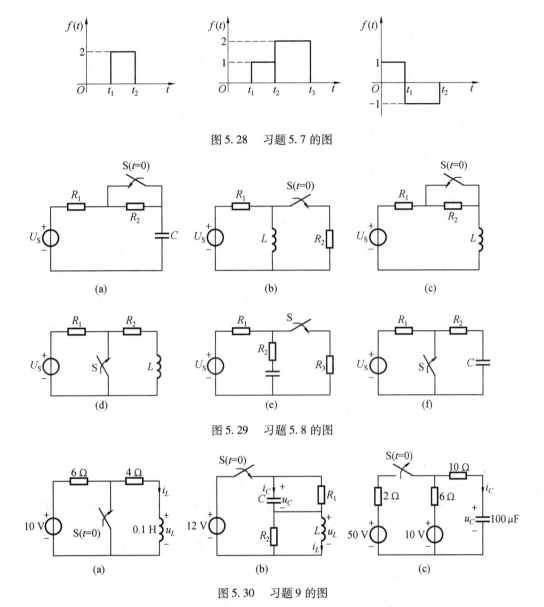

图 5.28   习题 5.7 的图

图 5.29   习题 5.8 的图

图 5.30   习题 9 的图

5.10   电路如图 5.31 所示,在 $t=0$ 时,开关闭合。在闭合前一瞬间电容电压为 2 V。试求 $t \geqslant 0$ 时的 $u_C(t)$ 和 $i_C(t)$。

5.11   电路如图 5.32 所示,在 $t=0$ 时开关打开,在打开前一瞬间电容电压为 6 V。试求 $t \geqslant 0$ 时 3 Ω 电阻中的电流。

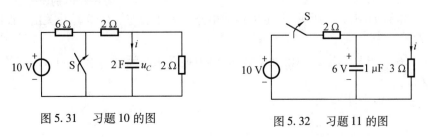

图 5.31   习题 10 的图   图 5.32   习题 11 的图

5.12 电路如图5.33所示,在 $t=0$ 时开关由 a 投向 b。已知在换路一瞬间,电感电流为 1 A。试求 $t \geqslant 0$ 时各电流。

5.13 电路如图5.34所示,开关在 $t=0$ 时闭合,在闭合前处于打开状态为时已久。试求 $t \geqslant 0$ 时的 $u_L(t)$、$i_L(t)$ 以及其他各电流。

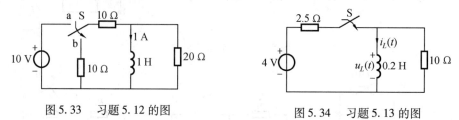

图 5.33 习题 5.12 的图   图 5.34 习题 5.13 的图

5.14 求图5.35所示各电路换路后,电路中各电压及电流的稳态值。

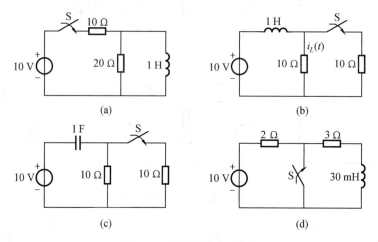

(a)   (b)

(c)   (d)

图 5.35 习题 5.14 的图

5.15 在图5.36中,设电路已达稳定。在 $t=0$ 时打开开关 S,试求打开开关后的电流 i 及电感电压 u_L。

5.16 电路如图5.37所示,$t<0$ 时开关打开已久,在 $t=0$ 时开关闭合。求 $u(t)$。

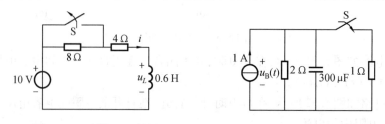

图 5.36 习题 5.15 的图   图 5.37 习题 5.16 的图

5.17 电路如图5.38所示,假定换路前电路已处于稳态。$t=0$ 时开关由 1 投向 2,试求电流 i 和 i_L。

5.18 图5.39所示电路原已处于稳态,$t=0$ 时开关 S 闭合。求 $i_1(t)$、$i_2(t)$ 及流经开关的电流 $i_S(t)$。

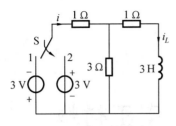

图 5.38　习题 5.17 的图

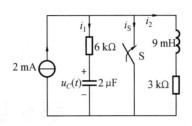

图 5.39　习题 5.18 的图

5.19　图 5.40(a) 所示电路原先处于零状态,若 $u_S(t) = (2\ \text{V})1(t)$,写出该电路的阶跃响应 $i(t)$。若电源电压的波形如图 5.40(b) 所示,试求零状态响应 $i(t)$。

5.20　图 5.41 所示电路中,$U_S = 10\ \text{V}$,$R_1 = 20\ \Omega$,$R_2 = 10\ \Omega$,$L = 0.5\ \text{H}$,$C = 1\ 000\ \mu\text{F}$。电路原来已达稳态,$t = 0$ 时开关 S 合上,求流经开关中的电流 i_S。

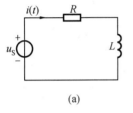 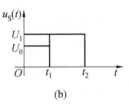

图 5.40　习题 5.19 的图

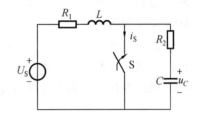

图 5.41　习题 5.20 的图

第6章　电工材料

重点内容：
◆　常用导电材料
◆　常用绝缘材料
◆　常用磁性材料
◆　其他材料
◆　常用电工材料的使用
◆　绝缘导线的连接与绝缘恢复

6.1　常用导电材料

导电材料大部分是金属，其特点是：导电性好，有一定的机械强度，不易氧化和腐蚀，容易加工和焊接。导电材料的主要用途是输送和传递电流，是相对绝缘材料而言的，能够通过电流的物体称为导电材料，其电阻率与绝缘材料相比大大降低，一般都在 $0.1\ \Omega \cdot m$ 以下。

金属中导电性能最佳的是银，其次是铜、铝。由于银的价格比较昂贵，因此只在比较特殊的场合才使用，一般都将铜和铝用作主要的导电金属材料。

常用金属材料的电阻率及电阻温度系数见表 6.1。

表 6.1　常用金属材料的电阻率及电阻温度系数

材料名称	20 ℃ 时的电阻率/($\Omega \cdot m$)	电阻温度系数/℃$^{-1}$
银	1.6×10^{-8}	0.003 61
铜	1.72×10^{-8}	0.004 1
金	2.2×10^{-8}	0.003 65
铝	2.9×10^{-8}	0.004 23
钼	4.77×10^{-8}	0.004 78
钨	5.3×10^{-8}	0.005
铁	9.78×10^{-8}	0.006 25
康铜(铜54%，镍46%)	50×10^{-8}	0.000 04

6.1.1 铜、铝和电线电缆

1. 铜

铜的导电性能好,在常温时有足够的机械强度,具有良好的延展性,便于加工,化学性能稳定,不易氧化和腐蚀,容易焊接,因此广泛用于制造变压器、电机和各种电器的线圈。纯铜俗称紫铜,含铜量高,根据材料的软硬程度可分为硬铜和软铜两种。

2. 铝

铝的导电系数虽比铜大,但它密度小。同样长度的两根导线,若要求它们的电阻值一样,则铝导线的截面积约是铜导线的1.69倍。铝资源较丰富,价格便宜,在铜材紧缺时,铝材是最好的代用品。铝导线的焊接比较困难,必须采取特殊的焊接工艺。

3. 电线电缆

(1)裸线。裸线只有导体部分,没有绝缘和护层结构。按产品的形状和结构不同,裸线分为圆单线、软接线、型线和裸绞线四种。修理电机电器时经常用到的是软接线和型线。其规格型号常用文字符号表示:"T"表示铜,"L"表示铝,"Y"表示硬性,"R"表示软性,"J"表示绞线。例:TJ – 25表示25 mm² 铜绞合线;LJ – 35表示35 mm² 铝绞合线;LGJ – 50表示50 mm² 钢芯铝绞线。常用的截面积有16 mm²、25 mm²、35 mm²、50 mm²、70 mm²、95 mm²、120 mm²、150 mm²、185 mm²、240 mm² 等。

① 软接线。软接线是由多股铜线或镀锡铜线绞合编织而成的,其特点是柔软,耐振动,耐弯曲。常用软接线的品种见表6.2。

表6.2　常用软接线品种

名　称	型号	主要用途
裸铜电刷线	TS	供电机、电器线路电刷用
软裸铜电刷线	TS	
裸铜软绞线	TRJ	移动式电器设备连接线,如开关等
	TRJ – 3	要求较柔软的电器设备连接线,如接地线、引出线等
	TRJ – 4	供要求特别柔软的电器设备连接线用,如晶闸管的引线等
软裸铜编织线	TRZ	移动式电器设备和小型电炉连接线

② 型线。型线是非圆形截面的裸电线,其常用品种见表6.3。

表6.3　常用型线品种

类别	名称	型号	主要用途
扁线	硬扁铜线	TBV	适用于电机电器、安装配电设备及其他电工制品
	软扁铜线	TBR	
	硬扁铝线	LBV	
	软扁铝线	LBR	
母线	硬铜母线	TMV	适用于电机电器、安装配电设备及其他电工制品,也可用于输配电的汇流排
	软铜母线	TMR	
	硬铝母线	LMV	
	软铝母线	LMR	
铜带	硬铜带	TDV	适用于电机电器、安装配电设备及其他电工制品
	软铜带	TDR	
铜排	梯形铜排	TPT	制造直流电动机换向器用

（2）电磁线。电磁线应用于电机电器及电工仪表中,作为绕组或元件的绝缘导线。常用电磁线的导电线芯有圆线和扁线两种,目前大多采用铜线,很少采用铝线。由于导线外面有绝缘材料,因此电磁线有不同的耐热等级。常用的电磁线有漆包线和绕包线两类。

①漆包线。漆包线的绝缘层是漆膜,广泛应用于中小型电机及微电机、干式变压器和其他电工产品中。

②绕包线。绕包线用玻璃丝、绝缘纸或合成树脂薄膜等紧密绕包在导电线芯上,形成绝缘层;也有在漆包线上再绕包绝缘层的。

（3）电机电器用绝缘电线。常用的绝缘电线型号、名称和用途见表6.4。

表6.4　常用绝缘电线

型　　号	名　　称	用　　途
BLXF BXF BLX BX BXR	铝芯氯丁橡胶线 铜芯氯丁橡胶线 铝芯橡胶线 铜芯橡胶线 铜芯橡胶软线	适用于交流额定电压500 V以下或直流额定电压1 000 V以下的电气设备及照明装置
BV BLV BVR BVV BLVV BVVB BLVVB VB－105	铜芯聚氯乙烯绝缘电线 铝芯聚氯乙烯绝缘电线 铜芯聚氯乙烯绝缘软电线 铜芯聚氯乙烯绝缘聚氯乙烯护套圆型电线 铝芯聚氯乙烯绝缘聚氯乙烯护套电线 铜芯聚氯乙烯绝缘聚氯乙烯护套平型电线 铝芯聚氯乙烯绝缘聚氯乙烯护套平型电线 铜芯耐热(105 ℃)聚氯乙烯绝缘电线	适用于各种交流、直流电器装置,电工仪器仪表,电信设备、动力及照明线路固定敷设
RV RVB RVS RVV RVVB RV－105	铜芯聚氯乙烯绝缘软线 铜芯聚氯乙烯绝缘平行软线 铜芯聚氯乙烯绝缘绞型软线 铜芯聚氯乙烯绝缘聚氯乙烯护套圆型连接软电线 铜芯聚氯乙烯绝缘聚氯乙烯护套平型连接软电线 铜芯耐热(105 ℃)聚氯乙烯绝缘连接软电线	适用于各种交流、直流电器,电工仪器,家用电器,小型电动工具,动力及照明装置等的连接
RFB RFS	复合物绝缘平型软线 复合物绝缘绞型软线	适用于交流额定电压250 V以下或直流额定电压500 V以下的各种移动电器、无线电设备和照明灯座接线
RXS RX	橡胶绝缘棉纱编织软电线	适用于交流额定电压300 V以下的电器、仪表、家用电器及照明装置

6.1.2　电热材料

电热材料用于制造各种电阻加热设备中的发热元件,可作为电阻接到电路中,把电能转变为热能,使加热设备的温度升高。对电热材料的基本要求是电阻系数高,加工性能好,特别是能长期处于高温状态下工作。因此要求电热材料在高温时具有足够的机械强度和良好的抗氧化性能。目前工业上常用的电热材料可分为金属电热材料和非金属电热材料两大类,见表6.5。

表 **6.5**　常用电热材料的种类和特性

类别		品　　种	最高使用温度/℃	应用范围	特　　点
金属电热材料	铁基合金	Cr13Al4 Cr25Al5 Cr13Al6Mo2 Cr21Al6Nb Cr27Al17Mo2	950 1 250 1 250 1 350 1 400	应用广泛,适用于大部分中、高温工业电阻炉	电阻率比镍基类高,抗氧化性好,比重轻,价格较低,有磁性,高温强度不如镍基合金
	镍基合金	Cr15Ni60 Cr20Ni80 Cr30Ni70	1 150 1 200 1 250	适用于 1 000 ℃ 以下的中温电阻炉	高温强度高,加工性好,无磁性,价格较高,耐温较低
	重金属	钨 W 钼 Mo	2 400 1 800	适用于较高温度的工业炉	价格较高,须在惰性气体或真空条件下使用
	贵金属	铂	1 600	适用于特殊高温要求的加热炉	价格高,可在空气中使用
非金属电热材料	石墨	C	3 000	广泛应用于真空炉等高温设备	电阻温度系数大,需配调压器,在真空中使用
	碳化硅	SiC	1 450	常制成器件使用	高温强度高,硬而脆,易老化
	二硅化钼	$MoSi_2$	1 700	常制成器件使用	抗老化性好,不易老化,耐急冷、急热性差

电热材料是制造电热元器件及设备的基础。电热材料选用的恰当与否直接关系到电热设备的技术参数及应用规范,选用时必须综合考虑各项因素,并遵循如下原则:

① 具有高的电阻系数。

② 电阻温度系数要小。

③ 具有足够的耐热性,包括在高温下有足够的力学性能,以保证在高温下不变形;同时还应具有高温下的化学稳定性,要不易挥发,不与炉衬和炉内气体发生化学反应等。

④ 热膨胀系数不能太大,否则高温下尺寸变化太大,易引起短路等。

⑤ 应具有良好的加工性能,以保证能加工成各种需要的形状,同时也要保证铆焊容易。

⑥ 材料来源及价格也是应考虑的因素。

6.1.3　电阻合金

电阻合金是制造电阻元件的主要材料之一,广泛用于电机、电器、仪器及电子等设备中。电阻合金除了必须具备电热材料的基本要求以外,还要求电阻的温度系数低,阻值稳定。电阻合金按其主要用途可分为调节元件用、电位器用、精密元件用及传感元件用四种,这里仅介绍前面两种。

(1)调节元件用电阻合金主要用于电流(电压)调节与控制元件的绕组,常用的有康铜、新康铜、镍铬、镍铬铝等,它们都具有机械强度高、抗氧化性好及工作温度高等特点。

(2)电位器用电阻合金主要用于各种电位器及滑线电阻,一般采用康铜、镍铬基合金和滑线锰铜。滑线锰铜具有抗氧化性好、焊接性能好、电阻温度系数低等特点。

6.1.4　电机用电刷

电刷是用石墨粉末或石墨粉末与金属粉末混合压制而成的,按其材质不同可分为石墨电刷、电化石墨电刷、金属石墨电刷三类。常用电刷的主要技术特性及运行条件见表6.6。

表6.6　常用电刷的主要技术特性及运行条件

型　　号	一对电刷接触电压降/V	摩擦系数(不大于)	额定电流密度/(A·cm^{-2})	最大圆周速度/(m·s^{-1})	使用时允许的单位压力/Pa
S-3	1.9	0.25	11	25	$2.0 \times 10^4 \sim 2.5 \times 10^4$
S-6	2.6	0.28	12	70	$2.2 \times 10^4 \sim 2.4 \times 10^4$
D104	2.5	0.20	12	40	$1.5 \times 10^4 \sim 2.0 \times 10^4$
D172	2.9	0.25	12	70	$1.5 \times 10^4 \sim 2.0 \times 10^4$
D207	2.0	0.25	10	40	$2.0 \times 10^4 \sim 4.0 \times 10^4$
D213	3.0	0.25	10	40	$2.0 \times 10^4 \sim 4.0 \times 10^4$
D214	2.5	0.25	10	40	$2.0 \times 10^4 \sim 4.0 \times 10^4$
D215	2.9	0.25	10	40	$2.0 \times 10^4 \sim 4.0 \times 10^4$
D252	2.6	0.23	15	45	$2.0 \times 10^4 \sim 4.0 \times 10^4$
D308	2.4	0.25	10	40	$2.0 \times 10^4 \sim 4.0 \times 10^4$
D309	2.9	0.25	10	40	$2.0 \times 10^4 \sim 4.0 \times 10^4$
D374	3.8	0.25	12	50	$2.0 \times 10^4 \sim 4.0 \times 10^4$
J102	0.5	0.20	20	20	$1.8 \times 10^4 \sim 2.3 \times 10^4$
J164	0.2	0.20	20	20	$1.8 \times 10^4 \sim 2.3 \times 10^4$
J201	1.5	0.25	15	25	$1.5 \times 10^4 \sim 2.0 \times 10^4$
J204	1.1	0.20	15	20	$2.0 \times 10^4 \sim 2.5 \times 10^4$
J205	2.0	0.25	15	35	$1.5 \times 10^4 \sim 2.0 \times 10^4$
J203	1.9	0.25	12	20	$1.5 \times 10^4 \sim 2.0 \times 10^4$

6.2　常用绝缘材料

6.2.1　绝缘材料的主要性能、种类和型号

1.绝缘材料的主要性能

绝缘材料的主要作用是隔离带电的或不同电位的导体,使电流能按预定的方向流动。绝缘材料大部分是有机材料,其耐热性、机械强度和寿命比金属材料低得多。

固体绝缘材料的主要性能指标有以下几项:

(1)击穿强度。

(2)绝缘电阻。

(3)耐热性。

(4)黏度、固体含量、酸值、干燥时间及胶化时间。

(5)机械强度。根据各种绝缘材料的具体要求,相应规定抗张、抗压、抗弯、抗剪、抗撕、抗冲击等各种强度指标。

2.绝缘材料的种类和型号

电工绝缘材料分气体、液体和固体三大类。固体绝缘材料按其应用或工艺特征又可划分为 6 类,见表 6.7。

表 6.7　固体绝缘材料的分类

分类代号	分类名称	分类代号	分类名称
1	漆、树脂和胶类	4	压塑料类
2	浸渍纤维制品类	5	云母制品类
3	层压制品类	6	薄膜、黏带和复合制品类

为了全面表示固体电工绝缘材料的类别、品种和耐热等级,用四位数字表示绝缘材料的型号:

第一位数字为分类代号,以表 6.7 中的分类代号表示;

第二位数字表示同一分类中的不同品种;

第三位数字为耐热等级代号;

第四位数字为同一种产品的顺序号,用以表示配方、成分或性能上的差别。

6.2.2　绝缘漆

1.浸渍漆

浸渍漆主要用来浸渍电机、电器的线圈和绝缘零部件,以填充其间隙和微孔,提高它们的电气及力学性能。

2.覆盖漆

覆盖漆有清漆和磁漆两种,用来涂覆经浸渍处理后的线圈和绝缘零部件,在其表面形成连续而均匀的漆膜,作为绝缘保护层,以防止机械损伤以及受大气、润滑油和化学药品的侵蚀。

3. 硅钢片漆

硅钢片漆被用来覆盖硅钢片表面。它的作用是降低铁心的涡流损耗,增强防锈及耐腐蚀能力。常用的油性硅钢片漆具有附着力强、漆膜薄、坚硬、光滑、厚度均匀、耐油、防潮等特点。

4. 绝缘漆的主要性能指标

绝缘漆的主要性能指标如下:

(1)介电强度(击穿强度),即绝缘被击穿时的电场强度。

(2)绝缘电阻,表明绝缘漆的绝缘性能,通常用表面电阻率和体积电阻率两项指标衡量。

(3)耐热性,表明绝缘漆在工作过程中的耐热能力。

(4)热弹性,表明绝缘漆在高温作用下能长期保持其柔韧状态的性能。

(5)理化性能,如黏度、固体含量、酸值、干燥时间和胶化时间等。

(6)干燥后的机械强度,表明绝缘漆干燥后所具有的抗压、抗弯、抗拉、抗扭、抗冲击等能力。

6.2.3 其他绝缘制品

其他绝缘制品指在电机电器中作为结构、补强、衬垫、包扎及保护用的辅助绝缘材料。

1. 浸渍纤维制品

常用的浸渍纤维制品有玻璃纤维漆布(或带)、漆管、绑扎带等。

2. 层压制品

常用的层压制品有三种:层压玻璃布板、层压玻璃布管、层压玻璃布棒。

3. 压塑料

常用的压塑料有两种:酚醛木粉压塑料和酚醛玻璃纤维压塑料。

4. 云母制品

常见的云母制品有柔软云母板、塑型云母板、云母带、换向器云母板、衬垫云母板。

5. 绝缘包扎带

绝缘包扎带主要用作包缠电线和电缆的接头。它的种类很多,常用的有黑胶布带和聚氯乙烯带两种。

绝缘制品还有薄膜和薄膜复合制品和绝缘纸和绝缘纸板。

6.2.4 绝缘子

绝缘子主要用来支持和固定导线,下面主要介绍低压架空电路用绝缘子。

低压架空电路用绝缘子有针式绝缘子和蝴蝶型绝缘子两种,用于在电压 500 V 以下的交、直流架空电路中固定导线,图 6.1 所示即为低压绝缘子。

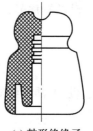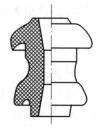

(a) 鼓形绝缘子　　　　(b) 低压蝴蝶式绝缘子

图 6.1　低压绝缘子

6.2.5　绝缘导线的选择

1. 绝缘导线种类的选择

导线种类主要根据使用环境和使用条件来选择。室内环境如果是潮湿的,如水泵房、豆腐作坊,或者有酸碱性腐蚀气体的厂房,应选用塑料绝缘导线,以提高抗腐蚀能力,保证绝缘。

比较干燥的房屋,如图书室、宿舍,可选用橡皮绝缘导线,对于温度变化不大的室内,在日光不直接照射的地方,也可以采用塑料绝缘导线。

电动机的室内配线,一般采用橡皮绝缘导线,但在地下敷设时,应采用地埋塑料电力绝缘导线。

2. 绝缘导线截面的选择

绝缘导线使用时首先要考虑最大安全载流量。某截面的绝缘导线在不超过最高工作温度条件下,允许长期通过的最大电流为最大安全载流量。

导线的允许载流量也称导线的安全载流量或安全电流值。一般绝缘导线的最高允许工作温度为 65 ℃,若超过这个温度时,导线的绝缘层就会迅速老化,变质损坏,甚至会引起火灾。所谓导线的允许载流量,就是指导线的工作温度不超过 65 ℃ 时可长期通过的最大电流值。

由于导线的工作温度除与导线通过的电流有关外,还与导线的散热条件和环境温度有关,所以导线的允许载流量并非某一固定值。同一导线采用不同的敷设方式(敷设方式不同,其散热条件也不同)或处于不同的环境温度时,其允许载流量也不相同。

电路负荷的电流,可由下列式子计算:

(1) 单相纯电阻电路:

$$I = \frac{P}{U}$$

(2) 单相含电感电路:

$$I = \frac{P}{U\cos\varphi}$$

(3) 三相纯电阻电路:

$$I = \frac{P}{\sqrt{3}\,U_1}$$

(4) 三相含电感电路:

$$I = \frac{P}{\sqrt{3}\,U_1\cos\varphi}$$

上面几个式子中,P 为负荷功率,单位为 W,U_1 是三相电源的线电压,单位为 V;$\cos\varphi$ 为功率因数。

按导线允许载流量选择时,一般原则是导线允许载流量不小于电路负荷的计算电流。

3. 按机械强度选择

负荷太小时,如果按允许载流量计算,选择的绝缘导线截面就会太小,绝缘导线细,往往不能满足机械强度的要求,容易发生断线事故。因此,对于室内配线线芯的最小允许截面有专门的规定,详见表 6.8。当按允许载流量选择的绝缘导线截面小于表中的规定时,则应按表中绝缘导线的截面来选择。

表 6.8　室内配线线芯最小允许截面积

用　　途		线芯最小允许截面积 /mm²		
		多股铜芯线	单根铜线	单根铝线
灯头下引线		0.4	0.5	1.5
移动式电器引线		生活用:0.2 生产用:1.0	不宜使用	不宜使用
管内穿线		不宜使用	1.0	2.5
固定敷设导线支持 点间的距离	1 m 以内	不宜使用	1.0	1.5
	2 m 以内		1.0	2.5
	6 m 以内		2.5	4.0
	12 m 以内		2.5	6.0

4. 按电路允许电压损失选择

一般对用电设备或用电电压都有如下规定：

① 电动机的受电电压不应低于额定电压的 95%；

② 照明灯的受电电压不应低于额定电压的 95%，即允许的电压降为 5%。

室内配线的电压损失允许值要根据电源引入处的电压值而定。若电源引入处的电压为额定电压值，则可按上述受电电压允许降低值计算电压损失允许值；若电源引入处的电压已低于额定值，则室内配线的电压损失值应相应减少，以尽量保证用电设备或电灯的最低允许受电电压值。

室内配线电压损失的计算：

（1）单相两线制（220 V）。

① 电压损失 ΔU 的计算：

$$\Delta U = IR$$

将式

$$\begin{cases} I = \dfrac{P}{U\cos \varphi} \\ R = 2 \cdot \rho \, \dfrac{l}{S} \end{cases}$$

代入 $\Delta U = IR$ 得

$$\Delta U = \frac{2\rho l P}{SU\cos \varphi}$$

② 电压损失率 $\Delta U/U$ 的计算：

$$\frac{\Delta U}{U} = \frac{2\rho l P}{SU^2\cos \varphi}$$

上面式子中，ρ 为电阻率，铝线 $\rho = 0.028\,0\ \Omega \cdot mm^2/m$，铜线 $\rho = 0.017\,5\ \Omega \cdot mm^2/m$，$S$ 为导线的截面积，单位为平方毫米（mm^2）；l 为导线的长度，单位为米（m），$\cos \varphi$ 为功率因数；P 为负载的有功功率，单位为瓦（W）；U 为电压，单位为伏（V）。

（2）三相三线制或各相负载对称的三相四线制（380 V）。

① 电压损失 ΔU 的计算：

$$\Delta U = \sqrt{3}\,\Delta U_\varphi$$

$$\Delta U = \sqrt{3} IR\cos \varphi$$

将式 $I = \dfrac{P}{\sqrt{3}\, U_1\cos \varphi}$ 及 $R = \rho \dfrac{l}{S}$ 代入上式,可得

$$\Delta U = \frac{\rho l P}{S U_1}$$

② 电压损失率 $\Delta U / U$ 的计算:

$$\frac{\Delta U}{U} = \frac{\rho l P}{S U_1^2}$$

上面式子中,U_1 为三相电源的线电压,其他各项与前面意义相同。

6.3　常用磁性材料

6.3.1　软磁材料

软磁材料又称导磁材料,其主要特点是磁导率高,剩磁弱。

1. 电工用纯铁

电工用纯铁的电阻率很低,它的纯度越高,磁性能越好。

2. 硅钢片

硅钢片的主要特性是电阻率高,适用于各种交变磁场。硅钢片分为热轧和冷轧两种。

3. 普通低碳钢片

普通低碳钢片又称无硅钢片,主要用来制造家用电器中的小电机、小变压器等的铁心。

6.3.2　硬磁材料

硬磁材料又称永磁材料,其主要特点是剩磁强。

1. 铝镍钴永磁材料

铝镍钴合金的组织结构稳定,具有优良的磁性能、良好的稳定性和较低的温度系数。

2. 铁氧体永磁材料

铁氧体永磁材料以氧化铁为主,不含镍、钴等贵重金属,价格低廉,材料的电阻率高,是目前产量最多的一种永磁材料。

6.4　其他材料

6.4.1　润滑脂

电机上常用的润滑脂有两种:复合钙基润滑脂和锂基润滑脂,个别负载特别重、转速又很高的轴承可以选用二硫化钼基润滑脂。润滑脂使用时应特别注意以下三个问题:

(1) 轴承运行 1 000 ～ 1 500 h 后应加一次润滑脂,运行 2 500 ～ 3 000 h 后应更换润滑脂。

(2) 不同型号的润滑脂不能混用;更换润滑脂时必须将原有的润滑脂清洗干净。

（3）轴承中润滑脂不能加得太多或太少，一般约占轴承室空容积的 1/3～1/2;转速低、负载轻的轴承可以加得多一些,转速高、负载重的轴承应该加得少一些。

6.4.2　滚动轴承

1.滚动轴承的构造

电机上使用的滚动轴承基本上都是单列轴承,常用的有以下三种:轻窄系列深沟球轴承、中窄系列深沟球轴承和中窄系列圆柱滚子轴承。滚动轴承是标准件,其基本构造如图 6.2 所示。

2.滚动轴承的类型、代号及公差等级

（1）滚动轴承的类型。滚动轴承可按其所能承受的负荷方向、公称接触角和滚动体的种类等进行分类,轴承类型代号用数字或字母表示。滚动轴承的类型代号见表 6.9。

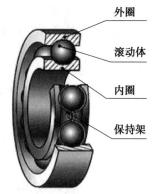

外圈
滚动体
内圈
保持架

图 6.2　滚动轴承的基本构造

表 6.9　滚动轴承类型代号

代号	轴承类型	代号	轴承类型
0	双列角接触球轴承	N	圆柱滚子轴承(双列或多列用字母NN表示)
1	调心球轴承	U	外球面球轴承
2	调心滚子轴承和推力调心滚子轴承	QJ	四点接触球轴承
3	圆锥滚子轴承		
4	双列深沟球轴承		
5	推力球轴承		
6	深沟球轴承		
7	角接触球轴承		
8	推力圆柱滚子轴承		

（2）滚动轴承代号。滚动轴承代号由前置代号、基本代号和后置代号构成,其排列见表6.10。

表 6.10　滚动轴承代号

前置代号	基本代号	后置代号							
		1	2	3	4	5	6	7	8
成套轴承分部件	基本代号	内部结构	密封与防尘套圈变型	保持架及其材料	轴承材料	公差等级	游隙	配置	其他

滚动轴承公差等级代号见表 6.11。

表 6.11　滚动轴承公差等级代号

代　号	含　义	示　例
/P0	公差等级符合标准规定的 0 级,可省略	6203
/P6	公差等级符合标准规定的 6 级	6203/P6
/P6x	公差等级符合标准规定的 6x 级	30210/P6x
/P5	公差等级符合标准规定的 5 级	6203/P5
/P4	公差等级符合标准规定的 4 级	6203/P4
/P2	公差等级符合标准规定的 2 级	6203/P2

3. 滚动轴承的装配

滚动轴承的装配中有两个关键问题:一是轴承的清洗方法;二是轴承的安装方法。正确的清洗和安装可以降低电机的振动和轴承噪声。

(1)轴承的清洗方法。装配前,必须对轴承进行仔细清洗。

①用防锈油封存的轴承使用前可用汽油或煤油清洗。

②用高黏度油和防锈油脂进行防护的轴承可先放入油温不超过100 ℃的轻质矿物油n15机油中溶解油脂,待防锈油脂完全溶化后再从油中取出,冷却后用汽油或煤油清洗。

③两面带防尘盖或密封圈的轴承出厂前已加入润滑剂,安装时不需要进行清洗。另外,涂有防锈润滑两用油脂的轴承也不需要清洗。

(2)轴承的安装方法。轴承的安装方法须根据轴承的结构形式、尺寸大小和配合性质而定。目前常见的滚动轴承的安装方法有三种:热套法、冷压法和敲入法。

①热套法。对于过盈量较大的中、大型轴承应采用热套法安装。

②冷压法。是相对于热套法的一种对于小型轴承而采用的安装方法。

③敲入法。敲入法安装是指在常温下用手锤通过铜套筒敲打轴承内圈,将轴承安装到轴上。

4. 滚动轴承的故障及处理办法

滚动轴承的常见故障及处理办法见表6.12。

表6.12　滚动轴承的常见故障及处理办法

序号	故障现象	原　　因	处理方法
1	轴承破裂,运行中可听到"咕噜"和"梗、梗"的声音,轴承部位发热严重,甚至使定转子相擦	(1)轴承与转轴或与轴承室配合不当,安装时用力过大 (2)拆装轴承不合理,如硬敲、硬打轴承外圈	更换损坏的轴承,按本节所述的方法安装新轴承
2	轴承变色,轴承的滚珠或滚柱、内外圈变成蓝紫色	(1)轴承盖和轴或轴室运转中相擦 (2)轴承与转轴之间配合不当。如轴承内圈与轴配合过松,运转时内圈相对转轴运动(俗称走内圈);轴承外圈与轴承室配合过松,运转时走外圈 (3)运转时的皮带过紧,或联轴器不同轴 (4)润滑脂干涸 上述原因均使轴承摩擦加剧而过热	查明原因将轴颈喷涂金属或在端盖轴承室镶套;调节带松紧或校正联轴器,使实验配合公差达到要求
3	珠痕:轴承滚道上产生与滚球形状相同的凹痕	(1)安装方法不正确 (2)传动带拉得过紧	更换轴承,调节带的松紧
4	震痕:类似于珠痕的凹形,但痕迹较大,程度较浅	电机定转子相擦	检查定子转子是否相擦,排除故障
5	麻点	轴承使用期过长或润滑脂中混入金属屑之类的杂质,使电机的噪声和震动增大	更换轴承
6	锈蚀:水汽或腐蚀性气体进入轴承内部而锈蚀	清洗不当或密封不符合要求,电机的噪声和震动增大	更换轴承

知识拓展:绝缘导线的连接与绝缘恢复

绝缘导线的连接无论采用哪种方法,都不外乎下列四个步骤:

(1)剥切绝缘层。

(2)导线线芯连接。

(3)接头焊接或压接。

(4)恢复绝缘层。

1. 绝缘导线线头绝缘层的剖削

导线线头绝缘层的剖削是导线加工的第一步,是为以后导线的连接作准备。电工必须学会用电工刀、钢丝钳或剥线钳来剖削绝缘层。

线芯截面在 4 mm² 以下电线绝缘层的处理可采用剥线钳,也可用钢丝钳。

无论是塑料单芯电线,还是多芯电线,线芯截面在 4 mm² 以下的都可用剥线钳操作,且绝缘层剖削方便快捷。橡皮电线同样可用剥线钳剖削绝缘层。用剥线钳剖削时,先定好所需的剖削长度,把导线放入相应的刃口中,用手将钳柄一握,导线的绝缘层即被割破自动弹出。需注意,选用剥线钳的刃口要适当,刃口的直径应稍大于线芯的直径。

(1)塑料硬线绝缘层的剖削。

① 用钢丝钳剖削塑料硬线绝缘层。线芯截面为 4 mm² 及以下的塑料硬线,一般用钢丝钳进行剖削。剖削方法如下:

a. 用左手捏住导线,在需剖削线头处,用钢丝钳刃口轻轻切破绝缘层,如图 6.3(a) 所示。但不可切伤线芯。

b. 用左手拉紧导线,右手握住钢丝钳头部用力向外勒去塑料层,如图 6.3(b) 所示。

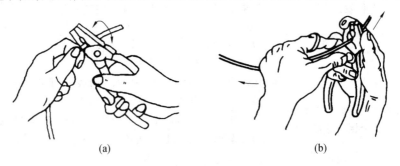

(a)   (b)

图 6.3　钢丝钳剖削塑料硬线绝缘层示意图

② 用电工刀剖削塑料硬线绝缘层。线芯面积大于 4 mm² 的塑料硬线,可用电工刀来剖削绝缘层,方法如下:

a. 在需剖削线头处,用电工刀以 45° 角倾斜切入塑料绝缘层,注意刀口不能伤着线芯,如图 6.4(a)、(b) 所示。

b. 刀面与导线保持 25° 角左右,用刀向线端推削,只削去上面一层塑料绝缘,不可切入线芯,如图 1.4(c) 所示。

c. 将余下的线头绝缘层向后扳翻,把该绝缘层剥离线芯,如图 6.4(d) 所示,再用电工刀切齐。

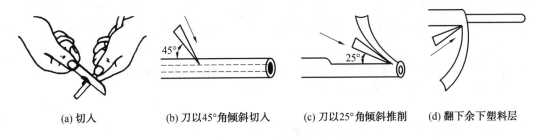

(a) 切入　　　　(b) 刀以45°角倾斜切入　　(c) 刀以25°角倾斜推削　　(d) 翻下余下塑料层

图6.4　电工刀剖削塑料硬线绝缘层示意图

（2）塑料软线绝缘层的剖削。塑料软线绝缘层用剥线钳或钢丝钳剖削。剖削方法与用钢丝钳剖削塑料硬线绝缘层的方法相同。不可用电工刀剖削，因为塑料软线由多股铜丝组成，用电工刀容易损伤线芯。

（3）塑料护套线绝缘层的剖削。塑料护套线具有两层绝缘：护套层和每根线芯的绝缘层。塑料护套线绝缘层用电工刀剖削，方法如下：

① 护套层的剖削方法：

a. 在线头所需长度处，用电工刀的刀尖对准护套线中间线芯缝隙处划开护套层，如图6.5（a）所示。如偏离线芯缝隙处，电工刀可能会划伤线芯。

b. 向后扳翻护套层，用电工刀把它齐根切去，如图6.5（b）所示。

② 内部绝缘层的剖削：在距离护套层5 ~ 10 mm 处，用电工刀以45°角倾斜切入绝缘层，其剖削方法与塑料硬线剖削方法相同，如图6.5（c）所示。

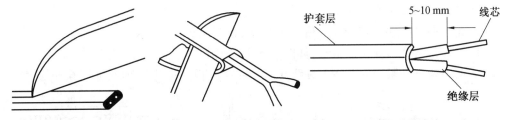

(a) 用刀尖在线芯缝隙处划开护套层　　(b) 扳翻护套层并齐根切去　　(c) 剖削好的护套线

图6.5　塑料护套线绝缘层的剖削

（4）橡皮线绝缘层的剖削。与塑料护套线不同，橡皮线绝缘层外多一层纤维编织的保护层，其剖削方法如下：

① 把橡皮线纤维编织保护层用电工刀尖划开，将其扳翻后齐根切去，剖削方法与剖削护套线的保护层方法类同。

② 用与剖削塑料线绝缘层相同的方法削去橡胶层。

③ 最后松散棉纱层到根部，用电工刀切去。

（5）花线绝缘层的剖削。

① 用电工刀在线头所需长度处将棉纱织物保护层四周割切一圈后将其拉去。

② 在距离棉纱织物保护层10 mm 处，用钢丝钳按照与剖削塑料软线相同的方法勒去橡胶层。

2. 导线的连接

（1）导线连接的基本要求。在配线工程中，导线连接是一道非常重要的工序，导线的连接质量影响着电路和设备运行的可靠性和安全程度,电路的故障往往发生在导线接头处。安装的电路能否安全可靠地运行,在很大程度上取决于导线接头的质量。对导线连接的基本要求是:

① 接触紧密,接头电阻小,稳定性好,与同长度同截面导线的电阻比值不应大于1。

② 接头的机械强度应不小于导线机械强度的80%。

③ 耐腐蚀。

④ 接头的绝缘强度应与导线的绝缘程度一样。

注意:不同金属材料的导体不能直接连接;同一档距内不得使用不同线径的导线。

(2)导线的连接种类:

① 导线与导线之间的连接。

② 导线与接线桩的连接。

③ 插座、插头的连接。

④ 压接。

⑤ 焊接等。

(3)铜导线的连接。首先要将导线拉直,常用两种方法:一种方法是将导线放在地上,一端用钳子夹住,另一端用手捏紧,用螺纹刀柄压住导线来回推拉数次;另一种方法是用两手分别捏紧导线两端,将导线绕过有圆棱角的固定物体,用适当的力量使导线压紧圆棱角(如椅背)来回运动数次。

常用导线连接的方式和方法如下:

① 单股芯线直接连接:

a. 先将两导线端去其绝缘层后作 X 相交,如图 6.6(a)所示;

b. 互相绞合 2 ~ 3 匝后扳直,如图 6.6(b)所示;

c. 两线端分别紧密向芯线上并绕 6 圈,多余线端剪去,钳平切口,如图 6.6(c)所示。

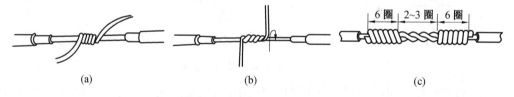

| | 6圈 | 2~3圈 | 6圈 |

(a)   (b)   (c)

图 6.6　单股芯线直接连接

② 单股芯线 T 字分支连接:将两导线剥去绝缘后,支线端和干线十字相交,在支线芯线根部留出约 3 mm 后绕干线一圈,支线端和干线十字相交,将支线端围本身线绕 1 圈,收紧线端向干线并绕 6 圈,剪去多余线头,钳平切口,如图 6.7(a)所示。如果连接导线截面较大,两芯线十字相交后,直接在干线上紧密缠绕 8 圈后减去余线即可,如图 6.7(b)所示。

③ 七股芯线的直接连接:

a. 先将除去绝缘层的两根线头分别散开并拉直,在靠近绝缘层的 1/3 线芯处将该段线芯绞紧,把余下的 2/3 线头分散成伞骨状,如图 6.8(a)所示。

b. 两个分散的线头隔根对插,如图 6.8(b)所示。然后放平两端对插的线头,如图 6.8(c)所示。

c. 把一端的 7 股线芯按 2、2、3 股分成三组,把第一组的 2 股线芯扳起,垂直于线头,如图

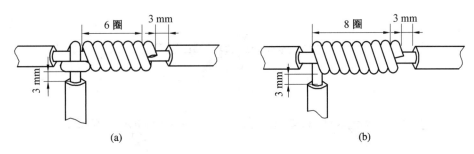

图 6.7　单股线 T 字连接

6.8(d) 所示。然后按顺时针方向紧密缠绕 2 圈,将余下的线芯向右与线芯平行方向扳平,如图 6.8(e) 所示。

　　d. 将第二组 2 股线芯扳成与线芯垂直方向,如图 6.8(f) 所示。然后按顺时针方向紧压着前两股扳平的线芯缠绕 2 圈,也将余下的线芯向右与线芯平行方向扳平。

　　e. 将第三组的 3 股线芯扳成与线头垂直方向,如图 6.8(g) 所示。然后按顺时针方向紧压线芯向右缠绕。

　　f. 缠绕 3 圈后,切去每组多余的线芯,钳平线端,如图 6.8(h) 所示。

　　g. 用同样的方法再缠绕另一边线芯。

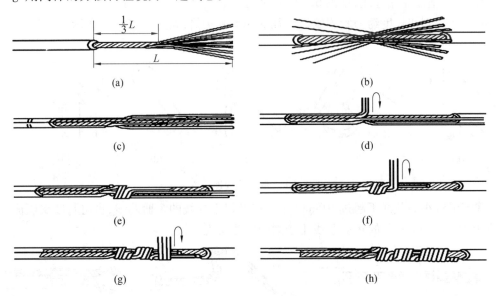

图 6.8　七股芯线直接连接

　　④ 七股芯线的 T 型分支连接:

　　a. 在支线留出的连接线头 1/8 根部进一步绞紧,余部分散,支线线头分成两组,四根一组地插入干线的中间(干线分别以三、四股分组,两组中间留出插缝),如图 6.9(a) 所示。

　　b. 将三股芯线的一组往干线一边按顺时针缠 3 ~ 4 圈,剪去余线,钳平切口,如图 6.9(b) 所示。

　　c. 另一组用相同方法缠绕 4 ~ 5 圈,剪去余线,钳平切口,如图 6.9(c) 所示。

　　⑤ 线头与平压式接线桩的连接:平压式接线螺钉利用半圆头、圆柱头或六角头螺钉加垫圈将线头压紧,完成电连接。如常用的开关、插座、普通灯头、吊线盒等。

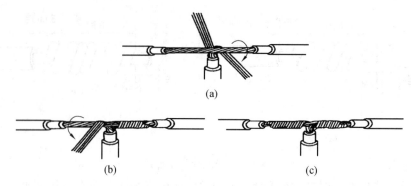

图6.9 七股芯线 T 字分支连接

对于载流量小的单芯导线,必须把线头弯成圆圈(俗称羊眼圈),羊眼圈弯曲的方向与螺钉旋紧方向一致,制作步骤如图6.10 所示。

a.用尖嘴钳在离导线绝缘层根部约 3 mm 处向外侧折角成90°,如图6.10(a) 所示。

b.用尖嘴钳夹持导线端口部按略大于螺钉直径弯曲圆弧,如图6.10(b) 所示。

c.剪去芯线余端,如图6.10(c) 所示。

d.修正圆圈至圆。把弯成的圆圈(俗称羊眼圈) 套在螺钉上,圆圈上加合适的垫圈,拧紧螺钉,通过垫圈压紧导线,如图6.10(d) 所示。

e.绝缘层剥切长度约为紧固螺钉直径的 3.5 ~ 4 倍,如图6.10(e) 所示。

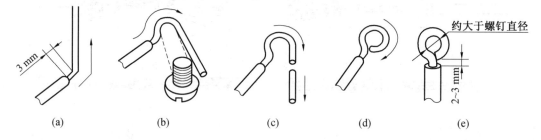

图6.10 单股芯线连接方法

载流量较小的截面不超过10 mm^2 的 7 股及以下导线的多股芯线,也可将线头制成压接圈,采用如图6.11 所示的多股芯线压接圈的作法实现连接。

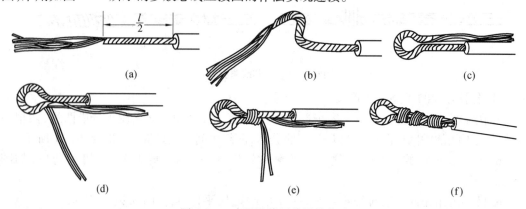

图6.11 多股芯线压接圈的作法

螺钉平压式接线桩的连接工艺要求是:压接圈的弯曲方向应与螺钉拧紧方向一致,连接前应清除压接圈、接线桩和垫圈上的氧化层,再将压接圈压在垫圈下面,用适当的力矩将螺丝拧紧,以保证良好的接触。压接时注意不得将导线绝缘层压入垫圈内。

对于载流量较大,截面超过 10 mm² 或股数多于 7 的导线端头,应安装接线端子。

⑥ 导线通过接线鼻与接线螺钉连接:接线鼻又称接线耳,俗称线鼻子或接线端子,是铜或铝接线片。对于大载流量的导线,如截面在 10 mm² 以上的单股线或截面在 4 mm² 以上的多股线,由于线粗,不易弯成压接圈,同时弯成圈的接触面会小于导线本身的截面,造成接触电阻增大,在传输大电流时产生高热,因而多采用接线鼻进行平压式螺钉连接。接线鼻的外形如图 6.12 所示,从 1 A 到几百 A 有多种规格。

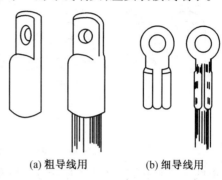

(a) 粗导线用　　　　(b) 细导线用

图 6.12　接线鼻

用接线鼻实现平压式螺钉连接的操作步骤如下:

a. 根据导线载流量选择相应规格的接线鼻。

b. 对没挂锡的接线鼻进行挂锡处理后,对导线线头和接线鼻进行锡焊连接。

c. 根据接线鼻的规格选择相应的圆柱头或六角头接线螺钉,穿过垫片、接线鼻、旋紧接线螺钉,将接线鼻固定,完成电连接,如图 6.13 所示。

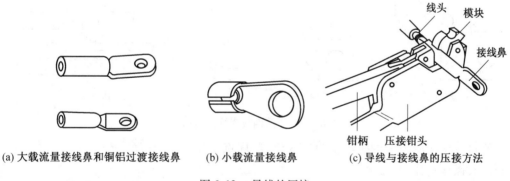

(a) 大载流量接线鼻和铜铝过渡接线鼻　　(b) 小载流量接线鼻　　(c) 导线与接线鼻的压接方法

图 6.13　导线的压接

有的导线与接线鼻的连接还采用锡焊或钎焊。锡焊是将清洁好的铜线头放入铜接线端子的线孔内,然后用焊接的方法用焊料焊接到一起。铝接线端子与线头之间一般用压接钳压接,也可直接进行钎焊。有时为了导线接触性能更好,也常常采用先压接,后焊接的方法。

接线鼻应用较广泛,大载流量的电气设备,如电动机、变压器、电焊机等的引出接线都采用接线鼻连接;小载流量的家用电器、仪器仪表内部的接线也是通过小接线鼻来实现的。

⑦ 线头与瓦形接线桩的连接:瓦形接线桩的垫圈为瓦形。压按时为了不致使线头从瓦形接线桩内滑出,压接前应先将已去除氧化层和污物的线头弯曲成 U 形,将导线端按紧固螺丝钉的直径加适当放量的长度剥去绝缘后,在其芯线根部留出约 3 mm,用尖嘴钳向内弯成 U 形;然后修正 U 形圆弧,使 U 形长度为宽度的 1.5 倍,剪去多余线头,如图 6.14(a) 所示。

使螺钉从瓦形垫圈下穿过"U"形导线,旋紧螺钉,如图6.14(b)所示。如果在接线桩上有两个线头连接,应将弯成 U 形的两个线头相重合,再卡入接线桩瓦形垫圈下方压紧,如图6.14(c)所示。

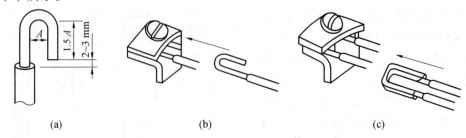

| (a) | (b) | (c) |

图 6.14 导线头与瓦形接线桩的连接方式示意

⑧线头与针孔式接线桩的连接:这种连接方法称为螺钉压接法。使用的是瓷接头或绝缘接头,又称接线桥或接线端子,它用瓷接头上接线柱的螺钉来实现导线的连接。瓷接头由电瓷材料制成的外壳和内装的接线柱组成。接线柱一般由铜质或钢质材料制作,又称针形接线桩,接线桩上有针形接线孔,两端各有一只压线螺钉。使用时,将需连接的铝导线或铜导线接头分别插入两端的针形接线孔,旋紧压线螺钉就完成了导线的连接。图 6.15 所示是二路四眼瓷接头结构图。

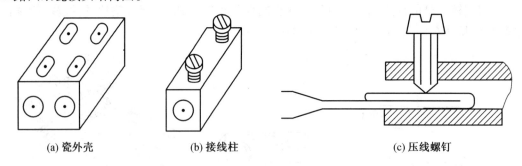

(a) 瓷外壳　　　　　　　(b) 接线柱　　　　　　　　(c) 压线螺钉

图 6.15 二路四眼瓷接头结构图

螺钉压接法适用于负荷较小的导线连接,优点是简单易行。其操作步骤如下:

a. 如是单股芯线,且与接线桩头插线孔大小适宜,则把芯线线头插入针孔并旋紧螺钉即可,如图 6.16 所示。

b. 如果是单股芯线较细,则应把芯线线头折成双根,插入针孔再旋紧螺钉。连接多股芯线时,先用钢丝钳将多股芯线进一步绞紧,以保证压接螺钉顶压时不致松散,如图6.17 所示。

无论是单股还是多股芯线的线头,在插入针孔时应注意:一是注意插到底;二是不得使绝缘层进入针孔,针孔外的裸线头的长度不得超过 2 mm;三是凡有两个压紧螺钉的,应先拧紧近孔口的一个,再拧紧近孔底的一个,如图 6.18 所示。

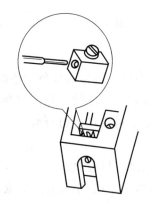

图 6.16 针孔式接线桩的连接

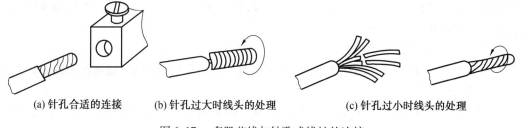

(a) 针孔合适的连接　　(b) 针孔过大时线头的处理　　(c) 针孔过小时线头的处理

图 6.17　多股芯线与针孔式线桩的连接

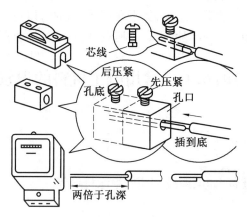

图 6.18　针孔式接线桩连接要求和连接方法示意

3. 导线绝缘层的恢复

（1）绝缘带包缠方法。将黄蜡带从导线左边完整的绝缘层上开始包缠,包缠两个带宽后就可进入连接处的芯线部分。包至连接处的另一端时,也同样应包入完整绝缘层上两个带宽的距离,如图6.19（a）所示。包缠时,绝缘带与导线保持约45°斜角,每圈包缠压叠带宽的1/2,如图6.19（b）所示;包缠一层黄蜡带后,将黑胶带接在黄蜡带的尾端,按另一斜叠方

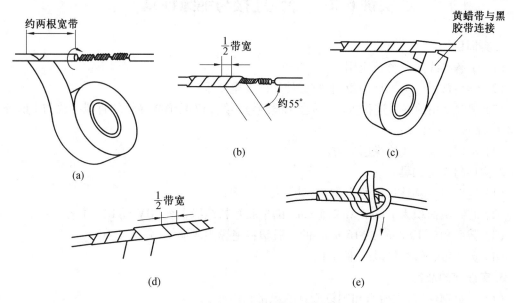

图 6.19　绝缘带包缠方法

向再包缠一层黑胶带,也要每圈压叠带宽的 1/2,如图 6.19(c)、(d)所示;或用绝缘带自身套结扎紧,如图 6.19(e)所示。

(2)绝缘带包缠注意事项:

①恢复 380 V 电路上的导线绝缘时,必须先包缠 1~2 层黄蜡带(或涤纶薄膜带),然后再包缠一层黑胶带。

②恢复 220 V 电路上的导线绝缘时,先包缠一层黄蜡带(或涤纶薄膜带),然后再包缠一层黑胶带,也可只包缠两层黑胶带。

③包缠绝缘带时,不可过松或过疏,更不允许露出芯线,以免发生短路或触电事故。

④绝缘带不可保存在温度或湿度很高的地点,也不可被油脂浸染。

实训 6.1　常用电工材料的识别

1. 实训目的

能够识别常用电工材料。

2. 实训材料与工具

根据实际教学情况准备,如电缆线、电刷、绝缘材料等。

3. 实训前的准备

(1)查阅各种图书资料,知道电工材料的种类。

(2)收集不同的电工材料(每人三种以上),了解它们的名称和作用。

(3)去电工材料店参观,了解市场对电工常用材料的需求情况。

4. 实训内容

分组认识不同的电工材料,了解其用途及特点。

实训 6.2　导线连接与绝缘恢复

1. 实训目的

(1)了解导线的分类及应用;

(2)学会常用电工工具的使用,掌握使用的安全要求;

(3)掌握常用的导线连接方法,学会单股绝缘导线和 7 股绝缘导线的直线接法与 T 形分支接法,掌握工艺要求;

(4)掌握恢复导线绝缘层的方法。

2. 实训材料与工具

(1)电工刀、尖嘴钳、钢丝钳、剥线钳每人各 1 把;

(2)芯线截面积为 1 mm² 和 2.5 mm² 的单股塑料绝缘铜线(BV 或 BVV)若干;

(3)截面积为 10 mm² 或 16 mm² 的 7 股塑料绝缘铝或铜线(每人 1 m);

(4)黄蜡带和塑料绝缘胶带若干。

3. 实训前的准备

(1)了解钢丝钳、尖嘴钳和螺钉旋具的规格和用途;

(2)了解导线的基本分类与常用型号;

（3）明确单芯铜导线的直线连接方法与分支连接方法及工艺要求；

（4）明确多芯导线的直线连接方法与分支连接方法及工艺要求；

（5）熟悉各种接线端子的结构。

4. 实训内容

（1）单股绝缘铜导线的直线连接步骤：

① 用钢丝钳剪出 2 根约 250 mm 长的单股铜导线（截面积为 1 mm²），用剥线钳剥开其两端的绝缘层。

注意：导线直接绞接法的绝缘层开剥长度要使导线足够缠绕对方 6 圈以上；使用电工刀剥开导线绝缘层时要注意安全，同时要注意不能损伤芯线。

② 用单芯铜导线的直接绞接法，按直线接头的连接工艺要求，将 2 根导线的两端头对接。

③ 用同样方法完成其他 2 根（截面积为 2.5 mm²）导线的对接。

④ 用塑料绝缘胶带包扎接头。

⑤ 检查接头连接与绝缘包扎质量。

（2）单股绝缘导线的 T 形分支连接步骤：

① 用钢丝钳剪出两根约 250 mm 长的单股铜导线（截面积为 1 mm²），用电工刀剥开一根导线（支线）一端的端头绝缘层和另一根（干线）中间一段的绝缘层。

② 用单芯铜导线的直接绞接法，按 T 形分支接头的连接工艺要求，将支线连接在干线上。

③ 用钢丝钳剪出 2 根约 250 mm 长的单股铜导线（截面积为 2.5 mm²），用电工刀剥开其中一根导线（支线）一端的端头绝缘层和另一根（干线）中间一段的绝缘层。

④ 用单芯铜导线的扎线缠绕法，按 T 形分支接头的连接工艺要求，将支线连接在干线上（加一条同截面芯线后再用扎线缠绕）。

⑤ 用塑料绝缘胶带包扎分支接头。

⑥ 检查接头连接与绝缘包扎质量。

（3）7 股绝缘铜导线的直线连接和 T 形分支连接步骤：

① 将 7 股 16 mm² 导线剪为等长的两段，用电工刀剥开两根导线各一端部的绝缘层。

② 按 7 股导线的直线接头连接方法与工艺要求，将两线头对接。

③ 将 7 股 10 mm² 导线剪为等长的两段，用电工刀剥开一根导线一端的端部绝缘层（作支线），而选择另一根的中间部分作干线的接头部分，并将其绝缘层剥开。

④ 按 7 股导线的 T 形分支接头的连接方法与工艺要求，将支线端部芯线接在干线芯线上。

⑤ 用塑料绝缘胶带包扎接头。

⑥ 检查接头连接质量。

（4）压接圈与 U 形头的制作步骤：

① 用钢丝钳剪出 2 根约 250 mm 长的单股铜导线（截面积为 1 mm²）和 2 根约 250 mm 长的单股铜导线（截面积为 2.5 mm²），用剥线钳剥开其一端的绝缘层。

注意：导线绝缘层剥开长度不能过长，一般为接线端头直径的 3 ~ 4 倍。

② 按压接圈与 U 形头的制作方法与工艺要求操作。

（5）接线端子的维修与更换步骤。

根据实训工作台接线端子损坏程度进行维修或更换端子、螺丝等。

注意:选用起子的规格要与端子螺丝规格相适应,否则会损坏端子绝缘部分或螺丝。

5. 安全文明要求

（1）使用电工刀剥开绝缘层,进行导线连接时要按安全要求操作,不要误伤手指。

（2）要节约导线材料(尽量利用使用过的导线)。

（3）操作时应保持工位整洁,完成全部实训后应马上把工位清洁干净。

思 考 题

6.1　型号为 BLV 的导线名称是什么？　主要用途是什么？

6.2　导线连接有哪些要求？

6.3　常用导线一般用什么材料制成？　为什么？　选用导线时应考虑哪些因素？

第7章　常用电工仪表及测量

重点内容：

◆　电工测量的基本知识

◆　电气参数的测量

◆　常用电工仪表的使用训练

7.1　电工测量的基本知识

7.1.1　常用名词术语

电工仪表与电气测量常用名词术语见表7.1。

表7.1　电工仪表与电气测量常用名词术语

名　　词	含　　义
电工仪表	实现电量、磁量测量过程所需技术工具的总称
电工测量	使用电工仪表对电量或磁量进行测量的过程
直接测量	将被测量与作为标准的量值比较，或用带有特定刻度的仪表进行测量，例如用电压表测量电路的电压
间接测量	对与被测量有一定函数关系的几个量进行直接测量，然后再按函数关系计算出被测量
组合测量	在直接或间接测量具有一定函数关系的某些量的基础上，通过联立求解各函数关系式来确定被测量的大小
测量误差	测量结果对被测量真值的偏离程度
准确度	测量结果与被测量真值间相近的程度
精确度	测量中所测数值重复一致的程度
灵敏度	仪器仪表读数变化量与相应被测量的变化量的比值
分辨率	仪器仪表所能反映的被测量的最小变化值
量程（量限、测量范围）	仪器仪表在规定的准确度下对应于某一测量范围内所能测量的最大值
基准器	用当代最先进的科学技术，以最高的精确度和稳定性建立起来的专门用以规定、保持和复现某种物理计量单位的特殊量具或仪器
标准器	根据基准复现的量值，制成不同等级的标准量具或仪器

7.1.2　常用电工仪表的种类、特点及用途

1.电工仪表概述

电气设备的安装、调试及检修过程中,要借助各种电工仪器仪表对电流、电压、电阻、电能、电功率等进行测量,称之为电工测量。

2.电工仪表的分类

电工仪表的种类繁多,分类方法也各有不同。按照电工仪表的结构和用途,大体上可以分为以下五类。

(1)指示仪表类:直接从仪表指示的读数来确定被测量的大小。

(2)比较仪器类:需在测量过程中将被测量与某一标准量比较后才能确定其大小。

(3)数字式仪表类:直接以数字形式显示测量结果,如数字万用表、数字频率计。

(4)记录仪表和示波器类:如 X – Y 记录仪、光线示波器。

(5)扩大量程装置和变换器:如分流器、附加电阻、电流互感器、电压互感器。

常用的指示仪表可按以下方法分类:

(1)按仪表的工作原理分类,主要有电磁式、电动式和磁电式指示仪表,其他还有感应式、振动式、热电式、热线式、静电式、整流式、光电式和电解式等类型的指示仪表。

(2)按测量对象的种类分类,主要有电流表(又分安培表、毫安表、微安表)、电压表(又分为伏特表、毫伏表等)、功率表、频率表、欧姆表、电度表等。

(3)按被测电流种类分类,有直流仪表、交流仪表、交直流两用仪表。

(4)按使用方式分类,有安装式仪表和可携式仪表。

(5)按仪表的准确度分类,指示仪表的准确度可分为 0.1、0.2、0.5、1.0、1.5、2.5、5.0 七个等级。仪表的级别即仪表准确度的等级。

(6)按使用环境条件分类,指示仪表可分为 A、B、C 三组。

A 组:工作环境为 0 ~ + 40 ℃,相对湿度在 85% 以下。

B 组:工作环境为 – 20 ~ + 50 ℃,相对湿度在 85% 以下。

C 组:工作环境为 – 40 ~ + 60 ℃,相对湿度在 98% 以下。

(7)按对外界磁场的防御能力分类,指示仪表有 Ⅰ、Ⅱ、Ⅲ、Ⅳ 4 个等级。

7.1.3　测量的准确性及误差分析

1.绝对误差和相对误差

绝对误差是指仪表的指示值与被测量的实际值之间的差值。

相对误差是指绝对误差和被测量的实际值之比的百分数值。

2.仪表的准确度

规定以最大的引用误差表示仪表的准确度,即

$$\pm K = \frac{\Delta A_m}{A_m} \times 100\%$$

仪表的准确度和基本误差见表 7.2。

表 7.2　仪表的准确度和基本误差

准确度等级	0.1	0.2	0.5	1.0	1.5	2.5	5.0
基本误差 /%	±0.1	±0.2	±0.5	±1.0	±1.5	±2.5	±5.0

3. 测量的准确性

衡量测量的准确性,通常采用相对误差表示,即

$$\gamma = \frac{\Delta A}{A_0} \times 100\%$$

式中,ΔA 为绝对误差,即仪表的指示值与被测量实际值之差;A_0 为被测量实际值。

7.2　电气参数的测量

7.2.1　测量仪表的结构及工作原理

1. 磁电式仪表的工作原理

磁电式仪表的结构如图 7.1 所示。

磁电式仪表的工作原理是永久磁铁的磁场与通有直流电流的可动线圈相互作用而产生偏转力矩,使可动线圈发生偏转。

（1）磁电式仪表有以下优点:标度均匀,灵敏度和准确度较高,读数受外界磁场的影响小。

（2）磁电式仪表的缺点如下:表头本身只能用来测量直流量（当采用整流装置后也可用来测量交流量）,过载能力差。

（3）使用磁电式仪表的注意事项有:测量时,电流表要串联在被测的支路中,电压表要并联在被测电路中;使用直流表,电流必须从"+"极性端进入,否则指针将反向偏转;一般的直流电表不能用来测量交流电,仪表误接交流电时,指针虽无指示,但可动线圈内仍有电流通过,若电流过大,将损坏仪表;磁电式仪表过载能力较低,注意不要过载。

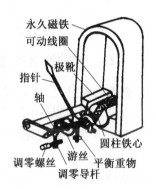

图 7.1　磁电式仪表的结构

2. 电磁式仪表的工作原理

电磁式仪表的结构如图 7.2 所示。

（1）电磁式仪表有以下优点:适用于交直流测量,过载能力强,可无需辅助设备而直接测量大电流,可用来测量非正弦量的有效值。

（2）电磁式仪表的缺点如下:标度不均匀,准确度不高,读数受外磁场影响。

3. 电动式仪表的工作原理

电动式仪表的结构如图 7.3 所示。

电动式仪表的工作原理是:仪表由固定线圈（电流线圈与负载串联,以反映负载电流）和可动线圈（电压线圈串联一定的附加电阻后与负载并联,以反映负载电压）组成,当它们通有电流后,由于载流导体磁场间的相互作用而产生转动力矩使活动线圈偏转,当转动力矩与弹簧反作用力矩平衡时,便获得读数。

（1）电动式仪表的优点:适用于交直流测量,灵敏度和准确度比用于交流的其他仪表高,可用来测量非正弦量的有效值。

（2）电动式仪表的缺点:标度不均匀,过载能力差,读数受外磁场影响大。

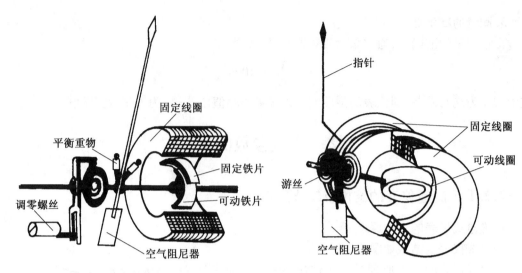

图 7.2   电磁式仪表的结构

图 7.3   电动式仪表的结构

7.2.2   测量仪表的选用

1.电流的测量

电流表是用来测量电路中的电流值的,按所测电流性质可分为直流电流表、交流电流表和交直流两用电流表。就其测量范围而言,电流表又分为微安表、毫安表和安培表。

（1）电流表。

① 电流表的工作原理。电流表有磁电式、电磁式、电动式等类型,它们被串接在被测电路中使用。仪表线圈通过被测电路的电流使仪表指针发生偏转,用指针偏转的角度来反映被测电流的大小。并联电阻起分流作用,称为分流电阻或分流器,如图7.4所示。

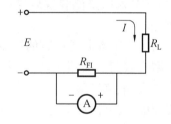

图 7.4   电流表扩大量程电路

② 电流表的选择。测量直流电流时,可使用磁电式、电磁式或电动式仪表,其中磁电式仪表使用较为普遍。

③ 电流表的使用。在测量电路电流时,一定要将电流表串联在被测电路中。磁电式仪表一般只用于测量直流电流,测量时要注意电流接线端的"＋"、"－"极性标记,不可接错,以免指针反打,损坏仪表。对于有两个量程的电流表,它具有三个接线端,使用时要看清楚接线端量程标记,根据被测电流大小选择合适的量程,将公共接线端一个量程接线端串联在被测电路中。

④ 电流表常见的故障及处理方法。电流表比较常见的故障是表头过载。当被测电流大于仪表的量程时,往往使表中的线圈、游丝因过热而烧坏或使转动部分受撞击损坏。为此,可以在表头的两端并联两只极性相反的二极管,以保护表头。

（2）钳形电流表。

通常,当用电流表测量负载电流时,必须把电流表串联在电路中。但当在施工现场需要临时检查电气设备的负载情况或电路流过的电流时,如果先把电路断开,然后把电流表串联到电路中,就会很不方便。此时应采用钳形电流表测量电流,这样就不必把电路断开,可以直接测量负载电流的大小了。

① 钳形电流表的结构与工作原理。

a. 钳形电流表的结构。钳形电流表是根据电流互感器的原理制成的,其外形像钳子一样,如图7.5所示。

指针式钳形电流表主要由铁心、电流互感器、电流表及钳形扳手等组成。钳形电流表能在不切断电路的情况下进行电流的测量,是因为它具有一个特殊的结构 —— 可张开和闭合的活动铁心。当捏紧钳形电流表手柄时,铁心张开,被测电路可穿入铁心;放松手柄时,铁心闭合,被测电路作为铁心的一组线圈。图7.6(a)所示为其测量机构示意图。数字式钳形电流表测量机构主要由具有钳形铁心的互感器(固定钳口、活动钳口、活动钳把及二次绕组)、测量功能转换开关(或量程转换开关)、数字显示屏等组成。图7.6(b)所示为FLUKE 337型数字式钳形电流表的面板示意图。

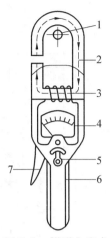

图 7.5　钳形电流表

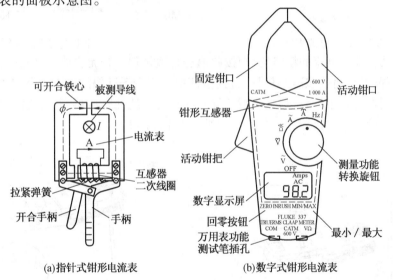

(a)指针式钳形电流表　　(b)数字式钳形电流表

图 7.6　FLUKE337 型数字式钳形电流表结构

b. 钳形电流表的工作原理。钳形交流电流表可看作由一只特殊的变压器和一只电流表组成的。被测电路相当于变压器的初级线圈,铁心上设有变压器的次级线圈,并与电流表相接。这样,被测电路通过的电流使次级线圈产生感应电流,经整流送到电流表,使指针发生偏转,从而指示出被测电流的数值。其原理如图7.7所示。

钳形交／直流电流表是一个电磁式仪表,穿入钳口铁心中的被测电路作为励磁线圈,磁通通过铁心形成回路。仪表的测量机构受磁场作用发生偏转,指示出测量数值。因电磁式仪表不受测量电流种类的限制,所以可以测量交／直流电流。

c. 面板符号。钳形电流表的面板符号如图7.8所示。

d. 钳形电流表的使用:

(a) 根据被测电流的种类和电路的电压,选择合适型号的钳形电流表,测量前首先必须调零(机械调零)。

(b) 检查钳口表面应清洁无污物,无锈。当钳口闭合时应密合,无缝隙。

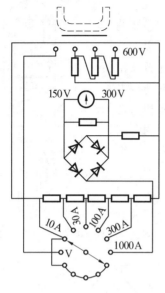

图 7.7　钳形电流表电路原理

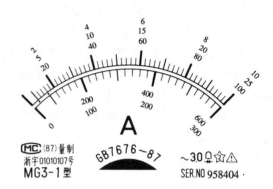

图 7.8　钳形电流表面板符号

（c）若已知被测电流的粗略值,则按此值选合适量程。若无法估算被测电流值,则应先放到最大量程,然后再逐步减小量程,直到指针偏转不少于满偏的 1/4,如图 7.9 所示。

（d）被测电流较小时,可将被测载流导线在铁心上绕几匝后再测量,实际电流数值应为钳形电流表读数除以放进钳口内的导线根数,如图 7.10 所示。

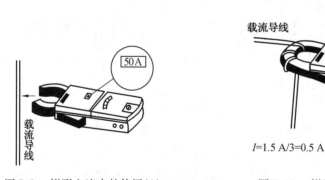

图 7.9　钳形电流表的使用(1)　　　　图 7.10　钳形电流表的使用(2)

（e）测量时,应尽可能使被测导线置于钳口内中心垂直位置,并使钳口紧闭,以减小测量误差,如图 7.11 所示。

（f）测量完毕后,应将量限转换开关置于交流电压最大位置,避免下次使用时误测大电流。

e.使用钳形电流表的注意事项

（a）在使用钳形电流表前应仔细阅读说明书,弄清是交流还是交直流两用钳形电流表。

（b）被测电路电压不能超过钳形电流表上所标明的数值,否则容易造成接地事故,或者引起触电危险。

（c）钳形电流表每次只能测量一相导线的电流,被测导线应置于钳形窗口中央,不可以将多相导线都夹入窗口测量。

（d）钳形电流表测量前应先估计被测电流的大小,再决定用哪一量程。若无法估计,可先用最大量程挡然后适当换小些,以准确读数。不能使用小电流挡去测量大电流。以防损坏钳形电流表。

（e）钳形电流表钳口在测量时闭合要紧密,闭合后如有杂音,可打开钳口重来一次,若杂音仍不能消除时,应检查磁路上各接合面是否光洁,有尘污时要擦拭干净。

（f）由于钳形电流表本身精度较低,在测量小电流时,可采用下述方法:先将被测电路的导线绕几圈,再放进钳形电流表的钳口内进行测量。此时钳形电流表所指示的电流值并非被测量的实际值,实际电流应当为钳形电流表的读数除以导线缠绕的圈数。

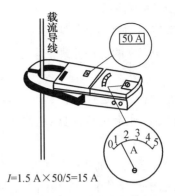

$I=1.5\ \mathrm{A}\times50/5=15\ \mathrm{A}$

图 7.11　钳形电流表的使用（3）

（g）维修时不要带电操作,以防触电。

2. 电压的测量

电压表是用来测量电路中的电压值的,按所测电压的性质分为直流电压表、交流电压表和交直两用电压表。就其测量范围而言,电压表又分为毫伏表、伏特表。

（1）电压表的工作原理。磁电式、电磁式、电动式仪表是电压表的主要形式。

（2）电压表的选择。电压表的选择原则和方法与电流表的选择相同,主要从测量对象、测量范围、要求精度和仪表价格等方面考虑。

（3）电压表的使用。用电压表测量电路电压时,一定要使电压表与被测电压的两端并联,电压表指针所示为被测电路两点间的电压。

（4）电压表的选择和使用注意事项:

①电压表及其量程的选择方法与电流表相同,量程和仪表的等级要合适。

②电压表必须与被测电路并联。直流电压表还要注意仪表的极性,表头的"+"端接高电位,"−"端接低电位。电压互感器的二次侧绝对不允许短路;二次侧必须接地,如图 7.12 所示。

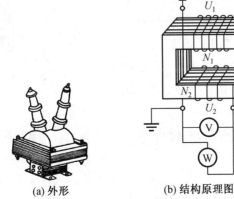

(a) 外形　　(b) 结构原理图

图 7.12　电压互感器

3. 功率的测量

功率使用功率表进行测量。

（1）功率表的工作原理。多数功率表是根据电动式仪表的工作原理来测量电路功率的。

（2）功率表的选择。在选择功率表时，首先要考虑的是功率表的量程，必须使其电流量程能允许通过负载电流，电压量程能承受负载电压。

（3）功率表的使用。

① 功率表的正确接线。电动式功率表指针的偏转方向是由通过电流线圈的电流方向决定的，如果改变其中一个线圈中电流的方向，指针就将反转（图7.13）。

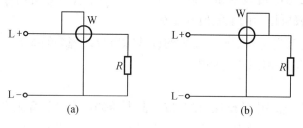

图7.13　功率表的连接

② 三相平衡负载电路总功率的测量。三相平衡负载的每相负载所消耗的功率相同，只需用一只功率表测量一相负载的功率，然后乘以3即可得三相总功率。

③ 三相四线制电路总功率的测量。在三相四线制电路中，三相负载不平衡，要测量其总功率需使用三只功率表。

4. 电能的测量

电度表是计量电能的仪表，即能测量某一段时间内所消耗的电能。电度表按用途分为有功电度表和无功电度表两种，它们分别计量有功功率和无功功率；按结构分为单相表和三相表两种。

（1）电度表的结构。电度表的种类虽不同，但其结构是一样的。它由两部分组成：一部分是固定的电磁铁，另一部分是活动的铝盘。电度表都有驱动元件、转动元件、制动元件、计数机构等部件。单相电度表的结构如图7.14所示。

① 驱动元件。驱动元件由电压元件（电压线圈及其铁心）和电流元件（电流线圈及其铁心）组成。

② 转动元件。转动元件由可动铝盘和转轴组成。

③ 制动元件。制动元件是一块永久磁铁，在转盘转动时产生制动力矩，使转盘转动的转速与用电器的功率大小成正比。

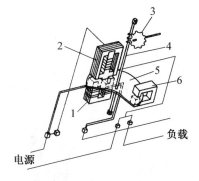

图7.14　单相电度表的结构示意图

1— 电流元件；2— 电压元件；3— 蜗轮蜗杆传动机构；4— 转轴；5— 铝盘；6— 永久磁铁

④ 计算机构。计算机构又称计算器,它由蜗杆、蜗轮、齿轮和字轮组成。

（2）电度表的工作原理。当通入交流电,电压元件和电流元件两种交变的磁通穿过铝盘时,在铝盘内感应产生涡流,涡流与电磁铁的磁通相互作用,产生一个转动力矩,使铝盘转动。

（3）电度表的安装和使用要求:

① 电度表应按设计装配图规定的位置进行安装,应注意不能安装在高温、潮湿、多尘及有腐蚀气体的地方。

② 电度表应安装在不易受震动的墙上或开关板上,墙面上的安装位置以不低于 1.8 m 为宜。

③ 为了保证电度表工作的准确性,必须严格垂直装设。

④ 电度表的导线中间不应有接头。

⑤ 电度表在额定电压下,当电流线圈无电流通过时,铝盘的转动不超过 1 转,功率消耗不超过 1.5 W。

⑥ 电度表装好后,开亮电灯,电度表的铝盘应从左向右转动。

⑦ 单相电度表的选用必须与用电器总功率值相适应。

⑧ 电度表在使用时,电路不容许短路及用电器超过额定值的 125%。

⑨ 电度表不允许安装在 10% 额定负载以下的电路中使用。

（4）电度表的接线。

（1）单相电度表的接线。在低压小电流电路中,电度表可直接接在电路上,如图 7.15(a) 所示。在低压大电流电路中,若电路负载电流超过电度表的量程,则须经电流互感器将电流变小,即将电度表间接连接到电路上,接线方法如图 7.15(b) 所示。

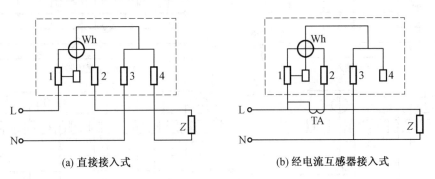

(a) 直接接入式　　　　　　　　(b) 经电流互感器接入式

图 7.15　单相电度表的接线方法

Wh— 单相功率表;Z— 负载;TA— 电流互感器

（2）三相二元件电度表的接连。三相二元件电度表的直接接线方式如图 7.16(a) 所示,经电流互感器的接线方法如图 7.16(b)、(c)、(d) 所示。

（3）三相三元件电度表的接线。三相三元件电度表(用于三相四线制) 的接线方法如图 7.17 所示。

无功电度表的接线方法如图 7.18 所示。

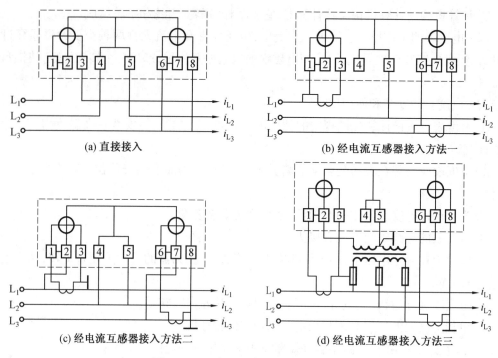

图 7.16　三相二元件电度表接线方法

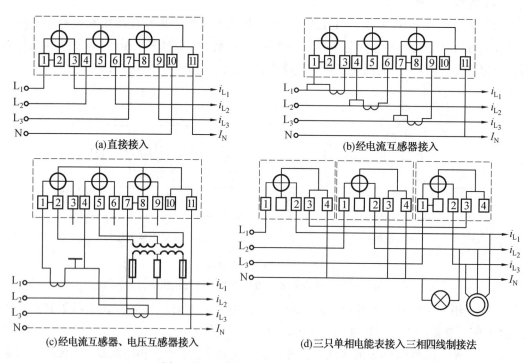

图 7.17　三相三元件电度表的接线方法

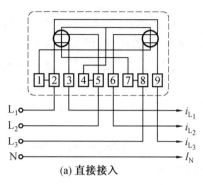

(a) 直接接入

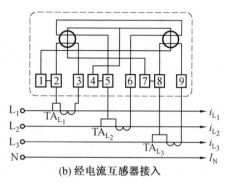

(b) 经电流互感器接入

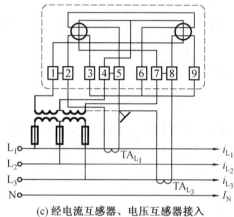

(c) 经电流互感器、电压互感器接入

图 7.18　无功电度表的接线方法

（4）交流电度表常见故障及处理方法。交流电度表的常见故障及方法见表 7.3。

表 7.3　交流电度表常见故障及处理方法

故障现象	原因分析	处理办法
误差超过规定	（1）制动磁铁位置不对，不能与作用力距平衡，造成铝盘转速不准 （2）相位调节不准确，在功率因数为 0.5 时误差变大 （3）摩擦补偿和电压元件位置调整不良，在轻负载时误差变大	（1）调整制动磁铁位置 （2）调节相位 （3）调整摩擦补偿和电压元件的位置
有潜动现象	出厂时调整不良	对电能表的主要技术指标进行重新调整，使无载自转到规定要求
转盘卡住，但负载仍照常有电	（1）因密封不良或受震，表内有异物卡住转盘 （2）轴承呆滞 （3）端钮盒内小钩子松脱，电压绕组断路 （4）电能表的质量不良，致使电能表转动不灵活，甚至卡住	（1）清洁表中的异物 （2）对各转动部分加润滑油 （3）检查接线盒中的各接线螺钉是否松脱 （4）调换电能表
机械损伤	运输中受强烈震动，使外壳破裂，内部铝盘搁住不能转动	调整铝盘并调换外壳

（5）新型电度表简介。

① 长寿式机械电度表。长寿式机械电度表是在充分吸收国内外电度表设计、选材和制造经验的基础上开发的新型电度表,具有宽负载、长寿命、低功耗、高精度等优点。

② 静止式电度表。静止式电度表是借助于电子电能计量先进的机理,继承传统感应式电度表的优点,采用全屏蔽、全密封的结构,具有良好的抗电磁干扰性能,集节电、可靠、轻巧、高精度、高过载、防窃电等为一体的新型电度表。

③ 电卡预付费电度表(机电一体化预付费电度表)。

④ 防窃型电度表。防窃型电度表是一种集防窃电与计量功能于一体的新型电度表,可有效地防止违章窃电行为,堵住窃电漏洞,给用电管理带来了极大的方便。

5.万用表

万用表又称多用表、复用电表,它是一种可测量多种电量的多量程便携式仪表。由于它具有测量种类多,测量范围宽,使用和携带方便,价格低等优点,因而常用来检验电源或仪器的好坏,检查电路的故障,判别元器件的好坏及数值等,应用十分广泛。

下面分别讲述指针式、数字式万用表的结构和使用方法。

（1）指针式万用表。

下面以电工测量中常用的 500 型万用表为例,说明其工作原理及使用方法。500 型万用表的表头灵敏度为 40 μA,表头内阻为 3 000 Ω,其主要性能见表 7.4。

表 7.4　500－B 型万用表的性能

测量功能	测量范围	压降或内阻	基本误差
直流电流	0 ～ 50 μ ～ 1 m ～ 10 m ～ 100 m ～ 500 m ～ 5(A)	≤ 0.75 V	±2.5%
直流电压	0 ～ 2.5 ～ 10 ～ 50 ～ 250 ～ 500 ～ 2 500(V)	20 kΩ/V	±2.5%
交流电流	0 ～ 5(A)	≤ 1.0 V	±4.0%
交流电压	0 ～ 10 ～ 50 ～ 100 ～ 250 ～ 500 ～ 2 500(V)	4 kΩ/V	±4.0%
直流电阻	$R \times 1, R \times 10, R \times 100, R \times 1\ k, R \times 10\ k(\Omega)$	—	±2.5%
音频电平	－ 10 ～ 0 ～ + 20(dB)	—	—

外形如图 7.19 所示。

图 7.19　500 型万用表外形

电路原理图如图 7.20 所示。

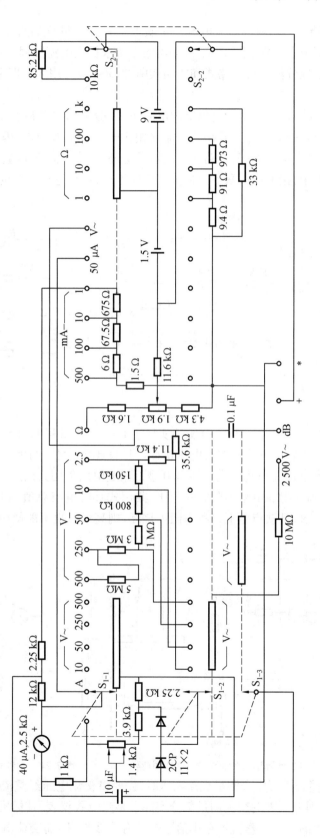

图 7.20　500 型号万用表电路原理图

① 直流电流挡。万用表的直流电流挡实质上是一个多量程的直流电流表。由于其表头的满量程电流值很小,因而采用内附分流器的方法来扩大电流量程。量程越大,配置的分流电阻越小。多量程分流器有开路式和闭路式两种,500 型万用表电路采用闭路式分流器,如图 7.21 所示。

这种分流器的特点是:整个闭合电路的电阻不变,分流器电阻减少的同时,表头支路的电阻增大。这种形式的分流器与开路式分流器相比较适合于万用表,因为万用表转换开关经常转动,若开关触点接触不好,开路式分流器就会断开,若此时通电就会造成表头损坏。而在闭路式分流器中,接触不好只不过使该挡电路不通,不会造成表头的损坏。开路式分流器如图 7.22 所示。

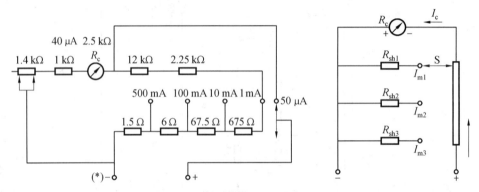

图 7.21　500 型万用表直流电流测量电路　　　图 7.22　开路式分流器

② 直流电压挡。万用表的直流电压挡实质上是一个多量程的直流电压表。它采用多个附加电阻与表头串联的方法来扩大电压量程。量程越大,配置的串联电阻也越大。串联附加电阻的方式有单独式和共用式两种,500 型万用表电路采用共用式,如图 7.23 所示。与图 7.24 所示的单独式附加电阻串联方式相比,共用式具有电阻总值小的优点,若用电阻丝绕制还可以节省材料;其缺点是低量程电阻如烧断,则高量程也不能使用。

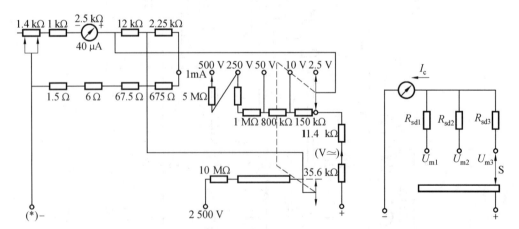

图 7.23　500 型万用表的直流电压测量电路　　　图 7.24　单独式附加电阻串联方式

③ 交流电压挡。用万用表测量交流电压时,先要将交流电压经整流器变换成直流后再送给磁电式表头,即万用表的交流测量部分实际上是整流式仪表,其标尺刻度是按正弦交流电压的有效值标出的。由于整流器在小信号时具有非线性,因而交流电压低挡位的标尺刻

度起始的一小段不均匀。500 型万用表的交流电压测量电路如图 7.25 所示。

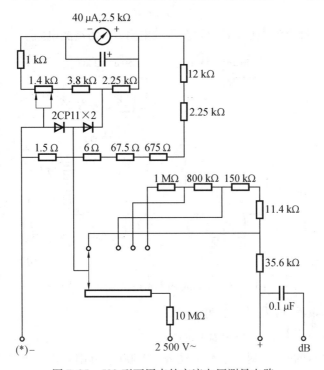

图 7.25　500 型万用表的交流电压测量电路

④ 直流电阻挡。万用表的直流电阻挡实际上是一个多量程的欧姆表,其测量电路如图 7.26 所示,可简化为图 7.27。

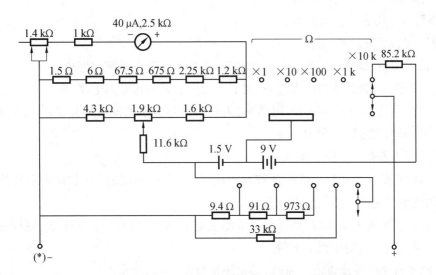

图 7.26　500 型万用表的直流电阻测量电路

假定图 7.27 中 1.9 kΩ 调零电阻的动触点位于右边 0.9 kΩ 左边 1 kΩ 处,当外电路短接时($R_x = 0$),指针应在满偏位置;当外电路断开($R_x = \infty$)时,指针应在机械调零点位置;外电路电阻不同,通过表头的电流值也不同,即

$$I_c = \frac{E_I}{R'_c + R_x} \tag{7.1}$$

式中,E_I 为万用表内部电池电压;R'_c 为表头等效电阻;R_x 为被测电阻。

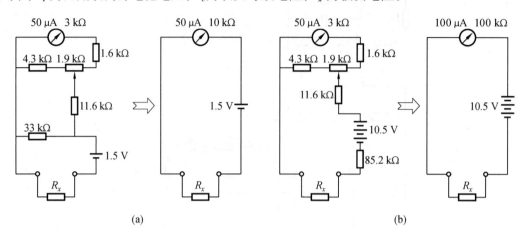

图 7.27　直流电阻测量电路的简化电路

改变电阻挡的量程,可采用以下两种方法:

a.保持电源电动势不变,改变分流电阻值。

b.改变分流电阻的同时,提高电源电动势,如 500 型万用表置 × 10 k 挡,电源电压即提高到 10 V 左右,同时增大串联电阻,使表头内阻增加为 100 kΩ,并切断分流电阻,表头灵敏度增至 100 μA,这样就可以得到欧姆中心值为 100 kΩ 的挡位。由于高阻倍率挡的电压达到 10 V,因而常采用体积较小的积层电池。

⑤ 指针式万用表的使用方法。

a.使用前的准备:进行机械调零。

b.电流的测量:选择合适的电流量程挡位,万用表串联在被测电路中。

c.电压的测量:选择合适的电压量程挡位,万用表并联在被测电路中。

d.电阻的测量:选择合适的电阻倍率,万用表表笔分别与断开电路的电阻两端良好接触,测量的就是被测电阻的阻值。

e.使用万用表有以下注意事项:

(a)量程转换开关必须正确选择被测量电量的挡位,不能放错;禁止带电转换量程开关;切忌用电流挡或电阻挡测量电压。

(b)在测量电流或电压时,如果对于被测量电流、电压的大小心中无数,则应先选最大量程,然后再换到合适的量程上测量。

(c)测量直流电压或直流电流时,必须注意极性。

(d)测量电流时,应特别注意必须把电路断开,将表串接于电路之中。

(e)测量电阻时不可带电测量,必须将被测电阻与电路断开;使用欧姆挡时换挡后要重新调零。

(f)每次使用完后,应将转换开关拨到空挡或交流电压最高挡,以免造成仪表损坏;长期不使用时,应将万用表中的电池取出。

（2）数字式万用表。

下面以 DT890D 型数字式万用表为例进行介绍。
DT890D 型数字式万用表属中低挡普及型万用表,其面板如
图 7.28 所示,由液晶显示屏、量程转换开关、表笔插孔等组
成。

液晶显示屏直接以数字形式显示测量结果,并且还能
自动显示被测数值的单位和符号（如 Ω、$k\Omega$、$M\Omega$、mV、A、
μF 等）,最大显示数字为 ±1999。

① 数字式万用表使用的注意事项:

a. 使用数字式万用表前,应先估计一下被测量值的范
围,尽可能选用接近满刻度的量程,这样可提高测量精度。

b. 数字式万用表在刚测量时,显示屏的数值会有跳数
现象,这是正常的(类似指针式表的表针摆动),应当待显示
数值稳定后(不超过 1 ～ 2 s),才能读数。

c. 数字万用表的功能多,量程挡位也多。

d. 用数字万用表测试一些连续变化的电量和过程,不
如用指针式万用表方便直观。

图 7.28　DT890D 型数字式
万用表的外形

e. 测 10 Ω 以下的精密小电阻时(200 Ω 挡),先将两表笔短接,测出表笔线电阻(约
0.2 Ω),然后在测量中减去这一数值。

f. 尽管数字式万用表内部有比较完善的各种保护电路,使用时仍应力求避免误操作,如
用电阻挡去测 220 V 交流电压等,以免带来不必要的损失。

g. 为了节省用电,数字万用表设置了 15 min 自动断电电路,自动断电后若要重新开启
电源,可连续按动电源开关两次。

② 参数测量。可测量电阻、二极管的好坏、三极管的 hFE、交直流电压和电流、电容的电
容量。

6. 兆欧表

兆欧表(又称摇表)是一种简便、常用的测量高电阻的仪表,主要用来检测供电电路、电
机绕组、电缆、电器设备等的绝缘电阻,以便检验其绝缘程度的好坏。常见的兆欧表主要由
作为电源的高压手摇发电机和磁电式流比计两部分组成,兆欧表的外形与工作原理如图
7.29 所示。

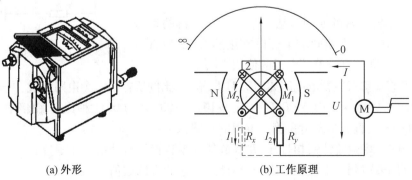

(a) 外形　　　　　　　　　(b) 工作原理

图 7.29　兆欧表的外形与工作原理

在使用兆欧表前应进行以下准备工作：

（1）检查兆欧表是否正常。

（2）检查被测电气设备和电路，看其是否已全部切断电源。

（3）测量前应对设备和电路先行放电，以免设备或电路的电容放电危及人身安全和损坏兆欧表，同时还可以减少测量误差。

兆欧表的正确使用要点如下：

（1）兆欧表必须水平放置于平稳、牢固的地方，以免在摇动时因抖动和倾斜产生测量误差。

（2）接线必须正确无误，接线柱"E"（接地）、"L"（线路）和"G"（保护环或称屏蔽端）与被测物的连接线必须用单根线，要求绝缘良好，不得绞合，表面不得与被测物体接触。

（3）摇动手柄的转速要均匀，一般规定为120 r/min，允许有 ±20% 的变化，但不应超过 25%。通常要摇动 1 min 待指针稳定后再读数。

（4）测量完毕，应对设备充分放电，否则容易引起触电事故。

（5）严禁在雷电时或附近有高压导体的设备上测量绝缘电阻，只有在设备不带电又不可能受其他电源感应而带电的情况下才可进行测量。

（6）兆欧表未停止转动之前，切勿用手去触及设备的测量部分或兆欧表接线柱。

（7）兆欧表应定期校验，其方法是直接测量有确定值的标准电阻，检查其测量误差是否在允许范围之内。

7. 电桥

电桥在电磁测量中应用广泛，其特点是：灵敏度和准确度都比较高。在需要精确测量中值电阻和低值电阻时往往采用电桥。

（1）电桥的种类及用途。电桥可分为交流电桥和直流电桥。

（2）直流单臂电桥。

① 直流单臂电桥的工作原理。直流单臂电桥的电路原理如图 7.30 所示。

它由四个电阻连接成一个封闭的环形电路，每个电阻支路均称为桥臂。电桥的两个顶点 a、b 为输入端，接供桥直流电源；另两个顶点 c、d 为输出端，接电流检流计（指零仪）。

② 直流单臂电桥的使用方法。直流单臂电桥的型号很多，但使用方法基本相同。下面以常用的 QJ23 型直流单臂电桥为例，讲述直流单臂电桥的使用方法。

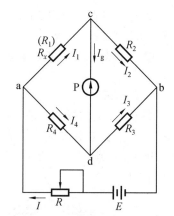

图 7.30　直流单臂电桥的电路原理

QJ23 型直流单臂电桥的电路如图 7.31 所示，其比例桥臂由八个电阻组成，一般有七个挡位，分别为 ×0.001、×0.01、×0.1、×1、×10、×100、×1 000 七种比率，由倍率开关切换。

使用 QJ23 型直流单臂电桥测量电阻的步骤如下：

a. 使用前先将检流计锁扣打开，并调节其调零装置使指针指示在零位。

b. 用万用表粗测一下被测电阻，先估计一下它的大约数值。

c. 选择适当的倍率。

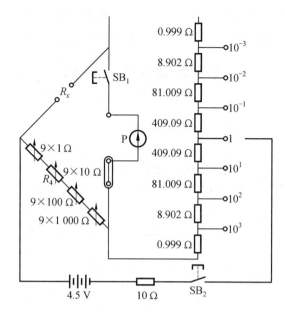

图 7.31　QJ23 型直流单臂电桥电路

d. 用短粗导线将被测电阻 R_x 接在测量接线柱上，连接处要拧紧。

e. 读数，计算电阻值，被测电阻值 = 比较桥臂读数盘电阻之和 × 倍率。

f. 测量完毕，先松开检流计按钮，再松开电源按钮。

③ 使用直流单臂电桥时的注意事项如下：

a. 为了测量准确，在测量时选择的倍率应使比较桥臂电阻的四个读数盘都有读数。

b. 测量时，电桥必须放置平稳；被测电阻应单独测量，不能带电测试。

c. 由于接头处接触电阻和连接导线电阻的影响，直流单臂电桥不宜测量电阻值小于 1 Ω 的电阻。

d. 测量时，连接导线应尽量用截面较大、较短的导线，以减小误差；接线必须拧紧，如有松脱，电桥会极端不平衡，使检流计损坏。

e. 电池电压不足会影响电桥的灵敏度，当发现电池不足时应调换。

f. 测量完毕，应先打开检流计按钮，再打开电源按钮，特别当被测电阻具有电感时，一定要遵守上述规则，否则会损坏检流计。

g. 测量结束不再使用时，应将检流计锁扣锁上，以免检流计受震损坏。

（3）直流双臂电桥。直流双臂电桥又称凯尔文电桥，它主要用于测量 1 Ω 以下的小电阻，如测量电流表的分流器电阻、电动机或变压器绕组的电阻以及其他不能用单臂直流电桥测量的小电阻。它可以消除接线电阻和接触电阻的影响。

① 直流双臂电桥的工作原理，如图 7.32 所示。

② 直流双臂电桥的使用方法。QJ103 型直流双臂电桥（图 7.33）的比较电阻采用滑线电阻结构，其阻值可在 0.01 ～ 0.11 Ω 之间调节，测量时可根据转盘位置直接从面板刻度上读数。使用 QJ103 型双臂电桥测量电阻的步骤如下：

a. 先将被测电阻的电流接头和电位接头分别与接线柱 C1、C2 和 P1、P2 连接，其连接导线应尽量短而粗，以减小接触电阻。

b.根据被测电阻范围,选择适当的倍率挡,然后接通电源和检流计。

c.调节读数盘,使检流计指示为零,则电桥处于平衡状态,此时即可读取被测电阻值。

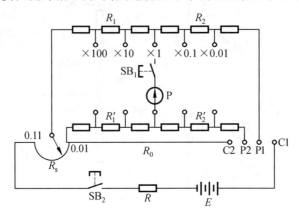

图7.32　直流双臂电桥电路原理

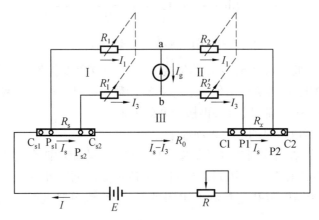

图7.33　QJ103型直流双臂电桥电路

③使用直流双臂电桥时的注意事项如下:

a.被测电阻的每一端必须有两个接头线,电位接头应比电流接头更靠近电阻本身,且两对接头线不能绞在一起。

b.测量时,接线头要除尽污物并接紧,尽量减少接触电阻,以提高测量准确度。

c.直流双臂电桥的工作电流很大,如使用电池测量时操作速度要快,以免耗电过多。测量结束后,应立即切断电源。

实训7.1　万用表的使用训练

1.实训目的

能正确使用万用表测量电阻、交流电压、直流电压和直流电流等电量值。

2.实训器材与工具

(1)指针式万用表(或数字式万用表)。

(2)三相交流调压器1台(带电压表)。

（3）直流稳压电源 1 台。

（4）测试用电阻若干个（含低值与高值电阻）。

（5）电烙铁、小功率变压器、220 V 灯泡和小容量三相异步电动机各 1 个（台）。

（6）测试直流电流与电压用电路板 1 块，电路如图 7.34 所示。

（7）100 mm 螺钉旋具 1 把。

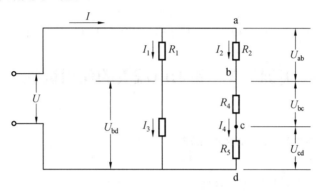

图 7.34　测试直流电流与电压的电路图

3. 实训前的准备

充分掌握指针式万用表（或数字式万用表）的结构和使用方法，并熟悉其使用过程中的注意事项。

4. 实训内容

（1）了解万用表的面板结构与旋转开关的挡位功能。

①观察实验用万用表的面板，明确各部分的名称与作用。

②用小螺钉旋具调节机械调零旋钮，并将指针调准在零位。注意，调整的幅度要小，动作要慢，掌握方法即可。

③拆开电池盒盖，学会电池的安装

（2）了解万用表表盘标度尺的意义并进行读数练习。

①观察表盘，明确各标度尺的意义、最大量程与刻度的特点。

②进行各电量及各挡位的读法训练。

（3）用万用表测量交流电压、直流电压与电流。

①将万用表置交流电压 500 V 以上挡，测量三相交流电的线电压与相电压，并记录测量数据。

②用交流调压器分别调出 100 V、36 V 和 12 V 的电压值，根据不同的电压值选择合适的交流电压量程来测量，并记录测量数据。

③将测试板（图 7.34）电源接在直流稳压源（12 ~ 24 V）的输出端子上，用万用表分别测出图中标出的电压值，并记录测量数据。

④用万用表测量各段电路的电流值。

（4）用万用表测量电阻的训练步骤如下：

①用万用表测量 5 个电阻的阻值，并记录测量数据。注意，要根据阻值大小调整量程，每次调整量程后都要重新调零。

②用万用表分别测量下列电器元件的电阻值，并记录测量数据：电烙铁发热丝，变压器

初级和次级线圈,220 V灯泡钨丝,交流电动机定子绕组线圈(先将电动机接线盒内的绕组各线头连接线拆出,再根据线头标志分别测量(U_1,U_2)、(V_1,V_2)和(W_1,W_2)3对线头的电阻值)。

（5）数字式万用表的使用。若使用数字式万用表进行测量,除表盘标度尺与读数练习不需要进行外,其他训练内容都与指针式万用表相同,并可根据需要增加交流电流和电路通断的测量。操作方法与安全要求请参考本章相关叙述。

（6）测量完毕,按要求收好仪表,清理现场,并完成技能训练报告。

实训7.2　钳形电流表的使用训练

1. 实训目的

能正确使用钳形电流表测量交流电流。

2. 实训器材与工具

（1）钳形电流表1台(型号不限)。

（2）三相异步电动机1台。

（3）大电流的单相用电设备1台(如1 000 W以上的电热器具)。

（4）220 V灯泡与灯座各1只。

（5）交流三相四线电源板(应设三相与单相控制开关与漏电保护装置)1块。

（6）导线若干。

3. 实训前的准备

充分掌握钳形电流表的结构和使用方法,并熟悉其使用过程中的注意事项。

4. 实训内容

（1）使用钳形电流表测量三相电动机的启动电流和空载电流。

（2）使用钳形电流表测量单相用电设备的电流。

（3）测量完毕,按要求收好仪表,清理现场,并完成技能训练报告。

实训7.3　兆欧表的使用训练

1. 实训目的

能正确使用兆欧表测量电气设备的绝缘电阻。

2. 实训器材与工具

（1）500 V与1 000 V兆欧表各1台。

（2）三相异步电动机(380 V)1台。

（3）高压电缆头1个。

（4）高压验电器与高压绝缘棒各1支。

3. 实训前的准备

充分掌握兆欧表的结构和使用方法,并熟悉其使用过程中的注意事项。

4. 实训内容

（1）使用500 V兆欧表测量三相电动机的相间绝缘与相对地绝缘。

（2）使用 1 000 V 兆欧表测量高压电缆头的相间绝缘与相对地绝缘。

（3）测量完毕，按要求收好仪表，清理现场，并完成技能训练报告。

思　考　题

7.1　什么是仪表的准确度等级？ 是否用准确度等级小的仪表测量一定较精确？

7.2　指针式万用表在测量前的准备工作有哪些？ 用它测量电阻的注意事项有哪些？

7.3　为什么测量绝缘电阻要用兆欧表，而不能用万用表？

7.4　用兆欧表测量绝缘电阻时，如何与被测对象连接？

7.5　某正常工作的三相异步电动机额定电流为 10 A，用钳形电流表测量时，如卡入一根电源线，钳形电流表读数多大？ 如卡入两根或三根电源线呢？

7.6　总结一下，在本实训室哪些设备要用到万用表测量，为什么？

第 8 章　　变压器与电动机

重点内容:

◆　　变压器

◆　　交流电动机

◆　　直流电机

◆　　变压器空载实验

◆　　交流电动机的拆装

◆　　交流多速电动机的拆装

8.1　　磁　　路

8.1.1　　磁路的概念

在介绍变压器之前,先要介绍磁路的概念。在电工设备中,常采用导磁性能良好的铁磁材料做成一定形状的铁心,给绕在铁心上的线圈通以较小的励磁电流,就会在铁心中产生很强的磁场。相比之下,周围非磁性材料中的磁场就显得非常弱,可以认为磁场几乎全部集中在铁心所构成的路径内。这种由铁心所限定的磁场称为磁路。常见的几种电气设备的磁路如图 8.1 所示。

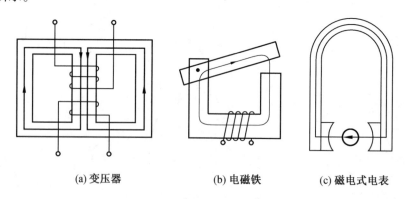

(a) 变压器　　　　　　(b) 电磁铁　　　　　　(c) 磁电式电表

图 8.1　　几种常见电气设备的磁路

磁路中的磁通可以由励磁线圈中的励磁电流产生,如图 8.1(a)、(b) 所示;也可以由永久磁铁产生,如图 8.1(c) 所示。磁路中可以有气隙,如图 8.1(b)、(c) 所示;也可以没有气隙,如图 8.1(a) 所示。

8.1.2　磁路欧姆定律

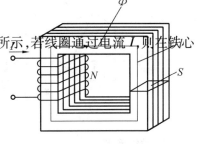

图 8.2　铁磁材料的理想磁路

由铁磁材料制成的一个理想磁路(无漏磁)如图 8.2 所示,若线圈通过电流 I,则在铁心中就会有磁通 Φ 通过。

实验表明,铁心中的磁通 Φ 与通过线圈的电流 I、线圈匝数 N 以及磁路的截面积 S 成正比,与磁路的长度 l 成反比,还与组成磁路的铁磁材料的磁导率 μ 成正比,即

$$\Phi = \mu \frac{NI}{l} S = \frac{NI}{\dfrac{l}{\mu S}} = \frac{F}{R_{\mathrm{m}}} \qquad (8.1)$$

式(8.1)在形式上与电路的欧姆定律($I = E/R$)相似,被称为磁路欧姆定律。磁路中的磁通对应于电路中的电流;磁动势 $F = NI$ 反映通电线圈励磁能力的大小,对应于电路中的电动势;磁阻 $R_{\mathrm{m}} = \dfrac{1}{\mu S}$ 对应于电路中的电阻 $R = \dfrac{l}{\rho S}$,是表示磁路材料对磁通起阻碍作用的物理量,反映磁路导磁性能的强弱。对于铁磁材料,由于 μ 不是常数,故 R_{m} 也不是常数。因此,式(8.1)主要被用来定性分析磁路,一般不能直接用于磁路计算。

对于由不同材料或不同截面的几段磁路串联而成的磁路,如有气隙的磁路,磁路的总磁阻为各段磁阻之和。由于铁心的磁导率 μ 比空气的磁导率 μ_0 大许多倍,故即使空气隙的长度 L_0 很小,其磁阻 R_{m} 仍会很大,从而使整个磁路的磁阻大大增加。若磁动势 F 不变,则磁路中空气隙越大,磁通 Φ 就越小;反之,如线圈的匝数 N 一定,要保持磁通 Φ 不变,则空气隙越大,所需的励磁电流 I 也越大。

8.1.3　铁磁材料

根据导磁性能的不同,自然界的物质可分为两大类:一类称为铁磁材料,如铁、钢、镍、钴及其合金和铁氧体等材料,这类材料的导磁性能好,磁导率很高;另一类为非铁磁材料,如铝、铜、纸、空气等,这类材料的导磁性能差,磁导率很低。

任意一种物质导磁性能的好坏常用相对磁导率 μ_{r} 来表示,即

$$\mu_{\mathrm{r}} = \frac{\mu}{\mu_0} \qquad (8.2)$$

其中,μ 为任意一种物质的磁导率;μ_0 为真空的磁导率,其值为常数,$\mu_0 = 4\pi \times 10^{-7}$ H/m。

非铁磁材料的相对磁导率大多接近于 1,铁磁材料的相对磁导率可达几百、几千,甚至几万,是制造变压器、电机、电器等各种电工设备的主要材料。铁磁材料的磁性能主要包括高导磁性、磁饱和性和磁滞性。

1. 高导磁性

在铁磁材料的内部存在许多磁化小区,称为磁畴,每个磁畴就像一块小磁铁。在无外磁场作用时,各个磁畴排列混乱,对外不显示磁性。随着外磁场的增强,磁畴逐渐转向外磁场的方向,呈有规则的排列,显示出很强的磁性,这就是铁磁材料的磁化现象,如图 8.3 所示。

非铁磁材料没有磁畴结构,所以不具有磁化特性。

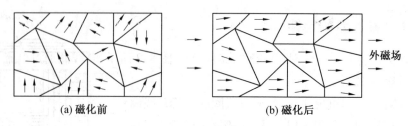

(a) 磁化前   (b) 磁化后

图 8.3　铁磁材料的磁化

2. 磁饱和性

当外磁场（或励磁电流）增大到一定值时,其内部所有的磁畴已基本上均转向与外磁场方向一致的方向上,因而再增大励磁电流其磁性也不能继续增强,这就是铁磁材料的磁饱和性。铁磁材料的磁化特性可用磁化曲线（即 $B = f(H)$ 曲线）来表示。铁磁材料的磁化曲线如图 8.4 中的曲线 ① 所示,它不是直线。在 Oa 段,B 随 H 线性增大;在 ab 段,B 增大缓慢,开始进入饱和;b 点以后,B 基本不变,为饱和状态。铁磁性材料的 μ 不是常数,如图 8.4 中的曲线 ② 所示。非磁性材料的磁化曲线是通过坐标原点的直线,如图 8.4 中的曲线 ③ 所示。

3. 磁滞性

实际工作时,如果铁磁材料在交变的磁场中反复磁化,则磁感应强度 B 的变化总是滞后于磁场强度 H 的变化,这种现象称为铁磁材料的磁滞现象,磁滞回线如图 8.5 所示。

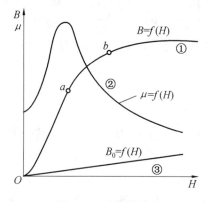

图 8.4　磁化曲线

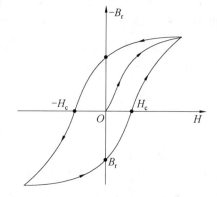

图 8.5　铁磁材料的磁滞回线

由图 8.5 可见,当 H 减小时,B 也随之减小,但当 $H = 0$ 时,B 并未回到零值,而是 $B = B_r$,B_r 称为剩磁感应强度,简称剩磁。若要使 $B = 0$,则应使铁磁材料反向磁化,即使磁场强度为 $-H_c$。H_c 称为矫顽磁力,它表示铁磁材料反抗退磁的能力。铁磁材料按其磁性能又可分为软磁材料、硬磁材料和矩磁材料三种类型。软磁材料的剩磁和矫顽磁力较小,磁滞回线形状较窄,但磁化曲线较陡,即磁导率较高,适用于做变压器、电机和各种电器的铁心。软磁材料包括如纯铁、硅钢片、坡莫合金等。硬磁材料的剩磁和矫顽磁力较大,磁滞回线形状较宽,适用于制作永久磁铁。硬磁材料包括碳钢、钴钢及铁镍铝钴合金等。矩磁材料的磁滞回线近似于矩形,剩磁很大,接近饱和磁感应强度,但矫顽磁力较小,易于迅速翻转,常在计算机和控制系统中用作记忆元件。矩磁材料包括镁锰铁氧体及某些铁镍合金等。

8.2　交流铁心线圈电路

8.2.1　电磁关系

图 8.6 是交流铁心线圈电路,线圈的匝数为 N,线圈电阻为 R。将交流铁心线圈的两端加交流电压 u,在线圈中就产生交流励磁电流 i,在交变磁动势 iN 的作用下产生交变的磁通。绝大部分磁通通过铁心,称为主磁通 Φ,但还有很小一部分从附近的空气中通过,称为漏磁通 Φ_σ。

这两种交变的磁通都将在线圈中产生感应电动势,即主磁电动势 e 和漏磁电动势 e_σ,它们与磁通的参考方向之间符合右手螺旋法则,如图 8.6 所示。根据基尔霍夫电压定律可得铁心线圈的电压平衡方程为

$$u = iR - e - e_\sigma \qquad (8.3)$$

用相量表示,则可写成

$$\dot{U} = \dot{I}R - \dot{E} - \dot{E}_\sigma \qquad (8.4)$$

由于线圈电阻上的压降 iR 和漏磁电动势 e_σ 都很小,与主磁电动势 e 比较均可忽略不计,故式(8.4)又可写为

$$\dot{U} = -\dot{E} \qquad (8.5)$$

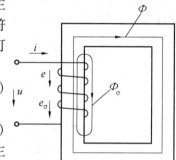

图 8.6　交流铁心线圈电路

设主磁通 $\Phi = \Phi_m \sin \omega t$,由电磁感应定律,在规定的参考方向下,有

$$e = -N\frac{\mathrm{d}\Phi}{\mathrm{d}t} = -N\frac{\mathrm{d}(\Phi_m \sin \omega t)}{\mathrm{d}t} = -\omega N\Phi_m \cos \omega t =$$

$$2\pi f N\Phi_m \sin(\omega t - 90°) = E_m \sin(\omega t - 90°)$$

式中,$E_m = 2\pi f N\Phi_m$ 是主磁通电动势的最大值,其有效值为

$$E = \frac{E_m}{\sqrt{2}} = \frac{2\pi f N\Phi_m}{\sqrt{2}} = 4.44 f N\Phi_m \qquad (8.6)$$

用相量表示则为

$$\dot{E} = -\mathrm{j}4.44 f N\Phi_m \qquad (8.7)$$

又由式(8.5)可知,有效值

$$U \approx E = 4.44 f N\Phi_m \qquad (8.8)$$

式中,U 的单位为伏(V);f 的单位为赫兹(Hz),Φ_m 的单位为韦伯(Wb)。

式(8.8)表明,在忽略线圈电阻及漏磁通的条件下,当线圈匝数 N、电源频率 f 及电源电压 U 一定时,主磁通的最大值 Φ_m 基本保持不变。这个结论对分析交流电机、电器及变压器的工作原理十分重要。

8.2.2　功率损耗

交流铁心线圈电路中,除了在线圈电阻上有功率损耗外,铁心中也会有功率损耗。线圈上损耗的功率 I^2R 称为铜损,用 ΔP_{Cu} 表示;铁心中损耗的功率称为铁损,用 ΔP_{Fe} 表示。铁损又包括磁滞损耗和涡流损耗两部分。

1. 磁滞损耗

铁磁材料交变磁化,由磁滞现象所产生的铁损称为磁滞损耗,用 ΔP_h 表示。它是由铁磁材料内部磁畴反复转向,磁畴间相互摩擦引起铁心发热而造成的损耗。可以证明,铁心中的磁滞损耗与该铁心磁滞回线所包围的面积成正比,同时,励磁电流频率 f 越高,磁滞损耗也越大。当电流频率一定时,磁滞损耗与铁心磁感应强度最大值的平方成正比。为了减小磁滞损耗,应采用磁滞回线窄小的软磁材料。例如变压器和交流电机中的硅钢片,其磁滞损耗就很小。

2. 涡流损耗

铁磁材料不仅有导磁能力,同时也有导电能力,因而在交变磁通的作用下铁心内将产生感应电动势和感应电流,感应电流在垂直于磁通的铁心平面内围绕磁力线呈旋涡状,如图 8.7 所示,故称为涡流。涡流使铁心发热,其功率损耗称为涡流损耗,用 ΔP_e 表示。

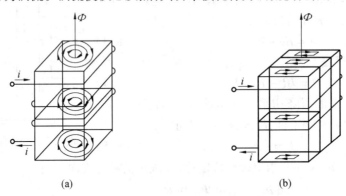

(a)　　　　　　　　　　　　　　　(b)

图 8.7　铁心中的涡流

为了减小涡流损耗,当线圈用于一般工频交流电时,可将硅钢片叠成铁心,如图 8.7(b) 所示,这样将涡流限制在较小的截面内流通。因铁心含硅,电阻率较大,也使涡流及其损耗大为减小。一般电机和变压器的铁心常采用厚度为 0.35 mm 和 0.5 mm 的硅钢片叠成。对高频铁心线圈,常采用铁氧体铁心,其电阻率很高,可大大降低涡流损耗。涡流也有其有利的一面,可利用其热效应来冶炼金属,如中频感应炉就是利用几百赫兹的交流电在被熔炼金属中产生的涡流进行冶炼的。

可以证明,涡流损耗与电源频率的平方及铁心磁感应强度最大值的平方成正比。综上所述,交流铁心线圈工作时的功率损耗为

$$\Delta P = \Delta P_{Cu} + \Delta P_{Fe} = \Delta P_{Cu} + \Delta P_h + \Delta P_e \tag{8.9}$$

8.3　变　压　器

变压器是根据电磁感应原理制成的一种电气设备,它具有变压、变流和变阻抗的作用,因而在各个工程领域获得广泛应用。

在电力系统中进行远距离输电时,线路损耗 P_l 与电流的平方 I^2 和线路电阻 R_l 的乘积成正比。当输送的电功率一定时,电压越高,电流就越小,输电线路上的损耗就越小,这样不

仅可以减小输电导线截面,节省材料,而且还可以减少功率损耗。因此,电力系统中均采用高电压进行电能的远距离输送,如 35 kV、110 kV、220 kV、330 kV 和 500 kV 等。

图 8.8 是输配电系统示意图,图中发电机的电压通常为 6.3 ~ 10.5 kV,用升压变压器将电压升高到 35 ~ 500 kV 进行远距离输电。当电能送到用电地区后,再用降压变压器将电压降低到较低的配电电压(一般为 10 kV),分配到各工厂、用户。

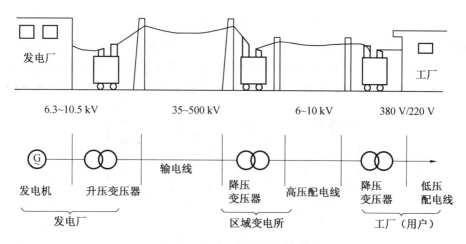

图 8.8　输配电系统示意图

最后再用配电变压器将电压降低到用户所需的电压等级(如 380 V/220 V),供用户使用。

在电子线路中,变压器可以使负载获得适当电压等级的电源,还可用来传递信号和实现阻抗匹配。变压器的种类很多,按交流电的相数不同,分为单相变压器和三相变压器;按用途分为输配电用的电力变压器,调节电压用的自耦变压器,测量电路用的仪用互感器以及电子设备中常用的电源变压器、耦合变压器、脉冲变压器等。

8.3.1　变压器的用途

在日常生产和生活中,常需要各种高低不同的交流电压。如应用较广的三相异步电动机的额定电压为 380 V 或 220 V;一般照明电压为 220 V;机床局部照明及某些电动工具的额定电压为 36 V、24 V、12 V;在电子设备中也需要各种不同的供电电压。

在输电方面,为减少电路损耗,缩小导线截面而采用高压输电。输电电压一般为 110 kV、220 kV 或 500 kV,这么高的电压是不可能由发电机直接发出的;另外,若对每种不同电压都用一套专用的发电和输电设备也是不现实和不可能的。所以说,变压器在人们的日常生活、生产以及电力的供配电方面的作用是巨大的。

8.3.2　变压器的结构

变压器种类繁多,但它们的作用、原理都是一样的。不同类型的变压器,尽管其外形、体积和重量等有很大差别,但其基本结构都是相同的,如图 8.9 所示。

最简单的单相变压器由一个闭合的铁心(构成磁路)和绕在铁心上的两个匝数不同、彼

图 8.9　变压器的基本结构及符号

此绝缘的绕组(构成电路)构成。铁心是变压器的磁路部分,为了减小涡流及磁滞损耗,铁心多用厚度为 0.35 ~ 0.5 mm 的硅钢片两侧涂有绝缘漆叠加组成,使叠片相互绝缘。按铁心的构造,变压器又可分为芯式和壳式两种,如图 8.10 所示。

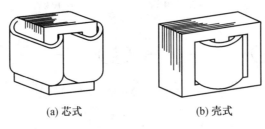

(a) 芯式　　　　　　　　　　(b) 壳式

图 8.10　芯式变压器和壳式变压器

小型变压器的铁心常采用各种不同形状的硅钢片叠合而成,常用的有山字形(E 形)、F 形、日字形以及卷片式铁心(C 形铁心),如图 8.11 所示。卷片式铁心不但加工比较方便,而且还有较好的工作特性。

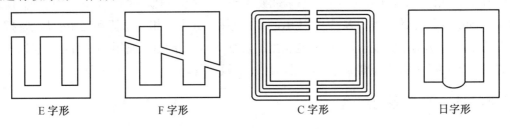

E 字形　　　　　　F 字形　　　　　　C 字形　　　　　　日字形

图 8.11　小型变压器铁心形式

8.3.3　变压器的分类

1. 按用途分类

(1)电力变压器:主要用于输配电系统,又分为升压变压器、降压变压器和配电变压器等。电力变压器容量从几十千伏安到几十万千伏安,电压等级从几百伏到几百千伏。

(2)调压变压器:用来调节电压,实验室多使用小容量的调压变压器。

(3)控制变压器:容量较小,用于自动控制系统,如电源变压器、输入变压器、输出变压器和脉冲变压器等。

(4)仪表变压器:一般指电流互感器和电压互感器。

(5)试验高压变压器:用于高压试验,如可产生电压高达 750 kV 的试验电压。

(6)特殊用途变压器:有电炉变压器、整流变压器和电焊变压器等。

（7）小型变压器：又称小功率变压器。这种变压器容量小，电压低，体积小，放在空气中（干式）使用。

（8）安全隔离变压器：是为小型电动工具的安全使用而设计的，将它接在市电和电动工具之间，可防止触电事故的发生。

（9）感应自动变压器：是为稳定负载电压而设计的，安装在配电电路中，可以调整电压的波动。

2. 按相数分类

（1）单相变压器：用于单相交流系统。

（2）三相变压器：用于三相交流系统。

（3）多相变压器：例如用于整流的六相变压器。

3. 按绕组数目分类

（1）双绕组变压器：有电炉变压器、整流变压器和电焊变压器等。

（2）自耦变压器：高低压共享一个绕组，在高压、低压绕组之间既有磁的耦合，又有电的联系。

（3）三绕组变压器：每相有高压、中压、低压三个绕组。

（4）多绕组变压器：每相有三个以上绕组。

4. 按铁心形式分类

按铁心形式，变压器分为心式变压器和壳式变压器。

5. 按冷却方式分类

（1）油浸（自冷）式变压器：把铁心和绕组装进绝缘油箱中，借助于油的对流来加强冷却。

（2）干式变压器：变压器的热量直接散发到空气中，又称气冷式变压器。

（3）充气式变压器：变压器的器身放在封闭的铁箱内，箱内充以绝缘性能好、传热快、化学性能稳定的气体。

6. 按调压方式不同分类

按调压方式不同，变压器分为无励磁调压变压器、有载调压变压器。

7. 按防潮方式分类

按防潮方式不同，变压器分为开放式变压器、灌封式变压器和密封式变压器。变压器受潮后，性能变坏，可能漏电或击穿，甚至烧毁。

8.3.4　变压器的型号

变压器的型号是由基本代号及其后用一横线分开加注的额定容量（kV·A）、高压绕组电压（kV）构成的。变压器的基本代号由产品类别、相数、冷却方式及其他结构特征四部分组成。变压器型号的编排顺序为

$$Ⅰ\ Ⅱ\ Ⅲ\ Ⅳ—12/3$$

其中，Ⅰ为产品类别；Ⅱ为相数；Ⅲ为冷却方式；Ⅳ为其他结构特征；1为设计序号；2为额定容量（kV·A）；3为高压绕组电压等级（kV）。变压器的基本代号及其含义见表8.1。

表 8.1　变压器基本代号及其含义

I		II		III		IV	
代号	含义	代号	含义	代号	含义	代号	含义
O	自耦变压器	D	单相	G	干式	S	三线圈(三绕组)
H	电弧炉变压器	S	三相	J	油浸自冷	K	带电抗器
BH	封闭电弧炉变压器			F	风冷	Z	带有载分接开关
ZU	电阻炉变压器			S	水冷	A	感应式
C	感应电炉变压器			FP	强迫油循环风冷	L	铝线
R	加热炉变压器			SP	强迫油循环水冷	N	农村用
Z	整流变压器			P	强迫油循环	C	串联用
BK	焊接变压器					T	成套变电站用
J	电机车用变压器					D	移动式
K	矿用变压器					H	防火
Y	实验变压器					Q	加强
D	低压大电流变压器						
T	电力变压器						
T	调压变压器						
J	电压互感器						
I	电流互感器						

8.3.5　变压器的技术指标

1. 频率 f

频率 f 表示变压器适用的电源频率。

2. 相数 m

相数 m 表示变压器绕组的相数,也表示适用电源的相数,二者必须一致。

3. 额定电压 U_N

一次侧额定电压:是指电源施加在一次绕组出线端子之间的电压(即线电压)的保证值。

4. 额定电流 I_N

额定电流 I_N 表示在外施额定电压下,变压器满负荷运行时的线电流,是以容量除以额定电压计算得出的。

5. 额定容量 S_N

在额定工作情况下,变压器的最大输出能力以视在功率表示。对三相变压器而言,额定容量 S_N 指三相容量之和;对于有高压、低压、中压(如果有的话)的三相变压器而言,额定容量指容量最大的那套三相绕组的容量。

8.3.6   中小型电力变压器

1. 变压器的极性

变压器铁心中的主磁通是瞬时交变的,因此主磁通在一、二次绕组中产生的感应电势是交变的。对每个线圈来说,存在着相对极性,也就是当一次绕组的某一瞬时电位为正时,二次绕组也一定在同一瞬间有一个电位为正的对应端。

2. 变压器的连接组别

在电力系统中,变压器需要经常并联运行,而变压器并联运行的首要条件是接线组别必须相同。

对于电力变压器,不论是高压绕组还是低压绕组,我国电力变压器标准规定只采用星形连接或三角形连接。把三相绕组的三个末端连在一起,而把它们的首端引出,即形成星形连接或称 Y 连接,如图 8.12(a) 所示,这种连接因其相电压相量图呈星形而得名。

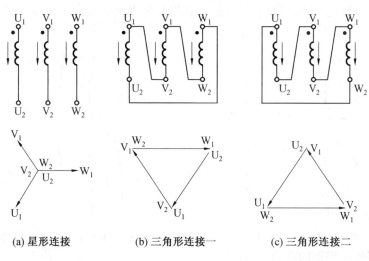

(a) 星形连接   (b) 三角形连接一   (c) 三角形连接二

图 8.12   变压器的连接

3. 连接组别的画法

(1) 变压器连接组别的决定因素。

决定变压器连接组别的因素有以下三个:

① 线圈同名端的标志($u_1 U_1$,$w_1 W_1$ 等)。

② 线圈的绕向。

③ 线圈的连接方式。

(2) 连接组别的画法。

现在我们以 Y,d 连接为例介绍连接组别的画法,如图 8.13 所示。

① 画出 Y 连接的高压绕组相电压及线电压的相量图。

② 根据所设条件,三角形连接的低压侧绕组相电压与高压侧绕组相电压相量完全相同,由于三角形连接的相电压等于线电压,其相量如图 8.13 所示。

③ 将低压侧的 u_1 点重叠在高压侧 U_1 点上,画 $u_1 v_1$ 的相量,则 $U_1 V_1$ 就与 $u_1 v_1$ 同相。

④ 从 v_1 出发,画出平行于 $W_1 W_2$ 的相量 $v_1 w_1$ 图。

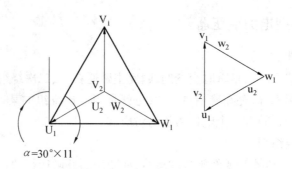

图 8.13 Y,d 连接组别的画法

⑤ 从 w_1 出发,画出平行于 U_1U_2 的相量 w_1u_1 图。

⑥ 将高压侧线电压相量 U_1V_1 作分针指向 12 点,时针 u_1v_1 则指向 11 点的位置,这种连接组别称为 11 点钟连接,记为 Y,d - 11。如图 8.14 所示。

如果低压绕组与高压绕组绕向相反,或者将低压绕组的头尾交换,则此时的相量图如图 8.15 所示。

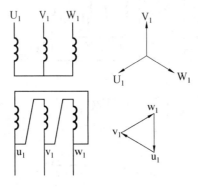

图 8.14 Y,d - 11 连接

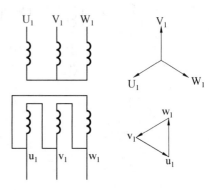

图 8.15 Y,d - 5 连接

4. 变压器连接组别的测量方法

测量变压器组别的方法有两种:直流法和交流法。

(1)直流法:用干电池或蓄电池作为试验电流,其接线方法如图 8.16 所示。

(2)交流法:将高压和低压的一对同名端子(如 U_1、u_1)用导线连通,在高压侧接入低压交流电,然后测量电源电压 U_1 及另一对同名端子 U_2、u_2 端的电压 U_2。

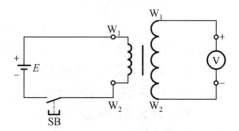

图 8.16 直流法测量变压器组别

5. 变压器各种绕组连接组的应用范围

Y,yn - 12 连接组用于容量不大的三相变压器,可用于供电和照明混合负载,高压侧的额定电压最高可达 35 kV,低压侧额定电压最高可达 40 kV,变压器容量不超过 1 500 kV·A。当三相负载不平衡时,变压器中的线电流不超过变压器低压侧额定电流的 25%。

8.3.7　变压器的检修

1. 变压器检修前的准备工作

（1）检查前的准备：从所取得的数据分析变压器可能存在的故障。

（2）备品、备件的准备。

（3）各种工具及试验设备的准备。

（4）吊心前必须有严密的组织措施和技术措施。

（5）核实起吊设备、起吊质量，详细检查起吊所用的绳索、导链、拉钩等工具，必要时应进行承载试验。

2. 变压器吊心（或吊钟罩）

（1）吊心时间的确定。

（2）选择无烟灰、尘土和水汽的干净地点作为吊心场所。

（3）吊心时的铁心温度（即变压器上层油温）比空气温度高 10 ℃ 以上。

（4）起吊前应有严密的组织措施，起吊时应有专人指挥，油箱四脚也要设专人监视。

（5）每根钢绳与铅垂线的夹角不得大于 30°，否则应采取辅助措施。

（6）起吊变压器钟罩时，为防止钟罩在空中摆动，碰伤绝缘部件、引线、支架等，可考虑在起吊钟罩装置时使用不使其摆动的稳钉。

（7）起吊时应尽量缩短铁心在空中停留的时间，并防止铁心、绕组和绝缘部件与油箱碰撞而受到损伤。

3. 变压器铁心、线圈的检修

（1）检修变压器铁心、线圈时应遵守下列规定：

① 检修人员除携带必需的检修用具外，禁止携带其他与检修工作无关的物品（包括工作服口袋内的钥匙和其他物品），工作人员必须穿不带铁钉的软底鞋，并准备好擦汗的毛巾。

② 使用的行灯必须是 36 V 以下的电压。

③ 检修人员上下铁心时，只能沿木支架或铁构架上下，禁止手抓脚踩线圈引线上下，以防止损坏线圈绝缘。

（2）铁心检修的内容包括：

① 逐个检查各部分的螺栓、螺帽，所有螺栓均应紧固并有防松垫圈、垫片；检查螺栓是否损伤，防松绑扎应牢固。

② 检查硅钢片的压紧程度，铁心有无松动，轭铁与铁心对缝处有无歪斜、变形等；漆膜是否完好，铁心硅钢片之间应有良好的绝缘，局部有无短路、变色、过热现象；接地应良好且保证无多点接地现象。

③ 所有能触及的穿心螺栓均应连接紧固；用 1 000 ~ 2 500 V 兆欧表测量穿心螺栓与铁心和与轭铁压梁间的绝缘电阻以及铁心与轭铁压梁之间的绝缘电阻（应卸开接地连片），其值均大于 10 MΩ。

④ 注意检查铁心穿心螺栓绝缘外套两端的金属座套，防止因套过长与铁心接触造成接地。

⑤ 铁心表面应清洁，油路能畅通；铁心及夹件之间无放电痕迹。

⑥铁心通过套管引出的接地线应接地良好,套管应加护罩,护罩应牢固,以防打碎。

(3)铁心可能发生的故障及处理方法如下:

①夹件铁板因距铁心柱或铁轭的机械距离不够,变压器在运输或运行过程中受到冲击或振动使铁心或夹件产生位移后,两者相碰触,造成两点或多点接地。

②铁心表面硅钢片因波浪突起与夹件相碰,或穿心螺栓的钢座套过长与夹件相碰(或穿心螺杆绝缘管损坏,穿心螺杆与钢座套相碰),引起铁心多点接地,如图8.17所示,中心的螺杆与图中1和2相接触位置引起的多点接地。

③夹件与油箱壁相碰造成铁心多点接地,如图8.18所示,此时应调整夹件(图中两虚线)与油箱壁之间的距离。

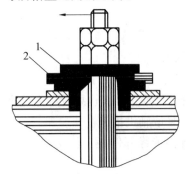 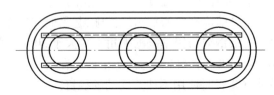

图8.17　铁心多点接地　　　　　图8.18　夹件与油箱壁相碰造成铁心多点接地

④电焊渣、杂物落在油箱及铁轭的绝缘中或者落在铁心柱与夹件之间,造成铁心多点接地,此时应采取措施清理电焊渣、杂物等,恢复它们之间的绝缘。

⑤铁心上落有异物,使硅钢片之间短路(即硅钢片之间的绝缘脱落,局部出现癣一样的斑点,绝缘碳化或变色),则应拆开铁心进行检修。

⑥穿心螺栓在铁轭中因绝缘破坏造成铁心硅钢片局部短路,则应更换穿心螺栓上的绝缘管和绝缘衬垫。

(4)线圈检修包括以下内容:

①线圈所有的绝缘垫片、衬垫、胶木螺栓无松动、损坏;线圈与铁轭及相间的绝缘纸板应完整,无破裂,无放电及过热痕迹,牢固无位移。

②各组绕组排列整齐,间隙均匀,线圈无变形,线圈幅向应无弹出和凹陷,轴向无弯曲。

③绕组的压紧顶丝、紧顶护环、止回螺帽应拧紧,防止螺帽和座套松动掉下,造成铁心短路。

④线圈表面无油泥,油路应畅通。

⑤线圈绝缘层应完整,高、低压线圈无移位。

⑥发现线圈有金属末或粒子,应查明原因。

⑦对于承受出口短路和异常运行的变压器,特别是铝线变压器,应根据具体情况进行必要的试验和检查,防止缺陷扩大。

⑧引出线绝缘良好,包扎紧固,无破裂现象;引出线固定牢靠,接触良好,排线正确,其电气距离符合要求。

⑨套管下面的绝缘筒围屏应无放电痕迹,若有放电痕迹,说明引线与围壁距离不够,或

电极形状、尺寸不合理,有局部放电现象。

4. 电压切换装置的检查

(1)有载分接开关的维修与检修。而有载分接开关则可带负荷切换挡位,因为有载分接开关在调挡过程中,不存在短时断开过程,经过一个过渡电阻过渡,从一个挡转换至另一个挡位,从而也就不存在负荷电流断开的拉弧过程。一般用于对电压要求严格,需经常调挡的变压器。

(2)分接开关大修项目。包括切换开关油室和分接选择器(带极性转换开关)组成。其选择器采用笼式"外套内引"的套轴结构,由内装有导电环的中心绝缘筒、带有定触头的绝缘板条、传动管和桥式触头组成。桥式触头为弯曲成"山"字形的上下夹片式结构,这种结构接触可靠,温升低,抗短路能力强。这些部分的维修难度较大。

(3)分接开关小修项目。仅包括切换开关的检修。

(4)临时性检修。观测主触头,主通断触头,过渡触头有无接触不良等问题。

(5)分接开关的试验。在断电情况下检查其导通性能。

(6)分接开关维修注意事项。维修后的分接开关,要在不带电情况下多次反复使用后,都不存在故障,方可接入电路继续使用。

5. 油箱的检查及维修

(1)油箱内部应清洁,无污垢。

(2)焊缝应完好,无渗油现象。

(3)各密封结合面应平整、清洁,密封垫良好,无渗油、漏油现象。

(4)检查油箱内有无放电痕迹。

(5)接地装置良好。

(6)变压器顶盖坡度应符合要求。

(7)外壳应喷漆。

6. 油枕的检修

(1)将油枕内的油和沉淀物全部从下部排油孔排出,对油枕进行清洗(有盖的油枕应吊盖清洗),有锈者铲除后重新喷漆。

(2)检查油枕是否完好,有无渗漏油部位,油枕与油箱的连通管是否通畅。

(3)油位计应清洁、完整;玻璃管无裂纹;油枕与油位计的连接管应通畅,不堵塞。

(4)呼吸器的管子应高出油枕壁一定高度,以防雨水进入变压器。

7. 呼吸器的检修

呼吸器应符合以下要求:

(1)呼吸器内部应清洗干净。

(2)过滤器与油枕连通管路应通畅,管路的各连接处应密封良好,以防潮气进入。

(3)过滤器内的吸湿剂应清洁干燥;若已受潮,应更换或处理。

(4)呼吸器应固定牢靠,固定高度以便于检修为原则。

(5)呼吸器底部注入合格变压器油至规定高度。

(6)变压器注油后,呼吸器各部位均应无渗漏油现象,呼吸器的功能应正常。

8. 防爆管的检修

(1)清除防爆管内的油垢和铁锈。

（2）检查防爆管的放气螺钉是否完好,防爆筒与油枕的连通管或与呼吸器的连通管应畅通。

（3）检查防爆管的薄膜垫是否良好,若有损坏或变质,应予以更换。

（4）防爆管应与油枕连通或呼吸器与大气连通。

（5）防爆管与油枕的连通管应低于隔膜袋口,防止油枕出现假油位时油流入隔膜袋。

（6）安装时防爆管的喷口不得对准套管,以免出现故障时喷出的油、火、气体造成套管间闪络。

9. 冷却器的检修

变压器的冷却装置包括散热器、风扇、冷油器和潜油泵等,检修时应认真做好以下检查测试工作:

（1）清除整个散热管子上的污垢,检查散热器内部是否清洁,有无锈蚀、积水;用变压器油将内部冲洗干净。

（2）检查散热器是否严密不漏,漏气或油压试验应合格;强油风冷循环散热器回路、油路之间密封应良好,互不串油。

（3）所有阀门、取样门应开关正确、灵活,关闭严密,不漏油。

（4）检查强油水冷装置的冷却器,水管道和阀门等的内部是否清洁,有无堵塞现象,经充气试验应合格(不漏水、漏油)。

（5）强油循环的变压器应注意检查本体及冷却系统各部位的连接密封是否良好。

（6）水冷却冷油器和潜油泵在安装前应按照制造厂商的安装说明书,对每台机器做检漏试验。

（7）检查风扇电动机转动是否轻快,有无异常响声;轴承润滑是否良好;绝缘电阻是否合格;操作回路和联动启停装置动作是否正确。

（8）检查风扇固定是否牢靠,有无变形,运行中有无振动,旋转方向是否正确(垂直安装者风应向上吹,水平安装者风应向内吹);风扇与散热器风筒之间应有足够的间隙,以免风扇扫膛。

（9）检查潜油泵尾端的观察玻璃窗是否完整、透明;潜油泵叶轮转动是否灵活,有无扫膛现象,旋转方向与标记是否一致;油泵的冷却油路是否畅通无阻。

（10）潜油泵的轴承应采用E级或C级,上轴承应改用向心推力轴承,禁止使用无铭牌、无级别的轴承;运转中如出现过热、振动、杂音及严重漏油等异常现象,应立即停运并检修。

（11）大修后的潜油泵应用千分表检查叶轮上端密封环外圆的径向跳动公差,不得超过0.07 mm。

（12）检修时应注意检查继电器的薄膜及触点,如果薄膜失效或微动开关失灵,则应进行修理或更换。

（13）检修时,对强油循环的冷却系统的两个电源应进行检修和自动装置的切换试验,自动装置的切换应良好,信号装置应可靠。

10. 温度计的检查和校验

（1）温度计的校验及整定由仪表工人进行。

（2）在变压器靠近弯部箱壁上应装有一个酒精温度计,以便在必要时校对扇形温度计的指示。

11. 套管的检修

（1）清洗套管外部的油污。

（2）检查套管的法兰、铁件、瓷件是否完好，无裂纹、破损或瓷釉损伤，瓷裙外面应无闪络痕迹。

（3）要认真检查套管各部位的密封情况，当套管和铁件的胶合处发现裂纹、破损和漏油等情况时，必须重新胶合。

（4）接线端子帽及注油孔密封良好，严防水分自引线进入变压器内或进入套管内而发生故障。

（5）对 110 kV 及以上的套管均应定期进行介质损失角和电容量的测量以及油色谱分析，如发现问题就在大修中处理，组装后应进行真空处理。

（6）对新投运的 110 kV 及以上套管均应有局部放电测试记录，并进行微水分析、油色谱分析和介质损失角、电容量等测定。

（7）检修人员应根据运行人员的记录，在检修中注意检查套管引出线端子的发热情况。

（8）检修中更换不同型式、尺寸的套管时，应注意套管装入变压器尾部的绝缘距离及电场分布状况。

（9）定期对套管进行清扫，保持套管清洁。在污秽严重地区的变压器，可考虑采用加强型套管、防污硅橡胶裙或防污闪材料。

（10）充油套管竖立静置一定时间后，应无渗漏油现象。

12. 引线检修

（1）在变压器大修过程中，应注意勿使引线扭转，不要过分用力吊拉引线，以免引线根部和线圈绝缘受伤。如果引线过长或过短，应及时予以处理。

（2）在吊心（吊罩）时，应注意检查引线间、引线对围屏及引线对地应保持足够的绝缘距离，必要时予以校正，并注意去掉裸露引线上的毛刺尖角，防止在运行中发生局部放电以致击穿。

（3）检查时严禁踩在引线的根部，以免损伤引线与线圈的焊接接头，各引线接头应焊接良好。

8.3.8　变压器检修后的组装

对变压器铁心、外壳及附件检修完经详细检查后，应用规定的液体（油、碱溶液、水）清洗干净再进行组装。组装的步骤如下：

（1）将变压器小心装入油箱，并装上大盖。

（2）组装分接开关机构、热虹吸、散热器、油枕、气体继电器和防爆管等附件。

（3）往变压器油箱中注油，先将油注至淹没绕组，其余部分待装完套管后再补注。

（4）安装套管、连接套管下端引线和分接开关的接头。

（5）补注油至标准油位，注油时应先排除大盖下面套管座等突出部分积聚的气体。

（6）静置 8 h 或 24 h 后，均应对套管根部进行排气。

（7）静置 24 h 后，可做检修后的电气试验。

（8）将变压器运回原安装地点，对准检修前所做的定位标记，垫好变压器轮下垫铁。

（9）连接套管引线,接通风扇电动机电源,并校对电动机转向;接通气体继电器和温度计的电源,并连接好接地线。

8.3.9　热虹吸过滤器

检修后使用热虹吸过滤器时应注意以下几点:

（1）如果变压器内的油已相当老化并含有沉淀物,应仔细清洗变压器,除去外壳内的沉渣和机械混合物,换油后才可使用热虹吸过滤器。

（2）如果变压器油的绝缘强度已显著降低,应选用真空滤油机、离心式滤油机滤除油中的水分。

（3）投入使用前,应往热虹吸过滤器内注满油,并排除其中积存的气体。

（4）如果热虹吸出口的油,其酸价比变压器外壳内的油的酸价低,而变压器的酸价达到0.1～0.15 mg,则应立即更换吸附剂。

（5）硅胶装入前必须进行干燥。

（6）新装或更换硅胶时,应选择颗粒大的硅胶。

（7）装好硅胶后要排出热虹吸过滤器内的气体,以防气体继电器频繁动作。

（8）热虹吸过滤器应安装正确,防止活性氧化铝或硅胶冲入变压器内。

（9）定期检修,根据化验结果及时更换硅胶。

8.3.10　变压器油

油是流动的液体,它能够充满变压器内各部件之间的任何空隙,将空气排除,从而避免各部件与空气接触受潮而引起的绝缘性能降低。

1. 变压器油的主要性能指标

（1）比重:油在20～40 ℃时的比重不超过0.895。

（2）黏度:油在50 ℃时的黏度不超过1.8恩格勒。

（3）闪点:指油加热后产生的蒸气与空气混合,遇到明火能发生燃烧的最低温度。

（4）凝固点:油的黏度随温度而变化,温度越低,黏度越大。

（5）酸价:表示油中游离酸的含量。

（6）酸、碱、硫及机械混合物:这些杂质对电气设备的绕组、绝缘物、导线和油箱都有腐蚀作用,因此含量越低越好。

（7）安定度(安定性):由于变压器油和空气长期接触并受热,因而会氧化成酸、树脂、沉淀物等,称为老化现象。

2. 定期取油样试验

我国常用的变压器油有国产25号(DB—25)和国产10号(DB—10)两种。新油是淡黄色的,运行后呈浅红色。如油色变暗,表明油已受污染和氧化。纯净的油透明度较高,放在玻璃瓶里呈现乳绿色或蓝紫色的反射荧光。当透明度降低,荧光微弱或消失时,表明油中混有杂质。好油应无气味或只有一点煤油味,如有焦味或酸味,则表明油已老化变质。

3. 变压器油的净化

当变压器油内混有水分和杂质时,可以通过处理恢复油的原有性能,最常用的方法是滤油。一般用滤纸式滤油机,利用油泵压力使油透过滤油纸滤去水分和杂质,使油净化。滤油必须在晴天或相对湿度较小的室内进行。滤纸应为中性,使用前应放在 80 ℃ 的烘箱内干燥 24 h。

4. 检查变压器上层油温

变压器上层油温一般应在 85 ℃ 以下。如油温突然升高,则可能是冷却装置有故障,也可能是变压器内部出现故障。对油浸自冷变压器,如散热装置各部分温度有明显不同,则可能是管路有堵塞现象。

5. 检查变压器的油位及油的颜色是否正常,是否有渗漏油现象

从油枕上的油表检查油位,油位应在油表刻度的 1/4 ~ 3/4 以内(气温高时,油面在上限侧;气温低时,在下限侧)。

8.3.11 特种变压器及变压器类产品

特种变压器指的是在特殊场合使用的专用电力变压器,其工作原理和基本性能与普通电力变压器相同,但在结构、绕组连接和技术资料上有其特殊性。由于用途各异,特种变压器的种类很多,本节只介绍比较常用的几种。

互感器的作用是:

(1) 与测量仪表配合,对电路的电压、电流、电能进行测量;与继电器配合,对电力系统和设备进行过电压、过电流、过负载和单相接地等保护。

(2) 使测量仪表、继电保护装置与电路的高电压隔开,以保证操作人员和设备的安全。

(3) 将电压和电流变换成统一的标准值,以利于仪表和继电器的标准化。

1. 电压互感器

在高电压的交流电路中,用电压互感器将高电压转变为一定数值的低电压,通常为 100 V,供测量、继电保护及指示电路使用。互感器在电力系统中的接线原理如图 8.19 所示。

(1) 工作原理。电压互感器的电原理图如图 8.20 所示。

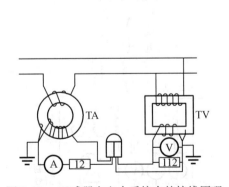

图 8.19 互感器在电力系统中的接线原理

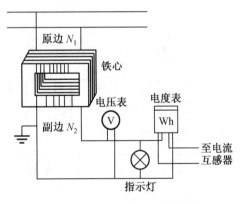

图 8.20 电压互感器的电原理图

电压互感器按其工作原理可以分为电磁感应式和电容分压式两类。常用的电压互感器是利用电磁感应原理工作的,其基本构造与普通变压器相同,主要由铁心、一次绕组、二次绕组组成。电压互感器一次绕组匝数较多,二次绕组匝数较少,使用时一次绕组与被测量电路并联,二次绕组与测量仪表或继电器等电压线圈并联。

（2）电压互感器的型号及电气图形符号。电压互感器可分为单相、三相、双绕组、三绕组以及户外装置、户内装置等多种类型。通常，电压互感器的型号用横列拼音字母及数字表示，即

1 2 3 4 5 – 6

其中，1～4以字母表示；5表示设计序号；6表示额定电压(kV)。

电压互感器型号举例：

JDJ – 10 表示单相双绕组油浸式电压互感器，额定电压为 10 kV；

JSJW – 10 表示三相三绕组五铁心柱油浸式电压互感器，额定电压为 10 kV；

JDZ – 10 表示单相双绕组浇注式绝缘的电压互感器，额定电压为 10 kV。

电压互感器的电气图形符号如图 8.21 所示。

（3）电压互感器的额定技术资料。

① 变压比。电压互感器通常在铭牌上标出一次绕组和二次绕组的额定电压，变压比是指一次绕组额定电压 U_1 与二次绕组额定电压 U_2 之比，即 $K = U_1/U_2$。

② 电压互感器准确度。准确度等级在数值上就是变比误差的百分限值，通常电力工程上常把电压互感器的误差分为 0.5 级、1 级和 3 级三种。

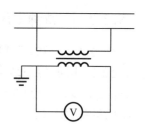

图 8.21　电压互感器的
电气图形符号

③ 容量。电压互感器的容量是指二次绕组允许接入的负荷功率，分为额定容量和最大容量两种，其单位为 V·A。

④ 接线组别。电压互感器的接线组别是指一次绕组线电压与二次绕组电压间的相位关系。

（4）10 kV 系统常用电压互感器介绍。

① JDJ – 10 型电压互感器（图 8.22～8.25）。

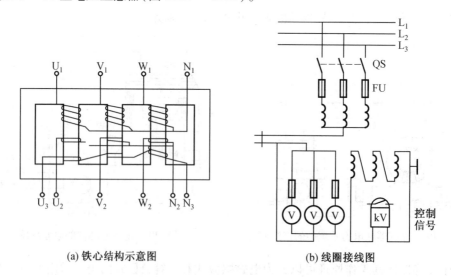

(a) 铁心结构示意图　　　　　　　(b) 线圈接线图

图 8.22　三相五柱电压互感器的铁心结构示意图及线圈接线图

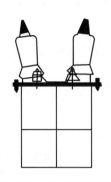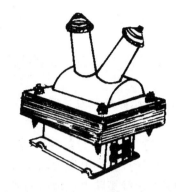

图 8.23　JDJ - 10 电压互感器外形　　图 8.24　JDZL - 10 型电压互感器外形

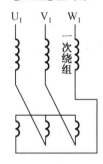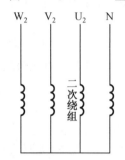

图 8.25　Z 形正相序接线

②JSJV - 10 型电压互感器。

③JDZL - 10 型电压互感器(图 8.16)。

④JSJB - 10 型电压互感器。

常用电压互感器技术指标见表 8.2。

表 8.2　常用电压互感器技术指标

型　号	额定电压 /V			额定容量 /(V · A) (cos φ = 0.8)			最大容量 /(V · A)	质量 /kg
	一次线圈	二次线圈	辅助绕组	0.5	1 级	3 级		
JDJ - 10	10 000	100	无	80	150	320	640	36
JSJV - 10	10 000	100	100/3	120	200	480	960	198
JDZL - 10	10 000	100/3	100/3	40	60	150	300	26
JSJB - 10	10 000	100	无	120	200	480	960	105

2. 干式变压器

干式变压器用于高层建筑、车站、码头、机场、地下铁道等防火要求较高的场所。

(1)用途和特点。干式变压器的铁心和线圈都不浸在任何绝缘液体中,它一般用于安全防火要求较高的场合。有开启式、封闭式和浇注式三种。

(2)环氧树脂浇注式干式变压器。环氧树脂浇注式干式变压器具有难燃、自熄、耐尘、耐潮、机械强度高、体积小、质量轻、损耗低、噪声小等特点,与油浸式变压器相比有安全、经济、可靠、方便等优点,适用于对安全可靠性要求高的高层建筑、机场、车站、港口、公共建筑物等。

① 难燃性、自熄性。为防止变压器故障引起火灾,要求变压器本身具有难燃、自熄的特性。

② 损耗低。变压器是电力系统中重要的电器设备,提高变压器的效率对节约电能有很大的意义。

③ 机械强度高。正常运行的变压器当二次侧突然短路时,虽然短路的瞬变过程很短,但巨大的冲击电流所产生的电磁力以及线圈的急剧发热很可能会使变压器损坏,因此,变压器的结构必须具备承受短路电流冲击的能力。

④ 绝缘性能好。由于环氧树脂具有良好的耐湿性,且绕组经过浇注后与空气无直接接触,因而特性稳定,电气绝缘性能好。

⑤ 噪声低。变压器噪声主要是由变压器铁心自身共振产生的。其原因是硅钢片接缝处和叠片之间存在因漏磁而产生的电磁吸引力而引起的,它由二倍电源频率基频和其他高次谐波分量叠加而成。

3. 整流变压器

整流变压器是在大功率整流电路前使用的专用电源变压器,主要用于电解、电镀、电气牵引(城市电车、矿山运输)、直流电动机调速和励磁、充电、静电除尘等场所。

(1)用途和特点(见表8.3)。

工业用直流电源大部分是由交流电网通过整流变压器与硅整流器或汞弧整流器所组成的整流设备而得到的。

整流变压器不同于电力变压器之处在于:

① 电流波形不是正弦波。

② 根据整流装置的要求,整流变压器阀侧有多种不同的接法。

(2)整流变压器连接法。

整流变压器网侧线圈的连接法与电力变压器相同,阀侧线圈则根据整流电路的连接方式而有多种的连接法:Z形正相序接线法、星形接线法以及三角形接线法等。

4. 电炉变压器

电炉的种类很多,对应的电炉变压器的种类和型号规格也很多,可用于各种金属的冶炼、热处理、合金的制取、电渣重熔等。一般来说,电炉变压器的副边电压低,电流大,可大范围调节。

5. 矿用电力变压器

(1)一般型矿用变压器。一般型矿用变压器可装在有煤尘和沼气而无爆炸危险的场所,供电力拖动和照明用。

(2)隔爆型矿用变压器。隔爆型矿用变压器用于煤矿中有爆炸危险的场所。

6. 高压试验变压器

(1)用途和特点。高压试验变压器可用于做工频、冲击和直流高压试验。工频高压试验变压器(以下简称试验变压器)利用其二次侧所感应的工频高电压,对各种电工产品和绝缘材料进行绝缘性能试验。试验变压器的特点是:

① 电压高,电流小。

表 8.3 各种整流变压器的用途和特点

用 途		特 点
电化(电解)用(用于电解法制取铝、镁及其他金属;电解食盐以制取氯、碱;电解水以制取氢等;也用于石墨化电炉)		(1) 低电压、大电流。阀侧直流电流可达 100 kA,直流电压不超过 1 000 V,单台容量可达数万 kV·A (2) 电解负载是连续而恒定的,为了保持电解槽的电流恒定、调压频繁,必须用有载调压,有时还用饱和电抗器作细调和稳流,少数也有采用晶闸管调压的。调压范围较大
牵引用	用于矿山、城市电机车的直流电网供电	(1) 基本结构与电力变压器相同,采用无励磁调压,调压范围为 ±5% (2) 负载变化范围很大,经常有不同程度的短期过载,因此连续额定负载下的温升限值比一般低,电流密度也低 (3) 阀侧接架空线,短路故障机会较多,因此,较大容量的变压器的阻抗要求大些
	用于电气化铁道的干线电力机力	(1) 变压器为单相,用于单相整流电路,网侧电压为单相输电线的线电压 (2) 大幅度有载调压,调压频繁,要求调压快;也有用晶闸管调压的 (3) 变压器的外形尺寸要适于装在电力机车上 (4) 二次侧线圈有两个以上,分别给电动机的电枢、励磁及其他用途供电
传动用(用于电力传动中的直流电机供电,例如给轧钢电机的电枢和励磁供电)		(1) 阀侧有时要求有两个线圈,分别给正、反向传动或正向传动、反向制动供电
直流输电用		(1) 电压高、容量大 (2) 对地绝缘;交流高压叠加,须特别考虑
电镀用电加工用		(1) 电压低,电流大,阀侧直流电压自数伏至数十伏,电流至数万安 (2) 一般为晶闸管调压
励磁用(用于同步电机励磁)		(1) 要求短期过载(强励磁时) (2) 晶闸管调压
充电、浮充电用(用于蓄电池充电)		(1) 小容量做成单相,此时在反电势作用下,因导通角减小,线圈电流有效值加大 (2) 由单独的调压器调压
串级调速用(用于绕线式感应电动机的串级调速)		经常在逆变方式下运行,无其他特殊要求
静电除尘用		电压高,电流小,变压器的结构与高压试验变压器相仿

② 一般为单相,户内装置,油浸自冷式,高压线圈通常一端接地(根据用户要求也有做成户外装置的)。

③ 除用于外绝缘污秽试验、电路电压试验以及电缆试验者外,一般为 1/2 h 或 1 h 短时工作制。

④由于工作电压高,绝缘结构对试验变压器的整体尺寸有决定性的影响。因为绝缘层厚,器身一般均要求真空干燥,100 kV 以上要求真空注油。

（2）主要技术指标：

①输出电压波形:试验变压器的输出电压波形应尽量接近正弦波。

②阻抗电压:试验变压器的二次电流一般为电容性电流,当二次电流流经调压器和试验变压器的阻抗时,将导致输出电压超过由电压比所确定的数值,因此试验变压器的阻抗电压不宜太大,否则可能影响测试结果的准确性,同时还会降低设备的短路容量。

（3）结构。试验变压器的结构根据其内、外绝缘的处理方式不同而有以下三种：单套管式、双套管式和绝缘筒式。

①单套管式:如图 8.26 所示,二次线圈一端用高压套管引出,一端接地或用低压套管引出;铁心为单相单柱旁轭式。

②双套管式:高压线圈两端都用高压套管引出,铁心为单相双柱式,左、右两柱的高压线圈互相串联,连接点（中点）接铁心。

③绝缘筒式:以绝缘筒（通常为酚醛纸筒或环氧玻璃布筒）代替油箱和两个高压套管,如图 8.27 所示。

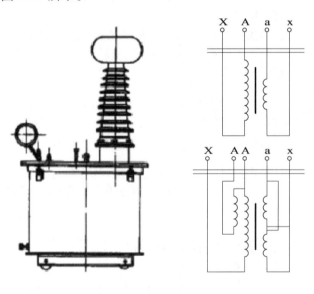

图 8.26　单套管式试验变压器

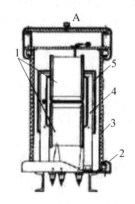

图 8.27　绝缘筒式试验变压器
1— 线圈;2— 铁心;3— 绝缘件;
4— 绝缘筒;5— 屏蔽罩

8.3.12　变压器的故障与排除

1. 变压器投入运行前的检查

变压器投入运行前应进行以下检查：

（1）变压器的铭牌资料是否符合要求,其电压等级、连接组别、容量和运行方式是否与实际要求相符。

（2）变压器各部位应完好无损。

（3）变压器外壳接地应牢固可靠。

（4）变压器一次、二次侧及电路的连接是否完好,三相的颜色标志是否准确无误。

（5）采用熔断器和其他保护装置,要检查其规格是否符合要求,接触是否良好。

（6）检查夹件和垫块有无松动,各紧固螺栓应有防松措施。

2. 变压器运行中的检查

变压器运行中要进行以下检查:

（1）变压器声音是否正常。

（2）变压器温度是否正常。

（3）变压器一次、二次侧的熔体是否完好。

（4）接地装置是否完整无损。

如发现异常现象,应停电进行检查。

3. 变压器常见故障及检查

（1）故障情况。在变压器的各种故障中,以线包故障最为多见,如开路、短路、漏电及烧毁等。

（2）故障原因。变压器的故障原因很多,小型变压器和大型变压器也不尽相同,下面主要讨论小型变压器的故障情况。小型变压器故障的主要原因有:材料不佳,设计不良,工艺不好,使用不当以及偶然故障。

（3）故障检查。变压器发生故障的原因有时比较复杂,为了正确检查和分析原因,应进行下列检查。

① 外观检查:检查线圈引线有无断线、脱焊,绝缘材料有无烧焦、有无机械损伤,再通电检查有无焦臭味或冒烟;如有以上故障,应排除后再进行其他检查。

② 检查各线圈的通断和直流电阻:能够用万用表直接测出的可用万用表检查;对于直流电阻较小的,尤其是电磁线较粗的变压器线圈,最好用电桥测量直流电阻。

③ 测量各线圈之间、各线圈与铁心之间的绝缘电阻:可用兆欧表进行测量,冷却电阻应在 50 MΩ 以上。

④ 测量损耗功率:测量电路如图 8.28 所示,在被测变压器未接入电路之前,合上开关 SA_1,调节调压器 T,使输出电压为 220 V,这时功率表上的读数为电压表、电流表线圈所损耗的功率。

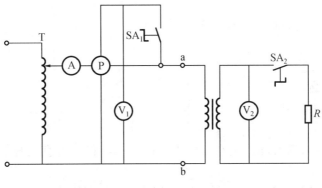

图 8.28 损耗功率测量电路

⑤ 测量空载电流：将图 8.28 中的待测变压器接入电路，断开 SA_2，接通电源使其空载运行，当 V_1 的读数为 220 V 时，电流表 A 的读数即为空载电流。

⑥ 测量额定输出电压：将待测变压器接入图 8.28 的 a、b 两端，合上 SA_2，当 V_1 读数为 220 V 时，V_2 的读数即为该变压器的额定输出电压。

⑦ 测量温升：当加上额定负载时，通电 1 h 以上温升不得超过 40 ~ 50 ℃。

4. 故障处理

（1）接通电源副边无电压输出故障原因和检修方法。

① 故障情况：

a. 电源插头或馈线开路。

b. 原边绕组开路或引线脱焊。

c. 副边绕组开路或引线脱焊。

② 维修方法。接通电源，用万用表 250 V 交流挡测原边绕组引出线端电压。若为 220 V 左右，说明插头与插座接触良好，插头与馈线均无开路故障。

③ 检修过程：

a. 原、副边绕组间短路或原、副绕组边层间、匝间短路：可直接用万用表或兆欧表检测，将一表笔接原边绕组的一引出线端，另一表笔接副边绕组的任一引出线端。

b. 铁心绝缘太差：拆下铁心，检查硅钢片表面绝缘漆是否剥落。

c. 铁心叠厚不足或绕组匝数偏少：若骨架空腔有空余位置，可适当增加硅钢片数量；如无法增加，只要铁心窗口还有空余位置，可通过计算适当增加原、副边绕组匝数。

d. 负载或外部电路不正常：负载过重或输出电路局部短路引起的变压器发高热不是变压器的问题，只要减轻负载或排除输出电路上的短路故障即可。

（2）空载电流偏大的故障原因和检修方法。

① 故障情况：

a. 原边绕组数不足。

b. 铁心叠厚不足。

c. 原边绕组局部短路。

d. 铁心质量太差。

② 维修方法。原边绕组匝数不足，铁心叠厚不足，原边绕组局部短路等故障可参照前一项中的检修方法处理。

（3）运行中有响声的故障原因和检修方法。

① 故障情况：

a. 铁心未插紧。

b. 电源电压过高。

c. 负载过重或短路引起振动。

② 维修方法：

a. 铁心未插紧：将铁心轭部夹在台虎钳钳口，夹紧钳口，能直接观察出铁心的松紧程度。

b. 电源电压过高使铁心振动发出响声：由于不是变压器故障，因而只需用万用表交流电压挡检测电源电压即可判断。

c.负载过重或短路引起振动:切断有怀疑的副边输出电路,给变压器其他副绕组加额定负载,若故障消除,则问题一定出在原有的副边电路或负载上,这时只需检修外电路即可。

(4)铁心和底板带电的故障原因和检修方法。

① 故障情况:

a.原边或副边绕组对地短路或原边、副边与静电屏蔽层间短路。

b.长期使用,绕组对地(对铁心)绝缘老化。

c.引出线裸露部分碰撞铁心或底板。

d.线包受潮或环境湿度过大使绕组局部漏电。

② 维修方法:

a.短路和绝缘故障:对于故障情况 a、b 中的几种故障和绝缘老化故障,由于静电屏蔽是接地(铁心)的,二者为同一点,可用兆欧表检查原、副绕组分别与地(即铁心或静电屏蔽层)之间的绝缘电阻是否明显降低或趋近于零来判断。

b.引线故障:引线裸露部分碰触铁心或底板,用肉眼可直接看出。

(5)线包击穿打火的故障原因和检修方法。

高压绕组与低压绕组间易产生绝缘击穿,同一绕组中电位相差大的两根导线靠得过近也会产生绝缘击穿。

8.4　交流电动机

8.4.1　交流电动机的用途及分类

1.交流电动机的用途

交流电动机的应用非常广泛,特别是三相异步电动机,它具有结构简单,运行可靠,维护方便,效率高,质量轻,价格低等特点。

2.交流电动机的分类

(1)按照电源性质,交流电动机可分为三相交流电动机和单相交流电动机。

(2)按照电机转速,交流电动机可分为同步电动机和异步电动机。

(3)按照转子结构,三相异步电动机可分为笼型电动机和绕线型电动机。

(4)按照励磁方式,单相交流电动机可分为自励式和他励式电动机。

8.4.2　三相异步电动机

1.三相异步电动机结构

准备一台待拆卸的三相异步电动机,从外到里观察其结构。图 8.29 是三相异步电动机的外形和剖视图。

(1)定子。异步电动机的定子由定子铁心、定子绕组以及机座、端盖、轴承等组成,如图 8.30 所示。

① 定子铁心。定子铁心是电动机磁路的一部分,是由硅钢片叠装压紧而成的。

② 定子绕组。定子绕组有成型硬绕组和散嵌软绕组两类。定子槽的形状如图 8.31 所示。

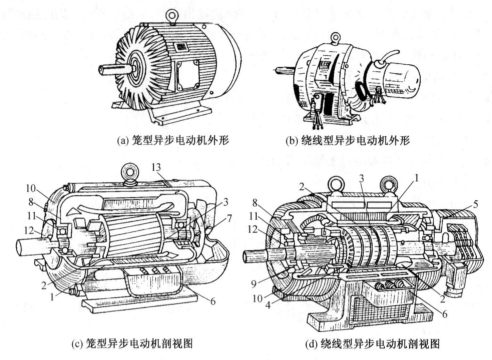

(a) 笼型异步电动机外形　　　　　　(b) 绕线型异步电动机外形

(c) 笼型异步电动机剖视图　　　　　　(d) 绕线型异步电动机剖视图

图 8.29　　三相异步电动机的外形和剖视图

1— 定子;2— 定子绕组;3— 转子;4— 转子绕组;5— 滑环;6— 接线盒;7— 风扇;8— 轴承;9— 轴承盖;10— 端盖;11— 内盖;12— 外盖;13— 风扇罩

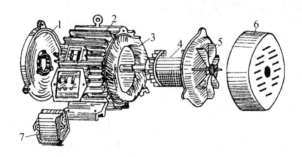

图 8.30　　电动机的基本结构

1— 端盖;2— 定子;3— 定子绕组;4— 转子;5— 风扇;6— 风扇罩;7— 接线盒盖

开口槽　　　　　　半开口槽　　　　　　半闭口槽

图 8.31　　定子槽的形状

③ 机座和端盖。定子铁心固定在机座内,机座起着固定定子铁心的作用。

(2) 转子。异步电动机的转子主要由转子铁心、转子绕组和轴承组成,其外形如图 8.32(a) 所示。

　　转子绕组的形式有两种:一种是笼型绕组,其剖视图如图 8.32(b) 所示;另一种是绕线型绕组。它们的结构不同,但工作原理基本相同。

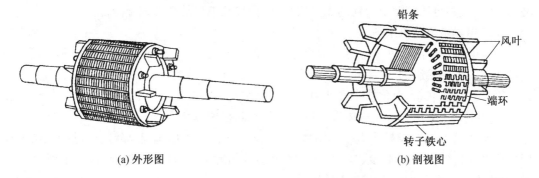

(a) 外形图　　　　　　　　　　　　　　　　(b) 剖视图

图 8.32　铸铝笼型转子外形及剖视图

　　① 笼型转子。在转子铁心的槽中,穿入一根未包绝缘的铜条,在铁心两端槽的出口处用短路铜环把它们连接起来,这个铜环称为端环。绕组的形状像一个笼子,故称笼型绕组,如图 8.33、8.34 所示。

　　② 绕线型转子。绕线型转子用绝缘导线做成线圈,嵌入转子槽中,再连接成三相绕组,一般都接成星形。图 8.35 所示为绕线型转子和电刷装置。

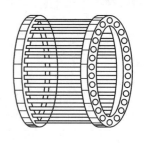

图 8.33　笼型绕组

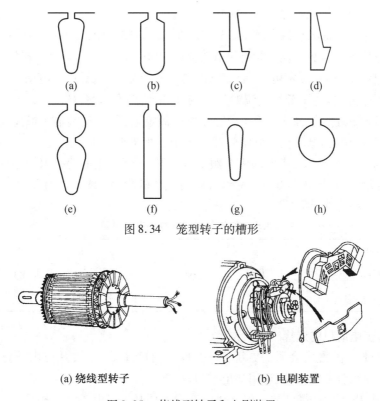

(a)　　　　(b)　　　　(c)　　　　(d)

(e)　　　　(f)　　　　(g)　　　　(h)

图 8.34　笼型转子的槽形

(a) 绕线型转子　　　　　　　　(b) 电刷装置

图 8.35　绕线型转子和电刷装置

（3）气隙。定子、转子之间的间隙称为异步电动机的气隙,气隙的大小对于异步电动机的性能影响很大。气隙大则磁阻大,励磁电流就大,但由于异步电动机的励磁电流是取自电网的,增大气隙将使气隙中消耗的磁势增大,因而导致电机的功率因子降低。

2. 三相异步电动机系列

我国电机的产品系列型号是根据机械工业部颁发的电工产品型号编制办法和申请办法指导性文件统一编制的,以免同一产品型号各异或不同产品型号重复,便于使用、制造、设计部门等进行业务联系,简化技术文件中有关产品名称、规格、型式等的文字叙述。电机产品型号前些年一律采用大写印刷体汉语拼音字母和阿拉伯数字表示。

（1）YJO2 系列三相异步电动机铭牌。每台异步电动机的机座上都钉有一块铭牌,上面标出该电动机的主要技术参数。了解铭牌上参数的意义,才能正确选择、使用和维修电动机,表8.4 是一台三相异步电动机的铭牌。

表8.4　三相异步电动机的铭牌

型号	Y180M2—4	功率	18.5 kW	电压	380 V
电流	38.9 V	频率	50 Hz	转速	1 470 r/min
接法	△	工作方式	连续	绝缘等级	E
防护形式	IPP44（封闭式）			产品编号	
××××电机厂				×年×月	

（2）常用中、小型三相异步电动机的技术参数:

① 额定功率 P_N:指电动机在额定运行状态时轴上输出的机械功率,单位符号为 kW。

② 额定电压 U_N:指额定运行状态下加在定子绕组上的线电压,单位符号为 V。

③ 额定电流 I_N:指在额定电压、额定输出功率的情况下,电源供给电动机的线电流。

④ 额定频率 f_N:指定子绕组电流的频率（我国电流频率为 50 Hz）。

⑤ 额定转速 n_N:指电动机定子在额定频率的额定电压下,轴端输出额定功率时电动机的转速,单位为 r/min。电动机的额定转速与定子三相绕组的接法无关。

⑥ 额定功率因子 $\cos \varphi$:指电动机在额定负载下,定子绕组的功率因子。

⑦ 绝缘等级与温升（见表8.5）:绝缘等级与电动机所用绝缘材料有关;温升是指电动机运行时高出周围环境的温度值。

表8.5　绝缘等级与允许温升的关系

绝缘等级	A	E	B	F	H	C
绝缘材料允许的温度 /℃	105	120	130	155	180	180 以上
电动机的允许温升 /℃	60	75	80	100	125	125 以上

3. 三相异步电动机的选择

检修设备过程中,经常会遇到更新、选配电动机的问题,一般要从应用场合的要求出发,按以下几个方面综合考虑,选配适用的电动机。

（1）电动机电压的选择。要求电动机的额定电压必须与电源电压相符。

（2）电动机容量的选择。电动机的容量（功率）应当根据所拖带的机械负荷选择。

（3）电动机转速的选择。应根据所拖带机械的要求选择电动机的转速,必要时可选择高速电动机或齿轮减速电动机,还可以选用多速电动机。

（4）电动机结构型式的选择。根据电动机的使用场合选择其结构型式。

（5）电动机种类的选择。根据机械设备对电动机的启动特性、机械特性的要求选择电动机种类:

① 无特殊变速、调速要求的一般机械设备可选用机械特性较硬的鼠笼式异步电动机。

② 要求启动特性好、在不大的范围内平滑调速的设备,应选用绕线式异步电动机。

③ 有特殊要求的设备应选用特殊结构的电动机,例如小型卷扬机、升降设备及电动葫芦可选用锥型转子制动电动机。

4. 三相异步电动机的拆装

异步电动机的拆装是修理的必要步骤,如果拆卸、装配不当,可能造成电动机部件破损、配合不好或装配位置弄错,人为地造成电动机损坏,给今后的使用留下后遗症。

（1）电动机的拆卸。

① 拆卸前的准备:准备好拆卸用的工具。

② 主要部件的拆卸方法如图 8.36 所示。

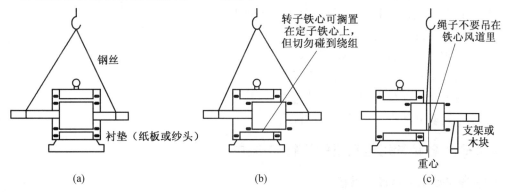

图 8.36　用假轴起吊转子

（2）电动机的装配。

① 装配前的准备:准备好装配用的工具。

② 装配步骤。原则上按拆卸的相反步骤进行。

③ 主要零、部件的装配方法。先内而外的原则进行。

5. 三相异步电动机的运行和维护

（1）定期小修。定期小修是对电动机的一般清理和检查,应经常进行。小修的内容包括:

① 擦拭电动机外壳,除去运行中积累的污垢。

② 测量电动机绝缘电阻,测后注意重新恢复接线,拧紧接线头螺钉。

③ 检查电动机端盖、底脚螺钉是否紧固。

④ 检查电动机接地线是否可靠。

⑤ 拆下轴承盖,检查润滑油是否变脏、干涸,及时加油或换油。

⑥ 检查电动机与负载机械间的传动装置是否良好。

⑦ 检查电动机启动和保护设备是否完好。

（2）定期大修。异步电动机的定期大修应结合负载机械的大修进行。大修时,拆开电动机按照下列顺序进行检查修理:检查电动机各部件有无机械损伤 → 对拆开的电动机和启动设备进行清理,清理所有油泥、污垢。 → 拆下轴承,浸在柴油或汽油中彻底清洗。 → 检查定子绕组是否存在故障。 → 检查定子、转子铁心有无磨损和变形。 → 在进行以上各项修理、检查后,对电动机进行装配、安装。

① 检查电动机各部件有无机械损伤。

② 对拆开的电动机和启动设备进行清理,清理所有油泥、污垢。

③ 拆下轴承,浸在柴油或汽油中彻底清洗。

④ 检查定子绕组是否存在故障。

⑤ 检查定子、转子铁心有无磨损和变形。

⑥ 在进行以上各项修理、检查后,对电动机进行装配、安装。

6. 异步电动机运行前的准备及启动

(1)异步电动机运行前的检查项目:

① 测定电动机绝缘电阻。

对新安装或停运三个月以上的异步电动机,投运前都要用兆欧表测定绝缘电阻。

② 检查电源是否合乎要求。

③ 检查电动机的启动、保护设备是否合乎要求。

④ 检查电动机安装是否符合规定。

(2)电动机启动时的注意事项:

① 合闸后应密切监视电动机有无异常。

② 一般电动机连续启动次数不能过多。

③ 注意启动电动机与电源容量的配合。

8.4.3 各种常用电动机的运行与维护

1. 多速电动机的运行与维修

(1)电动机运行前要用兆欧表检查电动机绕组及对地绝缘电阻。

(2)应仔细检查电动机引出线,并按接线图要求正确连接,特别是三、四速电动机更应慎重。

(3)电动机应进行试运转,观察其转速变化是否符合要求,有条件时可用转速表测量,确定正确后,才能投入运行。

(4)电动机运行时检查电动机温升是否正确。

(5)多速电动机在低转速时不能满载或过载运行,因多速电动机在低速时的输出功率要比高速时的输出功率小。

(6)对绕线型转子多速电动机,要经常检查电刷接触是否良好,转子引线、集电环有无松动,并随时注意电刷冒火及集电环过热等现象。

2. 潜水电动机的运行与维修

(1)电动机试运行时要注意电动机的启动及转向,如发现转向相反,应立即调换电动机转向。

(2)各类潜水电动机不能脱水运转,若需在陆上试车或启动,则运转时间不允许超过5 min。

（3）电动机运行中经常检查水泵出水是否正常。

（4）使用中电动机不能过载,可检查扬程(扬程是指水泵能够扬水的高度)、流量是否合适。

（5）使用时电泵不能潜入泥砂较多的水中运行,而浅水用的潜水电泵不能作排吸深水用。

（6）电泵运行中,突然发现不转,应检查叶轮是否卡住、电源开关是否跳闸。

（7）定期检查密封情况是否可靠,密封是电动机能否长期运行的关键。

（8）使用前或停用时间太长,则必须进行全面检查。

（9）长期搁置不用的潜水电动机不应浸泡在水中,应放出电动机内的积水,妥善保管。

（10）对充油式潜水电动机,要经常检查油量的多少,使油量在允许范围之内,过多过少对运行都是不利的。

（11）经常检查电动机的绝缘电阻是否符合要求。

3. 力矩异步电动机的运行与维修

（1）电动机在运行中,要经常检查电动机的温升,以免绕组绝缘老化。

（2）电动机不要过载运行,因转子电阻高,发热较严重,要改善通风、冷却环境。

（3）要经常检查强制冷却的风机运行是否正常。

（4）在电网电压不稳时,应及时调整电压,防止电动机在较低或较高的电压下运行时难以启动。

4. 锥形转子制动三相异步电动机的运行与维修

（1）电动机启动时必须全压启动,不允许采用降压启动,这样才能保证制动装置可靠脱开。

（2）检查电动机在通电后制动装置能否立即松开。

（3）锥形转子电动机多用于电动葫芦等起重设备上,在试车时应首先检查控制系统是否能实现电动机正、反转点动控制。

（4）电动机经常频繁启、制动,造成制动弹簧压力减弱,制动效果不好,应按规定仔细检查和更换新弹簧。

（5）检查电机有无振动现象,在安装时要特别检查电动机转动轴的连接处是否因为电动机轴向窜量较大而引起强度不够。

（6）检查轴承运行时是否正常,有无响声,因为锥形转子电动机的轴承所受冲击力较大,易引起故障。

（7）检查启动器有无损坏,线圈是否烧坏,触头接触是否良好,以免电动机启动或单相运行时引起电动机烧毁。

（8）检查按钮盒是否有漏电现象,防止发生电气设备和人身事故。

5. 旁磁制动三相异步电动机的运行与维修

（1）必须全压直接启动,不许采用降压启动,并要求电网电压在325 V以上,这样才能保证制动器可靠脱开。

（2）使用时,应先进行空载试运行,制动效果良好时才投入运行;否则应找出故障,进行相应处理。

（3）经常检查制动器的摩擦性能,保持良好的通风散热。

（4）运行中多次启、制动，使制动环磨损，要及时检查更换制动环，保持良好的制动效果。

（5）检查、调整制动器与分磁铁的间隙，用调整锥形制动器和改变制动器与轴的相对位置及调节分磁铁吸合面与衔铁吸合面的间隙的大小来实现。

6. 防爆电动机的运行与维修

（1）电动机在运行中，应经常测量温升是否正常，超过允许温升则不准运行。

（2）检查电动机是否过载运行，即使短时过载也不允许运行。

（3）电动机是否有异常响声、气味和振动。

（4）定期检查轴承的磨损情况，及时更换润滑油。

（5）检查电动机外表有无裂纹，密封是否严紧，隔爆面接触、进出线是否良好，各紧固螺栓有无松动。

（6）对通风型电动机还应检查出风口的风压值是否正常。

（7）对防爆型电动机不允许反接逆转和反接制动，只能在电动机停稳后改变运行方向。

（8）更换轴承时要按防爆电动机的转速及耐温程度来选择，决不能用滑动轴承去代换滚动轴承。

（9）检查三相电流是否平衡。

（10）在 0 ℃ 以下运行时，应经常检测防爆间隙。

（11）防爆面不允许有锈蚀现象，接线盒应保持清洁。

（12）电动机在运行中突然停转，允许延长时间为 5 ~ 10 s。

（13）电动机启动时间不应超过 17 s，一般为 8.5 s。

（14）电动机轴向窜量较大时，可根据具体情况加波浪式垫圈。

（15）电动机引出线及电源线应采用多股铜线，通常不用铝导线直接连接。

7. 电磁调速三相异步电动机的运行与维修

（1）电机试运行前（或电动机停机时间较长）要校正转速表刻度，校验反馈量。

（2）检查通风冷却系统有无堵塞现象。

（3）缩短低速运行时间。

（4）目视或手摸电动机是否有振动现象，若振动大应停机，可检查基础螺栓是否有松动，是否过载运行或定、转子相擦以及轴承是否有磨损现象。

（5）用听诊器或起子顶住轴承室外壳，听是否有异常响声。

（6）清扫离合器内部的灰尘，防止灰尘被吸入到内部，黏附在电枢内孔的表面，影响电动机的安全运行，甚至会使电枢磁极堵住，无法进行调速。

（7）检查测速发电机的测速灵敏度，若失灵应及时处理。

（8）电机在高速运行时，有时会出现飞车或突然停车事故，这大都是因控制器中晶体管受温度影响发热引起参数变化而造成的。

8. 同步电动机运行前的检查

（1）主体零部件应齐全完整，内、外表面清洁。

（2）经电气试验，各项电气指标均应符合要求。

（3）集电环工作面应接触良好。

（4）控制系统必须完好，符合启动要求。

（5）油路系统应畅通。

（6）振幅及轴向窜动量应符合技术要求。

（7）无渗漏油。

（8）带有强制通风设备的电动机，通风系统必须一切正常。

（9）启动前，应先进行一次空操作，无问题后再投入空运行，经 1 ~ 2 h 后检查电动机各部件的运动情况是否正常。电动机的噪声和振动值应符合要求。

（10）工作环境的温度一般为 50 ~ 60 ℃，最高不能超过 80 ℃；滚动轴承允许的工作温度为 100 ℃。

（11）全面检查电动机各部分的情况，无不正常现象。

9. 制动异步电动机的运行与维护

（1）运行前的检查：

①电动机运行前必须通入直流电，观察制动器吸合是否良好，并测量电压和电流是否正常。

②在未通电时，用手动盘车来检查制动器释放装置是否灵活。

③应经常检查绕线转子、制动电动机电刷接触是否良好，压力是否正常，集电环上有无伤痕和灰尘。

④启动装置必须是全压启动，保证制动装置可靠脱开。

⑤电动机接通三相交流电源后，仔细检查制动装置能否立即松开。

（2）运行中的检查：

①如发现制动失灵或制动时间较长，应立即停车，检查制动器衔铁吸合情况以及释放是否正常。

②电动机不能过载。若发现电动机过热或振动大，应调整定、转子的间隙。

③电动机不能频繁启、制动，防止电动机温升过高，使绝缘老化，烧坏绕组。

④防止电动机单相运行，特别是整流电源所需要的那一相断电后会引起制动器释放，造成电动机很快烧毁。

8.4.4　电动机常见故障及处理方法

三相异步电动机的故障一般可分为电气故障和机械故障。电气故障主要包括定子绕组、转子绕组、电刷等故障；机械故障包括轴承、风扇、端盖、转轴、机壳等故障。

三相异步电动机的故障的处理方法如下：

（1）看：观察电动机和所拖带的机械设备转速是否正常；看控制设备上的电压表、电流表指示数值有无超出规定范围；看控制电路中的指示、信号装置是否正常。

（2）听：必须熟悉电动机启动、轻载、重载的声音特征；应能辨别电动机单相、过载等故障时的声音及转子扫膛、笼型转子断条、轴承故障时的特殊声响，可帮助查找故障部位。

（3）摸：电动机过载及发生其他故障时，温升显著增加，造成工作温度上升，用手摸电动机外壳各部位即可判断温升情况以确认是否为故障。

（4）闻：电动机严重发热或过载时间较长，会引起绝缘受损而散发出特殊气味；轴承发热严重时也可挥发出油脂气味。闻到特殊气味时，便可确认电动机有故障。

（5）问：向操作者了解电动机运行时有无异常征兆；故障发生后，向操作者询问故障发生前后电动机及所拖带机械的症状，这对分析故障原因很有帮助。

8.4.5　定子绕组故障的检查及排除

定子绕组的常见故障有：绕组断路、绕组通地（碰壳或漏电）、绕组短路及绕组接错嵌反等。

1. 绕组绝缘不良的检修

（1）原因。电动机长期不用，周围环境潮湿，电动机受日晒雨淋，长期过载运行及灰尘、油污、盐雾、化学腐蚀性气体等侵入，都可能使绕组的绝缘电阻下降。

（2）检查方法：

① 测量相与相之间的绝缘电阻：把接线盒内三相绕组的连接片全部拆开，用兆欧表测量每两相间的绝缘电阻。

② 测量相对机座的绝缘电阻：把兆欧表的"L"端接在电动机绕组的引出端上（可分相测量，也可以三相并在一起测量），把"E"端接在电动机的机座上，测量绝缘电阻。

③ 如测出的绝缘电阻在0.5 MΩ以下，则说明该电动机已受潮或绝缘很差；若绝缘电阻为零，则绕组通地或相间短路。

（3）故障排除。绕组受潮的电动机，需要烘干处理后才能使用。因绝缘电阻很低，不宜用通电烘干法，应将电动机两端盖拆下，用灯泡、电炉板烘干或将其放在烘箱中烘干。烘到绝缘电阻达到要求时，加浇一层绝缘漆，以防止回潮。

2. 绕组接地故障的检修

所谓接地，是指绕组与机壳直接接通，使机壳带电。

（1）原因。造成绕组接地故障的原因有：电动机长期过载运行，致使绝缘老化；绕组受潮，绝缘电阻下降；导线松动，硅钢片未压紧，有尖刺等，在振动情况下擦伤绝缘；转子与定子相擦使铁心过热，烧伤槽楔和槽绝缘；金属异物掉进绕组内部损坏绝缘；有时在重绕定子绕组时损伤绝缘，使铁心与导线相碰等。

（2）检修方法：

① 用500 V兆欧表测量对地绝缘电阻，兆欧表读数为零则表示绕组接地。

② 用校验灯检查：先把各绕组线头拆开，按图8.37所示用灯泡与36 V低压电源串联，逐相测量相与机座的绝缘情况。

③ 接地故障确定后，拆开电动机端盖，检查绕组端部及槽口部分的绝缘是否有破裂和焦黑的痕迹；如果有，则接地点就可能在该处。

图8.37　用校验灯检查绕组通地

（3）故障排除。如果接地点在槽口或槽底线圈出口处，可用绝缘纸或竹片垫入线圈的通地处，然后再用上述方法复试。如果发生在端部，可用绝缘带包扎，复试后涂上自干绝缘漆；如果发生在槽内，则必须更换绕组或用穿绕修补法修复。

3. 绕组短路故障的检修

绕组短路故障分为匝间短路、线圈与线圈之间短路、极相组之间短路和相间短路。

（1）原因。绕组短路主要是由于电动机电流过大,电压过高,机械损伤,重新嵌绕时损伤绝缘,绝缘老化脆裂,受潮等原因引起的。

（2）检修方法:

① 外部检查:使电动机空载运行 20 min,然后拆卸两端盖,用手摸线圈的端部,如果一个或一组线圈比其他线圈热,则这部分线圈很可能短路;也可观察线圈有无焦脆现象,如果有,则该线圈可能短路。

② 用万用表检查相间短路:拆开三相绕组的接头,分别检查两相绕组间的绝缘电阻,若阻值很低,则说明该两相间短路。

③ 用电流平衡法检查并联绕组的短路:用图 8.38 所示的方法分别测量三相绕组的电流,电流大的一相为短路相。

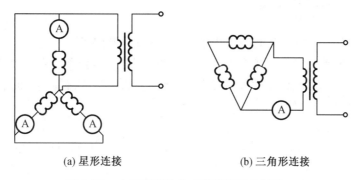

(a) 星形连接　　　　　　　　(b) 三角形连接

图 8.38　电流平衡法检查并联绕组的短路

④ 直流电阻法:利用低阻值欧姆表或电桥分别测量各相绕组的直流电阻,阻值较小的一相有可能发生了匝间短路。

⑤ 用短路侦察器检查绕组匝间短路(图 8.39):短路侦察器是利用变压器原理来检查绕组匝间短路的。

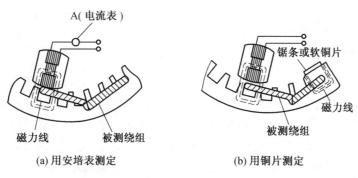

(a) 用安培表测定　　　　　　(b) 用铜片测定

图 8.39　用短路侦察器检查绕组匝间短路

（3）故障排除。绕组容易短路之处是同极同相的两个相邻的线圈间,上、下层线圈间及线圈的槽外部分。

① 如能明显看出短路点,可用竹楔插入两个线圈间,把短路部分分开,垫上绝缘材料。

② 如果短路点发生在槽内,先将该绕组加热软化后,翻出受损绕组,换上新的槽绝缘体并将导线损坏部位用薄的绝缘带包好,重新嵌入槽内,再进行绝缘处理。

③ 匝间短路:匝间短路时,电流很大,在短路的电磁线上通常有发过高热的痕迹,如绝缘漆变色、烧焦乃至剥落。

④ 线圈间短路:往往由于线圈间过桥线处理不当,叠线式线圈下线方法不恰当,端部整形时敲击力过大而造成线圈间短路。

⑤ 极相组间短路:主要是极相组间的连接线上绝缘套管过短,没有套到线圈的槽部或绝缘套管被压破或被导线接头毛刺刺穿而形成的短路,在同心式绕组中发生较多。

⑥ 相间短路:多由于各处引出线套管处理不当或绕组两个端部相间绝缘纸破裂或未嵌到槽口造成,这时只需处理好引线绝缘或相间绝缘,故障即可排除。

⑦ 有时遇到电动机急需使用,但一时来不及修复的情况,可采用图 8.40 所示的跳接法作应急处理。

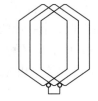

图 8.40 跳接法

4. 绕组断路故障的检修

绕组断路故障分为一相断路、匝间断路和并联支路断路等。

(1) 原因。断路故障多发生在电动机绕组的端部、各绕组组件的接线头或电动机引出线端等附近处。绕组断路的主要原因通常是:绕组受机械力或碰撞发生断裂;接头焊接不良在运行中脱落;绕组发生短路,产生大电流烧断导线。

(2) 检修方法:

① 不拆开电动机判断开路绕组:电动机绕组接法不同,检查开路绕组的方法也不同。

星形连接但中性点无法引出机外时,将万用表置于相应电阻挡,分别测 UW、VW、WU 各对端头,如图 8.41 所示。

三角形连接且仅有三个线端引出线外时,如图 8.42 所示。

图 8.41 用万用表测各对端头   图 8.42 用万用表测三角形连接的绕组断路

② 多股及多路并联绕组断路的检查:中等容量电动机绕组大多是用多根导线并绕或多支路并联而成的,其中若断掉若干根导线或断开一路绕组时,可用下面两种方法进行检查。

a. 电流平衡法:对星形连接的电动机,在电动机三根电源线上分别串入三个电流表(也可用钳形电流表分别测三相电流)使其空载运行。若三相电流不平衡,又无短路现象,则电流小的一相绕组有部分断路,如图 8.43、8.44 所示。

b. 电阻法:如图 8.45 所示,在星形连接时,用电桥分别测三相绕组的直流电阻,若三相电阻值相差大于 5%,则哪相电阻大,断路点就在该相。绕组是三角形连接时,先拆开一个接点,再用电桥分别测三相绕组的冷态直流电阻,若三相电阻值相差大于 5%,则哪相电阻大,断路点就在哪相。

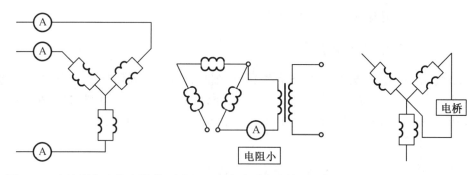

图8.43　电流平衡法检查星形　图8.44　电流平衡法检查三角　图8.45　电阻法检查星形
　　　　　连接的支路故障　　　　　　　　形连接的支路故障　　　　　　　连接的支路故障

（3）故障排除。断路往往是引出线和引出线接头没有焊牢或扭断而引起的，找出故障点后重新焊接包扎即可。若断路处在槽内，可用穿绕修补法更换个别线圈，具体操作步骤如下：先将绕组加热到80 ℃左右，使线圈外部绝缘部分软化；取出断路线圈的槽楔，将这个线圈两端用钢丝钳剪断，将坏线圈的上、下层从槽底一根一根抽出，原来的槽绝缘部分不要清除。

8.4.6　转子故障的检查及排除

1.鼠笼式转子故障的检查及排除

鼠笼式转子的常见故障是断条（即笼条断裂）。

（1）检查方法。鼠笼式转子断条一般是不易直接看到的，可用短路侦察器或定子通电法、导条通电法来检查。

（2）故障排除：

① 铜条断条的修理。若铜条在槽外有明显脱焊处，可用锉刀清理后用磷铜焊料焊接。

② 铸铝转子断条的修理。判断转子断条的位置后，在其端部铣出一个缺口，从端部露出槽形孔，利用与转子铝条粗细相当的深孔钻头将断裂的铝条钻穿（钻透），再镶入铝条，两端各留出5 ~ 6 mm左右，再进行铝条焊接。

2.绕线式转子故障的排除

（1）故障检查。绕线式转子绕组的结构、嵌线等都与定子绕组相同，因此故障的检查方法也与定子绕组相同。

（2）故障排除。一般中、小型绕线式转子电动机的转子绕组导线多数采用圆铜线（漆包线或单纱、双纱漆包线），绕组线圈形式有叠式和单层同心式，绕组的嵌绕工艺可参考定子绕组的嵌绕工艺（图8.46）。

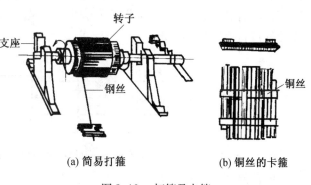

(a) 简易打箍　　　　　　(b) 铜丝的卡箍

图8.46　打箍及卡箍

若绕组有熔断，在能确定断头位置时可在熔断位置修复并恢复绝缘（多见表面的熔断故障）。若整个绕组销毁,只能重绕绕组了。

8.4.7　机轴的检查和修理

机轴的故障主要包括机轴弯曲、轴颈磨损、机轴断裂以及键槽磨损等。产生故障的主要原因有三种:第一种是由不正确的拆卸产生的,如不使用专用工具,强敲硬打等;第二种是由电机安装质量不佳产生的,如负载、电机和皮带轮（联轴节）不在同一条直线上;第三种是由机轴受到外力冲撞产生的。

1. 机轴弯曲

电动机脱离电源后,转速变慢,此时可以看到弯曲严重的轴伸端的"轴头跳"现象。严重弯曲的机轴只能更换。对于一般弯曲的机轴,可装卡在车床上,校准中心后,用千分表或划针检查弯曲的程度和弯曲的部位,如图8.47所示。

2. 轴颈磨损

电动机的轴承经过多次拆换或者拆换的方法不正确,很容易使轴颈磨损。轴颈磨损会使轴承内环和机轴之间产生相对运动,如果不及时修理会使轴颈磨损更加严重。图8.48所示为用热套法补救轴颈的轻微磨损。

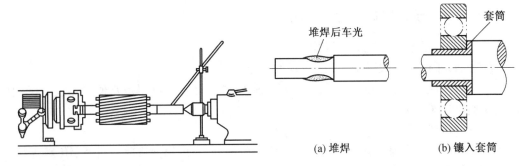

图8.47　在车床上检查机轴弯曲的方法　　　图8.48　用热套法补救轴颈的轻微磨损

3. 机轴断裂

发生机轴折断故障,一般应更换新机轴。用与原机轴钢号相同的棒料按规定的尺寸、公差及粗糙度加工即可。小型电动机也可以采用45号优质碳素钢替代。

若机轴有裂纹,可用电焊堆焊的方法进行补救,补救的方法如图8.49所示。堆焊后应将焊接处进行磨削加工处理。

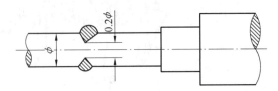

图8.49　用堆焊法修补有裂纹的机轴

4. 键槽磨损

如果原键槽磨损不大,可将原键槽的宽度适当扩大,并将皮带轮的键槽也适当扩大,以便配合新键使用。

8.4.8 轴承的检查和更换

轴承支撑转子运转,其负荷很重。在电动机的机械故障中,轴承的磨损占有很大比例。

电动机在运行时应有轻微的嗡嗡声,如果运行中的电动机发出异常声响并伴有端盖发热或轻微振动现象,就要考虑对轴承进行检查。

1. 轴承的检查

电动机解体后,不要急于拆卸轴承,因为润滑脂的干枯、缺少或有杂物也会导致上述故障现象,应先对轴承进行检查,判定确属需要更换时再对轴承进行拆卸。

（1）检查机轴上轴承的方法:用手捏住轴承外环摇动轴承,然后将轴承转动后用手摇动,均应无松动感觉,如图 8.50 所示;否则说明轴承磨损严重,应更换。

（2）检查已拆卸轴承的方法:用手同时握住轴承的内、外环,尽量使轴承与地面垂直,并用力径向摇动轴承,如图 8.51(a) 所示。如果听到明显的滚动体撞击内、外环的声音,说明轴承磨损过大。图 8.51(b) 所示是检查轴承轴向磨损的方法,用双手握住轴承外环,使轴承与地面垂直,轴向摇动轴承,若听到较大的"嚓嚓"声,则说明轴承磨损较大。

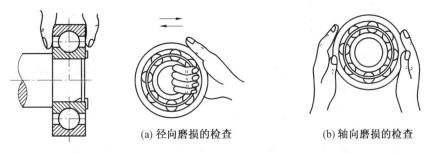

(a) 径向磨损的检查   (b) 轴向磨损的检查

图 8.50 检查机轴上轴承   图 8.51 检查轴承磨损的方法

2. 轴承的拆卸

当确定轴承需要更换时,就可以对轴承进行拆卸。轴承的拆卸可根据具体情况选用下列方法之一。

（1）利用拉具。使用拉具拆卸轴承时,应将拉具的拉脚勾住轴承的内环。

（2）利用锤子和铜棒。拆卸时可把转子竖直放置在坚硬的木板上,将铜棒放在轴承的内环上,用锤子敲击铜棒的上端。敲打时,使铜棒沿轴承内环的周围转动,不要总在一个地方敲打,更不能用锤子直接敲击轴承外环,如图 8.52 所示。

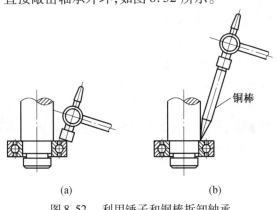

铜棒

(a)   (b)

图 8.52 利用锤子和铜棒拆卸轴承

（3）从端盖的轴承孔内拆卸轴承(图8.53)。以上两种方法适用于轴承装在机轴上的情况,但如果轴承的外环和端盖的轴承孔配合过紧,在拆卸过程中,轴承可能会从机轴上滑下来而留在端盖的轴承孔中。

3.轴承的安装

（1）利用套筒安装。将转子竖直放置在木板上并将轴承放在机轴的上端,使轴承与机轴垂直。取直径略大于机轴直径的黄铜套筒,套进机轴中,放在轴承的内环上。铜套筒的上端放木板,用锤子敲击木板,使轴承下移到规定位置,如图8.54所示。

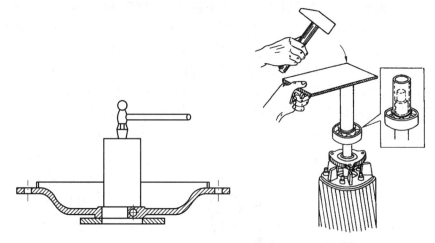

图8.53　从端盖的轴承孔内拆卸轴承　　　图8.54　利用套筒安装轴承

（2）热套法安装。把轴承浸泡在容器内的机油中,轴承不许接触容器底部,也不要接触空气。再将轴承的钢印牌号朝外进行热套。轴承安装完毕,再用变压器油清洗干净后,在轴承内加入润滑油即可。

8.4.9　多速异步电动机的拆装

1.电动机的拆卸

电动机检修时,首先要将它拆开,检修后还要按原样装好。

电动机拆卸前,首先在将要拆开的零部件上(如机座、端盖、轴承套、轴承盖等)做好标记,以表示它们的相对位置,以便检修后能按原来的位置装配。拆卸时,应测量零部件的主要配合尺寸,以掌握其磨损情况,并认真做好记录。

拆装的基本步骤如下:

（1）用拉具将联轴器(或皮带轮、齿轮)拉下。

（2）将风扇罩及外风扇拆下。

（3）将轴承盖的螺钉拆下,再将端盖与机座之间的连接螺钉拆掉。

（4）拆卸端盖。一般来说,每只端盖上都有两只专门用来拆卸的螺钉孔,只要用两只螺钉拧进去,就能像千斤顶一样把端盖顶出来。

2.定子绕组的重绕

（1）2/4极双速电动机。

定子槽数:24。

跨距:$y = 1 \sim 7$。

连接方式:2Y/△,引出线 6 根。

其绕组的连接如图 8.55 所示,表 8.6 为该方案的绕组排列表。

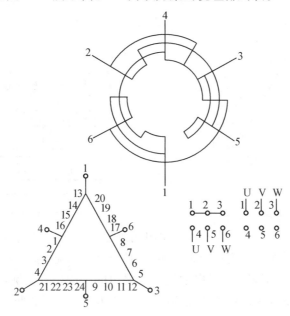

图 8.55　双速电动机绕组的连接

表 8.6　双速电动机绕组排列表

槽号	1	2	3	4	5	6	7	8	9	10	11	12
二极	U	U	U	U	– W	– W	– W	– W	V	V	V	V
四极	U	U	U	U	W	W	W	W	V	V	V	V
槽号	13	14	15	16	17	18	19	20	21	22	23	24
二级	– U	– U	– U	– U	W	W	W	W	– V	– V	– V	– V
四级	U	U	U	U	W	W	W	W	V	V	V	V

(2)2/4/8 极三速电动机。

定子槽数:36。

跨距:$y = 1 \sim 7$。

连接方式:2△/2△/2Y,引出线 12 根。其绕组的内部连接如图 8.56 所示。

(3) 双叠绕组的嵌线。

多速电动机的定子大多采用双叠绕组。双叠绕组的嵌线工艺比较简单。

①嵌线前,要注意使绕组的引出线置于靠近机壳上有出线孔的一端,以免引出接线困难。

②开始嵌线时,首先要确定暂时不嵌上层边的起把线圈,即将数目与绕组的节距槽数相等的几个线圈(本例中有 6 个线圈) 的上层边暂时不嵌,只依次嵌入它们的下层边。

③嵌完开始的 6 只起把线圈的下层边以后,在它上面放好层间绝缘材料并压紧。

④直到全部线圈的下层边嵌进槽子后,方可把开始起把的6只线圈的上层边依次嵌入槽子的上层。

⑤线圈全部嵌入槽中后,按图8.57连接各绕组并按要求引出6个线头。

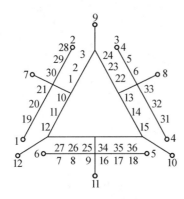

图8.56　三速电动机绕组的连接

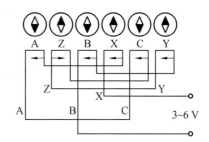

图8.57　检查极相组是否接错

(4)电机绕组的绝缘处理。为了提高绕组的绝缘强度、耐热性、耐潮性以及导热能力,同时也为了增加绕组的机械强度和耐腐蚀能力,必须对电机绕组进行浸漆绝缘处理。

(5)按图检查中、小型多速异步电动机定子绕组的接线是否正确。多速异步电动机的定子三相绕组按一定的规则嵌线和接线,有的定子绕组有一套或者两套独立定子绕组。

检查多速电机定子接线是否正确的内容有:

①检查极相组是否接错。将定子绕组的三个始端 U_1、V_1、W_1 互相连接,三个末端 U_2、V_2、W_2 也互相连接,再将低压直流电源(一般用蓄电池) 通入定子的三相绕组,如图8.57 所示,用指南针沿着定子铁心内圆移动。

②检查绕组不同极数的线端。这是多速电机判断接线是否正确的最简单、可靠的方法之一。先抽出转子,用低压直流电流通入一相绕组,然后用指南针来计算极数,做好标记,再用此法检查另外两相是否正确。

③检查定子绕组的首尾。检查定子绕组首尾的方法有绕组串联法和万用表两种。

绕组串联法:一相绕组接通 36 V 伏电压交流电(对小容量的电动机可直接用 220 V 电源,中、大型电动机不宜用 220 V 电源),另外两相绕组串联起来,接上一电压表,如果电压表有一较大读数,说明这二相头尾连接是正确的,作用在电压表上的电压是两相绕组感应电动势的矢量和。如果电压表读数微小,说明两相绕组头尾接反,作用在电压表上的电压是两相绕组感应电动势的矢量差,正好抵消,应该对调后重试。

用万用表(毫安挡) 接入三相绕组(串联) 的电路中进行测试,此时转动电动机转子,如果万用表指针不动,则说明绕组头末连接是正确的。如果万用表指针摆动,说明绕组头尾连接有错误,应该对调后重试,这一方法是利用转子中剩磁,当转子转动时,它们切割三相绕组内的线圈而感应出电动势。三相绕组感应出的电动势相位差互差120°。因此它们的矢量和为零,若绕组头尾接反,矢量和不为零。因而此方法对于中、大容量的电动机测试效果较好。小容量电动机不易有效,或者长期没有使用的电动机(或还没有通电试验过的电动机),它的转子失去剩磁或没有剩磁时,此方法收效也不大。

(6)单绕组多速异步电动机修理后的检查和试验包括装配质量检查、直流电阻的测定、绝缘电阻的测定、耐压试验和空载试验。

8.4.10　电磁调速电动机

1. 电磁调速电动机接线

电磁调速电动机的接线图如图8.58所示。

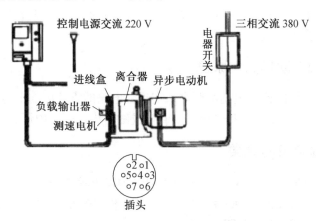

图 8.58　电磁调速电动机的接线图

三相异步电动机接入三相交流电源。电磁离合器的控制装置接线见表8.7。

表 8.7　电磁离合器的控制装置接线

控制器插脚号码	1	2	3	4	5	6	7
代码字符	V_1	V_2	F_1	F_2	U	V	W
接线内容	220 V 电源		离合器励磁绕组		测速发电机		
测速电机接线柱字符			T_1	T_2	D_1	D_2	D_3

2. 电磁调速电动机的校验和试车

（1）正确接线,仔细校对一次。

（2）在接地螺钉上接上接地线。

（3）将调速电位器置零,观看转速表是否为零。

（4）接通拖动电动机电源开关,检查电动机旋转方向是否与所需方向一致。

（5）再次启动后,如发现有任何不正常现象或异常声音,则必须立即停车进行检查,排除故障,直至试车正常。

（6）接通控制器电源,缓慢调节调速电位器,观察转速表应逐渐上升。

（7）电位器旋于某一位置,观看转速表示值。用机械转速表测定电机实际转速。

（8）调节调速电位器,使输出轴转速逐渐增加到最高转速附近。如无不正常,则连续空载运转 1 ～ 2 h。

（9）电磁调速电动机一般可以全压启动。如电网容量不足,可采用自耦变压器作减压启动。

8.5 直流电机

8.5.1 直流电机的用途

直流发电机通常作为直流电源向负载输出电能,直流电动机则作为原动机带动各种生产机械工作向负载输出机械能。

8.5.2 直流电动机工作原理

直流电动机利用换向器和电刷的配合来实现外电路的直流电与电枢绕组中交流电之间的相互转换,同时借助励磁绕组和电枢绕组的合成磁动势在气隙内形成静止气隙磁场。

8.5.3 直流电机的分类

按直流电机磁场的励磁方式,直流电机可以分为以下三类:

(1)他励电机。所谓他励,是指主磁极磁场绕组的励磁电流由另外的直流电源供电,与电枢电路没有电的连接,如图 8.59 所示。

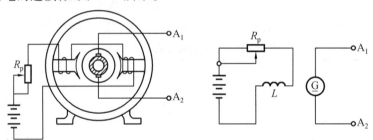

图 8.59　他励电机

(2)自励电机。所谓自励,是指作为发电机运行时,主磁极励磁绕组的励磁电流由该电机本身电枢供给;作为电动机运行时,主磁极励磁绕组的励磁电流与电枢电流由同一直流电源供给。

自励电机按励磁绕组与电枢的连接方式不同,还可再分为以下三类:

① 并励电机。并励电机的励磁绕组与电枢绕组并联,如图 8.60 所示。

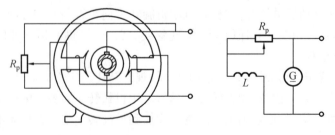

图 8.60　并励电机

② 串励电机。串励电机的励磁绕组与电枢绕组串联,如图 8.61 所示。

③ 复励电机。复励电机有两个励磁绕组,一个与电枢并联,一个与电枢串联,如图8.62

所示。

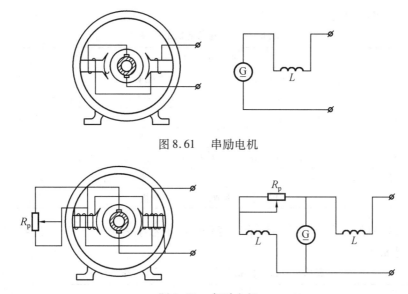

图 8.61　串励电机

图 8.62　复励电机

（3）永磁电机。所谓永磁电机,是指直流电机采用永久磁铁产生磁场,省去励磁部分。

8.5.4　直流电机的主要系列

所谓电机系列,就是在应用范围、结构形式、性能水平、生产工艺等方面具有共同性,功率按某一规定递增的一系列电机。系列化生产的目的是为了产品的标准化和通用化。我国直流电机的主要系列有:

（1）Z2 系列:一般用途的中、小型直流电机。

（2）Z 和 ZF 系列:一般用途的大、中型直流电机,其中"Z"为直流电动机系列,"ZF"为直流发电机系列。

（3）ZT 系列:用于恒功率且调速范围较宽的调速直流电动机。

（4）ZZJ 系列:冶金辅助拖动用的冶金起重直流电动机,它具有快速启动和承受较大过载能力的特性。

（5）ZQ 系列:电力机车、工矿电机车和蓄电池供电的电瓶车用的直流牵引电动机。

（6）Z – H 系列:船舶上各种辅机用的船用直流电动机。

（7）ZA 系列:用于矿井和易爆气体场合的防爆安全型直流电动机。

（8）ZU 系列:用于龙门刨床的直流电动机。

（9）ZW 系列:是无槽直流电动机,在快速响应的伺服系统中作执行组件用。

（10）ZLJ 系列:是力矩直流电动机,在伺服系统中作执行组件用。

8.5.5　直流电机的型号

每台直流电机的机座上都钉有一块铭牌,它标明了使用这台电机的各项基本参数,这些参数就是这台直流电机的额定值。

为了保证直流电机的安全运行,必须根据电机铭牌上的规定参数运行。电机铭牌也是修理电机的主要依据。

直流电动机的铭牌示例见表8.8。

表8.8　直流电动机的铭牌

直流电动机			
型号	Z2C－32	励磁	并励
功率	1.1 kW	励磁电压	110 V
电压	110 V	励磁电流	0.895 A
电流	13.3 A	定额	连续
转速	1 000 r/min	温升	75 ℃
出厂编号 －××××××		出厂日期 —×年×月	
中华人民共和国　×××电机厂			

我国直流电机的型号采用大写汉语拼音和阿拉伯数字表示。直流电机型号中汉语拼音代号的意义见8.9。

表8.9　直流电机型号中汉语拼音代号的意义

汉语拼音	代号意义	汉语拼音	代号意义
Z	直流	O	封闭
F	发电机	C	船用
D	电动机	K	高速
W	卧式,无槽	Q	牵引
L	立式,力矩	Y	冶金
A	安全	T	调速

1.产品代号

我国直流电机的产品代号由类型代号和设计序号组成,例如:

$$Z2C－32$$

其中,Z为规格代号,Z表示直流电动机;2为类型代号,不加数字表示第一次设计,这表示第二次设计;C为设计序号,C表示船用电动机;32为产品代号,3号机座,2号铁心长度。

2.规格代号

规格代号见表8.10。直流电机的规格代号通常有两种表示方法:

(1)表示电机中心高和铁心长度、端盖的代号,采用两组数字表示,如Z3—200—21表示第三次改型设计的直流电动机,机座中心高为200 mm,2号铁心长度及1号端盖结构。

表8.10　直流电机的类型代号

类型代号	产品名称	主要用途
Z	直流电动机	一般用途,基本系列
ZF	直流发电机	一般用途,基本系列
ZT	广调速直流电动机	用于恒功率调速范围较大的传动机械
ZJ	精密机床用直流电动机	磨床、坐标镗床等精密机床用
ZU	龙门刨床用直流电动机	龙门刨床用
ZA	防爆型直流电动机	矿井和有易爆气体场所用

（2）表示机座的直径号数及铁心号数（1 号为短铁心,2 号为长铁心）,如 Z4 - 12 表示第四次改型设计的直流电动机,1 号机座,2 号铁心。

3. 特殊环境代号

直流电机的特殊环境代号表示在特殊环境条件下使用的代号,与三相异步电机的环境代号相同,可按表 8.11 规定。

表 8.11　直流电机的特殊环境代号

使用环境	代　　号	使用环境	代　　号
高原用	G	热带用	T
船（海）用	H	湿热带用	TH
户外用	W	干热带用	TA
化工防腐用	F		

8.5.6　直流电机的主要技术参数

1. 额定功率 P_N

电机带额定负载工作时,所对应的功率即为电机的额定功率。

2. 额定电压 U_N

对电动机来说,额定电压是指电动机正常工作时所需要的直流电源的电压;对发电机来说,是指它在额定电流下输出额定功率时的端电压。

3. 额定转速 n_N

额定转速指电机正常连续运行时的转速,以每分钟的转数表示。

4. 额定电流 I_N

对电动机来说,额定电流是指轴上带有额定机械负载时的输入电流;对发电机来说,是指它带有额定负载时的输出电流。

5. 励磁

励磁指电机的励磁方式,如他励、并励、串励、复励等。

6. 励磁电流

励磁电流指电机产生主磁通所需要的励磁电流。

7. 励磁电压

对自励的并励电机来说,励磁电压就等于电机的额定电压;对他励电机来说,励磁电压要根据使用情况决定。

8. 温升

温升表示电机允许发热的限度。

9. 定额

定额指电机按铭牌值工作时可以连续运行的时间和顺序。

10. 额定效率 η_N

电机在额定状态工作时,输出功率 P_2 与输入功率 P_1 的比值即称为额定效率:

依据上述基本概念,现介绍各参数间最基本的关系。

对于直流发电机来说,其额定功率 P_N 与其电流、电压的关系是

$$P_N = U_N I_N$$

对于直流电动机来说,其额定功率 P_N 与其电流、电压、效率的关系是

$$P_n = U_N I_N \eta_N$$

11. 工作条件

工作条件指电机在正常使用时持续的时间,一般分连续、断续与短时三种。

8.5.7 直流电机的维护与保养

1. 直流电机的拆装

在拆装直流电机前,要用仪器仪表进行整机检查,查明绕组对地绝缘及绕组间有无短路、断路或其他故障,以便针对故障进行修理。直流电机由定子、转子以及其他零部件组成。其装配图如图8.63所示。

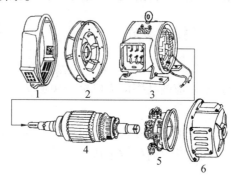

图 8.63 直流电机的装配图

电机的正常检修是对电机进行解体检查和进行预防性试验,一般很少更换零件。在通常情况下,仅仅是进行认真仔细的检查,而大量的工作是拆、洗、清扫、试验和组装。直流电机的一般拆卸过程如下:

(1)拆除电机的外部连接线,并做好标记。

(2)拆卸皮带轮或联轴器。

(3)拆卸换向器端的端盖螺钉和轴承盖螺钉,并取下轴承外盖。

(4)打开端盖的通风窗,从刷握中取出电刷,再拆卸接到刷杆上的连接线。

(5)拆卸换向器端的端盖时,要在端盖边缘处垫以木楔。

(6)用厚纸或布将换向器包好,以保持清洁及避免碰伤。

(7)拆卸轴伸端的端盖螺钉,将电枢连同端盖一起小心地抽出或吊出,并放在木架上。

(8)拆卸轴伸端的轴承盖螺钉,取下轴承外盖、端盖及轴承,若轴承无损坏则不必拆卸。

2. 直流电机的维护和检修

(1)温度监视。温升是保证直流电机安全运行的重要条件之一,温升过高,就会引起绝缘加速老化,电机寿命降低。

当电机温度超过允许温升时,应检查电机是否过载、冷却系统故障以及散热情况。

(2)换向状况监视。良好的换向是保证直流电机可靠运行的必要条件。直流电机在正

常运行时,应无火花或电刷边缘大部分有轻微的无害火花,氧化膜的颜色应均匀且有光泽。

（3）润滑系统监视。直流电机润滑系统,特别是座式轴承的大型电机,若润滑系统工作不正常,对电机安全运行有直接影响。

（4）绝缘电阻监视。直流电机绕组的绝缘电阻是确保电机安全运行的重要因素之一。对较重要的电机,每班都应检查和记录绝缘电阻数值,一般允许为 1 MΩ/kV,但不低于 0.5 MΩ/kV。受电机运行温度和空气相对湿度的影响,如停机时间较长,由于绕组温度下降和绝缘结构中气孔和裂纹的吸潮,绝缘电阻幅度往往会下降,甚至低于允许值,但经过加热干燥后,绝缘电阻很快就可恢复。

（5）异常现象监视。直流电机在运行中,若发现有异常响声、异常气味或异常振动等现象,应立即分析原因并作出处理。

3. 定期检修

直流电机运行一定时间后,应进行定期检查,主要是测量一些技术参数,排除在运行维护中已发现的小故障,检查和记录一些可以延期解决的故障,清理和擦净灰尘、油污,更换易损件等。

（1）对电机外部和内部进行一次清扫,并对电机外壳、端盖和其他结构部件等进行一次外观检查,检查其有无损伤和锈蚀现象。

（2）检查绕组表面有无变色、损伤、裂纹和剥离现象,定子绕组固定是否可靠,补偿绕组连接线是否距离过近,焊接处有无脱焊现象。

（3）检查绕组绝缘电阻及记录资料,并与上次检修的资料进行比较。

（4）检查换向器和电刷的工作状态,换向器有无变形、表面有无沟道,换向器表面有无出现烧伤现象,对出现的问题应及时处理。

（5）检查转动部件和静止部件的紧固螺钉有无松动。

（6）检查轴承运行温度有无超过允许温度,对注入式换油滚动轴承,应注入适量润滑油;对轴承间隙较大或润滑油使用时间较长的轴承,应更换润滑油或轴承。

8.5.8　直流电机的试验

1. 直流电机修理后的检查和试验

直流电机经拆装、修理后,必须经检查和试验后才能使用。通过试验后的电机,最终应达到的要求是:直流发电机应能建立稳定的额定电压,在额定负载下运行时,火花等级不超过 1.5 级;直流电动机在额定负载下达到稳定的转速,同时火花等级不超过 1.5 级。

（1）试验前的检查。对装配质量进行检查。转动转轴,观察转轴与定子间摩擦较少,其他部件接触要良好。

（2）气隙测量。气隙测量的目的是检查各磁极装配的质量,定子和转子的装配是否正确,转子是否偏心,轴、轴承和轴承座是否变形,保证当电机运转时定子和转子有均匀的气隙。

2. 绕组直流电阻的测定

测量绕组的直流电阻最好采用双臂电桥。测量时应测量三次,取其算术平均值,同时用温度计测量环境温度。测得的各绕组的电阻应按下式换算为 15 ℃ 时的电阻:

$$R_{15} = \frac{R_f}{1 + \alpha(t + 15)}$$

式中,R_f 为绕组的直流电阻,α 为常数,其中铜导线为235,铝导线为225,t 为测量得到的环境温度。

3.电刷中性线位置的调整

要求电刷位置在中性线上,并不是要求电刷放在与磁极几何中性线同一平面的换向片上,而要求将电刷放在换向器中性线上。换向器中性线通常与磁极几何中性线不在同一平面上,在一般绕组端接部分对称的情况下,换向器上中性线与磁极轴线重合。确定电刷中性线的方法有感应法、正反转发电机法和正反转电动机法,其中最常用的方法是感应法,此法是在电机静止状态下进行的,其试验接线如图8.64所示。

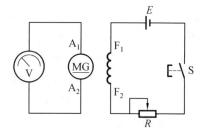

图8.64　感应法确定电刷中性线位置

用感应法确定电刷中性线位置时,将直流毫伏表接在相邻两组电刷上,再将 1.5 ~ 3 V 直流电源串接开关SA后接在励磁绕组上,在交替将开关SA接通和断开的同时,逐步移动电刷的位置,使毫伏表的指针摆动逐渐减小至读数为零,此时电刷的位置,即是电刷的中性线位置。然后紧固刷杆座固定螺栓,再重复校验一遍,看其是否在最佳中性位置。

4.电机实验

(1)耐压试验。直流电机在修理过程中,如有更换绕组、检修换向器等情况或对绕组绝缘有怀疑时,在有条件的情况下,最好将各绕组及换向器对机壳做耐压试验,在各绕组之间也要进行耐压试验。

(2)空载特性试验。

① 试验目的:主要是检查电机的振动和轴承的发热情况以及声音是否正常;空载电流和转速是否正常;电机各部分有无过热,电刷下有无火花。

② 试验方法:试验时,逐步增加电机的励磁电流,直至电枢两端的电压为额定电压的 1.2 倍;然后逐步减少励磁电流到零,逐段记录电枢两端电压及励磁电流的数据(在额定电压左右多取几点数据),作出空载特性曲线。

③ 注意事项:

a.试验时,电刷应处于几何中性线位置。

b.若电机磁路已饱和,则应注意励磁电流不得大于额定励磁电流的 1.5 倍;对并励直流电机,其励磁电流不得超过额定电流的 1.05 倍。

c.试验过程中,励磁电流只允许沿同一方向调大或调小。

(3)负载试验。

一般检修后的直流电机可不进行负载试验,只在必要时进行。负载试验的目的是考验电机在额定工作条件下输出是否稳定(对发电机指输出电压、电流,对电动机指转矩、转速),并检查电机的换向和振动情况,检查电机各部分的温升是否合格。

① 检查主磁极与换向极绕组连接的正确性:直流电机的主磁极总是成对的,各主磁极励磁绕组的连接必须使相邻磁极的极性按 N 极和 S 极的顺序依次排列。

② 检查换向极绕组和补偿绕组对电枢绕组之间连接的正确性:换向极绕组和补偿绕组

与电枢绕组都是串联连接的,分别将电池接到换向极绕组和补偿绕组中,如图 8.65(a) 所示,毫伏表接于电刷两端。

③检查串励对并励绕组之间(或各并励绕组之间)连接的正确性:检查接线如图 8.65(b) 所示。

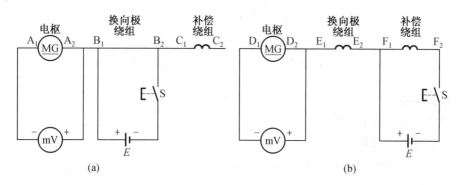

图 8.65　检查绕组连接的正确性

8.5.9　直流电机常见故障诊断及排除

1. 常见故障的处理

(1)电枢电路开路或接触不良。应测量换向器片间电阻,若电阻不为无穷大,则换向器两半圆形绝缘不好或有短路,应更换;检查电枢电路有无开路或熔断器是否熔断,则使电枢电路闭合或更换保险丝;电刷与换向器是否接触不良,若电刷接触不良,可更换电刷。

(2)励磁回路开路,回路电阻过高或接触不良,应检查励磁线圈是否开路或启动器、励磁回路中各连接处是否接触不良。应保证励磁回路闭合;启动器、励磁回路中各连接处接触良好。

(3)电枢绕组或励磁绕组匝间短路或接地,应测量电枢及励磁线圈的直流电阻。

(4)负载过重,应减轻负荷。

(5)电源电压过低,要检查电源,提高电源电压。

(6)电枢和换向器短路或接地,可将电枢线圈通以直流电,测量各相邻两换向片之间的直流电压降,检查是否短路。若有短路,找出相应原因,避免电枢和换向器间的短路或接地。

(7)复励电动机串励线圈接反,应更正串励线圈接线。

(8)励磁绕组中,个别励磁线圈极性接反或短接,应更正接线或测量励磁线圈的直流电阻。

(9)刷握接地,应检查具体的接地点,使接点断开,使刷握不接地。

(10)控制器损坏,应检查修复。

2. 故障诊断

(1)发电机的电压不能建立。

对这一故障进行检查时,可先从有无剩磁电压着手。

(2)发电机电压过低。若是励磁线圈匝间短路引起,就只能更换励磁线圈。如果交流正常,则不是励磁线圈的问题,用一个整流桥并联到调节器前面,然后量一下整流桥的输出直流电压是否接近正常值,如果接近,就换掉调节器。

（3）不能启动。发电机的励磁系统已经损坏,需要更换。

（4）电动机转速不正常。原因是电刷位置不正确或是电枢及磁场绕组短路。

（5）电枢过热。电枢绕组常由于某种原因造成各并联支路的电流不均匀分配,使铜耗增加,电枢绕组才会过热。

（6）电刷下火花过大。调节电刷位置在中性线上。

实训8.1　变压器空载实验

1. 实训目的

掌握变压器空载实验的方法。

2. 实训材料与工具

小型变压器、功率表、电压表、电流表、调压器等。

3. 实训前的准备

（1）查阅各种图书资料,知道变压器的结构、原理以及种类。

（2）知道小型变压器、功率表、电压表、电流表、调压器等仪表的使用。

4. 实训内容

掌握变压器空载实验的方法、操作的注意事项及其基本原理。

实训8.2　交流电动机的拆装

1. 实训目的

掌握交流电动机的拆装方法。

2. 实训材料与工具

小型交流电动机、扳手、手锤、拉具、支架、断路侦测器、润滑油、万用表等。

3. 实训前的准备

熟悉交流电动机的结构。

4. 实训内容

（1）掌握交流电动机的基本结构、拆装的注意事项和各种专用工具的使用方法。

（2）掌握交流电动机的拆装过程。

实训8.3　交流多速电动机的拆装

1. 实训目的

掌握交流多速电动机的拆装方法。

2. 实训材料与工具

小型交流多速电动机、扳手、手锤、拉具、支架断路侦测器、润滑油、万用表等。

3. 实训内容

（1）掌握交流电动机的基本结构、拆装的注意事项和各种专用工具的使用方法。

（2）掌握交流多速电动机的拆装过程。

思　考　题

8.1　已知某变压器铁心截面积为 120 cm², 铁心中磁感应强度的最大值不能超过 1.2 T, 若要用它把 10 000 V 工频交流电变换为 250 V 的同频率交流电, 则应配匝数为多少的原、副绕组?

8.2　有一线圈匝数为 2 000 匝, 套在铸钢制成的闭合铁心上, 铁心的截面积为 12 cm², 长度为 80 cm。求:

(1) 线圈中通入多大的直流电流, 才能在铁心中产生 0.001 Wb 的磁通?

(2) 若线圈中通入电流 3 A, 则铁心中产生多大的磁通?

8.3　有一交流铁心线圈, 接在 $f = 50$ Hz 的正弦交流电源上, 在铁心中得到磁通的最大值为 $\Phi_m = 2.25 \times 10^{-3}$ Wb。现在此铁心上再绕一个线圈, 其匝数为 200。当此线圈开路时, 求其两端电压。

8.4　已知某单相变压器的原绕组电压为 4 000 V, 副绕组电压为 250 V, 负载是一台 250 V 25 kW 的电阻炉。试求原、副绕组的电流各为多少?

8.5　已知某收音机输出变压器的 $N_1 = 600$ 匝, $N_2 = 300$ 匝, 原接阻抗为 20 Ω 的扬声器, 现要改接成 5 Ω 的扬声器, 求变压器的匝数 N_2 应变为多少匝?

8.6　一台电压为 10 000 V/400 V, $S_N = 50$ kV·A 的变压器, 负载的功率因数 $\cos \varphi = 0.8$, 变压器铁损 $\Delta P_{Fe} = 412$ W, 额定负载时铜损 $\Delta P_{Cu} = 1\,350$ W。求变压器满载时的效率。

8.7　有一台额定容量为 50 kV·A, 额定电压为 4 000 V/200 V 的变压器, 其高压绕组为 5 000 匝。试求:

(1) 低压绕组的匝数;

(2) 高压侧和低压侧的额定电流。

8.8　一个截面积为 20 cm² 的硅钢片铁心, 磁感应强度最大值为 1 T, 给一个 100 W 40 V 的白炽灯供电, 已知电源电压为 220 V, 频率为 50 Hz。试求变压器原、副绕组的匝数和电流。

8.9　在如图 8.66 所示的电路中, 已知信号源的电动势 $E = 12$ V, 内阻 $R_0 = 800$ Ω, 负载电阻 $R_L = 10$ Ω, 变压器的变比 $K = 10$。求负载上的电压 U_2。

8.10　一台单相变压器额定容量为 10 kV·A, 额定电压为 3 000 V/230 V, 其副边接 220 V 60 W 的电灯。若变压器在额定状态下运行求:

(1) 可接多少盏电灯?

(2) 原、副绕组的电流各为多少?

(3) 如果副边接的是 220 V 40 W, $\cos \varphi = 0.45$ 的日光灯, 可以接多少盏?

8.11　试确定如图 8.67 所示的变压器的原绕组 1、2 和副绕组 3、4 及 5、6 的同名端。若每个副绕组的匝数为原绕组匝数的一半。当 $U_1 = 220$ V 时, 问:

(1) 变压器的副边能输出几种电压值? 各如何接线?

(2) 设每个副绕组的额定电流为 1 A。今有一负载, 额定电压为 110 V, 额定电流为 1.5 A, 问能否接在该变压器的副边工作, 若能, 应如何接线?

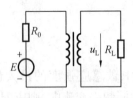
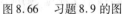

图 8.66　习题 8.9 的图

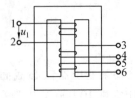

图 8.67　习题 8.11 的图

8.12　用钳形电流表测单相电路电流时,若把两根导线同时放入钳中,会出现什么情况? 测量三相三线制电路中的电流时,如果把两根导线或三根导线同时放入钳中,又会出现什么情况?

8.13　异步电动机的定子和转子铁心为什么要用硅钢片叠成? 定子与转子间为什么要有很小的气隙?

8.14　试简述异步电动机的工作原理,电动机的转向由什么决定?

8.15　什么是转差率? ①$s = 0$;②$s = 1$;③$0 < s < 1$;④$s > 1$ 这四种情况下电机各处于什么工作状态?

8.16　一台四极三相异步电动机在工频下工作,$U_N = 380$ V,$I_N = 139.7$ A,$s_N = 0.013$,$P_1 = 81$ kW,$T_L = 483.95$ N·m。求:

（1）电机的额定转速;

（2）额定输出功率;

（3）效率;

（4）功率因数。

8.17　某车间的三相电源的电压为 380 V,有一台四极三相异步电动机,$P_N = 90$ kW,$I_N = 164.3$ A,$n_N = 1\,480$ r/min,$\cos \varphi_N = 0.89$,$T_{st}/T_N = 1.9$,$I_{st}/I_N = 7.0$,$T_m/T_N = 2.2$。

（1）若要求启动转矩不小于额定转矩的 80%,应采用哪种方法启动? 求此时的启动电流;

（2）电机额定运行时,求轴上能输出的最大转矩。

8.18　换向元件在换向过程中可能产生哪些电动势? 各是什么原因引起的? 它们对换向器各有什么影响?

8.19　换向极的作用是什么? 装在什么位置? 绕组如何连接?

第9章 常用电工工具及电动工具

重点内容:

◆ 常用电工工具
◆ 电钻
◆ 电动刮刀
◆ 电剪刀
◆ 电冲剪
◆ 电动曲线锯
◆ 电动锯管机
◆ 无齿锯
◆ 常用电工工具的使用
◆ 常用电动工具的使用

9.1 常用电工工具

9.1.1 通用工具

1.验电器

验电器又称电压指示器,是用来检查导线和电器设备是否带电的工具。验电器分为高压和低压两种。

(1)低压验电器。常用的低压验电器是验电笔,又称试电笔,检测电压范围一般为60～500 V,常做成钢笔式或改锥式,如图9.1所示。

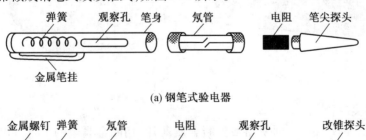

(a) 钢笔式验电器

(b) 改锥式验电器

图9.1 低压验电器

（2）高压验电器。高压验电器属于防护性用具,检测电压范围为 1 000 V 以上,其主要组成如图9.2所示。

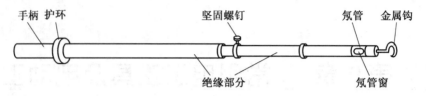

图9.2 高压验电器

2.常用旋具和电工刀

（1）常用旋具。常用的旋具是改锥(又称螺丝刀),如图9.3所示。它用来紧固或拆卸螺钉,一般分为一字形和十字形两种。

(a) 一字形改锥　　　　　　　　　(b)十字形改锥

图9.3 改锥

① 一字形改锥:其规格用柄部以外的长度表示,常用的有 100 mm,150 mm,200 mm,300 mm,400 mm 等。

② 十字形改锥:有时称梅花改锥,一般分为四种型号,其中:Ⅰ 号适用于直径为2 ~ 2.5 mm 的螺钉;Ⅱ、Ⅲ、Ⅳ 号分别适用于直径为3 ~ 5 mm、6 ~ 8 mm、10 ~ 12 mm 的螺钉。

③ 多用改锥:是一种组合式工具,既可作改锥使用,又可作低压验电器使用,此外还可用来进行锥、钻、锯、扳等。它的柄部和螺钉旋具是可以拆卸的,并附有规格不同的螺钉旋具、三棱锥体、金力钻头、锯片、锉刀等附件。

（2）电工刀。电工刀(图9.4)是用来剖切导线、电缆的绝缘层,切割木台缺口,削制木枕的专用工具。

图9.4 电工刀

3.钢丝钳和尖嘴钳

（1）钢丝钳。钢丝钳是一种夹持或折断金属薄片,切断金属丝的工具。电工用钢丝钳的柄部套有绝缘套管(耐压 500 V),其规格用钢丝钳全长的毫米数表示,常用的有 150 mm,175 mm,200 mm 等。钢丝钳的构造及应用如图9.5所示。

（2）尖嘴钳。尖嘴钳(图9.6)的头部"尖细",用法与钢丝钳相似,其特点是适用于在狭小的工作空间操作,能夹持较小的螺钉、垫圈、导线及电器元件。在安装控制电路时,尖嘴钳

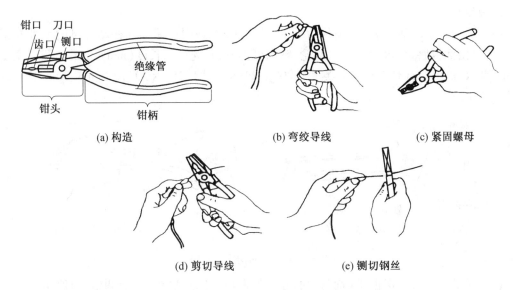

(a) 构造　　　　　　　　(b) 弯绞导线　　　　　　(c) 紧固螺母

(d) 剪切导线　　　　　　　　(e) 铡切钢丝

图9.5   钢丝钳的构造及应用

能将单股导线弯成接线端子(线鼻子),有刀口的尖嘴钳还可剪断导线、剥削绝缘层。

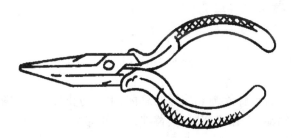

图9.6   尖嘴钳图

4. 断线钳和剥线钳

(1) 断线钳。断线钳(图9.7(a))的头部"扁斜",因此又称斜口钳、扁嘴钳或剪线钳,是专供剪断较粗的金属丝、线材及导线、电缆等用的。它的柄部有铁柄、管柄、绝缘柄之分,绝缘柄耐压为 1 000 V。

(2) 剥线钳。剥线钳(见9.7(b))是用来剥落小直径导线绝缘层的专用工具。它的钳口部分设有几个刃口,用以剥落不同线径的导线绝缘层。其柄部是绝缘的,耐压为 500 V。

(a) 断线钳　　　　　　　　　　(b) 剥线钳

图9.7   断线钳和剥线钳

5. 扳手

（1）活动扳手。活动扳手（简称活扳手，见图9.8）是用于紧固和松动螺母的一种专用工具，主要由活扳唇、呆扳唇、扳口、蜗轮、轴销等构成，其规格以长度（mm）×最大开口宽度（mm）表示，常用的有150×19（6英寸）、200×24（8英寸）、250×30（10英寸）、300×36（12英寸）等几种。

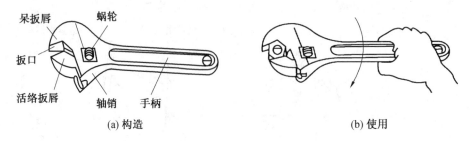

(a) 构造   (b) 使用

图9.8 活扳手的构造及使用

（2）固定扳手。固定扳手（简称呆扳手）的扳口为固定口径，不能调整，但使用时不易打滑。

9.1.2 登高用具

1. 安全帽

安全帽是用来保护施工人员头部的，必须由专门工厂生产。

2. 安全带

安全带（图9.9）是腰带、保险绳和腰绳的总称，用来防止发生空中坠落事故。腰带用来系挂保险绳、腰绳和吊物绳，系在腰部以下、臀部以上的部位。

3. 踏板

踏板又称登高板，用于攀登电杆，由板、绳、钩组成，如图9.10所示。

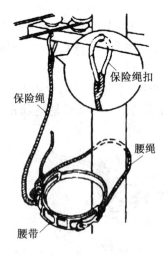

图9.9 安全带   图9.10 踏板

4. 脚扣

脚扣也是攀登电杆的工具，主要由弧形扣环、脚套组成，分为木杆脚扣和水泥杆脚扣两种,如图 9.11 所示。

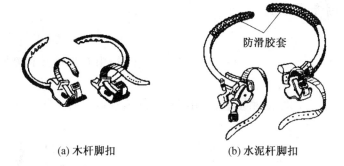

(a) 木杆脚扣　　　　　　　(b) 水泥杆脚扣

图 9.11　脚扣

5. 梯子

梯子是最常用的登高工具之一,有单梯、人字梯(合页梯)、升降梯等几种,用毛竹、硬质木材、铝合金等材料制成。使用梯子应注意以下几点:

(1) 使用前要检查有无虫蛀、折裂等。

(2) 使用单梯时,梯根与墙的距离应为梯长的 1/4 ～ 1/2,以防滑落和翻倒。

(3) 使用人字梯时,人字梯的两腿应加装拉绳,以限制张开的角度,防止滑塌。

(4) 采取有效措施,防止梯子滑落。

9.1.3　常用防护用具

1. 绝缘棒

绝缘棒主要是用来闭合或断开高压隔离开关、跌落保险(跌落式熔断器的俗称)以及用于进行测量和实验工作。绝缘棒由工作部分、绝缘部分和手柄部分组成,如图 9.12 所示。

2. 绝缘夹钳

绝缘夹钳主要用于拆装低压熔断器等。绝缘夹钳由钳口、钳身、钳把组成,如图 9.13 所示,所用材料多为硬塑料或胶木。钳身、钳把由护环隔开,以限定手握部位。绝缘夹钳各部分的长度也有一定要求,在额定电压 10 kV 及以下时,钳身长度不应小于 0.75 m,钳把长度不应小于 0.2 m。使用绝缘夹钳时应配合使用辅助安全用具。

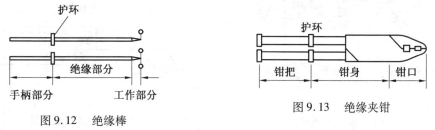

图 9.12　绝缘棒　　　　　　　　　图 9.13　绝缘夹钳

3. 绝缘手套

绝缘手套是用橡胶材料制成的,一般耐压较高。它是一种辅助性安全用具,一般常配合其他安全用具使用。

4. 携带型接地线

携带型接地线也就是临时性接地线,在检修配电路或电气设备时作临时接地之用,以防意外事故。

9.1.4 常用专用工具

1.安装器具

（1）叉杆。叉杆是外线电工立杆时使用的专用工具,由 U 形铁叉和撑杆组成,其外形如图 9.14 所示。

（2）架杆。架杆是由两根相同直径、相同长度的圆木组成的立杆工具,其外形如图 9.15 所示。

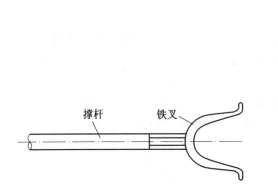

图9.14　叉杆

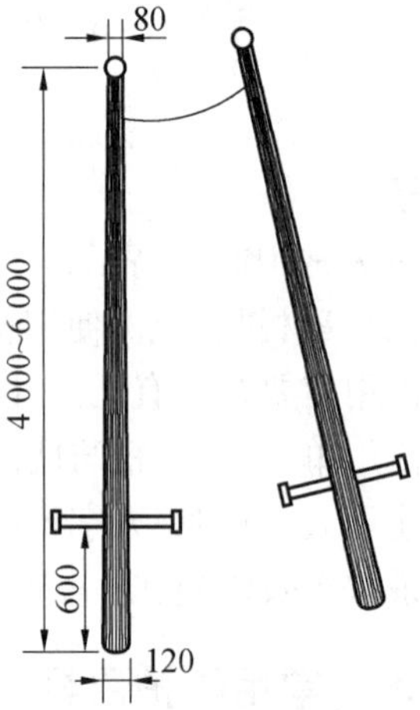

图9.15　架杆

（2）紧线器。紧线器是用来收紧户内瓷瓶电路和户外架空电路导线的专用工具,由夹线钳、滑轮、收线器、摇柄等组成,分为平口式和虎口式两种,其外形如图 9.16 所示。

（3）导线压接钳。导线压接钳是连接导线时将导线与连接管压接在一起的专用工具,分为手动压接钳和手提式油压钳两类,如图 9.17 所示。

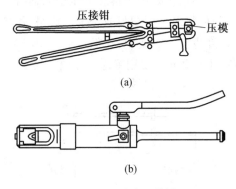

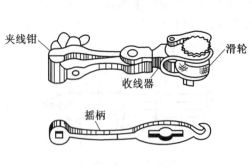

图9.16　紧线器

图9.17　导线压接钳

2.管加工器具

（1）弯管器。

①管弯管器(图9.18)。

②木架弯管器。

③滑轮弯管器(图9.19)。

图9.18　用管弯管器弯管　　图9.19　滑轮弯管器

（2）切管器。

① 手钢锯（图9.20）。

② 电锯。

③ 管子割刀。

（3）管子套丝绞扳（图9.21）。

① 钢管绞扳。

② 圆扳牙。

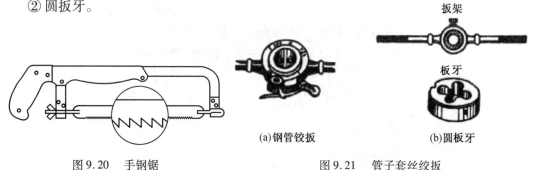

（a)钢管铰扳　　（b)圆板牙

图9.20　手钢锯　　　图9.21　管子套丝绞扳

3. 手电钻

手电钻的作用是在工件上钻孔。手电钻主要由电动机、钻夹头、钻头、手柄等组成，分为手提式和手枪式两种（将在9.2节详细介绍），外形如图9.22所示。

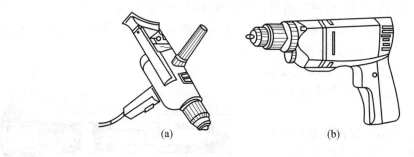

（a)　　　　　　（b)

图9.22　手电钻

4. 冲击电钻

冲击电钻(简称冲击钻）的作用是在砌块和砖墙上冲打孔眼，其外形与手电钻相似，如图9.23所示。钻上有锤、钻调节开关，可分别当普通电钻和电锤使用。

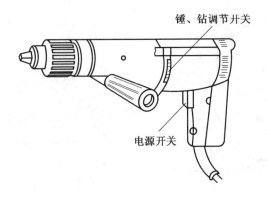

图 9.23　冲击电钻

5. 射钉枪

射钉枪又称射钉工具枪或射钉器,是一种比较先进的安装工具。它利用火药爆炸产生的高压推力,将尾部带有螺纹或其他形状的射钉射入钢板、混凝土和砖墙内,起固定和悬挂作用。射钉枪的结构示意如图 9.24 所示。

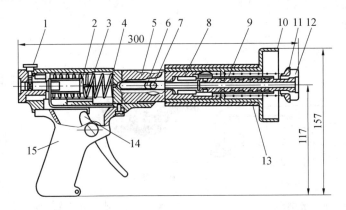

图 9.24　射钉枪器体构造示意图

1—按钮;2—撞针体;3—撞针;4—枪体;5—枪镗;6—轴闩;7—轴闩螺钉;8—后枪管;9—前枪管;10—坐标护罩;11—卡圈;12—垫圈夹;13—护套;14—扳机;15—枪柄

(1)射钉枪的构造。射钉枪主要由器体和器弹两部分组成。

① 器体部分的构造。射钉枪的器体部分主要由垫圈夹、坐标护罩、枪管、撞针体、扳机等组成(图 9.24),其前部可绕轴闩扳折转动45°。

② 器弹部分的构造。器弹部分主要由钉体、弹药、定心圈、钉套、弹套等组成,如图9.25 所示。

射钉直径为 3.9 mm,尾部螺纹有 M8、M6、M4 等几种,弹药分为强、中、弱三种。

(2)射钉枪的操作。射钉枪的操作分为装弹、击发和退弹壳三个步骤:

① 装弹。将枪身扳折45°,检查无脏物

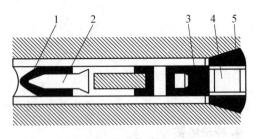

图 9.25　器弹构造示意图

1—定心圈;2—钉体;3—钉套;4—弹药;5—弹套

后,将适用的射钉装入枪膛,并将定心圈套在射钉的顶端,以固定中心(M8的规格可不用定心圈);将钉套装在螺纹尾部,以传递推进力。装入适用的弹药及弹套,一手握擎坐标护罩,一手握枪柄,上器体,使前、后枪管成一条直线。

②击发。为确保施工安全,射钉枪设有双重保险机构:一是保险按钮,击发前必须打开;二是击发前必须使枪口抵紧施工面,否则射钉枪不会击发。

③退弹壳。射钉射出后,将射钉枪垂直退出工作面,扳开机身,弹壳即退出。

(3)使用射钉枪的注意事项。使用射钉枪时严禁枪口对人,作业面的后面不准有人,不准在大理石、铸铁等易碎物体上作业。如在弯曲状表面上(如导管、电线管、角钢等)作业时,应另换特别护罩,以确保施工安全。

9.1.5　其他器具

1. 麻绳和钢丝绳

麻绳是用来捆绑、拉索、提吊物体的,常用的麻绳有亚麻绳和棕麻绳两种,质量以白棕绳为佳。麻绳的强度较低,易磨损,适于捆绑、拉索、抬、吊物体用,在机械启动的起重机械中严禁使用。

(1)直扣。直扣(图9.26(a))用于临时将麻绳结在一起的场合。

(2)活扣。活扣(图9.26(b))的用途与直扣相同,特别适用于需要迅速解开绳扣的场合。

(3)腰绳扣。腰绳扣(图9.26(c))用于登高作业时的拴腰绳。

(4)猪蹄扣。猪蹄扣(图9.26(d))在抱杆顶部等处绑绳时使用。

(5)抬扣。抬扣(图9.26(e))用于抬起重物,调整和解扣都比较方便。

(6)倒扣。在抱杆上或电杆起立、拉线往锚桩上固定时使用此扣(图9.26(f))。

(7)背扣。在杆上作业时,用背扣(图9.26(g))将工具或材料结紧,以进行上下传递。

(8)倒背扣。倒背扣(图9.26(h))用于吊起、拖拉轻而长的物体,可防止物体转动。

(9)钢丝绳扣。钢丝绳扣(图9.26(i))用于将钢丝绳的一端固定在一个物体上。

(10)连接扣。连接扣(图9.26(j))用于钢丝绳与钢丝绳的连接。

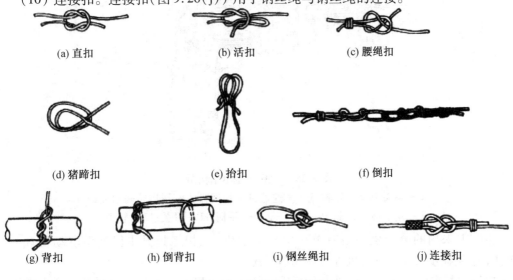

(a) 直扣	(b) 活扣	(c) 腰绳扣
(d) 猪蹄扣	(e) 抬扣	(f) 倒扣
(g) 背扣	(h) 倒背扣	(i) 钢丝绳扣　(j) 连接扣

图9.26　常用的几种绳扣

2. 起重机械(图 9.27)

(1)吊链。吊链分为手动和电动(又称电动葫芦)两种,一般使用三脚架或其他固定物体固定,使用比较方便,但需支三脚架,使用时应注意安全。

(2)汽车式起重机。汽车式起重机(又称吊车)是一种自行式全回转、起重机构安装在通用的或特制的汽车底盘上的起重机。

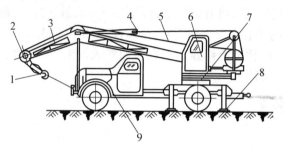

图 9.27　Q1 – 5 型汽车式起重机构造示意图

1— 吊钩;2— 起重臂顶端滑轮组;3— 起重臂;4— 变幅钢索;5— 起重钢索;

6— 操纵室;7— 回转转盘;8— 支腿;9— 汽车车身

9.2　电　钻

9.2.1　电钻的基本结构

电钻的基本结构如图 9.28 所示。它主要由电动机、减速器、手柄、钻夹头或圆锥套筒及电源连接装置等部件组成。

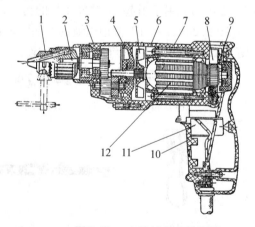

图 9.28　电钻的基本结构图

1— 钻夹头;2— 钻轴;3— 减速器;4— 中间盘;5— 风扇;6— 机壳;

7— 定子;8— 碳刷;9— 整流子;10— 手柄;11— 开关;12— 转子

电钻中采用的电动机一般有单相串激电动机、三相工频异步鼠笼型电动机和三相200 Hz 中频异步鼠笼型电动机等三种基本型式。

电钻按其选用的电动机的型式不同可分为交直流两用串激电钻(即单相串激电钻)、三相工频电钻、三相中频电钻等。三相中频电钻因需要相应的中频电源供电,目前在国内应用较少。除了上述三种电钻外,国外有些国家已逐步采用适宜于野外作业的以直流永磁电动机做动力的小型轻巧的直流永磁电钻。

电钻在工作时,需要有一定的轴向推压力,使用时可借助于手柄来加力。手柄的结构随电钻的规格大小而有所不同,但也有利用电动机外壳作手柄的电钻。6 mm 的电钻一般采用手枪式结构,如图9.29 所示。10 mm 电钻采用环式后手柄结构,如图9.30 所示,有的在左侧再加一个螺纹连接的侧手柄。

图 9.29　6 mm 电钻手柄外形

图 9.30　环式后手柄电钻结构外形

13 ～ 23 mm 的电钻采用双侧手柄结构并带有后托架(板),它的一个侧手柄直接与机壳铸成一体或用螺钉连接成一体,另一个侧手柄用圆锥螺纹连接,如图9.31 所示。这种中型电钻单靠双手的推力还不够,还要利用后托架(板)用胸顶或用杠棒加力。32 mm 以上的电钻采用双侧手柄结构并带有进给装置,以此来获得大的推力,如图9.32 所示。

图 9.31　带有双侧手柄和后托架的电钻外形　　图 9.32　带有进给装置的电钻外形

莫氏圆锥长衬套结构如图9.33 所示。

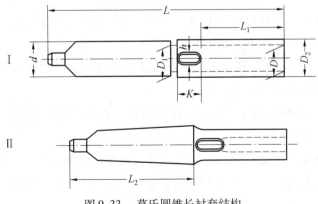

图 9.33　莫氏圆锥长衬套结构

9.2.2 电钻的性能

1. 规格

电钻的规格用加工钢铁材料(45 号钢)的最大钻孔直径来表示。对有色金属、塑料、木材等钻孔时,最大钻孔直径可相应增大 30% ~ 50%。

电钻的规格按有关部门的实际使用需要、切削效率、重量等因素予以分级,一般分为 6 mm,10 mm,13 mm,16 mm,19 mm,23 mm,32 mm,38 mm,49 mm 等规格。

2. 转速

交直流两用串激电钻的空载转速比满载转速高 40% ~ 50%。交直流两用串激电钻的负载不同,其转速也不同,以满足当轴向推力及钻孔直径不同时其转速也不同的要求。对不同的钻孔直径,为了达到理想的切削速度,要求的转速也不相同。换句话说,钻大孔时,转速应较低,反之则转速应较高。

3. 电钻的工作制(即工作方式)

电钻的工作方式有连续工作和断续工作两种。一般三相工频电钻为连续工作制,大部分交直流两用串激电钻为断续工作制。

9.2.3 使用方法

(1)选用。在钻孔时,对不同的钻孔直径应该尽可能选择相应的电钻规格,以充分发挥各规格电钻的性能结构特点,达到良好的切削效率,避免不必要的过载而烧坏电钻。

(2)接地。橡皮软线中黑色的一根为接地线,应牢固地接在机壳上。

(3)通风。电钻必须保持清洁、畅通,应经常清除尘埃和油污,并注意防止铁屑等杂物进入电钻内而损坏零件。

(4)空转。电钻使用前,先空转 1 min,以检查传动部分是否运转正常。

(5)整流子。为保证电钻正常工作,整流子的清洁和保养尤为重要,必须随时注意清除污垢。

(6)使用的钻头必须锋利。

(7)移动电钻时,必须握持电钻手柄,不能拖拉橡皮软线搬动电钻,并随时防止橡皮软线擦破、割破和轧坏。

(8)电钻一般不能在空气中含有易燃、易爆或腐蚀性气体及潮湿等特殊环境中使用,亦不能存放在潮湿、有腐蚀性气体的环境中。

(9)使用前应核查使用电压是否与铭牌上的电压相符,不能在超过或低于10% 额定电压的电源上使用,以免烧坏电动机。

(10)轴承温升不得超过 60℃。在运转时轴承和齿轮发出的声音应均匀。

(11)长期搁置不用的电钻,包括领用的新电钻,在运用前必须用500 V兆欧表测定绝缘电阻。

9.3　电动刮刀

9.3.1　结构原理

电动刮刀由串激电动机、开关、减速箱、行程调节装置、刀具往复装置及刮刀装置等部分组成,其结构如图 9.34 所示。

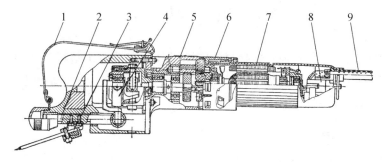

图 9.34　电动刮刀结构图

1— 皮带装置;2— 刀具往复装置;3— 刮刀装置;4— 行程调节装置;5— 齿轮轴;

6— 中间盖;7— 电动机;8— 开关装置;9— 电缆

电动刮刀中将旋转运动变为往复直线运动的刀具往复装置和行程调节装置的结构如图 9.35 所示。

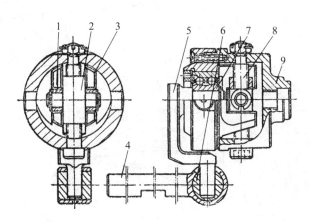

图 9.35　刀具往复及行程调节装置结构图

1—支撑块;2—调节螺套;3—调整座;4—滑杆;5—直角曲柄;6—滑轴;7—双列向心推力球轴承;8—调整螺钉;9—调整座壳

9.3.2　技术性能

以国内设计、制造的电动刮刀 J1G – 120/20 为例,其主要技术性能为:输入功率为100 W;额定电压为 220 V;频率为 50 Hz 或直流;空载转速为 27 000 r/min;刀具往复行程次数为 1 400 次／分（空载），1 200 次／分（负载）；刀具最大行程为 0 ～ 20 mm 无级调整；质量（不包括电缆）约为 4 kg。

9.3.3 使用方法

目前我国设计制造的电动刮刀在技术上尚未完善，其操作工艺还需研究，因此尚未推广使用，还有待于进一步研究改进，以适应生产的需要。

9.4 电 剪 刀

电剪刀是剪裁钢板以及其他金属板材的电动工具。在钣金工落料工作中，利用电剪刀可按需要剪切出一定曲线形状的板件。电剪刀适用于飞机制造、造船、车辆制造及修配等行业在现场剪切金属板材。

9.4.1 结构原理

电剪刀主要由单相串激电动机，减速器及偏心齿轮，心轴，连杆，刀杆，刀架，上、下刀头及开关等部件组成，如图 9.36、9.37 所示。

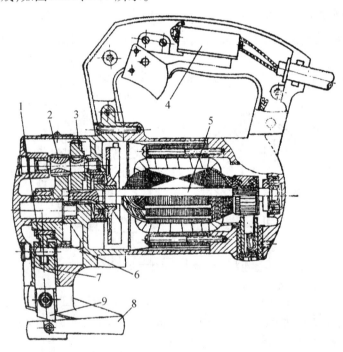

图 9.36　电剪刀结构图

1— 销子;2— 二级齿轮;3— 一级齿轮;4— 开关;5— 电枢轴;6— 连杆;7— 刀杆;

8— 刀架;9— 上刀头

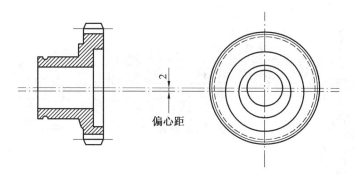

图 9.37　偏心齿轮

9.4.2　技术性能

国内设计、使用的 J1J - 2 型电剪刀可剪切 2 mm 及 2 mm 以下的各种金属板料,其主要技术性能指标为:额定电压为 220 V,110 V,36 V;额定输出功率为 250 W;电动机转速为 10 700 r/min;频率为 50 Hz;刀具往复次数为 460 次／分;切割速度为 1.6 m/min;最大剪切厚度为 2 mm(45 号钢);工作方式为 60%;外形尺寸为 196 mm × 95 mm × 225 mm;质量为 4 kg。

9.4.3　使用方法

两刀刃有合适的间隙是使用电剪刀的必要条件。因此,在使用电剪刀前必须先调整两刀刃之间的间隙。两刀刃的横向间隙以需剪切钢板的厚度的 7% 左右来调整。若剪 1 mm 厚的铁板,间隙可调至 0.07 mm。在使用中若发现上、下刀刃间隙配合位置不当,可以调节螺钉或六角螺钉。

9.4.4　维护和检修

电剪刀应定期检查保养。在使用前要空转 1 min,检查其传动部分是否灵活。还应在往复运动机构中加上润滑油。在使用中,若发现上、下刀头磨损或损坏,需及时修磨或更换;使用完毕后应揩净电剪刀,放在干燥没有腐蚀性气体的环境中。

9.5　电　冲　剪

9.5.1　结构原理

电冲剪具有单相串激电动机及控制启动和制动的钮子开关。其工作头部分由减速齿轮、偏心轴、滑块、定位螺套、定位螺母和定位螺钉等部件组成。

冲剪刀具静模与动模位于减速箱下部。静模固定在静模座上;动模的一端固定在定位螺套内,另一端穿过静模座与静模配合。

电动机通过二级减速齿轮带动偏心轴和滑块,从而使动模做往复运动进行冲剪。电冲剪的结构原理如图 9.38 所示。

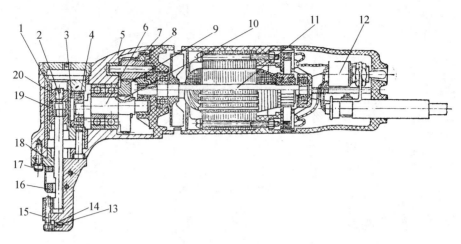

图 9.38　电冲剪结构图

1— 滑块;2— 定位螺钉;3— 滑套;4— 滚动轴承;5— 减速箱;6— 偏心轴;7— 二号齿轮;8— 一号齿轮;9— 三号齿轮;10— 半月键;11— 电枢轴;12— 开关;13— 弹簧;14— 钢球;15— 调节螺钉;16— 静模;17— 内六角螺钉;18— 静模座;19— 定位螺套;20— 定位螺栓

9.5.2　技术性能

国内设计、使用的 J1J – 1.5 型电冲剪适用于冲剪 1.5 mm 以及 1.5 mm 以下的各种金属和非金属板料,其主要技术数据为:额定电压为 220 V,110 V,36 V;额定输出功率为 120 W;电动机转速为 13 000 r/min;频率为 50 Hz;刀具往复次数为 1 200 次／分;最大冲剪厚度为 1.5 mm(45 号钢);冲剪速度为 1.5 ~ 2 m/min;冲剪耗料为 5.5 mm;工作方式为 40%;外形尺寸为 253 mm × 35 mm × 130 mm;质量为 2 kg。

9.5.3　使用方法

电冲剪在使用前若发现动模与静模配合位置不当而不能冲剪,则可以拧开上盖,拧动定位螺钉,对定位螺母和定位螺套进行调整。

电冲剪的静模是固定不动的,静模与动模的间隙为 0.40 mm,不能调节,因此动模和静模磨损或损坏后需及时更换。

9.5.4　维护和检修

电冲剪的维护和检修可参照电剪刀进行。

9.6　电动曲线锯

9.6.1　结构原理

电动曲线锯由单相串激电动机、减速器、往复机构和开关等部分组成,装在同一只对开形机壳里,其结构原理如图 9.39 所示。

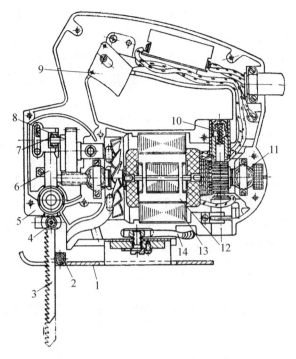

图 9.39　电动曲线锯结构图

1— 底板;2— 导轮;3— 锯条;4— 内六角螺钉;5— 右半机壳;6— 往复机构;7— 钢球;8— 齿轮;9— 开关;10— 换向装置;11— 含油轴承;12— 电枢;13— 定子;14— 控制螺母

9.6.2　技术性能

国内生产、使用的 M1N – 40 型电动曲线锯的主要技术数据为:额定电压为 220 V,110 V,36 V;输出功率为 200 W;电动机转速为 17 000 r/min;频率为 50 Hz;刀具往复速度为 2 000 次/分;往复行程为 16 mm;最大锯割能力为铝板 10 mm,东北松 40 mm,橡皮 60 mm;质量为 2.2 kg。

9.6.3　使用方法

电动曲线锯备有六种锯条,以适应锯割不同种类的材料。锯条一般用高速钢制成,齿形用成形刨刀刨制。齿条的规格较多,但共同特点是窄而短。考虑锯割曲线的能力以及刀具的强度问题,锯条宽度应不大于 9 mm,最窄不小于 6.5 mm。对锯木材而言,8 mm 宽的锯条可以锯割曲率半径为 10 mm 的曲线。图 9.40 是六种规格锯条的形状。

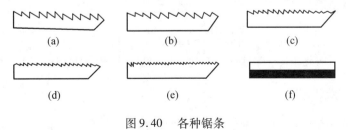

图 9.40　各种锯条

图 9.40(a) 所示的锯条,其齿距为 3.5 mm,有前、后切削刃口,专用于切割木材,可以使不同曲率半径的弯曲部分均能获得平滑的加工表面。

图 9.40(b) 所示的锯条,其齿距是 3.5 mm,能高速切削 40 mm 厚的木材或塑料件。

图 9.40(c) 所示的锯条,其齿距是 2.5 mm,能切割各种形状的胶合板和层压板(玻璃纤维塑料除外)。

图 9.40(d) 所示的锯条,其齿距是 1.75 mm,能切割铝板或类似材料。

图 9.40(e) 所示的锯条,其齿距是 1.36 mm,能切割 3 mm 厚的铁板。

图 9.40(f) 所示为锋利的刀片,能剪裁橡皮、皮革、纤维织物、泡沫塑料、纸板等。

锯条装上电动曲线锯时,应使锯条背部紧靠导轮。锯割孔形件时,可预先在工件适当部位上钻一个孔,将锯条穿入,然后开始锯割。

若要锯割斜面,应先拨动控制螺母 14,使底板转动。斜度数值可在底板上直读。当底板转动至所需斜度时,使控制螺母复位,底板又能紧固。

9.6.4　维护和检修

电动曲线锯为高速运转的工具,润滑油易挥发,故必须经常使减速传动部位的润滑油保持清洁,并注意更换。

9.7　电动锯管机

9.7.1　结构原理

电动锯管机由单相串激电动机、减速器、带滑槽的刀杆及管钳等组成,其结构原理如图 9.41 所示。

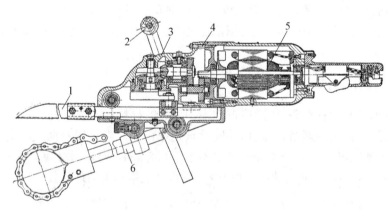

图 9.41　电动锯管机结构图
1— 锯条;2— 手柄;3— 工作头;4— 螺杆;5— 电动机;6— 管钳

9.7.2　技术性能

国内设计、使用的 GJ-150 型电动锯管机其主要技术性能为:额定电压为 220 W;额定电流为 3 A;锯条往复次数为 240 次/min;锯条行程为 60 mm;切割管材最大直径为 150 mm;质量为 8.5 kg。

9.7.3　使用方法

锯管机用的锯条为专用锯条,如图 9.42 所示。它全长为 350 mm,有效部分是 280 mm。若采用普通机锯条,可适当改制锯条的固定孔位置。

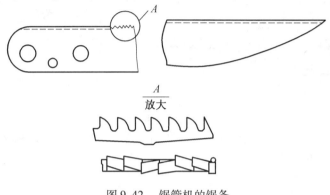

图 9.42　锯管机的锯条

9.7.4　维护和检修

单相串激电动锯管机的维护大致与单相串激式电钻相仿。所不同之处是它具有加润滑油的注油孔,在使用前或用过一定时间后,应注油润滑。在拆检工作中,应注意各零件之间的关系,零件洗净后要重新添加润滑脂。为了保证一对螺旋伞齿轮啮合良好,可用调整片和三个螺钉来调整。

9.8　无　齿　锯

无齿锯是一种利用高速薄片砂轮进行切割的电动工具。它适用于切割各种不锈钢、合金钢,在用于修磨用等离子切割后的大直径的不锈钢、合金钢制成的钢材、钢管的切口时,具有独特的优点。图 9.43 是角向无齿锯的外形。

图 9.43　角向无齿锯的外形

9.8.1　结构原理

角向无齿锯由单相串激电动机、齿轮箱装置、手把和电源开关等部分组成。其结构原理如图 9.44 所示。齿轮箱内装置一对弧齿锥齿轮。齿轮箱外壳的一端与电动机的外壳用螺钉连接,另一端通过砂轮接盘 9 与高速薄片砂轮和圆螺母 10 紧固在一起,砂轮的护罩 8 固定在齿轮箱外壳的下端,组成了砂轮装置。

在齿轮箱的一侧,还设有一只绝缘手柄,便于操作。开关 7 装置在后手柄的型腔内。当电源接通时,闭合开关,单相串激电动机的转速经过电枢主轴上的弧齿锥齿轮 4 与砂轮轴上的弧齿锥齿轮1啮合减速,并与轴线变换90°把转速传递给高速薄片砂轮,以待进行切割,或用砂轮的端面进行磨削。砂轮的上端采用了滚针式轴承,以减小砂轮径向摆动。

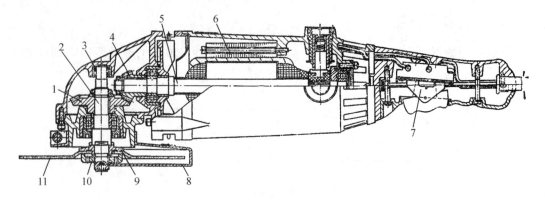

图9.44 角向无齿锯结构图

1—弧齿锥齿轮;2—齿轮轴;3—滚针轴承;4—弧齿锥齿轮;5—主轴;6—电动机;7—开关;8—砂轮护罩;9—砂轮接盘;10—圆螺母;11—砂轮

9.8.2 技术性能

国内生产的S1SJ-180型角向无齿锯,其主要技术数据为:额定电压为220 V;额定电流为8.4 A;频率为50 Hz;输出功率为1 200 W;电动机转速为13 000 r/min;砂轮轴转速为8 000 r/min;工作方式为40%;砂轮尺寸为175 mm × 3 mm ~ 22 mm;砂轮最大厚度 < 8 mm;砂轮安全线速度为80 m/s;无齿锯外形尺寸为520 mm × 270 mm × 150 mm。

9.8.3 使用方法

无齿锯是一种高速旋转切割的电动工具,在使用前必须严格检查其零部件及紧固件是否牢靠,是否有松动,仔细观察砂轮有无裂纹。在切割前,应先试其砂轮旋转方向与齿轮箱端部上面所标记的旋转箭头方向相符后,才能进行切削或砂磨。无齿锯在操作时,不允许将薄片砂轮与工作物撞击;必须逐渐施加压力,使薄片砂轮不受冲击力,以免砂轮碎裂。在薄片砂轮切入工作物内时,不能左右弯曲,以免使薄片砂轮碎裂。无齿锯是凭借其高转速和周边速度来进行切割工件的,因此严禁拆下防护罩进行操作,以确保安全。

9.8.4 维护和检修

无齿锯应定期检查保养。在使用前要空转 1 min,检查其传动部分是否灵活。还应在转动机构中加上润滑油。在使用中,若发现砂轮磨损或损坏,需及时修磨或更换;使用完毕后应揩净,放在干燥没有腐蚀性气体的环境中。

实训9.1 常用电工工具的使用

1.实训目的

掌握各种常用电工工具的使用方法。

2. 实训材料与工具

电工刀、验电器、钢丝钳、尖嘴钳、剥线钳、扳手、旋具等。

3. 实训前的准备

（1）了解电工刀、验电器、钢丝钳、尖嘴钳、剥线钳、扳手、旋具等的规格和用途；

（2）熟悉各种常用电工工具的使用和安全检测。

4. 实训内容

掌握各种电工工具的使用方法、使用的注意事项及工具的安全检测。

实训 9.2　常用电动工具的使用

1. 实训目的

掌握各种常用电动工具的使用方法。

2. 实训材料与工具

手电钻、冲击钻、电动刮刀、电剪刀、锯管机等常用电动工具及模拟故障电路。

3. 实训前的准备

（1）了解手电钻、冲击钻、电动刮刀、电剪刀、锯管机等的规格和用途；

（2）熟悉各种常用电动工具的使用和安全检测。

4. 实训内容

掌握各种电动工具的使用方法、使用的注意事项、工具的安全检测及维修方法。

思　考　题

9.1　验电笔使用时应注意哪些事项？

9.2　钢丝钳在电工操作中有哪些用途？　钢丝钳使用时应注意哪些问题？

9.3　如何用电工刀剖削导线的绝缘层？

9.4　简述手电钻、冲击钻、电动刮刀、电剪刀、锯管机的用途及维修和维护常识。

第 10 章　　常用机械电气控制电路

重点内容:

◆　　电气控制电路图的识读

◆　　常用低压电器

◆　　电气控制电路基本环节

◆　　电气控制系统设计

◆　　电气控制电路的检修

◆　　电气控制电路的安装和配线

◆　　C620—1 型车床电气电路的安装与调试

◆　　X62W 型卧式万能铣床电气电路的安装与调试

10.1　电气控制电路图的识读

10.1.1　电路图

1.主电路和辅助电路

按电路的功能来划分,控制电路可分为主电路和辅助电路。一般把交流电源和起拖动作用的电动机之间的电路称为主电路,它由电源开关、熔断器、热继电器的热元件、接触器的主触头、电动机以及其他按要求配置的启动电器等电气元件连接而成。辅助电路是对主电路实施控制的电路,又称控制电路。主要由电源开关、熔断器、热继电器的动断元件、控制开关、接触器的辅助触头等电气元件连接而成。

2.对图形符号、文字符号的规定

电气控制电路图涉及大量的元器件,为了表达电气控制系统的设计意图,便于分析系统工作原理,安装、调试和检修控制系统,电气控制电路图必须采用符合国家统一标准的图形符号和文字符号。

10.1.2　电气控制电路图

1.电气原理图

电气原理图是用图形符号和项目代号表示电器元件连接关系及电气工作原理的图形,它是在设计部门和生产现场广泛应用的电路图。图 10.1 所示的是某机床电气控制系统的电气原理图实例。

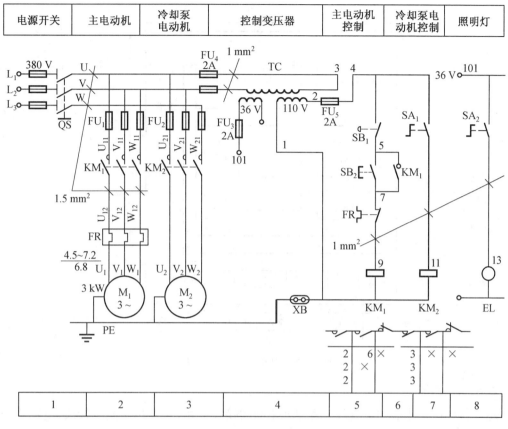

图 10.1　某机床电气控制系统的电气原理图

在识读电气原理图时应注意以下几点绘制规则：

（1）电气原理图电路可水平或垂直布置。

（2）一般将主电路和辅助电路分开绘制。

（3）电气原理图中的所有电器元件不画出实际外形图，而采用国家标准规定的图形符号和文字符号表示，同一电器的各个部件可据实际需要画在不同的地方，但用相同的文字符号标注。

（4）在原理图上可将图分成若干图区，以便阅读查找。

2. 电气安装图

电气安装图用来表示电气设备和电器元件的实际安装位置，是机械电气控制设备制造、安装和维修必不可少的技术文件。安装图可集中画在一张图上，或将控制柜、操作台的电器元件布置图分别画出，但图中各电器元件的代号应与有关原理图和元器件清单上的代号相同。在安装图中，机械设备轮廓是用双点画线画出的，所有可见的和需要表达清楚的电器元件及设备用粗实线绘出其简单的外形轮廓。安装图中的电器元件不需标注尺寸。某机床电气安装图如图 10.2 所示。

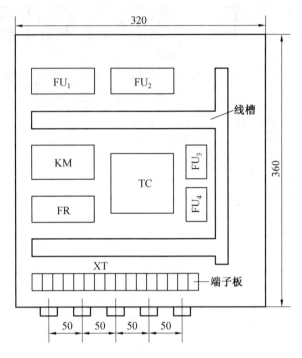

图 10.2　某机床电气安装图

3. 电气接线图

电气接线图用来表明电气设备各单元之间的接线关系,主要用于安装接线、电路检查、电路维修和故障处理,在生产现场得到广泛应用。识读电气接线图时应熟悉绘制电气接线图的四个基本原则:

(1) 各电器元件的图形符号、文字符号等均与电气原理图一致。

(2) 外部单元同一电器的各部件画在一起,其布置基本符合电器实际情况。

(3) 不在同一控制箱和同一配电屏上的各电器元件的连接是经接线端子板实现的,电气互连关系以线束表示,连接导线应标明导线参数(数量、截面积、颜色等),一般不标注实际走线途径。

(4) 对于控制装置的外部连接线应在图上用接线表示清楚,并标明电源引入点。图 10.3 是某设备的电气接线图。

4. 电气原理图的电气常态位置

在识读电气原理图时,一定要注意图中所有电器元件的可动部分通常表示的是在电器非激励或不工作时的状态和位置,即常态位置。其中常见的器件状态有:

(1) 继电器和接触器的线圈处在非激励状态。

(2) 断路器和隔离开关在断开位置。

(3) 零位操作的手动控制开关在零位状态,不带零位的手动控制开关在图中规定的位置。

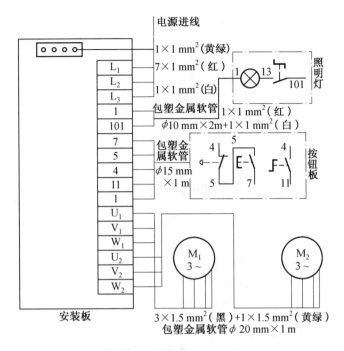

图 10.3　某设备的电气接线图

（4）机械操作开关和按钮在非工作状态或不受力状态。

（5）保护用电器处在设备正常工作状态。

5. 原理图中连接端上的标志和编号

在电气原理图中,三相交流电源的引入线采用 L_1、L_2、L_3 来标记,中性线以 N 表示。电源开关之后的三相交流电源主电路分别按 U、V、W 顺序标记,分级三相交流电源主电路采用代号 U、V、W 的前面加阿拉伯数字 1、2、3 等标记,如 1U、1V、1W 及 2U、2V、2W 等。电动机定子三相绕组首端分别用 U、V、W 标记,尾端分别用 U′、V′、W′ 标记。双绕组的中点则用 U″、V″、W″ 标记。

6. 控制电路原理图中的其他规定

在设计和施工图中,主电路部分以粗实线绘出,辅助电路则以细实线绘制。完整的电气原理图还应标明主要电器的有关技术参数和用途。例如电动机应标明其用途、型号、额定功率、额定电压、额定电流、额定转速等。

10.2　常用低压电器

10.2.1　低压电器分类及产品型号

1. 常用低压电器的分类

常用低压电器的分类见表 10.1。

表 10.1　常用低压电器

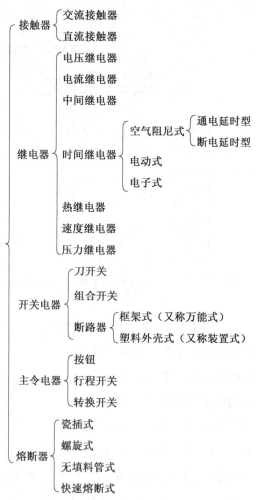

2. 低压电器产品型号

低压电器产品的结构和用途各种各样,每种产品都有其型号。

10.2.2　低压电器的电磁机构及执行机构

电气控制系统中以电磁式电器的应用最为普遍。电磁式低压电器是一种用电磁现象实现电器功能的电器类型,此类电器在工作原理及结构组成上大体相同。根据其结构组成,电磁式低压电器的分类如下:

电磁机构:交流、直流;执行机构:触头系统、灭弧系统。

1. 电磁机构

电磁机构为电磁式电器的感测机构,它的作用是将电磁能量转换为带动触头动作的机械能量,从而实现触头状态的改变,完成电路通、断的控制。

电磁机构由吸引线圈、铁心、衔铁等几部分组成,其工作原理是:线圈通过工作电流产生足够的磁动势,在磁路中形成磁通,使衔铁获得足够的电磁力用以克服反作用力与铁心吸合,由连接机构带动相应的触头动作。

2. 触头系统

触头作为电器的执行机构,起着接通和分断电路的重要作用,必须具有良好的接触性能,故应考虑其材质和结构设计。

对于电流容量较小的电器,如机床电气控制电路所应用的接触器、继电器等,常采用银质材料作触头,其优点是银的氧化膜电阻率与纯银相近,与其他材质(比如铜)相比,可以避免因长时间工作,触头表面氧化膜电阻率增加而造成触头接触电阻增大。

触头系统的结构如图 10.4 所示,可分为桥式和指式两种。其中桥式触头又分为点接触式和面接触式。

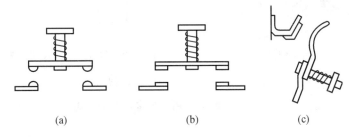

(a)　　　　　　　　　　(b)　　　　　　　　　　(c)

图 10.4　触头系统的结构

3. 灭弧系统

(1)电弧产生的条件:当被分断电路的电流超过 0.25 ~ 1 A,分断后加在触头间隙两端的电压超过 12 ~ 20 V(根据触头材质的不同取值)时,在触头间隙中会产生电弧。

(2)电弧的实质:电弧是一种气体放电现象,即触头间气体在强电场作用下产生自由电子,正、负离子呈游离状态,使气体由绝缘状态转变为导电状态,并伴有高温、强光。

(3)熄弧的主要措施有机械性拉弧、窄缝灭弧和栅片灭弧三种。

① 机械性拉弧:分断触点时,迅速增加电弧长度,使单位长度内维持电弧燃烧的电场强度不够而熄弧,如图 10.5 所示。

② 窄缝灭弧:依靠磁场的作用,将电弧驱入耐弧材料制成的窄缝中,以加快电弧的冷却,如图 10.6 所示。这种灭弧装置多用于交流接触器。

③ 栅片灭弧:分断触点时,产生的电弧在电动力的作用下被推入彼此绝缘的多组镀铜薄钢片(栅片)中,电弧被分割成多组串联的短弧(图 10.7)。

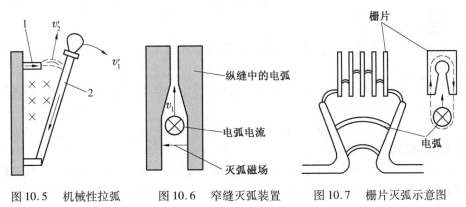

图 10.5　机械性拉弧　　　图 10.6　窄缝灭弧装置　　　图 10.7　栅片灭弧示意图

10.2.3　开关电器

1. 常用刀开关

（1）胶盖开关。胶盖开关是一种带熔断器的开启式负荷开关，如图10.8所示。

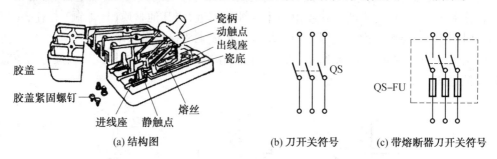

（a）结构图　　　　（b）刀开关符号　　　（c）带熔断器刀开关符号

图10.8　HK系列瓷底胶盖刀开关

（2）铁壳开关。铁壳开关是带灭弧装置和熔断器的封闭式负荷开关，其图形符号及文字符号与胶盖开关相同。

（3）刀开关的类别和型号含义。

刀开关的型号含义如下：

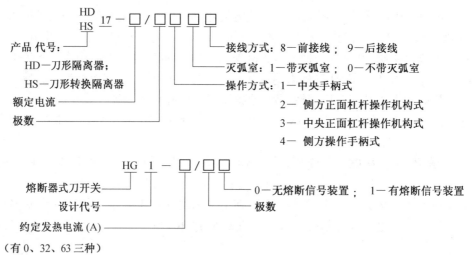

（有0、32、63三种）

2. 组合开关

组合开关又称转换开关，其操作较灵巧，靠动触片的左右旋转来代替闸刀开关的推合与拉开。

（1）组合开关的作用。在主电路中起闭合和断开的作用，适用频繁的通和断的操作。

（2）组合开关的结构组成（图10.9）。

（3）组合开关的类型、图形和文字符号（图10.10）。

3. 低压断路器

（1）低压断路器的结构与原理。低压断路器主要由三部分组成：触头和灭弧系统，各种脱扣器（包括电磁脱扣器、欠压脱扣器、热脱扣器），操作机构和自由脱扣机构（包括锁链和搭钩）。低压断路器的按钮和触头接线柱分别引出壳外，其余各组成部分均在壳内。低压断路器的结构如图10.11所示。

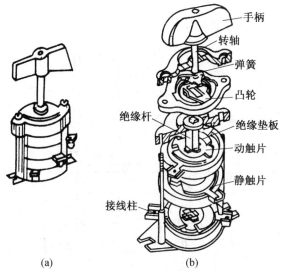

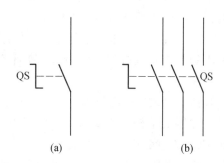

图 10.9　HZ10 – 10/3 型组合开关结构　　　　图 10.10　组合开关的图形和文字符号

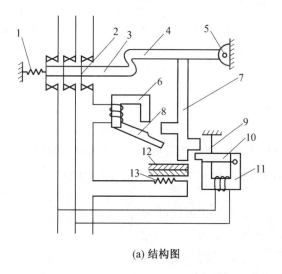

(a) 结构图　　　　　　　　　　　(b) 符号

图 10.11　低压断路器原理及符号

1— 反作用弹簧;2— 主触头;3— 销链;4— 搭钩;5— 轴;6— 电磁脱扣器;7— 杠杆;8— 电磁脱扣器衔铁;9— 贮能弹簧;10— 欠压脱扣器衔铁;11— 欠压脱扣器;12— 双金属片;13— 热元件

（2）低压断路器的常见故障与排除。

① 产生触头不能闭合故障的原因有：

a. 欠压脱扣器 11 无电压或线圈损坏,则衔铁 10 不闭合,使搭钩被顶无法锁住锁链。

b. 反作用弹簧力过大,机构不能复位再行锁扣。

针对 a,可以采取检查电源或更换线圈的方法,即可排除故障。针对 b,更换弹力较少的弹簧即可。若更换新的部件,故障不能排除,建议更换新的断路器。

② 产生自动脱扣器不能使开关分断故障的原因有：

a. 反作用弹簧 1 弹力不足。

b. 贮能弹簧 9 弹力不足。

c.机械部件卡阻。

若以上的机械故障难以修复,就只能更换新的断路器了。

10.2.4 接触器

1.接触器的作用与分类

接触器是一种可对交、直流主电路及大容量控制电路作频繁通、断控制的自动电磁式开关,它通过电磁力作用下的吸合和反作用弹簧作用下的释放使触头闭合和分断,从而控制电路的通断。

2.接触器的结构与原理

接触器的结构如图 10.12 所示。其中,电磁机构包括线圈、铁心和衔铁。

触头系统中的主触头为常开触点,用于控制主电路的通断;辅助触头包括常开、常闭两种,用于控制电路,起电气联锁作用。其他部件还包括反作用弹簧、缓冲弹簧、触头压力弹簧、传动机构和外壳等。

3.接触器的类型、主要技术参数及符号表示

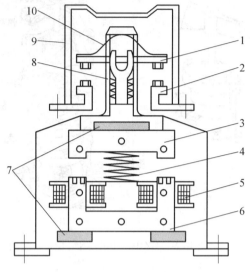

图 10.12　CJ20 系列交流接触器结构示意
1—动触桥;2—静触点;3—衔铁;4—缓冲弹簧;
5—电磁线圈;6—铁心;7—垫毡;8—触头弹簧;
9—灭弧罩;10—触头压力弹簧

目前,我国常用的交流接触器主要有 CJ20、CJX1、CJX2、CJ12 和 CJ10 等系列。引进产品中应用较多的有施耐德公司的 LC1D/LP1D 系列等,该系列产品采用模块化生产,产品本体上可以附加辅助触头、通电／断电延时触头和机械闭锁等模块,也可以很方便地组合成可逆接触器、星－三角启动器。另外,常用的交流接触器还有德国 BBC 公司的 B 系列,SIEMENS 公司的 3TB 系列等。

新产品结构紧凑,技术性能显著提高,多采用积木式结构,通过螺钉和快速卡装在标准导轨上的方式加以安装。交、直流接触器的主要技术参数有额定电压、额定电流、吸引线圈的额定电压等。接触器的图形及文字符号如图 10.13 所示。

现以 CJ20 系列为例说明接触器型号的含义:

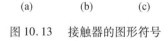

(a)　　　　(b)　　　　(c)

图 10.13　接触器的图形符号

4.接触器常见故障与排除

(1)触头过热。产生此故障的原因是:

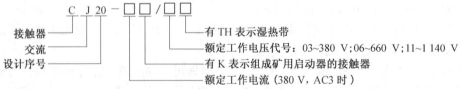

接触器————C J 20－□□/□□
交流
设计序号
　　　　　　　有 TH 表示湿热带
　　　　　　　额定工作电压代号:03~380 V;06~660 V;11~1 140 V
　　　　　　　有 K 表示组成矿用启动器的接触器
　　　　　　　额定工作电流(380 V,AC3 时)

①触头压力不足。

②触头接触不良。

③电弧将触头表面烧坏。

以上三种原因会使触头接触电阻增加,使触头过热。

（2）触头磨损。接触器磨损分为电气磨损和机械磨损两种。

① 电气磨损属于正常磨损,是因电弧高温使触头金属气化蒸发而造成的。

② 机械磨损是由触头闭合时的撞击和触头表面的相对滑动摩擦造成的。

（3）触头不复位。产生这种故障的原因是:

① 触头熔焊（电弧的高温将动、静触头焊在一起而不能分断的现象称为熔焊）。

② 反作用弹簧弹力不够。

③ 机械运动部件被卡住。

④ 铁心端面有油污。

⑤ 铁心剩磁太大。

（4）衔铁振动噪声。产生这种故障的原因是:

① 短路环损坏。

② 动、静铁心由于衔铁歪斜或端面有污垢而造成接触不良。

③ 活动部件卡阻而使衔铁不能完全吸合。

（5）线圈过热或烧毁。产生这种故障的原因是:

① 线圈匝间短路。

② 动、静铁心端面变形或有污垢,闭合后有间隙。

③ 操作过于频繁。

④ 外加电压高于线圈额定电压,电流过大,产生热效应,严重时会烧毁线圈。

10.2.5　继电器

1. 继电器的结构、作用

（1）继电器的结构。继电器的结构和工作原理与接触器相似,也是由电磁机构和触点系统组成的,但继电器没有主触点,其触点不能用来接通和分断负载电路,而均接于控制电路,且电流一般小于 5 A,故不必设灭弧装置。

（2）继电器的作用。继电器主要用于进行电路的逻辑控制,它根据输入量（如电压或电流）,利用电磁原理,通过电磁机构使衔铁产生吸合动作,从而带动触点动作,实现触点状态的改变,使电路完成接通或分断控制。

2. 常用继电器

继电器应用广泛,种类繁多,下面仅介绍常用的几种。

（1）热继电器。

① 热继电器的作用。在电力拖动控制系统中,热继电器是对电动机在长时间连续运行过程中过载及断相起保护作用的电器。

② 热继电器的结构组成。热继电器由双金属片、热元件、动作机构、触头系统、整定调整装置和手动复位装置组成,如图 10.14 所示。

③ 热继电器的工作原理。如图 10.15 所示,电动机工作运行时,电动机绕组电流流过与之串接的热元件。

④ 热继电器的型号、图形及文字符号如见图 10.16 所示。

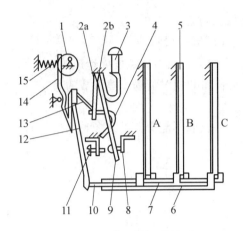

图 10.14　热继电器结构图

1— 电流调节凸轮;2a、2b— 簧片;3— 手动复位按钮;4— 弓簧;5— 主双金属片;6— 外导板;7— 内导板;8— 常闭静触点;9— 动触点;10— 杠杆;11— 复位调节螺钉;12— 补偿双金属片;13— 推杆;14— 连杆;15— 压簧

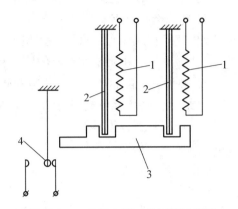

图 10.15　热继电器工作原理示意图

1— 热元件;2— 双金属片;3— 导板;4— 触头

目前我国生产并广泛使用的热继电器主要有 JR16、JR20 系列;引进产品有施耐德公司的 LR2D 系列,其特点是具有过载与缺相保护、测试按钮、停止按钮,还具有脱扣状态显示功能以及在湿热的环境中使用的强适应性。以 JR20 系列为例,其型号含义如下:

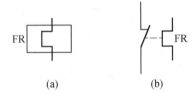

图 10.16　热继电器的图形及文字符号

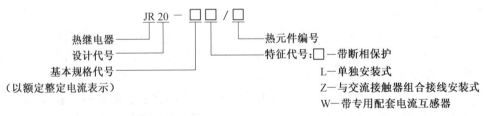

⑤ 热继电器的主要参数及选用。

a. 热继电器的整定电流:指热元件在正常持续工作中不引起热继电器动作的最大电流值。

b. 热继电器额定电流:指热继电器中可以安装的热元件的最大整定电流值。

c. 热元件的额定电流:指热元件的最大整定电流值。

(2) 时间继电器。时间继电器是一种按时间原则进行控制的继电器。它利用电磁原理,配合机械动作机构能实现在得到信号输入(线圈通电或断电)后的预定时间内的信号的延时输出(触点的闭合或断开)。时间继电器种类很多,常用的有电磁式、空气阻尼式、电动式和晶体管式等。下面以空气阻尼式时间继电器为例进行讲述。

① 通电延时型:线圈通电,延时一定时间后延时触点才闭合或断开;线圈断电,触点瞬时复位。

② 断电延时型:线圈通电,延时触点瞬时闭合或断开;线圈断电,延时一定时间后延时触点才复位。

JS7 - A 系列时间继电器由电磁机构、工作触头、气室三部分组成,其工作原理如图 10.17 所示。图 10.17(a) 中的微动开关 16 为时间继电器瞬动触头,线圈 1 通电或断电时,该触头在推板 5 的作用下均能瞬时动作。

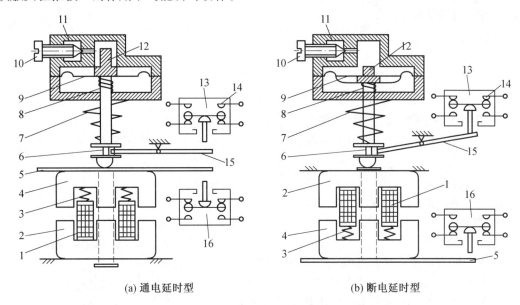

(a) 通电延时型　　　　　　　　　　　　(b) 断电延时型

图 10.17　JS7 - A 系列时间继电器工作原理

1—线圈;2—静铁心;3、7—弹簧;4—衔铁;5—推板;6—顶杆;8—弹簧;9—橡皮膜;10—螺钉;
11—进气孔;12—活塞;13、16—微动开关;14—延时触头;15—杠杆

断电延时型时间继电器的原理与结构均与通电延时型时间继电器相同,只是电磁机构翻转 180° 安装。时间继电器的图形符号如图 10.18 所示。

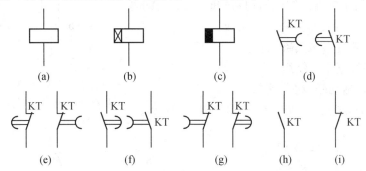

图 10.18　时间继电器的图形符号

现以我国生产的新产品 JS23 系列为例说明时间继电器的型号意义:

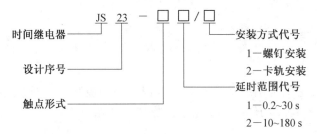

（3）电流、电压继电器。根据输入线圈电流（或电压）大小而动作的继电器称为电流（或电压）继电器。

① 电流继电器。电流继电器线圈与被测电路串联，以反应电路电流的变化。电流继电器可分为以下两种：

a. 过电流继电器：当电路过流或发生短路时立即切断电路。

b. 欠电流继电器：当电路电流过低时立即切断电路。

② 电压继电器。电压继电器也可分为以下两种：

a. 过电压继电器：整定范围为 $105\%\sim120\%U_N$。

b. 欠电压继电器：吸合电压调整范围为 $30\%\sim50\%U_N$。

下面以 JL18 系列电流继电器为例，说明电流、电压继电器的型号意义：

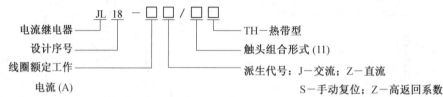

（4）中间继电器。中间继电器的作用是将一个输入信号变成多个输出信号，当其他继电器的触头对数或触点容量不够时，可借助中间继电器来扩充它们，起到中间转换的作用。

（5）速度继电器。速度继电器根据电磁感应原理制成，主要作用是在三相交流异步电动机反接制动控制电路中作转速过零的判断元件。

图 10.19 所示为速度继电器的结构原理图，由图可知，速度继电器主要由以下三部分组成：

① 转子为圆柱形永久磁铁。

② 定子为笼型空心绕组。

③ 触点：包括动断、动合触点。

速度继电器的图形及文字符号如图 10.20 所示。

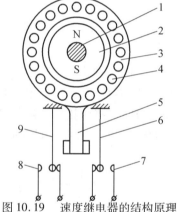

图 10.19　速度继电器的结构原理
1—转轴；2—转子；3—定子；4—绕组；
5—摆锤；6、9—簧片；7、8—静触点

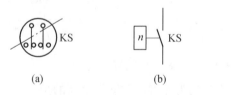

图 10.20　速度继电器的图形及文字符号

10.2.6　主令电器

1. 控制按钮

控制按钮简称按钮，是最常用的主令电器。按钮为手动控制，可作远距离电气控制使用。按钮的结构示意如图 10.21 所示，其图形及文字符号如图 10.22 所示。

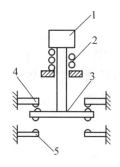

图 10.21　按钮结构示意

1— 按钮帽;2— 复位弹簧;3— 动触头;

4— 常闭静触头;5— 常开静触头

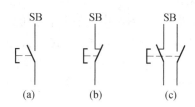

图 10.22　按钮的图形和文字符号

按钮根据实际工作需要组成多种结构形式,如 LA18 系列按钮采用积木式结构,触头数量按需要拼装,最多可至六对常开触点和六对常闭触点。工作中为便于识别不同作用的按钮,避免误操作,国标《电工成套装置中的指示灯和按钮颜色》(GB 2682—81) 对其颜色规定如下:

(1) 停止和急停按钮:红色。按红色按钮时,必须使设备断电、停车。

(2) 启动按钮:绿色。

(3) 点动按钮:黑色。

(4) 启动与停止交替按钮:必须是黑色、白色或灰色,不得使用红色和绿色。

(5) 复位按钮:必须是蓝色;当其兼有停止作用时,必须是红色。

2. 行程开关

行程开关又称限位开关,用于机械设备运动部件的位置检测,是利用生产机械某些运动部件的碰撞来发出控制指令,以控制其运动方向或行程的主令电器。

行程开关从结构上可分为操作机构、触头系统和外壳三部分。图 10.23(a) 为行程开关的外形,图中的单轮和径向传动杆式行程开关可自动复位,而双轮行程开关则不能自动复位。行程开关结构如图 10.23(b) 所示,当移动物体碰撞推杆或滚轮时,通过内部传动机构使微动开关触头动作,即常开、常闭触点状态发生改变,从而实现对电路的控制作用。

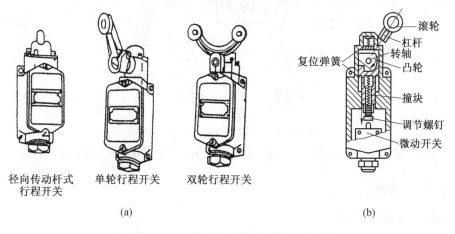

图 10.23　行程开关外形及结构示意图

图 10.24 为行程开关的图形和文字符号。

3. 万能转换开关

万能转换开关主要用于低压断路操作机构的分合闸控制，各种控制电路的转换，电气测量仪器的转换，也可用于小容量异步电动机的启动、调速和换向控制，还可用于配电装置电路的转换及遥控等。万能转换开关单层结构示意图如图 10.25 所示。万能转换开关的图形符号如图 10.26 所示。

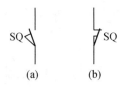

图 10.24 行程开关的图形和文字符号

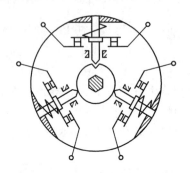

图 10.25 万能转换开关单层结构示意图

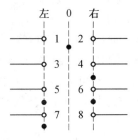

图 10.26 万能转换开关的图形符号

4. 主令控制器

主令控制器是用来按顺序频繁切换多个控制电路的主令电器,主要用于轧钢及其他生产机械的电力拖动控制系统,也可在起重机电力拖动系统中对电动机的启动、制动和调速等进行远距离控制。

主令控制器的结构示意图如图 10.27 所示,主要由转轴、凸轮块、动静触头、定位机构及手柄等组成。其触点为双断点的桥式结构,通常为银质材料,操作轻便,允许每小时接电次数较多。

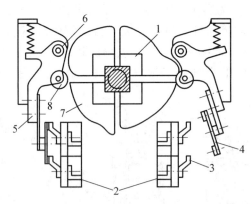

图 10.27 主令控制器结构示意图

1、7— 凸轮块;2— 接线柱;3— 静触头;4— 动触头;5— 支杆;6— 转轴;8— 小轮

10.2.7 熔断器

1. 熔断器的结构与原理

熔断器主要由熔体和熔座两部分组成。熔体由低熔点的金属材料(铅、锡、锌、银、铜及

合金）制成丝状或片状,俗称保险丝。工作中,熔体串接于被保护电路,既是感测元件,又是执行元件;当电路发生短路或严重过载故障时,通过熔体的电流势必超过一定的额定值,使熔体发热,当达到熔点温度时,熔体某处自行熔断,从而分断故障电路,起到保护作用。熔座(或熔管)是由陶瓷、硬质纤维制成的管状外壳。熔座的作用主要是为了便于熔体的安装并作为熔体的外壳,在熔体熔断时兼有灭弧的作用。

2. 熔断器的类型

（1）瓷插式熔断器:多用于低压分支电路的短路保护,常见型号为 RC1A 系列,其外形结构及符号如图 10.28 所示。

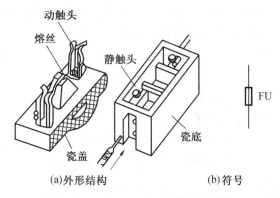

图 10.28　RC1A 系列瓷插式熔断器

（2）螺旋式熔断器:多用于机床电气控制电路的短路保护,其结构如图 10.29 所示。此类熔断器在瓷帽上有明显的分断指示器,便于发现分断情况;换熔体简单方便,不需任何工具。目前常用螺旋式熔断器新产品有 RL6、RL7 系列。

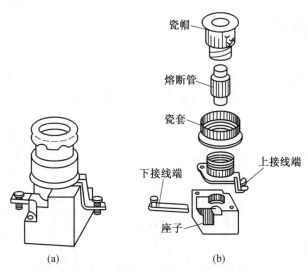

图 10.29　RL1 系列螺旋式熔断器

（3）封闭管式熔断器:此类熔断器可分为以下三种。

① 无填料:多用于低压电网、成套配电设备的保护,型号有 RM7、RM10 系列等。

② 有填料:熔管内装有 SiO_2(石英砂),用于具有较大短路电流的电力输配电系统,常见型号为 RT0 系列。

③快速:主要用于硅整流管及其成套设备的保护,其特点是熔断时间短,动作快;常用型号有 RLS、RSO 系列等。

(4)自复式熔断器:特点是能重复使用,不必更换熔体;其熔体采用金属钠,利用它常温时电阻很小,高温气化时电阻值骤升,故障消除后温度下降,气态钠回归固态钠,良好导电性恢复的特性制作而成。

3. 熔断器的选择

(1)类型选择:由电气控制系统电路要求、使用场合和安装条件的整体设计而定。

(2)额定电压选择:熔断器额定电压应不小于电路的工作电压。

(3)额定电流选择:熔断器额定电流必须大于或等于所装熔体的额定电流。

(4)熔体额定电流选择:具体选择方法可遵循以下四条原则。

① 保护一台电动机时,应对电动机启动冲击电流予以考虑,故熔体额定电流的要求为

$$I_{fN} \geqslant (1.5 \sim 2.5)I_N$$

式中:I_{fN} 为熔体额定电流;I_N 为电动机的额定电流。

② 保护多台电动机时,熔体应在出现尖峰电流时不致熔断,通常将容量最大电动机启动,其他电动机正常工作时出现的电流视为尖峰电流,故

$$I_{fN} \geqslant (1.5 \sim 2.5)I_{Nmax} + \sum I_N$$

③ 电路上、下两级均设短路保护时,两级熔体额定电流的比值不小于 1.6∶1,以使两级保护达到良好配合。

④ 照明电路、电炉等阻性负载因没有冲击电流,可取

$$I_{fN} \geqslant I_e$$

式中,I_e 为电路工作电流。

10.2.8　新型器件

1. 微型继电器

与普通继电器相比,微型继电器具有体积小,质量轻,容量大,可靠性高,功耗低,寿命长等优点,因此被广泛应用于电子设备、自动化仪表、计算机、电子回路的输入／输出接口和可编程序控制器等方面。

2. 极化继电器

极化继电器和通用继电器不同,其磁路中由永久磁铁组成极化磁路,因此继电器的动作与输入信号的极性有关,其工作原理如图 10.30 所示。

线圈断电后,极化磁通和复原弹簧对衔铁共同作用的结果可使衔铁处在下面三个不同的位置。

(1)中间位置:为三位置极化继电器磁路,当线圈中无电流时,衔铁处于中间位置;当通以不同方向的电流时,衔铁分别吸向左边或右边,动触点分别与左、右静触头接触。

(2)偏倚位置:为偏倚式极化继电器磁路,只有通以一定方向的线圈电流,继电器才能动作,当线圈

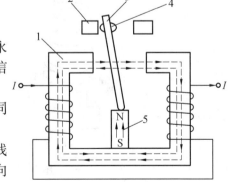

图 10.30　极化继电器原理图
1— 铁心;2— 静触头;3— 衔铁;
4— 动触头;5— 永久磁铁

断电后,衔铁又回到原来的位置。

(3) 任意极面上:为双稳态极化继电器磁路,线圈通电并动作后,当线圈断电时,衔铁继续保持在通电动作位置上;当通以相反方向电流时,衔铁吸向另一方;当再次断电时,衔铁继续保持在该位置上。

3. 磁保持继电器

磁保持继电器的动作原理与双稳态极化继电器极为相似,因此又称为双稳态闭锁继电器、脉冲继电器。

磁保持继电器有以下特点:

(1) 使继电器动作的输入信号有极性要求,即该继电器有鉴别输入信号极性的能力。

(2) 继电器线圈断电后,继电器仍能保持通电工作时的状态,即该继电器有记忆功能。

(3) 只要有一个很短的输入脉冲,继电器就能动作,这以后可以不再消耗功率,因此磁保持继电器特别省电,适用于电源困难的场合。

(4) 磁钢吸持力比较大,而且一般采用平衡力结构,因此磁保持继电器能承受较强的震动和冲击。

(5) 由于磁路有两个工作气隙,在两种磁通的共同作用下,一边的磁通相叠加,一边相减,因而衔铁动作较快,衔铁的行程也可以做得较大,适宜做成大负荷继电器。

4. 舌簧式继电器

图 10.31 所示为一种典型的舌簧式继电器的外形图,它以套在线圈上的舌簧管为主体结构。舌簧管用玻璃管密封,舌簧片由磁性材料制成,由冷加工变形及热处理控制,使它具有合适的弹性和较好的磁性。

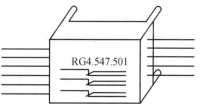

接触部分用铁镍合金制成的半硬磁舌簧片可制成剩磁性舌簧继电器,由于半硬磁舌簧片的辅助作用,其灵敏度和动作速度均优于普通舌簧继电器。

图 10.31　舌簧式继电器外形图

5. 固态继电器

固态继电器是一种具有类似电磁式继电器功能,输入回路与输出回路隔离,无机械运动机构的继电器,由于是无触点结构,因此称为固态继电器。由半导体器件或电子电路功能块与电磁式继电器组成的继电器称为混合式固态继电器。固态继电器与电磁式继电器相比有明显的优点。

(1) 固态继电器的优点:

① 无运动零件,因此动作速度快,接触可靠,抗震动、冲击性能好,无动作噪声。

② 无燃弧触点,对其他电路干扰小,没有因火花而引起爆炸的危险。

③ 输入功率小,灵敏度高。

④ 容易做成多功能继电器。

⑤ 使用寿命长。

(2) 固态继电器的分类:

① 按负载性质分为直流和交流两种。

② 按输入与输出的隔离形式分为光电隔离(包括光电耦合和光控可控硅等)、变压器隔离和干簧继电器隔离等。

③ 按封装结构分为塑封型、金属壳全密封型、环氧树脂灌封型和无定型封装型固态继电器等。

6.时间继电器

（1）晶体管时间继电器（图 10.32）。在自动控制系统中,常需要一种延迟一定时间后再动作的时间继电器。目前,随着电子技术的发展,晶体管时间继电器得到广泛的应用。这种继电器种类很多,最基本的有延时吸合和延时释放两种,它们大多是利用电容充放电原理来达到延时目的的。

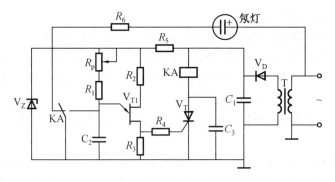

图 10.32　JJSB1 型晶体管时间继电器电路原理图

（2）数字式时间继电器。图 10.33 所示为数字式时间继电器原理方框图,其工作原理如下:接通电源后,经过时基电路分频将数字信号送到计数电路进行计数,当计数达到时限选择电路所整定的数字时,通过驱动电路使继电器 K 得电,带动其常开触头和常闭触头动作,闭合或分断控制电路,同时向显时器发出显时信号,完成一次延时控制。

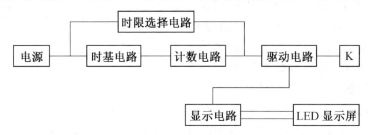

图 10.33　数字式时间继电器工作原理框图

7.表面贴装继电器简介

电子技术的飞速发展对印刷电路板的安装密度提出了新的要求。安装间隔为 12.5 mm甚至更小的插板式安装将为大多数整机所采用。由于表面贴装技术不需要对电路板打孔,因而表面贴装元件得到了长足的发展。

8.温度继电器

温度继电器主要用于对电动机、变压器和一般电气设备的过载、堵转、非正常运行引起的过热进行保护。使用时,将温度继电器埋入电机绕组或介质中,当绕组或介质温度超过允许温度时,继电器就快速动作切断电路,使电器不会损坏;当温度下降到复位温度时,继电器又能自动复位。

10.3　电气控制电路基本环节

10.3.1　三相笼型异步电动机全压启动控制

三相笼型异步电动机坚固耐用,结构简单,且价格经济,在生产机械中应用十分广泛。电动机的启动是指其转子由静止状态转为正常运转状态的过程,在此过程中电动机启动电流将增至额定值的 4 ~ 7 倍,会造成供电电路电压的波动。另外,频繁的启动产生的较高热量会加快线圈和绝缘的老化,影响电动机使用寿命。

1. 单向全压启动控制电路

单向全压启动控制电路如图 10.34 所示,图中左侧为主电路,由刀开关 QS、熔断器 FU1、接触器 KM 主触点、热继电器 FR 的热元件和电动机 M 构成;右侧控制电路由熔断器 FU$_2$、热继电器 FR 常闭触点、停止按钮 SB$_1$、启动按钮 SB$_2$、接触器 KM 常开辅助触点和它的线圈构成。

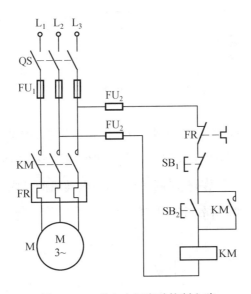

图 10.34　单向全压启动控制电路

（1）工作原理。电动机启动时,刀开关 QS 置于闭合位置,三相电源引入。按下 SB$_2$,KM 线圈得电,其主触头吸合,电机单向全压启动。KM 的辅助常开触头闭合,起自锁作用。按下 SB$_1$,KM 线圈失电,主触头和辅助触头都复位,电机停转。

（2）保护环节。

① 短路保护:熔断器 FU$_1$、FU$_2$ 分别作主电路和控制电路的短路保护,当电路发生短路故障时能迅速切断电源。

② 过载保护:通常生产机械中需要持续运行的电动机均设过载保护,其特点是过载电流越大,保护动作越快,但不会受电动机启动电流影响而动作。

③ 失压和欠压保护:依靠接触器自身电磁机构实现失压和欠压保护。

2. 点动控制电路

实际生产中,生产机械常需点动控制,如机床调整对刀和刀架、立柱的快速移动等。所谓点动,指按下启动按钮,电动机转动;松开按钮,电动机停止运动。与之对应的,若松开按钮后能使电动机持续工作,则称为长动。区分点动与长动的关键是控制电路中控制电器得电后能否自锁,即是否具有自锁触点。点动控制电路如图10.35所示。

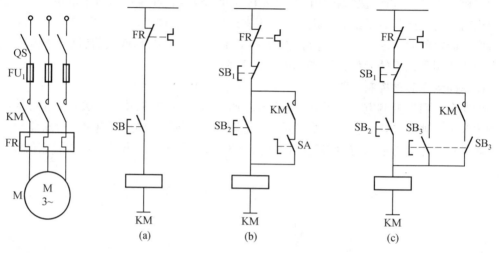

图 10.35　点动控制电路

3. 正反转控制电路

生产实践中,许多设备均需要两个相反方向的运行控制,如机床工作台的进退、升降以及主轴的正反向旋转等。此类控制均可通过电动机的正转与反转来实现。由电动机原理可知,电动机三相电源进线中任意两相对调,即可实现电动机的反向运转。通常情况下,电动机正反可逆运行操作的控制电路如图10.36所示。

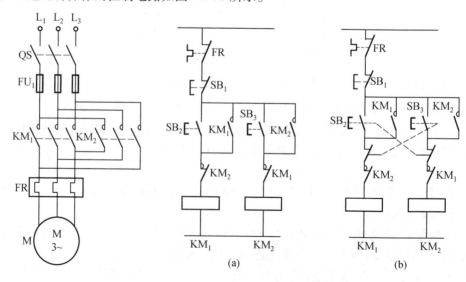

图 10.36　正反转控制电路

（1）"正—停—反"控制。由图 10.36（a）可见,接触器 KM$_1$、KM$_2$ 的主触点在主电路中构成正、反转相序接线,两者的辅助常闭触点分别接于对方线圈电路中。

（2）"正—反—停"控制。图 10.36（b）将图 10.36（a）中的启动按钮均换为复合按钮,则该电路为按钮、接触器双重联锁的控制电路。

4. 自动往复循环控制

自动往复循环控制是利用行程开关按机床运动部件的位置或机件的位置变化来进行的控制,通常称为行程控制。生产中常见的自动循环控制有龙门刨床、磨床等生产机械的工作台的自动往复控制,工作台行程示意及控制电路如图 10.37 所示。

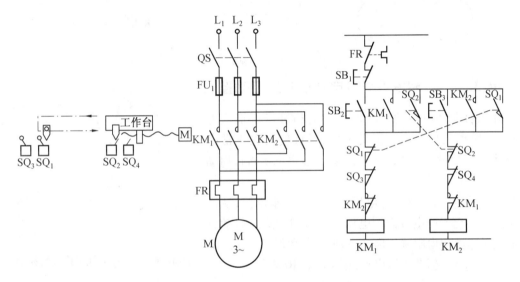

图 10.37　自动循环控制电路

5. 多点控制

多点控制是指在两地或两个以上地点进行的控制操作,多用于规模较大的设备,以方便操作。此类电路应具有多组按钮,且这多组按钮的连接原则为:常开按钮均相互并联,组成"或"逻辑关系;常闭按钮均相互串联,组成"与"逻辑关系。图 10.38 为两地控制,遵循以上原则还可实现三地及更多点的控制。

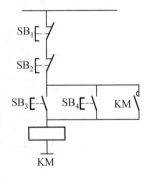

图 10.38　两地控制电路

6. 顺序控制

一般机械设备的拖动电动机常按一定的顺序控制要求,对控制电路提出顺序工作的联锁要求,此类电路属于顺序启动控制或称条件控制电路(图 10.39)。

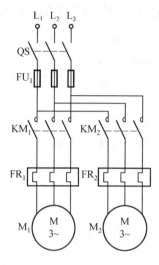
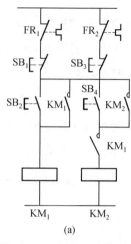
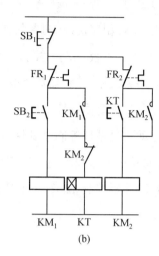

图 10.39　顺序启动控制电路

10.3.2　三相笼型异步电动机降压启动控制

降压启动是指启动时降低加在电动机定子绕组上的电压，启动后再将电压恢复至额定值，使之在正常电压下运行。容量大于 10 kW 的笼型异步电动机直接启动时，启动冲击电流为额定值的 4～8 倍，故一般均需采用相应措施降低电压，即减小与电压成正比的电枢电流，从而在电路中不至于产生过大的电压降。常用的降压启动方式有定子电路串电阻降压启动、星形－三角形（Y－△）降压启动和自耦变压器降压启动（图 10.40、10.41）。

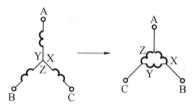

图 10.40　Y－△ 绕组连接转换图

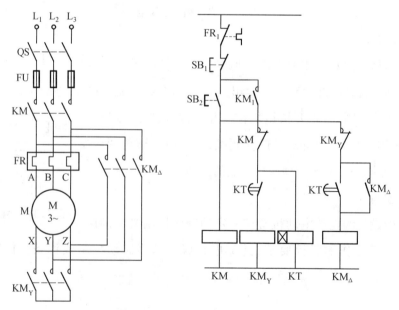

图 10.41　Y－△ 降压启动电路

10.3.3   三相笼型异步电动机制动控制

1. 能耗制动控制

能耗制动控制的工作原理:在三相电动机停车切断三相交流电源的同时,将一直流电源引入定子绕组,产生静止磁场,电动机转子由于惯性仍沿原方向转动,则转子在静止磁场中切割磁力线,产生一个与惯性转动方向相反的电磁转矩,实现对转子的制动。能耗制动控制电路如图 10.42 所示,图中变压器 TC、整流装置 VC 提供直流电源。

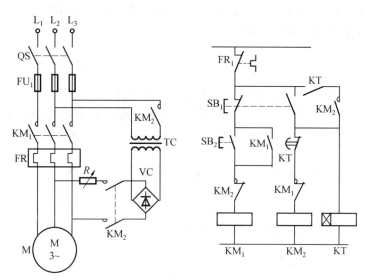

图 10.42   能耗制动控制电路

2. 反接制动控制

反接制动控制的工作原理:改变异步电动机定子绕组中的三相电源相序,使定子绕组产生方向相反的旋转磁场,从而产生制动转矩,实现制动。反接制动要求在电动机转速接近零时及时切断反相序的电源,以防电动机反向启动,其实现电路如图 10.43 所示。

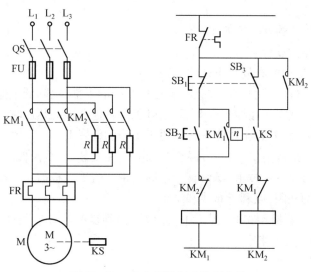

图 10.43   单向反接制动控制电路

10.4 电气控制系统设计

电气控制系统设计的基本任务是根据生产机械的控制要求,设计和完成电控装置在制造、使用和维护过程中所需的图样和资料。这些工作主要反映在电气原理和工艺设计中,具体来说,需完成下列设计项目:

(1) 拟定电气设计技术任务书。

(2) 提出电气控制原理性方案及总体框图(电控装置设计预期达到的主要技术指标、各种设计方案技术性能比较及实施可能性)。

(3) 编写系统参数计算书。

(4) 绘制电气原理图(总图及分图)。

(5) 选择整个系统的电气元器件,提出专用元件的技术指标并给出元器件明细表。

(6) 绘制电控装置总装、部件、组件、单元装配图(元器件布置安装图)和接线图。

(7) 标准构件选用与非标准构件设计(包括电控箱(柜)的结构与尺寸、散热器、导线、支架等)。

(8) 绘制装置布置图、出线端子图和设备连线图。

(9) 编写操作使用、维护说明书。

10.4.1 电气控制电路的工艺设计

1. 电气设备总装图的设计

各种电动机及各类电器根据各自的作用,都有一定的安装位置,在电路中进行实际安装时,一定要分门别类进行整理,画出它们在电路中的安装位置即总装图,这样在进行安装时就可以做到心中有数。总装图的设计一般依据以下原则进行:

(1) 功能类似的元件尽量组合在一起。

(2) 尽可能减少组件之间的连线数量。

(3) 力求整齐美观。

(4) 电器在箱体内的安装要便于检修。

2. 元器件布置图的设计

电气柜、板上元器件的布局按下述原则设计:

(1) 体积大和质量较重的元器件宜安装在控制柜的下部,以降低柜体重心。

(2) 发热元器件宜安装在控制柜上部,以避免对其他器件的热影响。

(3) 需经常维护、调节的元器件安装在便于操作的位置上。

(4) 外形尺寸与结构类似的元器件放在一起,以便安装、配线及使外观整齐。

(5) 电器元件布置不宜过密,要留有一定的间距。若采用板前走线槽配线方法,应适当加大各排电器元件的间距,以利于布线和维护。

(6) 将散热器及发热元件置于风道中,以保证得到良好的散热条件。而熔断器应置于风道外,以避免改变其工作特性。

3. 电气接线图的设计

接线图是电控设备进行柜内布线的依据,它是根据系统电气原理图及电器元件布置图绘制的。接线图应按以下要求绘制：

（1）接线图应按布置图上的元器件的相对位置绘出元器件对应的图形符号或简化外形图，并标出其代号和端线号。

（2）所有元器件代号和端线号必须与电气原理图中元器件的代号和端线号一致。

（3）与原理图不同，接线图上同一电器元件的各部分（如继电器的触头与线圈等）必须画在一起。

（4）接线图的连线可用连续线条（单线或束线）加线号表示，也可用中断线加去向表示（图 10.45）。

（5）接线图绘制必须符合《电气制图接线图与接线表》（GB 69885—86）的规则。

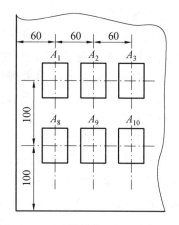

图 10.44　元器件布置图（单位：mm）

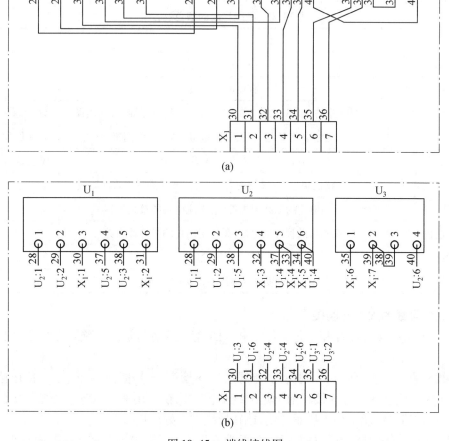

图 10.45　端线接线图

4. 导线的选择

控制电路中的导线截面应按规定的截流量选择。

考虑到机械强度需要,对于低压电控设备的控制导线,通常采用 $1.5\ mm^2$ 或 $2.5\ mm^2$ 的导线。低压电控设备控制电路采用截面不宜小于 $0.75\ mm^2$ 的单芯铜绝缘线,或不宜小于 $0.5\ mm^2$ 的多芯铜绝缘线。对于电流很小的电路(电子逻辑电路和信号电路),导线最小截面积不得小于 $0.2\ mm^2$。

5. 元器件及材料清单的汇总

在电气控制系统原理设计及工艺设计结束后,应根据各种图纸,对本设备需要的各种零件及材料进行综合统计,按类别划出外购件汇总清单、标准件清单、主要材料消耗核算表及辅助材料消耗核算表。

10.4.2 电气配线工艺

1. 绝缘导线的种类和颜色

(1)绝缘导线的种类。绝缘导线可分为绝缘硬线(俗称单股线)、绝缘软线(俗称多股线)和绝缘屏蔽电线。按照绝缘层可分为橡胶绝缘和塑料绝缘导线。

(2)绝缘导线的颜色。绝缘导线的颜色作为一种标识,可以表示不同相序或某种使用功能,属安全标志之一。其颜色及含义见表10.2。

表 10.2　绝缘导线的颜色及含义

颜　色	标　志　意　义	备　注
黑色	装置和设备内部配线	
棕色	直流电路正极	
红色	三相电路的 W 相;三极管的集电极;二极管或晶闸管的阴极	W 相原称 C 相
黄色	三相电路 U 相;三极管的基极;晶闸管的门极	U 相原称 A 相
绿色	三相电路 V 相	V 相原称 B 相
蓝色	直流电路的负极;三极管的发射极;二极管或晶闸管的阳极	
淡蓝色	三相电路的零线或中性线;直流电路的接地中线	
白色	双向晶闸管的主电极;无指定用色的半导体电路	
黄绿双色	安全用接地线	
红黑并行	用双芯导线或双根绞线连接的交流电路	

2. 绝缘导线的加工与连接

配线前,应按设计图样和工艺文件要求,对绝缘导线进行加工。绝缘导线的加工顺序如下:

导线拉直 → 定尺剪线 → 剥头(去绝缘层) → 捻头 → 热搪锡 → 清洗 → 冷压接端头

(1)螺钉连接。螺钉连接目前仍是配线工艺中比较常用的电气连接方法,为了增大接触面积,往往通过铜质平垫圈压紧导线,或在导线剥头处压接端头。

(2)锡焊。锡焊属于钎焊的一种,在配线工艺中用于弱电回路和导线截面较小、电流密度不大的强电回路。

（3）绕接。绕接将金属导线通过足够的压力缠绕在接线柱上，使两种金属的接触点产生一定的压强，在这种压强的作用下而引起的塑性变形，导致两种金属的强力结合，实现电气连接的目的，如图 10.46 所示。

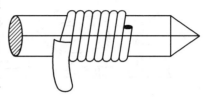

图 10.46　绕接

（4）插接。插接是用一连接片（插头、插片）插入一插套中，使两导电体产生一定接触压力并有大面积接触，从而实现电气连接的一种快速连接方法，如图 10.47 所示。

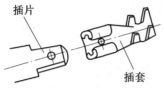
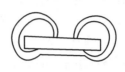

（a）插片与插套　　　　（b）导电接触

图 10.47　插接

（5）压接。压接又称冷压连接，用冷压接工具或设备对导线和接线端头施加一定的压力，使导线和接线端头达到可靠连接的目的。

① 压接工具和设备。压接工具和设备按其动力分类，有手动式压接钳、气动式压接钳、油压式压接机、半自动压接机和自动压接机等。图 10.48 所示为双口压线钳。

② 冷压接线片（端头）。冷压用的接线片有管材和板材两种。板材制造的接线片，其合缝处必须用银钎焊封缝，如图 10.49 所示。

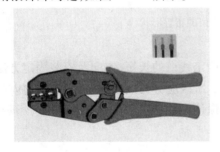
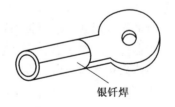

银钎焊

图 10.48　双口压线钳图　　　图 10.49　冷压接线片

③ 压接工艺。

a. 压接时，钳口、导线和端头的规格必须相配。

b. 压接钳的使用必须严格按照其使用说明正确操作。

c. 每个冷压端头只允许压接同等规格的一根导线。

d. 压接时，必须使端头的焊缝对准钳口凸模。

e. 压接时，必须在压接钳全部闭合后才能打开钳口。

f. 压接接头要求如图 10.50（单位：mm）所示。

3. 布线的基本要求及方法

布线的基本要求及方法如图 10.51（单位：mm）所示。

（1）导线连接。导线接线正确，应符合配线图的要求。

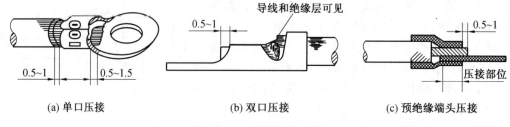

图 10.50　压接接头要求

（2）导线排列。

①横平竖直,即各线束与箱体呈水平或垂直排列。

②整齐划一,即各柜、屏及各线束布线方式一致,走向一致,捆扎与固定方式及间距一致,线束各层高度一致,垂直位置一致。

③牢固美观,即各线束中的线均拉直、捆扎并固定牢固。

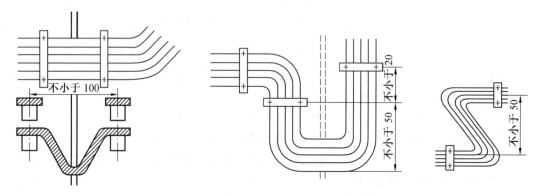

图 10.51　线束的布置形状

（3）下线。

①根据装置的结构形式、元器件的位置确定线束的长短、走向及安装固定方法。

②装有电子器件的控制装置,一次线和二次线应分开走,尽可能各走一边。

③过门线一律采用多股软线,下线长度保证门开到极限位置时不受拉力影响。

（4）接线和行线。

行线方式分为捆扎法和行线槽法。

①捆扎法:布线以后,在各电路之间不致产生相互干扰或耦合的情况下,对相同走向的导线可以采用捆扎法形成线束。

②行线槽法:行线槽法布线将导线按走向分为水平和垂直两个方向布放在行线槽内,而不必对导线施行捆扎。

导线线端的标号方向以阅读方便为原则,一般为水平方向从左至右、垂直方向从下往上,如图 10.52 所示。

当一次母线和二次电路相连接时,需要在母线上靠边缘约 10 mm 处钻孔用螺钉固定,导线的绝缘层应适当剥长。遇到铝母线时,在接触面上涂固体薄膜保护剂以防腐蚀,如图 10.53 所示（单位:mm）。

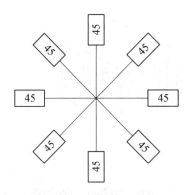

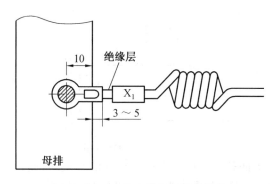

图 10.52   标号方向

图 10.53   二次电路与母线的连接

4. 配线附件

(1) 导线标记附件:

① 标志牌。

② 自粘标志带。

③ 套管。

④ 标志管(10.54)。

图 10.54   标志管的使用

(2) 冷压接端头。

① OT 型和 UT 型冷压接端头用于多股软线压接后再与接线端子用螺母连接的导线连接,其外形如图 10.55 所示。

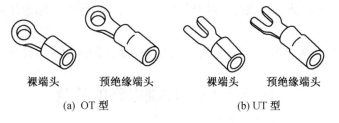

裸端头　　　预绝缘端头　　　裸端头　　　预绝缘端头

(a) OT 型　　　　　　　　(b) UT 型

图 10.55   OT 型和 UT 型端头

② GT 型管状冷压接端头用于多股软线剥头后的压接,以防在实现电气连接时可能因多股线芯散离而造成接触不良,其外形如图 10.56 所示。

(3) 接线座。接线座是用于实现柜内装置之间、元器件和装置与外部电路(电缆) 电气连接的接线附件。

(4) 行线槽。行线槽用于在配线过程中布放导线,其外形如图 10.57 所示。

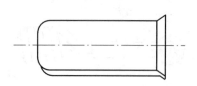

图 10.56　GT 型管状端头

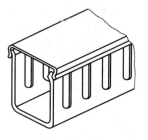

图 10.57　行线槽

（5）捆扎带。捆扎带用于捆扎法布线时捆扎导线束,目前多用的是尼龙捆扎带,如图 10.58 所示。

（6）其他附件。在配线过程中,除上面所介绍的各种接线附件外,常见的其他附件还有:

① 塑料夹,适用于固定直径为 12 mm、16 mm、20 mm、25 mm 的线束。

② 缠绕带,适用于保护直径为 5 mm、10 mm、15 mm、22 mm、25 mm 的线束。

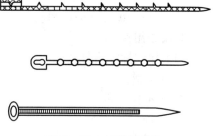

图 10.58　尼龙捆扎带

③ 固定座,适用于固定直径为 10 mm、15 mm、20 mm 的线束。

④ 波纹管,适用于保护直径为 10 mm、13 mm、16 mm、23 mm、29 mm、36 mm 的导线或线束。

⑤ 自粘吸盘,规格为 15 mm×20 mm、20 mm×20 mm、30 mm×30 mm、38 mm×38 mm,有强力胶可贴于设备内,与捆扎带配合使用,用于固定导线线束。

⑥ 单螺栓固定夹,适用于固定直径为 5 mm、8 mm、10 mm、16 mm、20 mm、24 mm、30 mm 的线束。

⑦ 护线齿条,适用于保护板厚为 1 mm、2 mm、3 mm 的屏板开孔的导线线束。

⑧ 热缩管,内径为 1.2 mm、1.6 mm、2.2 mm、3.2 mm、4.8 mm、9.6 mm、12 mm、35 mm、40 mm、50 mm、60 mm、70 mm,套入导线后加热而收缩,起保护与标志作用,收缩率为 50% 左右。

⑨ 齿形垫圈,规格为 M3 ~ M12,用于刺破喷涂层达到接地连续性要求。

10.5　电气控制电路的检修

10.5.1　电气控制电路的检查步骤

1.故障调查

电路出现故障,切忌盲目乱动,在检修前应对故障发生情况进行尽可能详细的调查。

（1）问:询问操作人员故障发生前后电路和设备的运行状况,发生时的迹象,如有无异响、冒烟、火花及异常振动;故障发生前有无频繁启动、制动、正反转、过载等现象。

（2）听:在电路和设备还能勉强运转而又不致扩大故障的前提下,可通电启动运行,倾听有无异响,如有应尽快判断出异响的部位后迅速停车。

（3）看:触头是否烧蚀、熔毁;线头是否松动、松脱;线圈是否发高热、烧焦,熔体是否熔断;脱扣器是否脱扣等;其他电气元件有无烧坏、发热、断线,导线连接螺钉是否松动,电动机的转速是否正常。

（4）摸:刚切断电源后,尽快触摸检查线圈、触头等容易发热的部分,看温升是否正常。

（5）闻:用嗅觉器官检查有无电器元件发高热和烧焦的异味。

2. 根据电路、设备和结构及工作原理查找故障范围

弄清楚被检修电路、设备的结构和工作原理,是循序渐进、避免盲目检修的前提。检查故障时,先从主电路入手,看拖动该设备的几个电动机是否正常;然后逆着电流方向检查主电路的触头系统、热元件、熔断器、隔离开关及电路本身是否有故障;接着根据主电路与控制电路之间的控制关系,检查控制回路的电路接头、自锁或联锁触点、电磁线圈是否正常,检查制动装置、传动机构中工作不正常的范围,从而找出故障部位。如能通过直观检查发现故障点,如线圈脱落、触头（点）、线圈烧毁等,则检修速度更快。

3. 从控制电路动作程序检查故障范围

通过直接观察无法找到故障点,断电检查仍未找到故障时,可对电气设备进行通电检查。通电检查前要先切断主电路,让电动机停转,尽量使电动机和其所传动的机械部分脱开,将控制器和转换开关置于零位,行程开关还原到正常位置;然后用万用表检查电源电压是否正常,有否缺相或严重不平衡。

4. 利用仪表检查

电气修理中,对电路的通断,电动机绕组、电磁线圈的直流电阻,触头（点）的接触电阻等是否正常,可用万用表相应的电阻挡检查;对电动机三相空载电流、负载电流是否平衡,大小是否正常,可用钳形电流表或其他电流表检查;对三相电源电压是否正常、是否一致,对电器的有关工作电压、电路部分电压等可用万用表检查;对电路、绕组的有关绝缘电阻,可用兆欧表检查。

5. 机械故障的检查

在电气控制电路中,有些动作是由电信号发出指令,由机械机构执行驱动的。如果机械部分的联锁机构、传动装置及其他动作部分发生故障,即使电路完全正常,设备也不能正常运行。在检修中,应注意机构故障的特征和表现,探索故障发生的规律,找出故障点,并排除故障。

10.5.2　电气控制电路的检查方法

1. 断路故障的检修

（1）试电笔检修法。试电笔检修断路故障的方法如图 10.59 所示。检修时用试电笔依次测试 1、2、3、4、5、6 各点,测到哪点试电笔不亮,即表示该点为断路处。

（2）电压表法。在图 10.60 所示的电路中,按下启动按钮 SB₂,万用表置于 500 V 交流电压挡,把黑表笔作固定笔固定在相线 L₂ 端,以醒目的红表笔作移动笔,并触及控制电路中间位置任一触点的任意一端。

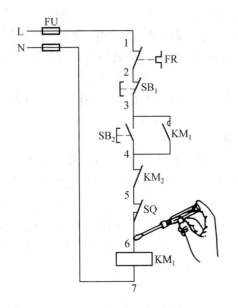

图 10.59　试电笔检修断路故障

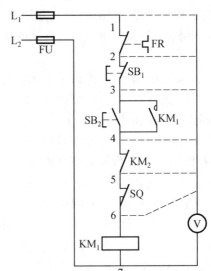

图 10.60　电压表法查找触点故障示意图

（3）欧姆表法。在图 10.61 电路中，按下启动按钮 SB_2，接触器 KM_1 不吸合，该电气回路有断路故障。在查找故障点前首先把控制电路两端从控制电源上断开，万用表置于 $R \times 1 \ \Omega$ 挡。

注意下列几点：

① 用电阻测量法检查故障时一定要断开电源。

② 如被测的电路与其他电路并联，则必须将该电路与其他电路断开，否则所测得的电阻值是不准确的。

③ 测量高电阻值的电器元件时，把万用表的选择开关旋转至适合的电阻挡。

④ 短接法。短接法用一根绝缘良好的导线，把

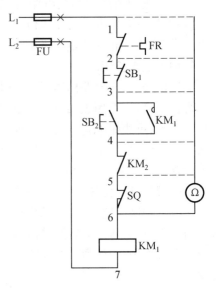

图 10.61　欧姆表法查找触点故障示意图

所怀疑断路的部位短接，如短接过程中电路被接通，就说明该处断路。

图 10.62 中的 SB 是装在绝缘盒里的试验按钮（型号为 LA18 – 22，电压为交流 550 V、直流 440 V，电流为 5 A），它有两根引线，引线端头可分别采用黑色与红色鱼夹。

短接法检查故障时应注意下述几点：

① 短接法是用手拿绝缘导线带电操作的，因此一定要注意安全，避免触电事故发生。

② 短接法只适用于检查压降极小的导线和触点之间的断路故障，对于压降较大的电器，如电阻、线圈、绕组等断路故障，不能采用短接法，否则会出现短路故障。

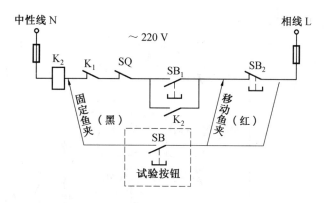

图 10.62　短接法查找触点故障示意图

③ 对于机床的某些要害部位,必须在保障电气设备或机械部位不会出现事故的情况下才能使用短接法。

2. 短路故障的检修

(1) 电源间短路故障的检修。电源间短路故障一般是通过电器的触点或连接导线将电源短路的,如图 10.63 所示。行程开关 SQ 中的 3 与 0 点因某种原因形成连接将电源短路,电源合上,熔断器 FU 就熔断。

(2) 电器触点之间的短路故障检修。如图 10.64 中的接触器 KM_1 的两副辅助触点 3 号和 8 号因某种原因短路,则当合上电源时,接触器 KM_2 即吸合。

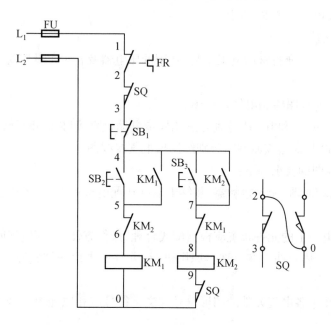

图 10.63　电源间短路故障的检修

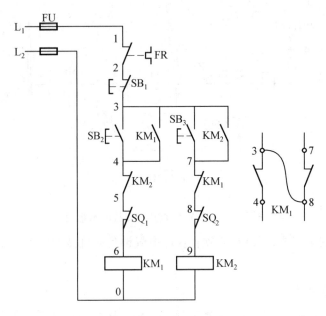

图 10.64　电器触头之间短路故障的检修

实训 10.1　电气控制电路的安装和配线

1. 实训目的

掌握典型电气电路的安装与配线。

2. 实训器材与工具

根据实际教学情况准备常用电工工具、常用低压电器及相关工具器材。

3. 实训内容

（1）根据电气原理图绘制电气接线图。

图 10.34、10.36(b) 和 10.41 分别是三相异步电动机直接启动、正反转控制和 Y－△ 降压启动的电气原理图,根据该原理图分别绘制出电气接线图。

绘制电气接线图的要求如下:

① 电源开关、熔断器、交流接触器、热继电器画在配电板内部,电动机、按钮画在配电板外部。

② 安装在配电板上的元件布置应根据配线合理,操作方便,保证电气间隙不能太小,重的元件放在下部,发热元件放在上部等原则进行,元件所占面积按实际尺寸以统一比例绘制。

③ 安装接线图中各电气元件的图形符号和文字符号应和原理图完全一致,并符合国家标准。

④ 各电气元件上凡是需要接线的部件端子都应绘出并予以编号,各接线端子的编号必须与原理图的导线编号相一致。

⑤ 电气配电板内电气元件之间的连线可以互相对接,配电板内接至板外的连线通过接

线端子板进行。

⑥ 因配电电路连线太多,因而规定走向相同的相邻导线可以绘成一股线。

（2）安装电器元件。

电器元件安装可按下列步骤进行:

① 底板选料、裁剪。实训时一般选用层压板或木板。

② 定位。根据电器产品说明书上的安装尺寸,用划针确定安装孔的位置,再用样冲冲眼以固定钻孔中心。

③ 钻孔。确定电器元件的安装位置后,在钻床上(或用电钻)钻孔。

④ 固定。用固定螺栓把电器元件按确定的位置(安装前应核对器件的型号、规格,检查其性能是否良好)逐个固定在底板上。

（3）配线。

电气配线的工艺可参阅本章10.4.2节的有关内容。在进行电气控制板安装配线时,一般采用明配线即板前配线。明配线的一般步骤如下:

① 考虑好元器件之间连接线的走向、路径;导线应尽可能不重叠,不交叉。

② 选取合适的导线,明配线一般选用 BV 型单股塑料硬线或 BVR 多芯软线作连接导线。

③ 根据导线的走向和路径,量取连接点之间的长度,截取适当长度的导线并理直。

④ 根据导线应走的方向和路径,用尖嘴钳将每个转角都弯成90°角(尤其要注意不能破坏导线绝缘层)。

⑤ 用电工刀或剥线钳剥去两端的绝缘层,套上与原理图相对应的号码套管。

⑥ 在所有导线连接后,对其进行整理。

⑦ 配线完毕后,根据图样检查接线是否正确。

（4）电气控制板安装检查。

电气控制板全部安装完毕后,必须进行认真的检查,一般分以下几个方面:

① 清理电气控制板及周围的环境。

② 对照原理图与接线图检查各电器元件安装配线是否正确、可靠;检查线号、端子号是否正确。

③ 用万用表检查主电路、控制电路是否存在短路、断路情况。

④ 进行必要的绝缘耐压检验。

（5）通电试车。

通电试车时,允许检查主电路及控制电路的熔丝是否完好,但不得对电路进行带电改动;出现故障必须断电检查,检修完毕后向实习指导教师提出通电请求,直到试车达到控制要求。

实训 10.2　C620 - 1 型车床电气电路的安装与调试

1. 实训目的

识读 C620 - 1 型车床电气图,按要求进行安装配线。

2. 实训器材与工具

根据实际教学情况准备 C620 - 1 型车床(或模拟设备)、常用电工工具、常用低压电器及相关工具器材。

3. 实训内容

(1)主要结构及对电气电路的要求。

C620 - 1 型车床主要由车身、主轴变速箱、进给箱、溜板箱、溜板与刀架等几部分组成。机床的主传动是主轴的旋转运动,且由主轴电动机通过带传动传到主轴变速箱再旋转的;机床的其他进给运动是由主轴传给的。

机床共有两台电动机,一台是主轴电动机,带动主轴旋转;另一台是冷却泵电动机,为车削工件时输送冷却液。机床要求两台电动机只能单向运动,且采用全压直接启动。

(2)电气电路的安装。

① 熟悉电气原理图。C620 - 1 型车床的电气电路由主电路、控制电路、照明电路等部分组成,如图 10.65 所示。

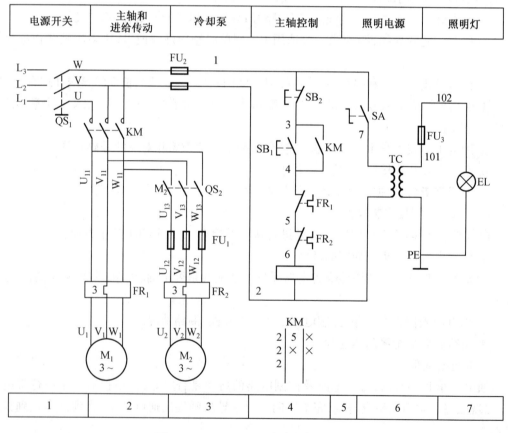

图 10.65　C620 - 1 型车床电气原理图

② 绘制电气安装接线图。根据前面的介绍,先确定电气元件的安装位置,然后绘制电气安装接线图,如图 10.66 所示。

③ 检查和调整电器元件。根据表 10.3 列出的 C620 - 1 型车床电器元件明细,配齐电气设备和电器元件,并逐件对其检验。

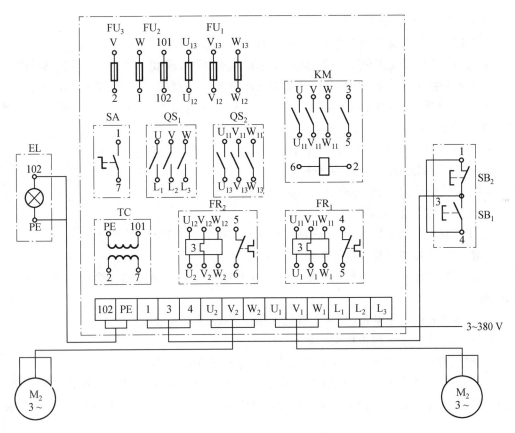

图 10.66　C620 - 1 型车床接线图

表 10.3　C620 - 1 型车床电器元件明细表

代号	元件名称	型号	规格	件数
M_1	主轴电动机	J52 - 4	7 kW,1 400 r/min	1
M_2	冷却泵电动机	JCB - 22	0.125 kW,2 790 r/min	1
KM	交流接触器	CJ0 - 20	380 V	1
FR_1	热继电器	JR16 - 20/3D	14.5 A	1
FR_2	热继电器	JR2 - 1	0.43 A	1
QS_1	三相转换开关	HZ2 - 10/3	380 V,10 A	1
QS_2	三相转换开关	HZ2 - 10/2	380 V,10 A	1
FU_1	熔断器	RM3 - 25	4 A	3
FU_2	熔断器	RM3 - 25	4 A	2
FU_3	熔断器	RM3 - 25	1 A	1
SB_1、SB_2	控制按钮	LA4 - 22K	5 A	1
TC	照明变压器	BK - 50	380 V/36 V	1
EL	照明灯	JC6 - 1	40 W,36 V	1

④ 电气控制柜的安装配线。

a. 考虑好元器件之间连接线的走向、路径；导线应尽可能不重叠，不交叉。

b. 选取合适的导线，明配线一般选用 BV 型单股塑料硬线或 BVR 多芯软线作连接导线。

c. 根据导线的走向和路径，量取连接点之间的长度，截取适当长度的导线并理直。

d. 根据导线应走的方向和路径，用尖嘴钳将每个转角都弯成 90° 角（尤其要注意不能破坏导线绝缘层）。

e. 用电工刀或剥线钳剥去两端的绝缘层，套上与原理图相对应的号码套管。

f. 在所有导线连接后，对其进行整理。

g. 配线完毕后，根据图样检查接线是否正确。

⑤ 电气控制柜的安装检查。

电气控制板全部安装完毕后，必须进行认真的检查，一般分以下几个方面：

a. 清理电气控制板及周围的环境。

b. 对照原理图与接线图检查各电器元件安装配线是否正确、可靠；检查线号、端子号是否正确。

c. 用万用表检查主电路、控制电路是否存在短路、断路情况。

d. 进行必要的绝缘耐压检验。

⑥ 电气控制柜的调试。以上检查无误后，可进行通电试车。

通电试车时，允许检查主电路及控制电路的熔丝是否完好，但不得对电路进行带电改动；出现故障必须断电检查，检修完毕后向实习指导教师提出通电请求，直到试车达到控制要求。

实训 10.3　X62W 型万能铣床电气电路的安装与调试

1. 实训目的

识读 X62W 型万能铣床电气图，按要求进行安装配线。

2. 器材与工具

根据实际教学情况准备 X62W 型卧式万能铣床（或模拟设备）、常用电工工具、常用低压电器及相关工具器材。

3. 实训内容

（1）X62W 万能铣床实训的基本组成。

① 面板 1。面板上安装有机床的所有主令电器及动作指示灯、机床的所有操作都在这块面板上进行，指示灯可以指示机床的相应动作。

② 面板 2。面板上装有断路器、熔断器、接触器、热继电器、变压器等元器件，这些元器件直接安装在面板表面，可以很直观的看它们的动作情况。

③ 电动机。三个 380 V 三相鼠笼异步电动机，分别用作主轴电动机、进给电动机和冷却泵电动机。

④ 故障开关箱。设有 32 个开关，其中 K_1 到 K_{29} 用于故障设置；K_{30} 到 K_{31} 开关保留；K_{32} 用作指示灯开关，可以用来设置机床动作指示与不指示。

（2）原理图如图 10.67 所示。

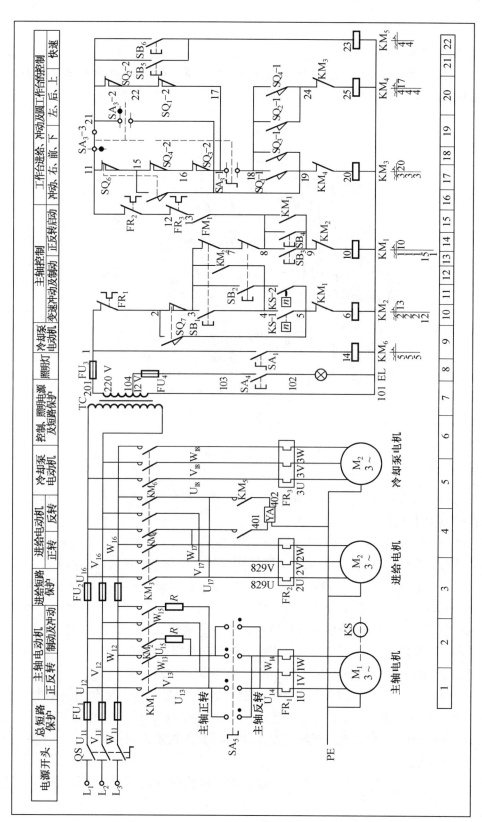

图 10.67　X62 万能铣床电气原理图

（3）机床分析。

① 机床的主要结构及运动形式。

a. 主要结构。由床身、主轴、刀杆、横梁、工作台、回转盘、横溜板和升降台等几部分组成，如图 10.68 所示。

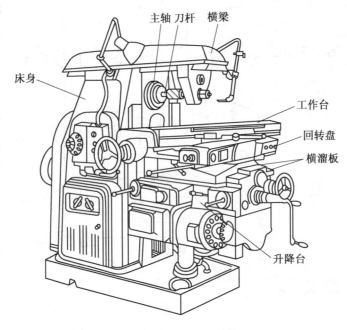

图 10.68　机床的主要结构

b. 运动形式。

主轴转动是由主轴电动机通过弹性联轴器来驱动传动机构，当机构中的一个双联滑动齿轮块啮合时，主轴即可旋转。

工作台面的移动是由进给电动机驱动，它通过机械机构使工作台能进行三种形式六个方向的移动，即：工作台面能直接在溜板上部可转动部分的导轨上做纵向（左、右）移动；工作台面借助横溜板做横向（前、后）移动；工作台面还能借助升降台做垂直（上、下）移动。

② 机床对电气线路的主要要求。

a. 机床要求有三台电动机，分别称为主轴电动机、进给电动机和冷却泵电动机。

b. 由于加工时有顺铣和逆铣两种，所以要求主轴电动机能正反转及在变速时能瞬时冲动一下，以利于齿轮的啮合，并要求还能制动停车和实现两地控制。

c. 工作台的三种运动形式、六个方向的移动是依靠机械的方法来达到的，对进给电动机要求能正反转，且要求纵向、横向、垂直三种运动形式相互间应有联锁，以确保操作安全。同时要求工作台进给变速时，电动机也能瞬间冲动、快速进给及两地控制等。

d. 冷却泵电动机只要求正转。

e. 进给电动机与主轴电动机需实现两台电动的联锁控制，即主轴工作后才能进行进给。

③ 电气控制线路分析。机床电气控制线路如图 10.67 所示。电气原理图是由主电路、

控制电路和照明电路三部分组成。

a. 主电路:有三台电动机。M_1 是主轴电动机;M_2 是进给电动机;M_3 是冷却泵电动机。

(a) 主轴电动机 M_1 通过换相开关 SA_5 与接触器 KM_1 配合,能进行正反转控制,而与接触器 KM_2、制动电阻器 R 及速度继电器的配合,能实现串电阻瞬时冲动和正反转反接制动控制,并能通过机械进行变速。

(b) 进给电动机 M_2 能进行正反转控制,通过接触器 KM_3、KM_4 与行程开关及 KM_5、牵引电磁铁 YA 配合,能实现进给变速时的瞬时冲动、六个方向的常速进给和快速进给控制。

(c) 冷却泵电动机 M_3 只能正转。

(d) 熔断器 FU_1 作机床总短路保护,也兼作 M_1 的短路保护;FU_2 作为 M_2、M_3 及控制变压器 TC、照明灯 EL 的短路保护;热继电器 FR_1、FR_2、FR_3 分别作为 M_1、M_2、M_3 的过载保护。

b. 控制电路。

(a) 主轴电动机的控制。

ⅰ. SB_1、SB_3 与 SB_2、SB_4 是分别装在机床两边的停止(制动)和启动按钮,实现两地控制,方便操作。

ⅱ. KM_1 是主轴电动机启动接触器,KM_2 是反接制动和主轴变速冲动接触器。

ⅲ. SQ_7 是与主轴变速手柄联动的瞬时动作行程开关。

ⅳ. 主轴电动机需启动时,要先将 SA_5 扳到主轴电动机所需要的旋转方向,然后再按启动按钮 SB_3 或 SB_4 来启动电动机 M_1。

ⅴ. M_1 启动后,速度继电器 KS 的一副常开触点闭合,为主轴电动机的停转制动做好准备。

ⅵ. 停车时,按停止按钮 SB_1 或 SB_2 切断 KM_1 电路,接通 KM_2 电路,改变 M_1 的电源相序进行串电阻反接制动。当 M_1 的转速低于 120 r/min 时,速度继电器 KS 的一副常开触点恢复断开,切断 KM_2 电路,M_1 停转,制动结束。

据以上分析可写出主轴电机转动(即按 SB_3 或 SB_4)时控制线路的通路:1—2—3—7—8—9—10—KM_1 线圈 —O;主轴停止与反接制动(即按 SB_1 或 SB_2)时的通路:1—2—3—4—5—6—KM_2 线圈 —O。

ⅶ. 主轴电动机变速时的瞬动(冲动)控制,是利用变速手柄与冲动行程开关 SQ_7 通过机械上联动机构进行控制的。

变速时,先下压变速手柄,然后拉到前面,当快要落到第二道槽时,转动变速盘,选择需要的转速。此时凸轮压下弹簧杆,使冲动行程 SQ_7 的常闭触点先断开,切断 KM_1 线圈的电路,电动机 M_1 断电;同时 SQ_7 的常开触点后接通,KM_2 线圈得电动作,M_1 被反接制动。当手柄拉到第二道槽时,SQ_7 不受凸轮控制而复位,M_1 停转。

接着把手柄从第二道槽推回原始位置时,凸轮又瞬时压动行程开关 SQ_7,使 M_1 反向瞬时冲动一下,以利于变速后的齿轮啮合。图 10.69 是主轴变速冲动控制示意图。

但要注意,不论是开车还是停车时,都应以较快的速度把手柄推回原始位置,以免通电时间过长,引起 M_1 转速过高而打坏齿轮。

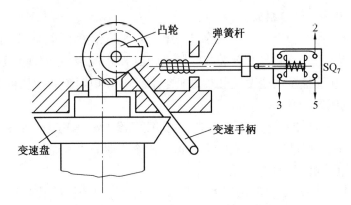

图 10.69　主轴变速冲动控制示意图

（b）工作台进给电动机的控制，工作台的纵向、横向和垂直运动都由进给电动机 M_2 驱动，接触器 KM_3 和 KM_4 使 M_2 实现正反转，用以改变进给运动方向。它的控制电路采用了与纵向运动机械操作手柄联动的行程开关 SQ_1、SQ_2 和横向及垂直运动机械操作手柄联动的行程开关 SQ_3、SQ_4 组成复合联锁控制。即在选择三种运动形式的六个方向移动时，只能进行其中一个方向的移动，以确保操作安全，当这两个机械操作手柄都在中间位置时，各行程开关都处于未压的原始状态。

由原理图可知：M_2 电机在主轴电机 M_1 启动后才能进行工作。在机床接通电源后，将控制工作台的组合开关 $SA_3 - 2(21 - 19)$ 扳到断开状态，使触点 $SA_3 - 1(17 - 18)$ 和 $SA_3 - 3(11 - 21)$ 闭合，然后按下 SB_3 或 SB_4，这时接触器 KM_1 吸合，使 $KM_1(8.12)$ 闭合，就可进行工作台的进给控制。

ⅰ.工作台纵向（左右）运动的控制，工作台的纵向运动是由进给电动机 M_2 驱动，由纵向操纵手柄来控制。此手柄是复式的，一个安装在工作台底座的顶面中央部位，另一个安装在工作台底座的左下方。手柄有三个：向左、向右、零位。当手柄扳到向右或向左运动方向时，手柄的联动机构压下行程开关 SQ_2 或 SQ_1，使接触器 KM_4 或 KM_3 动作，控制进给电动机 M_2 的转向。工作台左右运动的行程，可通过调整安装在工作台两端的撞铁位置来实现。当工作台纵向运动到极限位置时，撞铁撞动纵向操纵手柄，使它回到零位，M_2 停转，工作台停止运动，从而实现了纵向终端保护。

工作台向左运动：在 M_1 启动后，将纵向操作手柄扳至向右位置，一方面机械接通纵向离合器，同时在电气上压下 SQ_2，使 $SQ_2 - 2$ 断，$SQ_2 - 1$ 通，而其他控制进给运动的行程开关都处于原始位置，此时使 KM_4 吸合，M_2 反转，工作台向右进给运动。其控制电路的通路为：11—15—16—17—18—24—25—KM_4 线圈 —O，工作台向右运动；当纵向操纵手柄扳至向左位置时，机械上仍然接通纵向进给离合器，但却压动了行程开关 SQ_1，使 $SQ_1 - 2$ 断，$SQ_1 - 1$ 通，使 KM_3 吸合，M_2 正转，工作台向右进给运动，其通路为：11— 15— 16— 17— 18— 19—20—KM_3 线圈 —O。

ⅱ.工作台垂直（上下）和横向（前后）运动的控制：工作台的垂直和横向运动，由垂直和横向进给手柄操纵。此手柄也是复式的，有两个完全相同的手柄分别装在工作台左侧的前、后方。手柄的联动机械一方面压下行程开关 SQ_3 或 SQ_4，同时能接通垂直或横向进给离合器。操纵手柄有五个位置(上、下、前、后、中间),五个位置是联锁的,工作台的上下和前后的终端保护是利用装在床身导轨旁与工作台座上的撞铁,将操纵十字手柄撞到中间位置,使 M_2 断电停转。

工作台向后(或者向上)运动的控制:将十字操纵手柄扳至向后(或者向上)位置时,机械上接通横向进给(或者垂直进给)离合器,同时压下 SQ_3,使 $SQ_3 - 2$ 断,$SQ_3 - 1$ 通,使 KM_3 吸合,M_2 正转,工作台向后(或者向上)运动。

其通路为:11—21—22—17—18—19—20—KM_3 线圈;工作台向后(或者向上)运动的控制:将十字操纵手柄扳至向前(或者向下)位置时,机械上接通横向进给(或者垂直进给)离合器,同时压下 SQ_4,使 $SQ_4 - 2$ 断,$SQ_4 - 1$ 通,使 KM_4 吸合,M_2 反转,工作台向前(或者向下)运动。其通路为:11—21—22—17—18—24—25—KM_4 线圈。

ⅲ.进给电动机变速时的瞬动(冲动)控制:变速时,为使齿轮易于啮合,进给变速与主轴变速一样,设有变速冲动环节。当需要进行进给变速时,应将转速盘的蘑菇形手轮向外拉出并转动转速盘,把所需进给量的标尺数字对准箭头,然后再把蘑菇形手轮用力向外拉到极限位置并随即推向原位,就在一次操纵手轮的同时,其连杆机构二次瞬时压下行程开关 SQ_6,使 KM_3 瞬时吸合,M_2 作正向瞬动。

其通路为:11—21—22—17—16—15—19—20—KM_3 线圈,由于进给变速瞬时冲动的通电回路要经过 $SQ_1 - SQ_4$ 四个行程开关的常闭触点,因此只有当进给运动的操作手柄都在中间(停止)位置时,才能实现进给变速冲动控制,以保证操作时的安全。同时,与主轴变速时冲动控制一样,电动机的通电时间不能太长,以防止转速过高,在变速时打坏齿轮。

ⅳ.工作台的快速进给控制:为提高劳动生产率,要求铣床在不作铣切加工时,工作台能快速移动。

工作台快速进给也是由进给电动机 M_2 来驱动,在纵向、横向和垂直三种运动形式六个方向上都可以实现快速进给控制。

主轴电动机启动后,将进给操纵手柄扳到所需位置,工作台按照选定的速度和方向作常速进给移动时,再按下快速进给按钮 SB_5(或 SB_6),使接触器 KM_5 通电吸合,接通牵引电磁铁 YA,电磁铁通过杠杆使摩擦离合器合上,减少中间传动装置,使工作台按运动方向做快速进给运动。当松开快速进给按钮时,电磁铁 YA 断电,摩擦离合器断开,快速进给运动停止,工作台仍按原常速进给时的速度继续运动。

(c)圆工作台运动的控制:铣床如需铣切螺旋槽、弧形槽等曲线时,可在工作台上安装圆形工作台及其传动机械,圆形工作台的回转运动也是由进给电动机 M_2 传动机构驱动的。

圆工作台工作时,应先将进给操作手柄都扳到中间(停止)位置,然后将圆工作台组合开关 SA_3 扳到圆工作台接通位置。此时 $SA_3 - 1$ 断,$SA_3 - 3$ 断,$SA_3 - 2$ 通。准备就绪后,按下主轴启动按钮 SB_3 或 SB_4,则接触器 KM_1 与 KM_3 相继吸合。主轴电机 M_1 与进给电机 M_2 相继启动并运转,而进给电动机仅以正转方向带动圆工作台做定向回转运动。其通路为:11—15—16—17—22—21—19—20—KM_3 线圈,由上可知,圆工作台与工作台进给有互锁,即当圆工作台工作时,不允许工作台在纵向、横向、垂直方向上有任何运动。若误操作而扳动进给运动操纵手柄(即压下 SQ_1、SQ_4、SQ_6 中任一个),M_2 即停转。

(4)X62W 万能铣床电气线路的故障与维修。

铣床电气控制线路与机械系统的配合十分密切,其电气线路的正常工作往往与机械系统的正常工作是分不开的,这就是铣床电气控制线路的特点。正确判断是电气还是机械故障和熟悉机电部分配合情况,是迅速排除电气故障的关键。这就要求维修电工不仅要熟悉电气控制线路的工作原理,而且还要熟悉有关机械系统的工作原理及机床操作方法。下面通过几个实例来叙述 X62W 铣床的常见故障及其排除方法。

① 主轴停车时无制动。主轴无制动时要首先检查按下停止按钮 SB_1 或 SB_2 后,反接制动接触器 KM_2 是否吸合。若 KM_2 不吸合,则故障原因一定在控制电路部分,检查时可先操作主轴变速冲动手柄,若有冲动,故障范围就缩小到速度继电器和按钮支路上。若 KM_2 吸合,则故障原因就较复杂一些,其故障原因之一是,主电路的 KM_2、R 制动支路中,至少有缺一相的故障存在;其二是,速度继电器的常开触点过早断开,但在检查时,只要仔细观察故障现象,这两种故障原因是能够区别的,前者的故障现象是完全没有制动作用,而后者则是制动效果不明显。

以上分析可知,主轴停车时无制动的故障原因,较多是由于速度继电器 KS 发生故障引起的。如 KS 常开触点不能正常闭合,其原因有推动触点的胶木摆杆断裂;KS 轴伸端圆销扭弯、磨损或弹性连接元件损坏;螺丝销钉松动或打滑等。若 KS 常开触点过早断开,其原因有 KS 动触点的反力弹簧调节过紧;KS 的永久磁铁转子的磁性衰减等。

应该说明,机床电气的故障不是千篇一律的,所以在维修中,不可生搬硬套,而应该采用理论与实践相结合的灵活处理方法。

② 主轴停车后产生短时反向旋转。这一故障一般是由于速度继电器 KS 动触点弹簧调整得过松,使触点分断过迟引起,只要重新调整反力弹簧便可消除。

③ 按下停止按钮后主轴电机不停转。产生故障的原因有:接触器 KM_1 主触点熔焊;反接制动时两相运行;SB_3 或 SB_4 在启动 M_1 后绝缘被击穿。这三种故障原因,在故障的现象上是能够加以区别的:如按下停止按钮后,KM_1 不释放,则故障可断定是由熔焊引起;如按下停止按钮后,接触器的动作顺序正确,即 KM_1 能释放,KM_2 能吸合,同时伴有嗡嗡声或转速过低,则可断定是制动时主电路有缺相故障存在;若制动时接触器动作顺序正确,电动机也能进行反接制动,但放开停止按钮后,电动机又再次自启动,则可断定故障是由启动按钮绝缘击穿引起。

④ 工作台不能做向上进给运动。由于铣床电气线路与机械系统的配合密切和工作台向上进给运动的控制是处于多回路线路之中,因此,不宜采用按部就班地逐步检查的方法。在检查时,可先依次进行快速进给、进给变速冲动或圆工作台向前进给,向左进给及向后进给的控制,来逐步缩小故障的范围(一般可从中间环节的控制开始),然后再逐个检查故障范围内的元器件、触点、导线及接点,来查出故障点。在实际检查时,还必须考虑到由于机械磨损或移位使操纵失灵等因素,若发现此类故障原因,应与机修钳工互相配合进行修理。

下面假设故障点在图区 20 上行程开关 $SQ_4 - 1$ 由于安装螺钉松动而移动位置,造成操纵手柄虽然到位,但触点 $SQ_4 - 1(18 - 24)$ 仍不能闭合,在检查时,若进行进给变速冲动控制正常后,也就说明向上进给回路中,线路 11—21—22—17 是完好的,再通过向左进给控制

正常,又能排除线路 17—18 和 24—25—O 存在故障的可能性。这样就将故障的范围缩小到
18—SQ₄—1—24 的范围内。再经过仔细检查或测量,就能很快找出故障点。

⑤ 工作台不能做纵向进给运动。应先检查横向或垂直进给是否正常,如果正常,说明
进给电动机 M₂、主电路、接触器 KM₃、KM₄ 及纵向进给相关的公共支路都正常,此时应重点
检查图区 17 上的行程开关 SQ₆(11 - 15)、SQ₄ - 2 及 SQ₃ - 2,即线号为 11—15—16—17 支
路,因为只要三对常闭触点中有一对不能闭合有一根线头脱落就会使纵向不能进给。然后
再检查进给变速冲动是否正常,如果也正常,则故障的范围已缩小到在 SQ₆(11 - 15) 及
SQ₁ - 1、SQ₂ - 1 上,但一般 SQ₁ - 1、SQ₂ - 1 两副常开触点同时发生故障的可能性甚小,而
SQ₆(11 - 15) 由于进给变速时,常因用力过猛而容易损坏,所以可先检查 SQ₆(11 - 15) 触
点,直至找到故障点并予以排除。

⑥ 工作台各个方面都不能进给。可先进行进给变速冲动或圆工作台控制,如果正常,
则故障可能在开关 SA₃ - 1 及引接线 17、18 号上,若进给变速也不能工作,要注意接触器
KM₃ 是否吸合,如果 KM₃ 不能吸合,则故障可能发生在控制电路的电源部分,即
11—15—16—18—20 号线路及 0 号线上,若 KM₃ 能吸合,则应着重检查主电路,包括电动机
的接线及绕组是否存在故障。

⑦ 工作台不能快速进给。常见的故障原因是牵引电磁铁电路不通,多数是由线头脱
落、线圈损坏或机械卡死引起。如果按下 SB₅ 或 SB₆ 后接触器 KM₅ 不吸合,则故障在控制电
路部分,若 KM₅ 能吸合,且牵引电磁铁 YA 也吸合正常,则故障大多是由于杠杆卡死或离合
器摩擦片间隙调整不当引起,应与机修钳工配合进行修理。需强调的是在检查中
11—15—16—17 支路和 11—21—22—17 支路时,一定要把 SA₃ 开关扳到中间空挡位置,否
则,由于这两条支路是并联的,将检查不出故障点。

(5)X62W 万能铣床模拟装置的安装与试运行操作。

① 准备工作

a. 查看各电器元件上的接线是否紧固,各熔断器是否安装良好。

b. 独立安装好接地线,设备下方垫好绝缘垫,将各开关置分断位置。

c. 插上三相电源。

② 操作试运行。插上电源后,各开关均应置分断位置。参看电路原理图,按下列步骤
进行机床电气模拟操作运行:

a. 先按下主控电源板的启动按钮,合上低压断路器开关 QS。

b. SA5 置左位(或右位),电机 M₁"正转"或"反转"指示灯亮,说明主轴电机可能运转的
转向。

c. 旋转 SA₄ 开关,"照明"灯亮。转动 SA₁ 开关,"冷却泵电机"工作,指示灯亮。

d. 按下 SB₃ 按钮(或 SB₁ 按钮),电机 M₁ 启动(或反接制动);按下 SB₄ 按钮(或 SB₂ 按
钮),M₁ 启动(或反接制动)。注意:不要频繁操作"启动"与"停止",以免电器过热而损
坏。

e. 主轴电机 M₁ 变速冲动操作。实际机床的变速是通过变速手柄的操作,瞬间压动 SQ₇
行程开关,使电机产生微转,从而能使齿轮较好实现换挡啮合。

本模板要用手动操作 SQ_7，模仿机械的瞬间压动效果:采用迅速的"点动"操作,使电机 M_1 通电后,立即停转,形成微动或抖动。操作要迅速,以免出现"连续"运转现象。当出现"连续"运转时间较长,会使 R 发烫。此时应拉下闸刀后,重新送电操作。

　　f. 主轴电机 M_1 停转后,可转动 SA_5 转换开关,按"启动"按钮 SB_3 或 SB_4,使电机换向。

　　g. 进给电机控制操作(SA_3 开关状态: $SA_3 - 1$、$SA_3 - 3$ 闭合, $SA_3 - 2$ 断开)

　　实际机床中的进给电机 M_2 用于驱动工作台横向(前、后)、升降和纵向(左、右)移动的动力源,均通过机械离合器来实现控制"状态"的选择,电机只作正、反转控制,机械"状态"手柄与电气开关的动作对应关系如下:

　　工作台横向、升降控制(机床由"十字"复式操作手柄控制,既控制离合器又控制相应开关)。

　　工作台向后、向上运动 — 电机 M_2 反转 — SQ_4 压下;

　　工作台向前、向下运动—电机 M_2 正转— SQ_3 压下。

　　模板操作:按动 SQ_4, M_2 反转。按动 SQ_3, M_2 正转。

　　h. 工作台纵向(左、右)进给运动控制(SA_3 开关状态同上)。

　　实际机床专用一"纵向"操作手柄,既控制相应离合器,又压动对应的开关 SQ_1 和 SQ_2,使工作台实现了纵向的左和右运动。

　　模板操作:将十字开关 SA_3 扳到左边, M_2 正转。将十字开关 SA_3 扳到右边, M_2 反转。

　　i. 工作台快速移动操作。

　　在实际机床中,按动 SB_5 或 SB_6 按钮,电磁铁 YA 动作,改变机械传动链中间传动装置,实现各方向的快速移动。

　　模板操作:按动 SB_5 或 SB_6 按钮, KM_5 吸合,相应指示灯亮。

　　j. 进给变速冲动(功能与主轴冲动相同,便于换挡时,齿轮的啮合)。

　　实际机床中变速冲动的实现:在变速手柄操作中,通过联动机构瞬时带动"冲动行程开关 SQ_6",使电机产生瞬动。

　　模拟"冲动"操作,按 SQ_6,电机 M_2 转动,操作此开关时应迅速压与放,以模仿瞬动压下效果。

　　k. 圆工作台回转运动控制:将圆工作台转换开关 SA_3 扳到所需位置,此时, $SA_3 - 1$、$SA_3 - 3$ 触点分断, $SA_3 - 2$ 触点接通。在启动主轴电机后, M_2 电机正转,实际中即为圆工作台转动(此时工作台全部操作手柄扳在零位,即 $SQ_1 \sim SQ_4$ 均不压下)。

　　(6)X62W 万能铣床电气控制线路故障排除训练指导(参考)。

　　用通电试验方法发现故障现象,进行故障分析,并在电气原理图中用虚线标出最小故障范围。

　　按图排除 X62W 万能铣床主电路或控制电路中人为设置的两个电气自然故障点。

　　① 电气故障的设置原则。人为设置的故障点,必须是模拟机床在使用过程中,由于受到震动、受潮、高温、异物侵入、电动机负载及线路长期过载运行、启动频繁、安装质量低劣和调整不当等原因造成的"自然"故障。

　　a. 切忌设置改动线路、换线、更换电器元件等由于人为原因造成的非"自然"的故障点。

　　b. 故障点的设置,应做到隐蔽且设置方便,除简单控制线路外,两处故障一般不宜设置在单独支路或单一回路中。

　　c. 对于设置一个以上故障点的线路,其故障现象应尽可能不要相互掩盖。否则学生在检修时,若检查思路尚清楚,但检修到定额时间的 2/3 还不能查出一个故障点时,可作适当的提示。

　　d. 应尽量不设置容易造成人身或设备事故的故障点,如有必要时,教师必须在现场密切注意学生的检修动态,随时作好采取应急措施的准备。

　　e. 设置的故障点,必须与学生应该具有的修复能力相适应。

　　② 实训步骤:

　　a. 先熟悉原理,再进行正确的通电试车操作。

　　b. 熟悉电器元件的安装位置,明确各电器元件作用。

　　c. 教师示范故障分析检修过程(故障可人为设置)。

　　d. 教师设置让学生知道的故障点,指导学生如何从故障现象着手进行分析,逐步引导到采用正确的检查步骤和检修方法。

　　e. 教师设置人为的自然故障点,由学生检修。

　　③ 实训要求:

　　a. 学生应根据故障现象,先在原理图中正确标出最小故障范围的线段,然后采用正确的检查和排故方法并在定额时间内排除故障。

　　b. 排除故障时,必须修复故障点,不得采用更换电器元件、借用触点及改动线路的方法,否则,作不能排除故障点扣分。

　　c. 检修时,严禁扩大故障范围或产生新的故障,并不得损坏电器元件。

　　④ 操作注意事项。

　　设备应在指导教师指导下操作,安全第一。设备通电后,严禁在电器侧随意扳动电器件。进行排故训练,尽量采用不带电检修。若带电检修,则必须有指导教师在现场监护。

　　必须安装好各电机、支架接地线、设备下方垫好绝缘橡胶垫,厚度不小于 8 mm,操作前要仔细查看各接线端,有无松动或脱落,以免通电后发生意外或损坏电器。

　　在操作中若发出不正常声响,应立即断电,查明故障原因待修。故障噪声主要来自电机缺相运行,接触器、继电器吸合不正常等。

　　a. 发现熔芯熔断,应找出故障后,方可更换同规格熔芯。

　　b. 在维修设置故障中不要随便互换线端处号码管。

　　c. 操作时用力不要过大,速度不宜过快;操作频率不宜过于频繁。

　　d. 实训结束后,应拔出电源插头,将各开关置分断位。

　　e. 作好实训记录。

　　(7) 教学演示、故障图及设置说明。

　　X62 万能铣床故障电气原理图如图 10.70 所示,故障设置一览表见表 10.4。

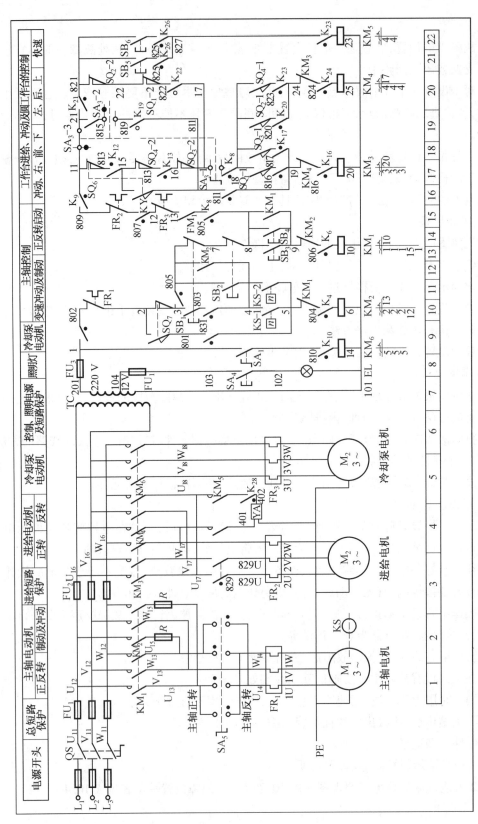

图 10.70 KH—X62 万能铣床故障电气原理图

表 10.4　故障设置一览表

故障开关	故障现象	备　注
K_1	主轴无变速冲动	主电机的正、反转及停止制动均正常
K_2	正反转、进给均不能动作	照明指示灯、冷却泵电机均能工作
K_3	按 SB_1 停止时无制动	SB_2 制动正常
K_4	主轴电机无制动	按 SB_1、SB_2 停止时主轴均无制动
K_5	主轴电机不能启动	主轴不能启动,按下 SQ_7,主轴可以冲动
K_6	主轴不能启动	主轴不能启动,按下 SQ_7,主轴可以冲动
K_7	进给电机不能启动	主轴能启动,进给电机不能启动
K_8	进给电机不能启动	主轴能启动,进给电机不能启动
K_9	进给电机不能启动	主轴能启动,进给电机不能启动
K_{10}	冷却泵电机不能启动	
K_{11}	进给变速无冲动,圆形工作台不能工作	非圆工作台工作正常
K_{12}	工作台不能左右进给	向上(或向后)、向下(或向前)进给正常,进给变速无冲动
K_{13}	工作台不能左右进给不能冲动、非圆不能工作	向上(或向后)、向下(或向前)进给正常
K_{14}	各方向进给不工作	圆工作台工作正常、冲动正常工作
K_{15}	工作台不能向左进给	非圆工作台工作时,不能向左进给,其他方向进给正常
K_{16}	进给电机不能正转	圆工作台不能工作;非圆工作台工作时,不能向左、向上或向后进给、无冲动
K_{17}	工作台不能向上或向后进给	非圆工作台工作时,不能向上或向后进给,其他方向进给正常
K_{18}	圆形工作台不能工作	非圆工作台工作正常,能进给冲动
K_{19}	圆形工作台不能工作	非圆工作台工作正常,能进给冲动
K_{20}	工作台不能向右进给	非圆工作台工作时,不能向右进给,其他工作正常
K_{21}	不能上下(或前后)进给,不能快进、无冲动	圆工作台不能工作,非圆工作台工作时,能左右进给,不能快进,不能上下(或前后)进给
K_{22}	不能上下(或前后)进给,不能冲动、圆工作台不工作	非圆工作台工作时,能左右进给,左右进给时能快进;不能上下(或前后)进给
K_{23}	不能向下(或前)进给	非圆工作台工作时,不能向下或向前进给,其他工作正常
K_{24}	进给电机不能反转	圆工作台工作正常;有冲动、非圆工作台工作时,不能向右、向下或向前进给
K_{25}	只能一方向快进操作	进给电机启动后,按 SB_5 不能快进,按 SB_6 能快进
K_{26}	只能一方向快进操作	进给电机启动后,按 SB_5 能快进,按 SB_6 不能快进
K_{27}	不能快进	进给电机启动后,不能快进
K_{28}	电磁阀不动作	进给电机启动后,按下 SB_5(或 SB_6),KM_5 吸合,电磁阀 YA 不动作
K_{29}	进给电机不转	进给操作时,KM_3 或 KM_4 能动作,但进给电机不转

思 考 题

10.1　在如图10.71所示的电动机启、停控制电路中,已装有接触器KM,为什么还要装一个刀开关Q?它们的作用有什么不同?

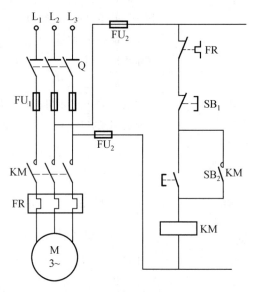

图 10.71　启、停控制

10.2　在图10.71中,如果将刀开关下面的三个熔断器改接到刀开关上面的电源线上是否合适?为什么?

10.3　在图10.71中,如果另用一个刀开关代替启动按钮,控制效果有何不同?

10.4　如果将图10.71中的控制电路误接成图10.72所示的那样,通电操作时会发生什么情况?

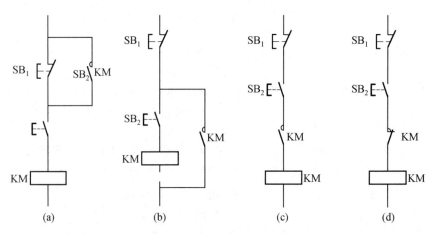

图 10.72　习题10.4的图

10.5　试分析图10.73所示的控制电路能否实现电动机的点动和连续运行。

10.6　电动机主电路中已装有熔断器,为什么还要再装热继电器?它们各起什么作用？能不能互相替代？为什么？

10.7　有一正反转控制电路如图 10.74 所示（主电路未画出），试分析操作该电路时会不会出现问题。

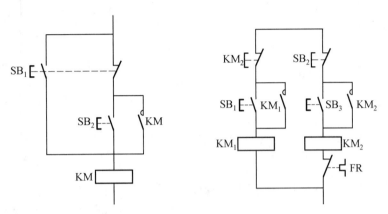

图 10.73　习题 10.5 的图　　　　图 10.74　习题 10.7 的图

10.8　图 10.75 所示的自动往复行程控制电路常用于小功率电动机的控制，它对于功率较大的电动机（例如 10 kW 以上）一般是不适用的，试分析其原因。

10.9　如果要在图 10.75 所示的自动往复行程控制电路的基础上再增加两个行程开关实现终端保护，以避免由于 SQ_1 和 SQ_2 经常受挡块碰撞而动作失灵，造成越位事故，则这两个终端保护用的行程开关应使用常开触头还是常闭触头？怎样连接在电路中？

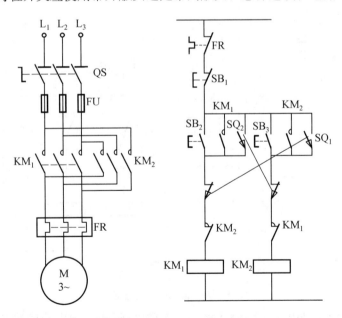

图 10.75　自动往复行程控制

10.10　图 10.76 所示是某生产机械的控制电路，接触器 KM 的主触头控制三相异步电动机，在开车一定时间后能自动停车，试说明该电路的工作原理。

10.11　图 10.77 所示的控制电路（主电路未画出）要求电动机 M_1 和 M_2 按顺序先后启动和先后停转。只有 M_1 启动后，M_2 才能启动；只有 M_2 停转后，M_1 才能停转。试分析该控制电路有无错误,应如何改正?

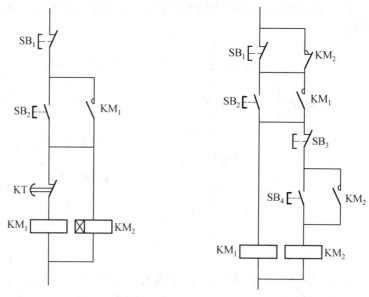

图 10.76　习题 10.10 的图　　　　图 10.77　习题 10.11 的图

10.12　在图 10.78 所示的电路中,接触器 KM_2 的常开触头和常闭触头在控制电路中各起什么作用? 如果不用它们是不是也可以?

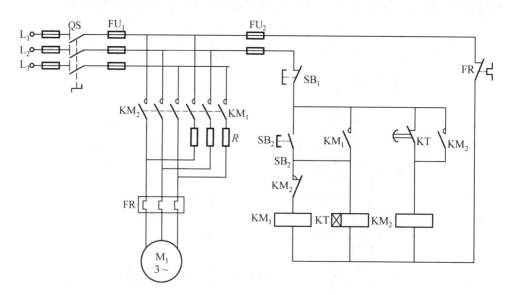

图 10.78　抽水机的电气原理图

10.13　一台水泵由 380 V 20 A 的异步电动机拖动,电动机的启动电流为额定电流的 6.5 倍,熔断器熔丝的额定电流应选多大?

10.14　画出异步电动机既能正转连续运行,又能正、反转点动控制的电路。

10.15　某机床的主轴和润滑油泵各由一只鼠笼式异步电动机拖动。要求:

(1)主轴电动机只能在油泵电动机启动后才能启动;

（2）若油泵电动机停车，则主轴电动机应同时停车；

（3）主轴电动机可以单独停车；

（4）两台电动机都需有短路保护、过载保护和失压保护。

试画出其电气控制原理图。

10.16　三条皮带运输机分别由三台电动机 M_1、M_2、M_3 拖动，如图 10.79 所示，为使运输带上不堆积被送的料，要求电动机按顺序先后启停。

（1）M_1 启动后，M_2 才能启动，然后 M_3 才能启动；

（2）若 M_1 停转，则 M_2、M_3 必须同时停转；

（3）若 M_2 停转，则 M_3 必须同时停转。

试设计其控制电路。

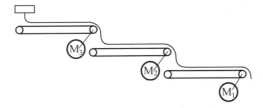

图 10.79　习题 10.16 的图

第 11 章　高压变配电与低压供电

重点内容:

◆　高、低压供配电系统

◆　高压配电装置

◆　继电保护装置

◆　低压进户装置

◆　低压电路

◆　低压架空电路安装的基本操作

◆　槽板敷设与线卡敷设

◆　线管加工

11.1　高、低压供配电系统

高、低压供配电系统的示意图如图 11.1 所示,图中进线处装有户外跌落式熔断器(DR),为了防止雷电波的侵入,还装了阀式避雷器(BL₁ 和 BL₂)。系统中一般均采用断路器(GK— 高压隔离开关、DL—断路器)作为主控制器,主要是为接通和断开变压器(B)。当供电系统发生短路故障时,继电保护装置(ZK)动作,断路器可以自动跳闸。DK 为电抗器。

高压电源的进线方式可为架空线或用电缆进线。高压侧配有电流互感器和电压互感器(YH),以供给用户电能表的电流和电压数值,亦可引至电流表、电压表做测量用。低压侧配电的出线总开关采用容量较大的断路器,分支出线开关可采用刀开关加断路器或刀开关加熔断器的方式。

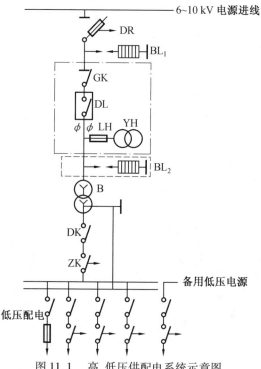

图 11.1　高、低压供配电系统示意图

11.2 　高压配电装置

11.2.1 　高压配电装置的最小安全净距

配电装置的最小安全净距是指带电部分至接地部分或不同相的带电部分之间在空间所允许的最小距离。这个距离与带电部分的额定电压有直接关系,当配电装置中相邻带电部分的额定电压不同时,应按较高的额定电压值确定其最小安全净距。

室外配电装置的各项安全净距应符合表 11.1 所列的数值。室内配电装置的各项安全净距应符合表 11.2 所列的数值。1 ~ 10 kV 配电装置室内各种通道的最小宽度(净距)见表 11.3。

表 11.1 　室外配电装置的安全净距

额定电压/kV	1 ~ 10	15 ~ 20	35
带电部分至接地部分/mm	200	300	400
不同相的带电部分之间/mm	200	300	400
带电部分至栅栏/mm	950	1 050	11 500
带电部分至网状遮拦/mm	300	400	500
无遮拦裸导体至地面/mm	2 700	2 800	2 900

表 11.2 　室内配电装置的安全净距

额定电压/kV	1 ~ 3	6	10	15	20	35
带电部分至接地部分/mm	75	100	125	150	180	300
不同相的带电部分之间/mm	75	100	125	150	180	300
带电部分至栅栏/mm	825	850	875	900	930	1 050
带电部分至网状遮拦/mm	175	200	225	250	280	400
带电部分至板状遮拦/mm	105	130	155	180	210	320
无遮拦裸导体至地面(楼)/mm	2 375	2 400	2 425	2 450	2 480	2 600

表 11.3 　1 ~ 10 kV 配电装置室内各种通道的最小宽度(净距)

布置方式	维护通道	操作通道		通往防爆间隔的通道
		固定式	成套手车式	
一面有开关设备时	800	1 500	单车长 + 900	1 200
两面有开关设备时	1 000	2 000	双车长 + 600	1 200

11.2.2 　高压配电装置的安装

安装高压配电装置应遵守如下基本要求:

（1）配电柜应安装牢固。

（2）配电柜的构架及外壳应有良好可靠的接地。

（3）配电柜离墙距离一般应在 0.8 m 以上。

（4）母排导体与导体、导体与电器的连接处应可靠连接；不同金属的导体连接时,应采用过渡接头。

（5）采用硬导体时应考虑温度变化的影响,必要时应装设伸缩接头。

（6）母线弯曲处不得有裂纹及显著的折皱,其弯曲半径应不小于表 11.4 中规定的数值。

表 11.4　母线最小弯曲半径

弯曲种类	母线截面或圆棒直径 /mm	最小弯曲直径 /mm		
		铜	铝	钢
立弯	50 × 5 及其以下	$1a$	$1.5a$	$0.5a$
	120 × 10 及其以下	$1.5a$	$2a$	$1a$
平弯	50 × 5 及其以下	$2b$	$2b$	$2b$
	120 × 10 及其以下	$2b$	$2.5b$	$2b$
圆棒弯曲	$\phi16$ 及其以下	50	70	50
	$\phi30$ 及其以下	100	150	100

注:a,b 为各种线材的直径。

（7）母线应涂以识别颜色。对三相交流母线而言,A 相涂黄色,B 相涂绿色,C 相涂红色,不接地中性线涂紫色,接地中性线涂紫色并带黑色横条。对直流母线而言,正极涂棕褐色,负极涂蓝色。

11.3　继电保护装置

11.3.1　串联脱扣器保护装置

串联脱扣器保护装置利用电路中非正常的大电流通过串联脱扣器线圈对铁心的吸引力使开关自动脱扣,实现保护。动作电流可根据电流刻度调节整定。应该说明的是,动作电流的电流刻度值往往与实际值不符,需要现场核正。

11.3.2　感应型继电器过电流保护装置

感应型继电器由具有反时限延时特性的盘式感应元件和瞬动的电磁元件两部分组成,其整定方法如下:

（1）整定启动电流法（动作电流值）:调整时用特殊的插销改变线圈的匝数,在插口旁边标有启动电流的数值。

（2）整定动作时间:用时间杆调整,时间杆的旁边有标明数字的刻度值。

（3）整定瞬动电流倍数:通过调节电磁元件的空气隙可以整定瞬动电流倍数。

11.4　低压进户装置

11.4.1　供电相数的选择

对于永久性装置,当计算负荷电流在 30 A 及以下时,可选择二线进户,即单相供电;当计算负荷电流超过 30 A 时,应采用三相四线进户,并尽可能将负荷平均分配在各相上,避免造成三相负荷的明显不平衡。

对于临时性装置,当计算负荷电流低于 50 A 时,可以采用单相二线进户;当计算负荷电流超过 50 A 时,应采用三相四线进户,并尽可能将负荷平均分配在各相上。

11.4.2　进户方式

对于一座建筑物,通常只设置一个进户点。进户点一般要选择在接近供电电路与用电负荷中心处。

进户方式有以下几种可供选择:

(1) 进户点离地面高于 2.7 m 时,应采用单根绝缘线分别穿瓷套管进户,并使进户管口与进户线的垂直距离在 0.5 m 以内。

(2) 进户点距地面低于 2.7 m 时,应采用塑料护套线穿瓷管、绝缘线穿钢管或硬塑料管支持在墙上,放在进户线处搭头。

(3) 如房屋低矮,应加装进户杆(落地杆或短杆),仍采用塑料护套线穿瓷管、绝缘线穿钢管或硬塑料管进户。

11.4.3　进户杆

进户杆采用水泥杆或木杆。进户杆应有足够的机械强度;落地木杆的梢径不应小于 10 cm,木杆在地面之下 0.5 m 至地面之上 0.3 m 处,应涂水柏油或采取其他有效的防腐措施;木杆顶端应劈尖并加以防腐;水泥杆应没有弯曲、裂缝、露筋、水泥剥落等现象。木杆、水泥杆的埋深见表 11.5。

表 11.5　木杆、水泥杆的埋深表

杆　　长		4	5	6	7	8	9	10	11	12	13
埋深	木杆	1.0	1.0	1.1	1.2	1.4	1.5	1.7	1.8	1.9	2.0
	水泥杆	—	—	—	1.4	1.5	1.6	1.7	1.8	1.9	2.0

11.4.4　进户线和进户管

进户线应采用绝缘良好的导线,不得采用软线。导线的截面积应能满足负荷电流的要求,但铜芯绝缘导线最低不得小于 1.5 mm², 铝芯绝缘导线不得低于 2.5 mm²。

11.4.5 总配电装置

总配电装置的位置应靠近进户点,不应装在易燃、潮湿、高温、多尘或易受震动的场所。总配电装置的一般配置如图 11.2 所示(单位:mm)。

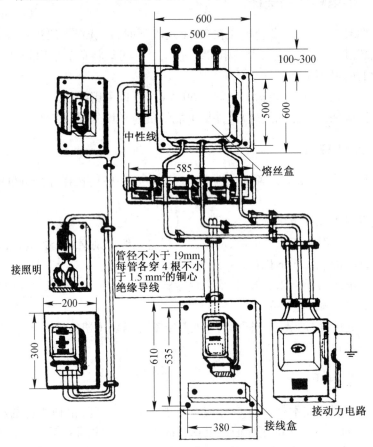

图 11.2 低压供电总配电装置

1. 总熔丝盒

总熔丝盒应装于进户处,每只电能表应有单独的熔断器保护。若进户点离电能表较远,则除在进户处装有总熔丝盒和熔断器外,每只电能表处还应另装分熔断器。

2. 电能表

单相供电时,采用单相电能表;三相供电时,采用三相电能表。

3. 总开关

由一套电能表供电的全部电气设备应有一个总开关控制。但当设备总容量较大或有大容量单相设备时,若各个回路上均已装有开关,则可不装设总开关。电灯、电热的总开关可采用瓷底胶木闸刀开关。

4. 熔断器

熔断器可采用瓷插式、螺旋式或管式。熔断器及熔体电流大小的选择要满足长期负载工作电流的要求,熔体大小的选择还必须考虑到电动机的启动电流。各级熔体应相互配合,后一级要比前一级小。熔体的选择方法可参考 5.2.2 节的内容。

11.5　低压电路

11.5.1　低压电路的一般要求

低压电路一般应满足以下要求：

（1）车间照明和电力电路应分开设置。

（2）选择导线的截面除按计算负荷电流外，还应考虑电路允许的电压损失、导线的机械强度。

（3）每一电灯分路的灯和插座的总数一般不超过 25 只，每一分路的最大负荷不应超过 30 A。

（4）三相四线制中性线的载流能力一般不小于相线的 1/2；二相三线或单相电路的中性线截面应与相线截面相同。

（5）导线的安全载流量与保护该导线的熔断器的熔体额定电流之间的关系一般规定如下：

① 照明电路：导线安全载流量 ≥ 熔体额定电流；

② 电力电路：导线安全载流量 × (1.5 ~ 1.8) 熔体额定电流；

③ 有爆炸危险场所内的电路：导线安全载流量 × 0.8 ≥ 熔体额定电流。

（6）电路截面减小的地方或分支线处，一般应加装熔断器。

（7）低压电路完工接电之前，应进行以下测试：

① 测量绝缘电阻。用 500 V 兆欧表测量电路装置的每一分路以及总熔断器和分熔断器之间的导线和导线对大地间的绝缘电阻，绝缘电阻不应小于下列数值：

相对地为 0.22 MΩ；相对相为 0.38 MΩ。对于 36 V 低压电路的绝缘电阻亦不应小于 0.22 MΩ。

② 测量系统电阻。明、暗管线装置的钢管及电缆电路的金属包皮应连成一体。从总开关邻近的一点起到户内电路装置的任何一点止，钢管或电缆金属外皮系统的电阻不得大于 1 Ω。

11.5.2　户内、外明线

1. 导线的选择

户内、外明线应采用橡皮或塑料绝缘导线。按照机械强度的要求，导线的最小截面和敷设距离应符合表 11.6 中的规定。

2. 明、暗管线

明、暗管线用的钢管必须经过防锈处理。装于潮湿、腐蚀场所的明管及埋在地下的暗管，应采用管壁厚度不小于 2.5 mm 的钢管。

穿管子导线的绝缘强度不低于交流 500 V，管内不得有接头；必须要接头时，应加装接线盒。除直流回路导线及接地线外，不允许在钢管内穿单根导线。

钢管与钢管之间用钢束节连接，与接线盒的连接处用螺母拧紧，钢管管口应装有护圈。敷设于含有对导线绝缘有害的蒸气、气体或多尘房屋内的钢管，以及敷设于可能进入油、水等液体的场所的钢管，其连接处应密封。

表 11.6　户内、外明线最小截面和距离

装置场所	装置方法		绝缘导体最小截面/mm²		敷设距离				
			铜芯	铝芯	绝缘导线截面/mm²		前后支持物间的最小距离/m	线间最小距离/m	与地面最小距离/m	
					铜芯	铝芯			水平敷设	垂直敷设
户内	木槽板线		1.0	1.5			0.5(底钉间) 0.3(盖钉间)		0.15	0.15
	塑料护套线		1.0	1.5			0.2		0.15	0.15
	瓷夹明线		1.0	1.5	1.0 ~ 2.5		0.6		2.0	1.3
					4.0 ~ 10.0		0.8			
	瓷柱明线		1.0	2.5	1.0 ~ 2.5		1.5①	35	2.0	1.3
					4 ~ 10		2.0①	50		
					16 ~ 25		2.5①	50		
	瓷瓶明线		2.5	4.0		4.0	6.0②	100	2.0	1.3
					2.5 及以上	6.0 及以上	10.2②	150		
户外	塑料护套线		1.5	2.5			0.2		2.0	1.3
	瓷柱装在墙铁板上		1.5	2.5			4.0	100	2.5	
	瓷瓶	装在墙铁板上	2.5	6.0	2.5 及以上	6.0 及以上	10.0	150		
		装在电杆横担上	2.5	6.0	2.5	6.0	10.0	200		
					4.0 及以上	10.0 及以上	25.0			

注:①为瓷柱中心间的距离;②为瓷瓶中心间的距离

明管应采用管卡支持,管卡间的距离应符合表 11.7 的规定。钢管或硬塑料管的敷设应尽可能沿最短路线并减少弯曲次数。布线的管路较长或有弯时,应加装拉线盒,使两个拉线点之间的距离符合以下要求:

(1)无弯曲时,不超过 45 m。

(2)两个拉线点之间有一个弯曲时,不超过 30 m。

(3)两个拉线点之间有两个弯曲时,不超过 20 m。

(4)两个拉线点之间有三个弯曲时,不超过 12 m。

表 11.7　明敷钢管管卡间的最大距离

管壁厚度/mm	钢管标称直径/mm			
	10 ~ 20 (1/2″ ~ 3/4″)	25 ~ 32 (1″ ~ 11/4″)	40 ~ 50 (11/2″ ~ 2″)	70 ~ 80 (21/2″ ~ 3″)
2.5 及以上	1.5	2.0	2.5	3.5
2.5 及以下	1.0	1.5	2.0	—

实训 11.1　低压架空电路安装的基本操作

1. 实训目的

掌握低压架空电路安装的登杆、杆上作业、线把制作、导线在瓷瓶上的绑扎等基本操作工艺。

2. 实训器材与工具

（1）脚钩、踏板、安全带。

（2）8 号铁线（每人 10 m）。

（3）16 mm² 截面的铝芯导线。

（4）低压瓷瓶（针式和蝶式）。

（5）铝扎线若干。

（6）紧线钳。

（7）7 m 水泥杆（已立好）。

（8）两线角铁横担。

（9）吊绳、工作袋及钢丝钳（200 mm）、扳手、手锤等电工工具。

3. 实训内容

（1）准备工作。

① 了解脚钩上杆和踏板上杆的方法。

② 了解安全带的作用与使用。

③ 了解导线在针式和蝶式瓷瓶上的绑扎方法。

④ 了解紧线钳的结构与使用方法。

⑤ 了解拉线的绞合与线把的制作方法。

⑥ 水泥杆预埋好（埋设深度应比平常要求加深，用拉线加固，以确保训练的安全）。

⑦ 瓷瓶固定在方木条上，方木长 1.5 ~ 2 m，上装 4 个瓷瓶：两端为蝶式瓷瓶，中间两个为针式（或蝶式）瓷瓶。

（2）训练项目。

① 用脚钩上杆和用踏板上杆训练。

② 在杆上安装或拆卸两线横担。

③ 导线在瓷瓶上的绑扎训练。

④ 制作拉线与线把。

（3）训练方法。

① 练习用脚钩上杆和用踏板上杆的训练步骤：

a. 检查水泥杆的安全（训练时可以在杆边放置海绵垫）；由教师示范用脚钩上杆的方法，并讲解上杆的动作要领。

b. 学生练习用脚钩上杆，上至离地 3 ~ 4 m 后下杆；每人练习两次。

c. 学生练习用踏板上杆，练习前先由教师示范，并讲解上杆和下杆的动作要领。

d. 练习初期，重点学习上杆与下杆的关键动作，只要求在杆的低处练习，并做好保护。

② 在杆上安装或拆卸两线横担的训练步骤：

a.检查工作袋内的杆上作业工具是否齐备,横担是否已准备好。

b.将安全带的腰带系在腰间,吊绳一头系在安全带上。

c.使用登杆工具(踏板或脚钩)上杆,上至杆顶后按要求将安全带系在杆上并扣好;安全检查后,用绳子将工具袋和横担分别吊上杆。

d.按要求安装两线横担,应保证安装的质量。

③导线在瓷瓶上的绑扎训练步骤:

a.学生两人一组,将装有瓷瓶的方木条固定好,并准备一条约 3 m 长的导线(截面积为 16 mm²)。

b.按蝶式瓷瓶的导线绑扎法将导线用扎线绑扎在一端的瓷瓶上。

c.将导线用力拉紧,在导线另一端也按蝶式瓷瓶的导线终端绑扎法用扎线将导线绑扎在另一端的瓷瓶上。

d.将导线按针式瓷瓶的中间导线绑扎法(或蝶式瓷瓶转弯导线绑扎法)用扎线将导线绑扎在中间的两个瓷瓶上。

e.交指导教师检查后,将导线解拆,并清理现场。

④拉线与线把制作的训练步骤:

a.学生分数人一组,将 10 m 长的 8 号铁线展开在专供训练的两条加固水泥杆间(或能承受较大拉力的两固定件间)。

b.在一水泥杆上捆上紧线钳,将铁线一端捆绑在一水泥杆上,另一端由紧线钳钳口钳紧,按紧线的方法操作紧线钳,将铁线收直(不要收得过紧)。

c.将收直的铁线解开并剪成等长的三段,将三段铁线顺一方向自然绞合,并将绞合好的铁线两端用小铁线扎紧。

d.在绞合好的铁线一端按要求弯制线鼻子,然后将线鼻子穿在固定的铁棒中,用自缠法制作线把。

e.将制作好的线把交老师检验,清理现场。

实训 11.2　槽板敷设与线卡敷设

1. 实训目的
掌握槽板敷设与线卡敷设(塑料护套线敷设)的操作工艺。

2. 实训器材与工具
(1)塑料线槽与接头附件。
(2)BV 绝缘导线(1.5 mm²)与塑料护套线(1.5 mm²)。
(3)铜或铝线卡(两线和三线)若干。
(4)木螺钉、小钢钉若干。
(5)线盒,每工位三个。
(6)配线用木底板,每工位一块(长 1.5 m、宽 1 m 以上)。
(7)手电钻、钢锯、粉线、铅笔及常用电工工具。

3. 实训内容
(1)训练前的准备。

① 了解塑料槽板敷设的步骤和工艺要求。

② 了解线卡敷设(塑料护套线敷设)的步骤与工艺要求。

③ 将配线用底板清理干净。

(2)训练方法。

① 塑料槽板敷设训练步骤：

a.阅读图11.3,明确电路敷设要求。

b.在底板上确定接线盒的安装位置,打上记号。

c.将接线盒底盒固定在已作标记的位置上。

d.用粉线按图11.3弹出电路路径。

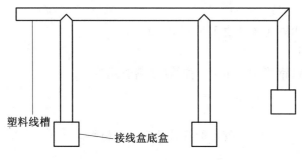

图 11.3   塑料槽板敷设

e.加工线槽接口。

f.给塑料线槽钻孔,孔距应符合安装要求。

g.用木螺钉将线槽固定在底板上。

h.将 BV 导线敷设入线槽中(走线可参考图11.4),将线头引至附件。

i.自检。

j.交老师检验后将线路拆除,收好工具,清理现场。

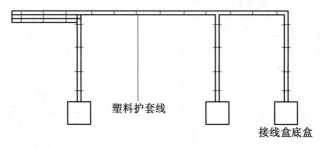

图 11.4   线卡敷设

② 线卡敷设(塑料护套线敷设)的训练步骤：

a.阅读图11.4,明确电路敷设要求。

b.在底板上确定接线盒的安装位置,打上记号。

c.将接线盒底盒固定在已作标记的位置上。

d.用粉线按图11.4弹出电路路径。

e.在电路路径上做线卡固定位置的记号,先定两端(转弯端、入接线盒端),距离要符合要求(应根据底板大小来确定线路长短)。

f. 用小钉将线卡固定在已作标记的固定点上。

g. 将塑料护套线(BVV)拉直,并用线卡敷设在线路上(导线头引出接线盒)。

实训 11.3　线管加工

1. 实训目的

掌握电线管和硬塑管的弯曲成型、管对接、锯管与穿线等操作技能。

2. 实训器材与工具

(1)ϕ25 的电线管和硬塑管各 2 m。

(2)ϕ1.2 的钢丝引线 2.5 m。

(3)2.5 mm^2 的 BV 绝缘导线 2.5 m × 4 条。

(4)圆形钢丝刷。

(5)手动弯管器(钢管用)和弯管弹簧(塑料管用)。

(6)钢锯。

(7)管子绞板。

(8)钢丝钳、卷尺、管接头、胶合剂等其他工具与材料。

3. 实训内容

(1)准备工作:

① 了解电线管的锯管、弯管、套丝、接管和清管的方法。

② 了解硬塑管的锯管、弯管和接管的方法。

③ 了解导线穿管的方法。

④ 准备好训练场地与管子绞板的固定等。

⑤ 准备好加工图纸(图 11.5、图 11.6)。

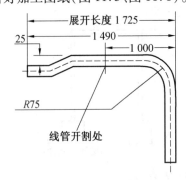

图 11.5　加工图纸(单位:mm)

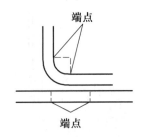

图 11.6　弯管部位

(2)训练方法。

① 电线管的加工与穿线的训练步骤:

a. 阅图:阅读加工图纸(图 11.5),了解加工要求。

b. 做样:用 8 号铁线先按图 11.5 要求弯出样板,以在弯管的同时作对照检查用。

c. 弯管:用弯管器按图中尺寸弯出 90° 角与管端鸭脖弯。

d. 锯管:按图 11.5 的要求用钢锯将电线管锯断。

e. 套丝:在直角弯管两端部与鸭脖弯的直线端部用管子绞板套丝。

f. 清管:用钢丝绑住钢丝刷伸入管内来回拉动清洁线管。

g. 接管:用管接头将 90° 角弯管与鸭脖弯直线端对接。

h. 穿线:用钢丝穿引法将导线穿入电线管内。

i. 自检。

j. 交老师检验后将导线拉出。

② 硬塑管的加工与穿线的训练步骤:

a. 弯管:仍按图 11.5 所注的尺寸,在硬塑管弯曲部分插入弯管弹簧,弯出 90° 角与管端鸭脖弯。

b. 锯管:按图 11.5 的要求用钢锯将硬塑管锯断。

c. 接管:用成品管接头将 90° 角弯管与鸭脖弯直线端对接。

d. 穿线:用钢丝穿引法将导线穿入电线管内。

e. 自检。

f. 交老师检验后将导线拉出,并清理现场。

思　考　题

11.1　什么叫电力系统和电力网? 各有何用?

11.2　什么叫三相四线制? 在什么情况下采用它?

11.3　为什么变压器二次电压要高于电网额定电压 5% 或 10%?

11.4　一类负荷和二类负荷有什么区别? 如何保证一类负荷?

11.5　变电所和配电所的区别在哪里?

11.6　一类负荷对变压器和主接线有什么要求?

11.7　企、事业单位供电系统的组成和主要设备的作用是什么?

11.8　本学校的变、配电所情况如何?

第12章　照明装置

重点内容：

◆　照明常用电光源
◆　常用照明附件及照明装置电气电路
◆　照明电路及灯具的常见故障与检测
◆　白炽灯电路的安装
◆　日光灯电路的安装

12.1　照明常用电光源

1. 白炽光源

白炽光源也称热辐射光源，是利用电能使材料加热到白炽程度而发光的光源，如白炽灯、卤钨灯等。白炽光源的名称及代号见表12.1。

表 12.1　白炽光源名称及代号

光源名称	代号	光源名称	代号
普通照明灯泡	PZ	微型指示灯泡	WZ
双螺旋照明灯泡	PZS	电话交换机灯泡	HJ
蘑菇形照明灯泡	PZM	仪器灯泡	YQ
反射型照明灯泡	PZF	矿用头灯灯泡	KT
氪气照明灯泡	KZM	水下灯泡	SX
矿区照明灯泡	KZ	管形照明卤钨灯	LZG
彩色灯泡	CS	汽车卤钨灯	LQ
装饰灯泡	ZS	石英聚光卤钨灯	LJS
局部照明灯泡	JZ	硬质玻璃聚光卤钨灯	LJY
汽车灯泡	QT	摄影灯泡	SY
封闭式灯泡	QF	放映灯泡	FY
船用照明灯泡	CY	幻灯灯泡	HD
飞机灯泡	FJ	照明灯泡	ZX
专用小型灯泡	XX	红外线灯泡	HW
聚光灯泡	JG	照相放大灯泡	ZF
反光聚光灯泡	JGF	无影灯泡	WY
医用微型灯泡	YW	摄影卤钨灯管	LSY

续表 12.1

光源名称	代号	光源名称	代号
槌形电源指示灯泡	DC	放映卤钨灯泡	LKY
梨形电源指示灯泡	DL	印片卤钨灯泡	LYP
球形电源指示灯泡	DQ	复印卤钨灯泡	LF
锥形电源指示灯泡	DZ	红外线卤钨灯泡	LHW
圆柱形电源指示灯泡	DY	仪用卤钨灯泡	LYQ
小型指示灯泡	XZ	幻灯卤钨灯泡	LHD

（1）白炽灯。白炽灯价格便宜，显色性能好，安装简便，是一种应用最广泛的热辐射电光源。

白炽灯是利用灯丝电阻电流的热效应使灯丝温度上升到白炽程度而发光的。由于高温灯丝的蒸发，在白炽灯玻璃壳内易产生沉积物而发黑，使其透光性能降低而影响发光效率，并且输入的电能大多转为热能，因此白炽灯的发光效率较低，能耗较大。

（2）卤钨灯。卤钨灯（有碘钨灯和溴钨灯之分）在灯内充入微量的卤素元素，使蒸发的钨与卤素不断起化学反应，从而弥补了普通白炽灯玻璃壳发黑的缺陷。

管形卤钨灯的工作原理与白炽灯相似，也属于热辐射电光源。

2. 气体放电光源

气体放电光源是利用气体或蒸气放电而发光的光源，如荧光灯、高压汞灯、钠灯、金属卤化物灯等。气体放电光源的名称及代号见表 12.2。

表 12.2　气体放电光源名称及代号

光源名称	代号	光源名称	代号
直管形荧光灯	YZ	管形钪钠灯	KNG
U 形荧光灯管	YU	球形铟灯	YDQ
环形荧光灯管	YH	球形镝灯	DDQ
自整流荧光灯管	YZZ	自整流荧光高压汞灯泡	GYZ
黑光荧光灯管	YHG	仪器高压汞灯泡	GGQ
紫外线灯管	ZW	晒图高压汞灯泡	GGS
直管石英紫外线低压汞灯	ZSZ	直管紫外线高压汞灯	GGZ
U 形石英紫外线低压汞灯	ZSU	U 形高压汞灯	GGU
白炽荧光灯泡	ZY	管形汞氙灯	GXG
高压汞灯泡	GG	球形超高压汞灯	GGQ
荧光高压汞灯泡	GGY	球形超高压汞氙灯	GXQ
球形水冷氙灯	XSQ	球形氙灯	XQ
封闭式冷光束氙灯	XFL	管形镝灯	DDG
管形氙灯	XG	钠铊镝灯	NTY
管形水冷氙灯	XSG	铊铟灯泡	TY
直管形脉冲氙灯	XMZ	高压氢灯管	KG
低压钠灯管	ND	氖氩辉光灯泡	NH
高压钠灯泡	NG	光谱灯	GP
管形碘化铊灯	DTG	氢弧灯	QH

（1）荧光灯。荧光灯（俗称日光灯）具有结构简单，适于大量生产，价格适宜，发光效率高，显色性能较好，表面亮度低等优点，是目前使用最广泛的气体放电光源。荧光灯由灯管、镇流器和启辉器等主要部件组成。荧光灯的组件必须严格按规格配套使用，其技术参数见表12.3。

表12.3　荧光灯的规格及技术参数

灯管型号	额定功率/W	工作电压/V	工作电流/A	启动电流/A	灯管降压/V	光通量/lm	平均寿命/h	主要尺寸/mm		
								直径	全长	管长
YZ4RR	4	35	0.11			70	700	16	150	134
YZ6RR	6	55	0.14			160	1 500	16	226	210
YZ8RR	8	60	0.15			250	1 500	16	302	288
YZ10RR	10	45	0.25			410	1 500	26	345	330
YZ12RR	12	91	0.16			580		18.5	500	484
YZ15RR	15	51	0.33	0.44	52	580	3 000	38.5	451	437
YZ20RR	20	57	0.37	0.50	60	930	3 000	38.5	604	589
YZ30RR	30	81	0.41	0.56	89	1 550	5 000	38.5	909	894
YZ40RR	40	103	0.45	0.65	108	2 400	5 000	38.5	1 215	1 200
YZ85RR	85	120	0.80			4 250	2 000	40.5	1 778	1 764
YZ100RR	100		1.50			5 000	2 000	38	1 215	1 200
YZ125RR	125	149	0.94			6 250	2 000	40.5	2 389	2 375

（2）高压水银灯（荧光高压汞灯）。高压水银灯是普通荧光灯的改进型，有镇流式和自镇流式两种类型。

镇流式高压水银灯是先经过主、辅电极间的辉光放电，再逐步过渡到主电极的弧光放电而发光的。自镇流高压水银灯是通过灯泡内部结构实现镇流作用的。

高压水银灯的技术参数见表12.4。

（3）管形氙灯。管形氙灯属于高气压自持弧光放电电灯。控制开关接通后，按下按钮，触发器输出高频高压脉冲电流，在灯管中形成火花放电通道，由此产生的电子、离子在电场作用下，使中性气体分子和原子继续电离，发生雪崩过程，在离子的撞击下使电极加热，成为热发射体，发射大量热电子，因而产生较大的热电流，形成稳定的弧光放电，使两端电弧沟通而发光。此时触发器停止工作，氙灯由单相220 V电源供电。

（4）镇流式高压汞灯。镇流式高压汞灯需与相应规格的镇流器配套使用。镇流器的作用类似于日光灯镇流器，即产生高压和限流。电源接通后，电压加在引燃极和相邻的下电极（主电极）之间，也加在上、下电极之间。

（5）金属卤化物灯。金属卤化物的发光原理与高压汞灯相似。点灯时，放电首先在主电极之间的惰性气体中形成，然后发展到两个主电极之间。对于没有辅助电极的灯，则采用高频触发器使放电管点燃。放电后随着放电管温度的升高,汞蒸气压力也逐渐升高。灯泡触发后,电极的放电电压进一步加热电极,形成辉光放电,并为弧光放电创造条件。在辉光放电的作用下,电极温度越来越高,发射的电子数量越来越多,迅速过渡到弧光放电。随着温度进一步升高,灯的发光越来越强直到正常,全部过程需一分多钟,如果启动电流大,电源启动性能好,此过程可短些。

表 12.4　高压水银灯的技术参数

灯泡型号	额定功率 /W	工作电压 /V	工作电流 /A	启动电流 /A	稳定时间 /min	再启动时间 /min	光通量 /lm	平均寿命 /h	配用镇流器数据			
									镇流器型号	端电压 /V	损耗 /W	功率因子 (cos φ)
GGY50	50	95	0.62	1.0	10 ~ 15	5 ~ 10	1 500	2 500	GYZ – 50	184	8.6	0.44
GGY80	80	110	0.85	1.3	4 ~ 8		2 800	2 500	GYZ – 80	165	10	0.51
GGY125	125	115	1.25	1.8	4 ~ 8		4 750	2 500	GYZ – 125	154	13	0.55
GGY175	175	130	1.50	2.3	4 ~ 8		7 000	2 500	GYZ – 175	152	14	0.61
GGY250	250	130	2.15	3.7	4 ~ 8		10 500	5 000	GYZ – 250	153	25	0.61
GGY400	400	135	3.25	5.7	4 ~ 8		20 000	5 000	GYZ – 400	146	36	0.61
GGY700	700	140	5.45	10.0	4 ~ 8		35 000	5 000	GYZ – 700	144	70	0.64
GGY1000	1 000	145	7.50	13.7	4 ~ 8		50 000	5 000	GYZ – 1000	139	100	0.67
GGZ160	160	220	0.75	0.95		3 ~ 6	2 560	3 000				
GGZ250	250		1.20	1.70			4 900					
GGZ450	450		2.25	3.50			11 000					
GGZ750	750		3.55	6.00			22 500					

12.1.2　照明灯具

照明灯具(以下简称灯具)是由包括电光源在内的照明器具等组成的照明装置,主要作用是将光通量进行重新分配,以合理地利用光通量和避免由光源引起的眩光,达到固定光源、保护光源免受外界环境影响和装饰美化的效果。

1.灯具的型号及种类

(1)灯具型号的命名。灯具型号名称中各组成部分的含义为

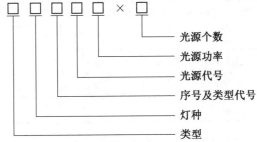

(2)灯具类型代号。灯具类型代号见表 12.5。

表 12.5　灯具类型代号

代　号	类　型	代　号	类　型
M	民用建筑灯具	B	防爆灯具
G	工矿灯具	Y	医疗灯具
Z	公共场所灯具	X	摄影灯具
C	船用灯具	W	舞台灯具
S	水用灯具	N	农用灯具
H	航空灯具	J	军用灯具
L	路上交通灯具		

（3）民用建筑灯种代号。民用建筑灯种代号见表 12.6。

表 12.6　民用建筑灯种代号

代　号	类　型	代　号	类　型
B	壁灯	Q	嵌入式顶灯
C	床头灯	T	台灯
D	吊顶灯	X	吸顶灯
L	落地灯	W	未列类型
M	门灯		

（4）工矿灯种代号。工矿灯种代号见表 12.7。

表 12.7　工矿灯种代号

代　号	类　型	代　号	类　型
B	标志灯	J	机床灯
C	厂房照明灯	T	投光灯
G	工作台灯	Y	应急灯
H	行灯	W	未列类型

（5）公共场所灯种代号。公共场所灯种代号见表 12.8。

表 12.8　公共场所灯种代号

代　号	类　型	代　号	类　型
B	标志灯	T	庭院灯
D	道路照明灯	Y	通用照明灯
G	广场灯	W	未列类型
S	放射灯		

（6）灯头种类代号。灯头种类代号见表 12.9。

表 12.9　灯头种类代号

代　号	灯头种类	代　号	灯头种类
B	插口式灯头	PB	预聚焦插口式灯头
BA	汽车用插口式灯头	R	凹式灯头
E	螺口式灯头	S	筒式灯头
F	单插脚式灯头	SV	锥式灯头
G	双插脚或多插脚灯头	T	电话指示灯灯头
P	预聚焦式灯头		

2. 灯具的分类

灯具通常以光通量照射在空间上、下两半球的分配比例分类,或按灯具的结构特点分类。

(1)按光通量照射在空间的分配比例分类,可分为直射型、半直射型、漫射型、间接型和半间接型灯具。

(2)按灯具的结构特点分类,可分为开启式、保护式、密闭式和防爆式灯具。

3. 照明灯具的技术数据

照明灯具的技术数据主要包括产品名称、型号、规格等。目前我国生产的灯具尚无统一的技术标准和规格,全国各生产厂家的产品型号(包括规格和名称)很不一致,现多采用上海和北京的产品型号。

(1)工厂灯具。工厂灯具包括一般工厂灯、防水防尘灯、防爆灯和防潮灯,多用于工厂的生产照明。部分工厂灯具的技术数据见表 12.10。

表 12.10　工厂灯具技术数据

灯具名称	灯具型号	功率范围/W	光通量	外形尺寸/mm			
				D	L	H	d
配照型工厂灯	GC1 - A、B - 1	60 ~ 100		355		209	100
	GC1 - D、E、F、G - 1	60 ~ 100		355	300 ~ 1 000	209	100
	GC1 - C - 2	150 ~ 200		406		220	120
广照型工厂灯	GC3 - A、B - 1	60 ~ 100		355		140	100
	GC3 - D、E、F、G - 1	60 ~ 100		355	300 ~ 1 000	140	100
	GC3 - C - 2	150 ~ 200		406		180	120
深照型工厂灯	GC5 - A、B - 1	150 ~ 200		250		265	120
	GC5 - D、E、F、G - 1	150 ~ 200		250	300 ~ 1 000	265	120
	GC5 - C - 2	300		310		320	120
防水防尘灯	GC9 - A、B - 1	60 ~ 100		355	300 ~ 1 000	170	100
	GC11 - D、E、F、G - 1	60 ~ 100		355	300 ~ 1 000	170	100
	GC15 - C - 2	60 ~ 100		355	300 ~ 1 000	305	100
防爆灯	B3C - 200	200		210		365	
	B3C - 100	100		205		420	
	B3B - 200	200		193		355	

（2）建筑灯具。建筑灯具包括吸顶灯、壁灯、嵌入灯、花吊灯等，多数光源为白炽灯及荧光灯，也有其他类型的光源，主要用于建筑的装饰照明。

4. 灯具及光源的选择

（1）灯具的选择原则。

选择灯具一般应遵循以下原则：

① 满足照明需要。

② 满足环境要求。

③ 满足节能要求。

（2）光源的选择和要求。一般情况下可参照表 12.11 选择照明场所光源，并应根据使用场所的环境条件和光源的特征进行综合选用。在选用光源和灯具时，应符合下列要求：

表 12.11　各种环境下的一般照度参考值

序号	建筑物名称	最低照度 /lx		序号	建筑物名称	最低照度 /lx	
		白炽灯	日光灯			白炽灯	日光灯
1	变配电所	20 ~ 30	50 ~ 60	23	商店	20	50
2	锅炉房	15		24	托儿所	20	
3	水泵房	20		25	浴室	15	
4	压缩机房	20 ~ 30		26	厕所、更衣室	10	
5	乙炔站	15		27	走道、楼梯	5	
6	氧气站	20 ~ 30		28	家属宿舍	10	
7	烘干房	15		29	单身宿舍	15	
8	汽车库	10		30	食堂	15	
9	成品库、材料库	10		32	教室	40	100
10	易燃库	10		32	电镀车间、电机房	40	100
11	设备库、电石库	5		33	喷漆车间、油漆区	40	80
12	工具库	20		34	喷砂间	20	
13	精密件库	20		35	铸工车间、型砂工段	10	
14	露天堆厂	0.2		36	焊接车间	40	
15	露天作业厂	0.5		37	精密加工车间	40	100
16	办公室、值班室	30	60	38	实验间	40	100
17	阅览室、会议室	30	60	39	仪器装配间		100
18	设计室、绘图室	50	100	40	精密仪器装配间		150
19	图书室、资料室	30	60	41	理化实验室	50 ~ 60	100 ~ 120
20	打字室	60	120	42	天平室	50 ~ 60	100 ~ 120
21	晒图室、装订室	40	80	43	计量室	50 ~ 60	100 ~ 120
22	医疗室	40	80				

① 民用建筑照明中无特殊要求的场所，宜采用光效高的光源和效率高的灯具。

② 开关频繁、要求瞬时启动和连续调光等的场所，宜采用白炽灯和卤钨灯光源。

③ 高大空间场所的照明应采用高光强气体放电灯。

④ 大型仓库应采用防燃灯具,其光源应选用高光强气体放电灯。

⑤ 应急照明必须选用能瞬时启动的光源。

（3）根据配光特性选择灯具。

① 在一般民用建筑和公共建筑内,多采用半直射型、漫射型和荧光灯具,使顶棚和墙壁均有一定的光照,使整个室内的空间照度分布均匀。

② 生产厂房多采用直射型灯具,使光通量全部投射到工作面上;高大厂房可采用深照型灯具。

③ 室外照明多采用漫射型灯具。

（4）根据环境条件选择灯具。

① 一般干燥房间采用开启式灯具。

② 在潮湿场所,应采用瓷质灯头的开启式灯具;湿度较大的场所,宜采用防水防潮式灯具。

③ 含有大量尘埃的场所,应采用防尘密闭式灯具。

④ 在易燃易爆等危险场所,应采用防爆式灯具。

⑤ 在有机械碰撞的场所,应采用带有防护罩的保护式灯具。

12.2　常用照明附件及照明装置电气电路

12.2.1　灯具的布置

1. 灯具的布置要求

布置灯具应根据工作面的分布情况、建筑物的结构形式和视觉的工作特点进行。

2. 灯具布置的悬挂高度

室内一般灯具的最低悬挂高度应根据表 12.12 选择;灯具的垂度一般为 0.3 ~ 1.5 m(一般多取用 0.7 m)。

表 12.12　室内一般照明灯具的最低悬挂高度

光源种类	灯具形式	灯具保护角	灯泡功率 /W	最低悬挂高度 /m
白炽灯	带反射罩	10° ~ 30°	≤ 100	2.5
			150 ~ 200	3.0
			300 ~ 500	3.5
			> 500	4.0
	乳白玻璃漫射罩		≤ 100	2.0
			150 ~ 200	2.5
			300 ~ 500	3.0
荧光高压水银灯	带反射罩	10° ~ 30°	≤ 250	5.0
			≥ 400	6.0
卤钨灯	带反射罩	≥ 30°	1 000 ~ 2 000	6.0
				7.0
荧光灯	无罩		≤ 40	2.0

3. 灯具的布置间距

灯具的布置间距就是灯具布灯的平面距离（有纵向和横向），一般用 L 表示。一般灯具（视为点光源的灯具，当光源至工作面的距离大于光源直径的 10 倍时，即视为点光源）布灯时的纵横间距是相同的。荧光灯有横向（B—B）和纵向的（A—A）间距要求，见表 12.13。

表 12.13　荧光灯的间距要求

灯具名称	功率	型号	灯具功率/W	距高比		光通量/lm
				A—A	B—B	
普通荧光灯	1×40	YG1－1	81	1.62	1.22	2 200
	1×40	YG2－1	88	1.46	1.28	2 200
	2×40	YG2－2	97	1.33	1.28	2×2 200
密闭型荧光灯	1×40	YG4－1	84	1.52	1.27	2 200
	2×40	YG4－2	80	1.41	1.26	2×2 200
吸顶荧光灯	2×40	YG6－2	86	1.48	1.22	2×2 200
	3×40	YG6－3	86	1.50	1.26	3×2 200
嵌入荧光灯（塑料格）（铝格）	3×40	YG15－3	45	1.07	1.05	3×2 200
	2×40	YG15－2	88	1.25	1.20	2×2 200

4. 灯具布置的允许距高比

灯具布置的允许距高比就是灯具的布置间距（L）与灯具的悬挂计算高度（h）的允许比值，用 L/h 表示。布灯是否合理，主要取决于 L/h 的比值是否适宜：L/h 值小，照度均匀性好，但经济性相对较差；L/h 值大，则布灯稀少，满足不了一定的照度均匀性。为了兼顾两者的优点，应使 L/h 的值符合有关数值（部分灯具的推荐数值）。如校验荧光灯的允许距高比应同时满足表 12.13 中的横向和纵向两个数值。

12.2.2　照明要求

这里只简要介绍几种类型的建筑照明要求。

1. 住宅建筑照明

住宅建筑照明就是一般的居住照明。住宅的视觉较为复杂，照度要求也不尽相同：有时需较高的照度（如学习、备餐、洗涤等）；有时仅需要低照度（如看电视、听音乐等）。

（1）住宅建筑照明的要求。

住宅建筑照明应符合下列要求：

①住宅建筑照明应使室内光环境实用和舒适。

②卧室和餐厅宜采用低色温的光源。

③起居室、卧室中的书写阅读和精细作业宜增设局部照明。

④楼梯间宜采用定时开关或双控开关。

（2）住宅建筑照明的设置。

住宅建筑照明可采用以下几种安装方式：

①房间较小时可采用天棚吊灯，房间较低时（如小于 2.7 m）可采用吸顶灯。

②有吊顶的房间,空间效果比较宽阔,但照明效果比较固定,可采用嵌入式灯具。

③面积和高度较大的住宅(如客厅、餐厅),为突出艺术性,应采用与建筑的形式相协调的装饰性顶棚花(吊)灯。

④门厅、走廊、楼梯、卫生间一般可采用天棚吊灯或吸顶灯。

⑤厨房是用来备餐的,应有一定的亮度,一般多采用顶棚灯(也可增加局部照明)。

⑥方厅(或门厅、客厅)应适当提高亮度,一般可将嵌顶灯(或花吊灯)与壁灯混合使用,以增加宽阔感。

2. 学校建筑照明

(1)教室照明。教室照明是指教室的一般照明,目前多采用荧光灯具,其效率高,寿命长,有较好的显色性。荧光灯的布置应与黑板构成直角。这种排列方式,照度均匀且眩光较小,能减少黑板的光幕反射。

(2)黑板照明。黑板是用深色无光材料制成的,沿墙壁垂直方向装设,材料的反射率较低,因此仅有天棚照明时垂直照度不够,必须装设专门的局部照明灯具照射黑板,以保证其照度高于教室的一般照明。黑板照明灯具的安装高度 h(光源悬挂高度)和黑板到光源的距离 L 可参照表 12.14 进行选择。

表 12.14　黑板照明的位置和高度　　　　　　　　　　　　　m

从地面到光源的高度	2.2	2.4	2.6	2.8	3.0	3.2	3.4
从黑板到光源的距离	0.6	0.7	0.85	1.0	1.1	1.25	1.4

12.2.3　照明电路简介

1. 照明电源

照明电路一般采用交流电源供电,应急照明有时采用直流电源供电。

(1)照明电路的供电应采用 380/220 V 三相四线制(TN‒C 接地系统)交流电源,也可采用有专用接零保护线(PE)的三相四线制(TN‒C‒S 接地系统)交流电源。

(2)易触电,工作面较窄,特别潮湿的场所(如地下建筑)和局部移动式的照明,应采用 36 V、24 V、12 V 的安全电压供电。

(3)照明配电箱的设置位置应尽量靠近供电负荷中心(应满足照明支线供电距离的要求),并略偏向于电源侧,同时应便于通风、散热和维护。

2. 电压偏移

照明灯具的电压偏移(电压损失)一般不应高于其额定电压的 5%,照明电路的电压损失应符合下列要求:

(1)视觉要求较高的工作场所为 2.5%。

(2)远离电源的场所,当电压损失难以满足 5% 的要求时,允许降低到 10%。

3. 照明供电电路

(1)照明电路主要包括引下线、进户线、总配电箱、分配电箱、干线和支线。

(2)照明电路的供电方式主要是指干线的供电方式,从总配电箱到分配电箱的干线有放射式、树干式和混合式三种供电方式。

4. 照明支线

（1）支线供电范围。单相支线长度不超过 20 ~ 30 m，三相支线长度不超过 60 ~ 80 m，每相的电流以不超过 15 A 为宜，每一单相支线所装设的灯具和插座数量不应超过 20 个。

（2）支线导线截面。室内照明支线的电路较长，转弯和分支很多，因此从敷设施工考虑，支线截面不宜过大，通常在 1.0 ~ 4.0 mm² 范围之内，最大不超过 6 mm²。

（3）频闪效应的限制措施。为限制交流电源的频闪效应（电光源随交流电的频率交变而发生明暗变化，称为交流电的频闪效应），可采用三相支线供电的方式进行弥补，并尽可能使三相负载接近平衡，以保证电压偏移的均衡度。

5. 照明负荷的计算

照明负荷一般根据需要系数法进行计算。需要系数的选择见表 12.15。当三相负荷不均匀时，取最大一相的计算结果作为三相四线制照明电路的计算容量（或计算电流）。

表 12.15　需要系数的选择

建　筑　类　别	需要系数
大型厂房及仓库、商业场所、户外照明、事故照明	1.0
大型生产厂房	0.95
图书馆、行政机关、公用事业	0.9
分隔或多个房间的厂房或多跨厂房	0.85
实验室、厂房辅助部分、托儿所、幼儿园、学校、医院	0.8
大型仓库、变配电所	0.6
支线	1.0

（1）容量的计算。

单相两线制照明电路计算容量的公式为

$$P_j = K_c P_N$$

$$P_j = \sum K_c P_N$$

（2）电流的计算。

① 热辐射电光源（白炽灯、卤钨灯）照明电路中的电流可由下式进行计算：

a. 单相电路

$$I_j = \frac{P_j}{U_p} = \frac{K_c P_N}{U_p}$$

b. 三相电路

$$I_j = \frac{P_j}{\sqrt{3}\,U_l} = \frac{K_c P_N}{\sqrt{3}\,U_l}$$

② 弧光放电光源（荧光灯和其他气体放电光源）照明电路中的电流可由下式计算：

a. 单相电路

$$I_j = \frac{K_c P_N}{U_p \cos\varphi}$$

b. 三相电路

$$I_j = \frac{K_c P_N}{\sqrt{3}\,U_l \cos\varphi}$$

式中，P_j 为所需功率；K_c 为所需要系数；P_N 为额定功率；U_p 为相电压，U_l 为线电压；$\cos\varphi$ 为功率因数。

③ 混合电路(既有白炽灯又有气体放电灯类)中的电流可由下列公式进行计算:

a. 各种光源的电流:

$$I_{yg} = \frac{P_N}{U_p} = \frac{P_N}{220}$$

$$I_{wg} = I_{yg} \tan \varphi$$

b. 每相电路的工作电流和功率因数:

$$I_g = \sqrt{\left(\sum I_{yg}\right)^2 + \left(\sum I_{wg}\right)^2}$$

c. 总计算电流:

$$\cos \varphi = \frac{\sum I_{yg}}{I_g}$$

$$I_j = K_c I_g$$

式中:I_{yg} 为白炽灯的电流;I_{wg} 为气体放电灯的电流;P_N 为额定功率;K_c 为所需要系数;U_p 为相电压,I_g 为工作电流;$\cos \varphi$ 为功率因数。

6. 导线的选择

选择导线应符合电压等级、机械强度、允许持续电流和电压损失等要求,其中室内照明电路机械强度(固定敷设)的最小允许截面应符合要求,见表 12.16。

表 12.16　灯具线芯最小截面

灯具的安装场所及用途		线芯最小截面 /mm²		
		铜芯软线	铜线	铝线
灯头线	民用建筑室内	0.4	0.5	2.5
	工业建筑室内	0.5	0.8	2.5
	室　外	1.0	1.0	2.5
移动用电设备的导线	生活用	0.2		
	生产用	1.0		

12.2.4　照明器具的选用和安装

1. 照明器具的选用

照明器具的种类较多,常用的有灯具、灯座、开关、插座、挂线盒等。

(1)照明器具的选用。照明器具电光源的特征和选择以及灯具的选用可参阅 12.1 节。

(2)照明附件的选用。照明常用的开关、灯座、挂线盒及插座称为照明附件。

① 灯座。

② 开关。

③ 插座。

④ 挂线盒。

2. 照明器具的安装

(1)一般要求:

① 灯具的安装高度:室内一般不低于 2.5 m,室外一般不低于 3.0 m。如遇特殊情况难以达到上述要求时,可采取相应的保护措施或改用 36 V 的安全电压供电。

② 根据不同的安装场所和用途,照明灯具使用的导线最小线芯应符合表 12.16 的规定。

③ 明插座的安装高度不宜小于 1.3 m,在托儿所、幼儿园、小学及民用住宅中,明插座的高度不宜小于 1.8 m,暗插座一般离地 0.3 m(住宅暗插座应采用保护式),特殊场所不宜低于 0.15 m。同一场所安装的电源插座高度应一致。

④ 固定灯具需用接线盒及木台等配件。

⑤ 当采用螺口灯座或灯头时,应将相线(即开关控制的火线)接入螺口内的中心弹簧片上的接线端子,零线接入螺旋部分。

⑥ 吊灯灯具超过 3 kg 时,应预埋吊钩或用螺栓固定。软线吊灯的质量限于 1 kg 以下,超过时应增设吊链。

⑦ 吸顶灯具安装采用木制底台时,应在灯具与底台之间铺垫石棉或石棉布。

⑧ 照明装置的接线必须牢固,接触良好。

(2) 灯具的安装。照明灯具的安装有室内室外之分。室内灯具的安装方式应根据设计施工的要求确定,通常有悬吊式(悬挂式)、嵌顶式和壁装式等几种。

① 悬吊式灯具的安装方式分为吊线式(软线吊灯)、吊链式(链条吊灯)和吊管式(钢管吊灯)。

② 嵌顶式灯具的安装方式分为吸顶式和嵌入式。

③ 壁式灯具一般称为壁灯,通常装设在墙壁或柱上,安装前应埋设木台固定件,如预埋木砖、焊接铁件或安装膨胀螺栓等。

(3) 开关和插座的安装。明装时,应先在定位处预埋木楔或膨胀螺栓(多采用塑料胀管)以固定木台,然后在木台上安装开关和插座。暗装时,设有专用接线盒,一般是先行预埋,再用水泥砂浆填实抹平。接线盒口应与墙面粉刷层平齐,等穿线完毕后再安装开关和插座,其盖板或面板应紧贴墙面。

① 开关的安装。所有开关均应接在电源的相线上,其扳把接通或断开的上、下位置在同一工程中应一致。

② 插座的安装。安装插座的方法与安装开关相似,切勿乱接。当交流、直流或不同电压的插座安装在同一场所时,应有明显区别,并且插头和插座均不能相互插入。

12.2.5　室内配线

1. 护套线配线

(1) 按照施工图的要求,准备好各种器材,划线定位,确定电路的走向和各个电器的安装位置,在电路走向上每隔200 mm确定一个固定线卡的位置,距离开关、插座和灯具50 mm处均要设置线卡的固定点。

(2) 在每个固定点位置錾打木楔安装孔和导线穿引孔。

(3) 安装好木楔和金属扎片(铝片),其中铝片视导线的粗细选择不同的规格型号。

(4) 沿电路敷设导线。

(5) 完成各电路以及用电器的连接。

2. 瓷夹板与绝缘子配线

配线的准备：

（1）定位。

（2）划线。

（3）凿眼。

（4）埋设预埋件或紧固件。

（5）埋设保护管。

3. 瓷夹板和绝缘子的固定

（1）在木结构上,夹板和绝缘子(仅限于鼓形绝缘子)可用木螺钉直接固定。

（2）在砖墙上,夹板和绝缘子用木螺钉固定在预埋的木榫或膨胀螺栓上。

4. 导线的敷设

（1）放线。

（2）敷设和固定。

（3）保护管管口的处理。

（4）绝缘子配线的绑扎。

室内配线线间和固定点间距离见表 12.17。

表 12.17　室内配线线间和固定点间距离

配线方式	导线截面积 /mm²	固定点间最大允许距离 /mm	导线间最小允许距离 /mm
夹板配线	1 ~ 2.5	600	
	4 ~ 10	800	
鼓型绝缘子配线	1 ~ 4	1 500	70
	6 ~ 10	2 000	70
	6 ~ 25	3 000	100
针式绝缘子配线	1 ~ 2.5	2 100	70
	4 ~ 10	2 500	70
	16 ~ 25	3 000	100
	35 ~ 70	6 000	150
	85 ~ 120	6 000	150

（5）在敷设导线的转弯、交叉和分支处应加装固定点。

5. 绝缘子配线步骤

绝缘子配线的步骤如下：

（1）划线。

（2）用木螺钉固定绝缘子。

（3）先作左边绝缘子上导线终端绑扎,然后勒直导线作右边绝缘子上导线终端绑扎,最后作中间绝缘子上直线段导线的单花绑扎。

（4）拆开单花绑扎线,作中间绝缘子上直线段导线的双花绑扎。

6. 护线管配线

（1）护线管的选择。

① 根据敷设的场所选择线管类型。

② 根据穿管导线的截面和根数选择线管的管径,一般要求穿管导线的总截面(包括绝缘层)不应超过线管内径截面的40%。

(2)下料。下料前先检查线管的质量,如果线管有裂缝、瘪陷和管内有锋口、杂物等,则均不能使用。

(3)弯管。弯管通常是用弯管器来完成的。常用的弯管器有管弯管器、木架弯管器和滑轮弯管器。

(4)锯管。按实际需要长度用钢锯锯管,锯管时应使管口平整,并要锉去毛刺和锋口。

(5)套丝。为了方便连接,需对管子端部进行套丝。套丝时,要把线管固定在管钳或台虎钳上,然后用套丝铰板铰出螺纹。

(6)线管连接。钢管与钢管用管箍连接。连接时,先在丝扣处沿螺纹方向缠上细麻丝,并在麻丝上涂一层白磁漆,再用管子钳拧紧,并使两管端间吻合。

(7)线管的接地。线管配线的钢管必须可靠接地,方法是在钢管与钢管、钢管与接线盒等连接处,用直径为6～10 mm的圆钢制成的跨接线连接,并在干线始末端和分支线管上分别与接地体可靠连接,使电路所有线管都可靠接地。

(8)扫管穿线。

① 将压缩空气吹入管路中,或在钢丝引线上绑上擦布来回拉动,清除管内的灰尘和水分。

② 先将引线钢丝穿入线管,再将绝缘导线绑在线管一端的钢丝上,由一人从线管的另一端慢慢拉动引线钢丝,另一人同时在导线绑扎处慢慢牵引导线入管。

③ 导线穿好后,要剪断多余导线,并留有适当余量,便于安装接线。

7. 白炽灯电路的安装

(1)灯座的安装。

① 平灯座的安装:拧下灯座胶木外壳,将导线从灯座底部穿入,将来自开关的线头接到连通中心簧片的接线柱上,中性线接另一接线柱。

② 吊灯座的安装:先在导线引出端加装吊线盒,吊线盒的安装与平灯座相同;然后将两根塑料软线从吊线盒盖上方穿入,打结后分别穿入吊线盒底座正中凸起部分的两个侧孔里,再接到接线柱上,然后拧上盒盖;将软线下端从吊灯座盖上方穿入,打结后把两个线头分别接到吊灯座的两个接线柱上,拧上吊灯座盖。

(2)单联开关的安装。先在墙上准备装开关的地方安装木榫,将一根相线和一根开关线穿过木台两孔,并将木台固定在墙上,再将两根导线穿进开关两孔眼,接着固定开关并进行接线,装上开关盖子即可。

(3)插座的安装。安装插座的方法同安装开关相似,插座中接地(或接零)的接线柱必须与接地线(或零线)连接,不可借用中性接线柱作为接地线。

8. 日光灯的组装

(1)安装固定镇流器。将镇流器安装固定在灯架的中间位置,启辉器座安装固定在灯架一端的侧面。

(2)连线。

① 根据电路图,用塑料软线将启辉器座上的两个接线柱分别与两个灯座中的各一个接线柱连接,并将灯座固定在灯架两端。

②一个灯座中余下的一个接线柱与电源的中性线(地线)连接,另一个灯座中余下的一个接线柱与镇流器的一个线头连接。

③镇流器另一接线柱与开关的一个接线柱连接。

12.3　照明电路及灯具的常见故障与检测

12.3.1　照明电路常见故障及修理

1.照明电路常见故障及修理

(1)过载。过载的故障特征是灯光变暗,用电器达不到额定功率,以致熔丝熔断。

(2)短路。短路的故障特征是熔丝爆断,短路点处有明显烧痕、绝缘炭化现象,严重的会使导线绝缘层烧焦甚至引起火灾。

(1)产生短路故障的常见原因如下:

①安装不合规格,多股导线未捻紧、涂锡,压接不紧,有毛刺。

②相线、零线压接松动或距离过近,遇到外力,使其相碰造成相对零短路或相间短路。

③恶劣天气,如大风、大雨等造成导线及电气设备发生短路。

④电气设备所处的环境中有大量导电尘埃,若防尘设施不当或损坏,则导电尘埃落在电气设备中会造成短路。

⑤人为因素,如土建施工时将导线、闸箱、配电盘等临时移位或处理不当,施工时误碰架空线或挖土时挖伤土中电缆等。

(2)用试灯检查短路故障(图12.1 ~ 12.3)。查找短路故障时一般应采用分支路、分段与重点部位检查相结合的方法,利用试灯进行检查。

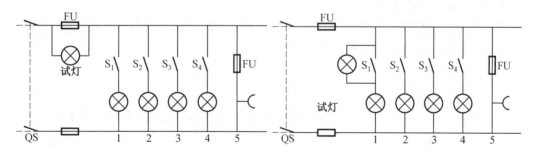

图 12.1　用试灯检查支路短路故障　　　图 12.2　用试灯检查短路故障(一)

(3)用试灯检查短路故障时应注意的问题。检查时应注意试灯与被检测灯串联在一起,试灯灯泡功率应与被检查灯泡功率差不多,这样当该灯无短路故障时,试灯与被检测灯发光都暗。遇此情况时可按以下方法解决:

①将试灯灯泡功率换大。

②将被检测灯泡卸下。

③在试灯两端用万用表测一下电压,看是否与电源电压一样。若一样,则某处存在短路。测电笔测试误判情况如图 12.4 所示,当电器所接电压为 380 V 时,无法判断是否有

短路。

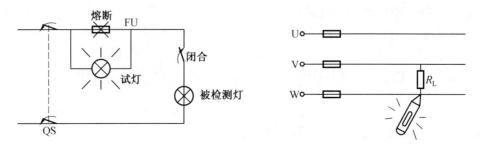

图 12.3　用试灯检查短路故障(二)　　　　图 12.4　测电笔测试误判情况

（3）开路。开路也称断路,其故障特点是合上电源开关后灯都不亮。相线、零线均可能出现开路。

（4）漏电。

① 用摇表测量绝缘电阻值的大小。

② 检查相线与零线间是否漏电。

③ 取下分路熔断器或断开分路刀闸,若电流表指示或绝缘电阻不变,则表明是总电路漏电;若电流表指示回零或绝缘电阻恢复正常,则是分路漏电。

④ 按以上方法确定漏电的分路或线段后,再依次切断该段电路灯具的开关。

2. 检查故障的基本方法

（1）故障调查。在处理故障前应进行故障调查,向出事故时在现场者或操作者了解故障前后的情况,以便初步判断故障种类及故障发生的部位。

（2）直观检查。经过故障调查,进一步通过感官进行直观检查,即闻、听、看。

闻:有无因温度过高烧坏绝缘层而发出的气味。

听:有无放电等异常声响。

看:首先沿线路巡视,查看线路上有无明显问题,如导线破皮、相碰、断线,灯丝断,灯口有无进水、烧焦等,再进行重点部位检查。

① 熔断器熔丝。

② 刀开关、熔断器过热。

（3）测试。除了对电路、电气设备进行直观检查外,应充分利用测电笔、万用表、试灯等仪表设备进行测试。

（4）分支路、分段检查。查电路时,可按支路用"对分法"分段进行检查,缩小故障范围,逐渐逼近故障点。

12.3.2　各种常用灯的故障与检测

1. 白炽灯照明的故障和检测

白炽灯照明电路也由负载、开关、导线及电源四部分组成,其中任一环节发生故障,均会使照明电路停止工作。常见白炽灯照明的故障和检修方法列于表12.18,供检修参考。

表 12.18　常见白炽灯照明的故障和检修方法

故障现象	可　能　原　因	检　修　方　法
灯泡不亮	(1) 灯泡损坏或灯头引线断线 (2) 灯座、开关处接线松动或接触不良 (3) 线路断路或灯座线绝缘损坏有短路 (4) 电源熔丝熔断	(1) 更换灯泡或灯头引入线 (2) 查清原因,加以紧固 (3) 检查线路,在断路或短路处重接或更换新线 (4) 检查熔丝熔断的原因并重新更换
灯泡忽亮忽暗或忽亮忽熄	(1) 开关处接线松 (2) 熔丝接触不良 (3) 灯丝与灯泡内电极忽接忽离 (4) 电源电压不正常或附近有大电机,或电炉接入电源而引起电压波动	(1) 查清原因,加以紧固 (2) 查清原因,加以紧固 (3) 更换灯泡 (4) 采取相应措施
灯泡强白	(1) 灯泡断丝后搭丝,因而电阻减小,电流增大 (2) 灯泡额定电压与线路电压不符合	(1) 更换灯泡 (2) 更换灯泡
灯光暗淡	(1) 灯泡内钨丝蒸发后积聚在玻璃壳内,这是真空灯泡有效寿命终止的现象 (2) 灯泡陈旧,灯丝蒸发后变细,电流变小 (3) 电源电压过低	(1) 更换灯泡 (2) 更换灯泡 (3) 采取相应措施

2. 荧光灯的故障和检修

荧光灯的发光原理较复杂,电路中的附件也可能引起故障。日光灯常见故障如下:

(1) 接上电源后,荧光灯不亮。故障原因:灯脚与灯座、启辉器与启辉器座接触不良;灯丝断;镇流器线圈断路;新装荧光灯接线错误;电源未接通。

(2) 灯管寿命短或发光后立即熄灭。故障原因:镇流器配用规格不合适或质量较差;镇流器内部线圈短路,致使灯管电压过高而烧毁灯丝;受到剧震,使灯丝震断;新装灯管因接线错误将灯管烧坏。

(3) 荧光灯闪动或只有两头发光。故障原因:启辉器氖泡内的动、静触片不能分开或电容器被击穿短路;镇流器配用规格不合适;灯脚松动或镇流器接头松动;灯管陈旧;电源电压太低。

(4) 光在灯管内滚动或灯光闪烁。故障原因:新管暂时现象;灯管质量不好;镇流器配用规格不合适或接线松动;启辉器接触不良或损坏。

(5) 灯管两端发黑或生黑斑。原因:灯管陈旧,寿命将终的现象;如为新灯管,则可能是因启辉器损坏使灯丝发射物质加速挥发;灯管内水银凝结,是灯管常见现象;电源电压太高或镇流器配用不当。

(6) 镇流器有杂音或电磁声。故障原因:镇流器质量较差或其铁心的硅钢片未夹紧;镇流器过载或其内部短路;镇流器受热过度;电源电压过高;启辉器不好,引起开启时辉光杂。

(7) 镇流器过热或冒烟。故障原因:镇流器内部线圈短路;电源电压过高;灯管闪烁时间过长。针对以上故障现象,采取相应的措施,就可排除故障。

电源电压过高或过低以及启动次数的多少,对荧光灯的使用寿命均有影响。

3. 管形氙灯常见故障及修理

管形氙灯的故障多数是由触发器故障引起的。触发器发生故障后,所产生的现象有:不能触发,火花放电器不放电或放电火花微弱,或无高压输出;或虽能触发但灯管电弧不能导通等。

灯管所引起的常见故障有:灯管质量不佳导致电弧闪烁而不能及时发光,或因灯管漏气不能发光等。管形氙灯的常见故障及修理方法见表 12.19。

表 12.19   管形氙灯的常见故障及修理

故障现象	可能原因	检修方法
不能触发,火花放电器不放电	(1) T_1 二次侧开路 (2) T_2 二次侧严重短路 (3) L_1 或 L_2 开路	(1) 调换 T_1 (2) 调换 T_2 (3) 暂时可把 L_1 或 L_2 短路先使用,然后调换
不能触发,火花放电器火花很小	(1) T_1 二次侧短路 (2) C_1 内部开路 (3) 电路断开	(1) 调换 T_1 (2) 调换 C_1 (3) 接通电路
不能触发,火花放电器正常,检查无高压输出或很小(即需移近铜丝距离)	(1) T_3 胶木筒打穿 (2) 高压瓷瓶(Φ_1)击穿 (3) T_3 输出处与铁箱击穿	(1) 调换 T_3 (2) 调换瓷瓶,调整铜排位置 (3) 使 T_3 距离铁箱 40 mm 以上
触发正常,灯管点不亮,检查触发器全部正常,但灯管一点也无火花或仅一端有蓝光	(1) 灯管漏气 (2) 高压输出线与地线严重短路	(1) 调换灯管 (2) 检查排除
触发正常,灯管能击穿而电弧不能导通	(1) 电源电压过低 (2) T_2 无输出 (3) KM 不能开路	(1) 检查排除 (2) 如是短路就调换 (3) 排除 KM 的故障

说明:T_1、T_2、T_3 为管形氙灯里变压器,L_1、L_2 为管形氙灯的灯丝,C_1 为电容、KM 接触器、Φ_1 为高压瓷瓶。

4. 高压汞灯常见故障及修理

自镇流高压汞灯使用方便。20 世纪 80 年代,中国自镇流高压汞灯的产量约占高压汞灯总产量的 50%。自镇流式高压汞灯没有镇流器,其启动时间为 4 ~ 8 min,再启动时间为 3 ~6 min。高压汞灯的常见故障及修理与荧光灯相类似。

5. 卤钨灯的常见故障及修理

卤钨灯的常见故障及修理见表 12.20。

表 12.20　卤钨灯的常见故障及修理

故障现象	可能原因	修理方法
开而不亮	灯丝断	换灯泡(用万用表电阻挡检查灯丝电阻值)
开而不亮 (电源熔丝烧断时)	(1) 灯座内两线短路 (2) 线路中短路 (3) 其他用电设备短路 (4) 用电量超过熔丝的容量	(1) 分开两线使之绝缘 (2) 用万用表测量输入电压值 (3) 测量线路的电压值 (4) 查看熔丝的规格
开而不亮 (电源熔丝未断时)	(1) 灯管与灯座接触不良 (2) 电源中断 (3) 线路中有断线或接头断开 (4) 开关接触不良	(1) 使之接触好 (2) 测试电压,用万用表电压挡或用测电笔测试 (3) 检查线路 (4) 检修开关
灯光强白	电源电压与灯管电压不符	检查电源电压和灯管电压,使之相符
忽亮忽暗 或忽熄忽亮	(1) 灯座、开关等处接线松动 (2) 熔丝接触不牢 (3) 电源电压波动或附近电动机等大容量用电设备启动 (4) 灯丝已断,但受震后忽接忽离	(1) 检查并拧紧 (2) 接牢触点 (3) 不必修理 (4) 更换灯管
灯光暗淡	(1) 电压过低或离电源太远 (2) 线路绝缘不良,有漏电现象 (3) 灯管部分积垢或灰尘	(1) 处理电源电压,使其达到额定值 (2) 检修线路绝缘,恢复好绝缘 (3) 擦去灰垢
灯管寿命缩短	(1) 灯管安装不水平 (2) 灯管质量不佳	(1) 重新安装,使其倾斜度 ≤4° (2) 更换灯管

6. 高压钠灯的常见故障及修理

高压钠灯的常见故障及修理方法见表 12.21。

表 12.21　高压钠灯的常见故障及修理

故障现象	可能原因	修理方法
不能发光	(1) 熔丝熔断 (2) 接触不良 (3) 镇流器内部断开	(1) 检查电源电压,更换新熔丝 (2) 紧固各触点 (3) 用万用表测试电阻,断开时电阻为无穷大
寿命明显缩短	(1) 灯具过热 (2) 电路电压波动过大 (3) 镇流器不匹配 (4) 启动频繁且时间间隔偏短	(1) 改善散热条件 (2) 调至正常值 (3) 选配合适镇流器 (4) 相隔一段时间再启动
光色变差	(1) 电源电压降低 (2) 灯管老化	(1) 调至正常值 (2) 换新灯管

续表 12.21

故障现象	可能原因	修理方法
自　熄	(1)电源电压上升 (2)灯管老化	(1)调至正常值 (2)换新灯管
不能启辉	(1)电压过低 (2)镇流器选配不当而电流过小 (3)灯管内部构件损坏 (4)接触不良	(1)测试电压,若电压下降10%可加装调压设备 (2)查看镇流器规格,选配合适的镇流器 (3)换新灯管 (4)紧固松动点

7. 金属卤化物灯的常见故障及修理

金属卤化物灯的常见故障及修理方法见表 12.22。

表 12.22　金属卤化物灯的常见故障及修理

故障现象	可能原因	修理方法
忽亮忽熄	(1)电压波动 (2)灯座接触不良 (3)灯泡螺口松动 (4)其他接头松动	(1)测试电源电压,有条件的可加稳压设备 (2)紧固灯座 (3)拧紧螺口 (4)接紧各接头
寿命明显缩短	(1)灯具过热 (2)电路电压波动大 (3)触发器和镇流器参数选配不当 (4)启动频繁且时间间隔短	(1)改善散热条件,接紧线路触点 (2)关灯或加装稳压设备 (3)重新配置元件使其符合要求 (4)相隔一段时间(10 min 左右)再启动
开而不亮	(1)停电或熔丝熔断 (2)连接导线脱落 (3)镇流器烧坏 (4)灯泡损坏	(1)检查电源电压,更换新熔丝 (2)紧固各触点 (3)检查直流电阻值(使用万用表电阻挡),若已损坏,则要更换镇流器 (4)更换灯泡
不能启辉	(1)电压过低 (2)触发器或镇流器参数选配不当 (3)接触不良 (4)灯泡损坏	(1)不需修理,有条件可调至正常值 (2)查看触发器、镇流器的参数是否适合,应配置合适的触发器或镇流器 (3)检查电路各触点并接牢松动点 (4)更换灯泡
只亮灯芯	灯泡玻璃破碎或漏气	更换灯泡
亮而忽熄	(1)电压下降 (2)线路接点松动	(1)检查电源电压,若低于 200 V 时应调至正常值,不能调压时可暂时关灯 (2)紧固各松动点

实训 12.1　白炽灯电路的安装

1. 实训目的

掌握照明电路中白炽灯电路以及开关、插座等的安装方法。

2. 实训器材与工具

木制配电盘、瓷夹板、圆台、螺口平灯座、拉线开关、二孔插座、瓷插式熔断器、塑料铜（铝）芯导线、塑料软线、木螺钉、螺钉、通用电工工具等。

3. 实训内容

（1）知识要点。

电气照明电路是通过各种灯具将电能转变成光能的闭合回路，根据照明要求的不同，可选用不同的灯具和光源。在电气照明中，最常用的灯具是白炽灯和日光灯。

白炽灯利用电流通过灯丝电阻的热效应将电能转为光能。白炽灯灯具主要由灯泡、灯头、开关、拉线盒等组成。灯泡的主要工作部分是灯丝，灯丝由电阻率较高的钨丝制成。

（2）实习步骤：

① 熔断器、灯头、开关及插座定位划线。

② 安装瓷夹板。

③ 敷设固定导线。

④ 安装熔断器，灯头、开关和插座的圆台等。

⑤ 安装灯头、开关和插座。

⑥ 通电源，校验电路（参考电路图见图 12.5）。

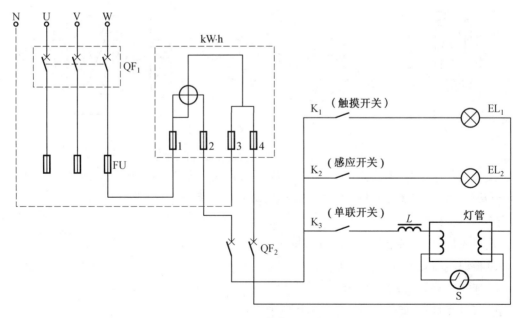

图 12.5　照明原理图

实训12.2　日光灯电路的安装

1. 实训目的

掌握照明电路中日光灯电路以及开关、插座等的安装方法。

2. 实训器材与工具

木制配电盘、瓷夹板、拉线开关、二眼插座、瓷插式熔断器、塑料铜（铝）芯导线、塑料软线、日光灯具、日光灯管、镇流器、启辉器、日光灯电容器、木螺钉、螺钉、通用电工工具等。

3. 实训内容

（1）知识要点。

日光灯电路是由灯泡、镇流器、启辉器、导线等组成的（图12.6），它利用启辉器和镇流器的辅助作用，使日光灯管内的惰性气体电离而发生弧光放电，放电产生热量又使管内水银气体电离而导电，从而发出大量紫外线，激发管壁上的荧光粉而发出日光色的可见光。

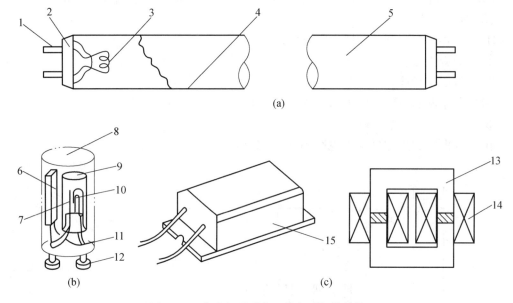

图12.6　荧光灯照明装置的主要部件结构

1—灯脚;2—灯头;3—灯丝;4—荧光粉;5—玻璃管;6—电容器;7—静触片;8—外壳;9—氖泡;10—动触片;11—绝缘底座;12—出线脚;13—铁心;14—线圈;15—金属外壳

（2）实习步骤：

① 日光灯座、启辉器座接线后安装固定。

② 将镇流器安装固定在灯架上。

③ 连接电路如图12.7所示。

④ 将日光灯管、启辉器装入;检查电路并通电试验。

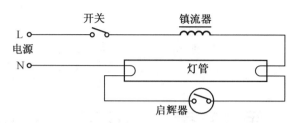

图 12.7　荧光灯电路原理图

思　考　题

12.1　塑料绝缘护套线的配线方法有哪些?

12.2　导线穿管敷设时,暗钢管敷设与明钢管敷设有何不同?

12.3　一般灯具的安装要求是什么?

12.4　如何根据负荷情况,确定计算负荷和选择导线?

12.5　安装开关与插座时应注意哪些问题?

第13章　电工安全知识

重点内容：
◆　安全用电
◆　保护接地与保护接零
◆　防雷保护
◆　触电急救
◆　消防训练

13.1　安全用电

13.1.1　电流对人体的危害

1. 电流大小对人体的影响

通过人体的电流越大，人体的生理反应就越明显，感应就越强烈，引起心室颤动所需的时间就越短，致命的危害就越大。按照通过人体电流的大小和人体所呈现的不同状态，工频交流电大致分为下列三种：

（1）感觉电流：指引起人的感觉的最小电流。

（2）摆脱电流：指人体触电后能自主摆脱电源的最大电流。

（3）致命电流：指在较短的时间内危及生命的最小电流。

2. 电流频率

一般认为40～60 Hz的交流电对人最危险。随着频率的增加，危险性将降低。当电源频率大于20 000 Hz时，所产生的损害明显减小，但高压高频电流对人体仍然是十分危险的。

3. 通电时间

通电时间越长，人体电阻因出汗等原因降低，导致通过人体的电流增加，触电的危险性亦随之增加。引起触电危险的工频电流和通过电流的时间关系可用式子表示为

$$I = \frac{165}{\sqrt{t}}$$

式中，I 表示引起触电危险的电流，mA；t 表示通电时间，s。

4. 电流路径

电流通过头部可使人昏迷；通过脊髓可能导致瘫痪；通过心脏会造成心跳停止，血液循

环中断;通过呼吸系统会造成窒息。因此,从左手到胸部是最危险的电流路径;从手到手、从手到脚也是很危险的电流路径;从脚到脚是危险性较小的电流路径。

13.1.2　人体电阻及安全电压

1. 人体电阻

人体电阻包括内部组织电阻(称体电阻)和皮肤电阻两部分。不同条件下的人体电阻见表 13.1。内部组织电阻是固定不变的,并与接触电压和外部条件无关,一般为 500 Ω 左右。

表 13.1　不同条件下的人体电阻

加于人体的电压 /V	人体电阻 /Ω			
	皮肤干燥	皮肤潮湿	皮肤湿润	皮肤浸入水中
10	7 000	3 500	1 200	600
25	5 000	2 500	1 000	500
50	4 000	2 000	875	440
100	3 000	1 500	770	375
250	2 000	1 000	650	325

2. 电压的影响

从安全的角度看,确定对人体的安全条件通常不采用安全电流而采用安全电压,因为影响电流变化的因素很多,而电力系统的电压是较为恒定的。

当人体接触电压后,随着电压的升高,人体电阻会有所降低。若接触了高电压,则因皮肤受损破裂而会使人体电阻下降,通过人体的电流也就会随之增大。在高压情况下,即使不接触高电压,接近时也会产生感应电流的影响,因而也是很危险的。经过实验证实,电压对人体的影响及允许接近的最小安全距离见表 13.2。

表 13.2　电压对人体的影响及允许接近的最小安全距离

接触时的情况		允许接近的安全距离	
电压 /V	对人体的影响	电压 /kV	设备不停电时的安全距离 /m
10	全身在水中时跨步电压界限为 10 V/m	10 及以下	0.7
20	湿手的安全界限	20 ~ 35	1.0
30	干燥手的安全界限	44	1.2
50	对人的生命无危险境界	60 ~ 110	1.5
100 ~ 200	危险性急剧增大	154	2.0
200 以上	对人的生命产生威胁	220	3.0
1 000	被带电体吸引	330	4.0
1 000 以上	有被弹开而脱险的可能	500	5.0

13.1.3　有关触电的基本知识

1. 触电的类型

触电是指人体触及带电体后,电流对人体造成的伤害。它有两种类型,即电击和电伤。

(1)电击。电击是指电流通过人体内部,破坏人体内部组织,影响呼吸系统、心脏及神经系统的正常功能,甚至危及生命。

(2)电伤。电伤是指电流的热效应、化学效应、机械效应及电流本身作用造成的人体伤害。电伤会在人体皮肤表面留下明显的伤痕,常见的有灼伤、烙伤和皮肤金属化等现象。在触电事故中,电击和电伤常会同时发生。

2. 常见的触电形式

(1)单相触电。当人站在地面上或其他接地体上,人体的某一部位触及一相带电体时,电流通过人体流入大地(或中性线),称为单相触电,如图 13.1 所示。

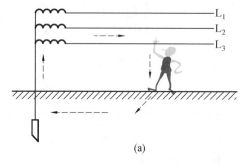
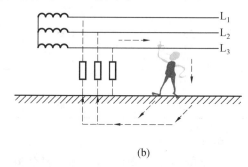

(a)　　　　　　　　　　　　　　　　(b)

图 13.1　单相触电

(2)两相触电。两相触电是指人体两处同时触及同一电源的两相带电体,以及在高压系统中,人体距离高压带电体小于规定的安全距离,造成电弧放电时,电流从一相导体流入另一相导体的触电方式,如图 13.2 所示。两相触电加在人体上的电压为线电压,因此不论电网的中性点接地与否,其触电的危险性都最大。

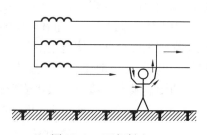

图 13.2　两相触电

(3)跨步电压触电。当带电体接地时有电流向大地流散,在以接地点为圆心,半径 20 m 的圆面积内形成分布电位。人站在接地点周围,两脚之间(以 0.8 m 计算)的电位差称为跨步电压 U_k,如图13.3 所示,由此引起的触电事故称为跨步电压触电。

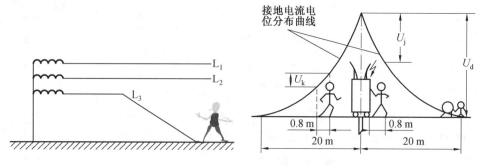

图 13.3　跨步电压和接触电压

（4）接触电压触电。运行中的电气设备由于绝缘损坏或其他原因造成接地短路故障时，接地电流通过接地点向大地流散，会在以接地故障点为中心，20 m 为半径的范围内形成分布电位，当人触及漏电设备外壳时，电流通过人体和大地形成回路，造成触电事故，这称为接触电压触电。这时加在人体两点的电位差即接触电压 U_j（按水平距离 0.8 m，垂直距离 1.8 m 考虑），如图 13.3 所示。

（5）感应电压触电。当人触及带有感应电压的设备和电路时所造成的触电事故称为感应电压触电。

（6）剩余电荷触电。剩余电荷触电是指当人触及带有剩余电荷的设备时，带有电荷的设备对人体放电造成的触电事故。设备带有剩余电荷，通常是由于检修人员在检修中摇表测量停电后的并联电容器、电力电缆、电力变压器及大容量电动机等设备时，检修前、后没有对其充分放电所造成的。

3. 触电事故产生的原因

产生触电事故有以下原因：

（1）缺乏用电常识，触及带电的导线。

（2）没有遵守操作规程，人体直接与带电体部分接触。

（3）由于用电设备管理不当，使绝缘损坏，发生漏电，人体碰触漏电设备外壳。

（4）高压电路落地，造成跨步电压引起对人体的伤害。

（5）检修中，安全组织措施和安全技术措施不完善，接线错误，造成触电事故。

（6）其他偶然因素，如人体受雷击等。

4. 安全用电的措施

（1）组织措施：

① 在电气设备的设计、制造、安装、运行、使用和维护以及专用保护装置的配置等环中，要严格遵守国家规定的标准和法规。

② 加强安全教育，普及安全用电知识。

③ 建立健全安全规章制度，如安全操作规程、电气安装规程、运行管理规程、维护检修制度等，并在实际工作中严格执行。

（2）技术措施：

① 停电工作中的安全措施。

在电路上作业或检修设备时，应在停电后进行，并采取下列安全技术措施：

a. 切断电源。

b. 验电。

c. 装设临时地线。

② 带电工作中的安全措施。在一些特殊情况下必须带电工作时，应严格按照带电工作的安全规定进行。

a. 在低压电气设备或电路上进行带电工作时，应使用合格的、有绝缘手柄的工具，穿绝缘鞋，戴绝缘手套，并站在干燥的绝缘物体上，同时派专人监护。

b. 对工作中可能碰触到的其他带电体及接地物体，应使用绝缘物隔开，防止相间短路和接地短路。

c. 检修带电电路时，应分清相线和地线。

d. 高、低压线同杆架设时,检修人员离高压线的距离要符合安全距离。

此外,对电气设备还应采取下列一些安全措施:

a. 电气设备的金属外壳要采取保护接地或接零。

b. 安装自动断电装置。

c. 尽可能采用安全电压。

d. 保证电气设备具有良好的绝缘性能。

e. 采用电气安全用具。

f. 设立屏护装置。

g. 保证人或物与带电体的安全距离。

h. 定期检查用电设备。

13.1.4 触电急救方法

1. 解脱电源

人在触电后可能由于失去知觉或超过人的摆脱电流而不能自己脱离电源,此时抢救人员不要惊慌,要在保护自己不被触电的情况下使触电者脱离电源。

(1) 如果接触电器触电,应立即断开近处的电源,可就近拔掉插头,断开开关或打开保险盒。

(2) 如果碰到破损的电线而触电,附近又找不到开关,可用干燥的木棒、竹竿、手杖等绝缘工具把电线挑开,挑开的电线要放置好,不要使人再触到。

(3) 如一时不能实行上述方法,触电者又趴在电器上,可隔着干燥的衣物将触电者拉开。

(4) 在脱离电源过程中,如触电者在高处,要防止脱离电源后跌伤而造成二次受伤。

(5) 在使触电者脱离电源的过程中,抢救者要防止自身触电。

2. 脱离电源后的判断

触电者脱离电源后,应迅速判断其症状,根据其受电流伤害的不同程度,采用不同的急救方法。

(1) 判断触电者有无知觉。

(2) 判断呼吸是否停止。

(3) 判断脉搏是否搏动。

(4) 判断瞳孔是否放大。

3. 触电的急救方法

(1) 口对口人工呼吸法。人的生命的维持,主要靠心脏跳动而产生血循环,通过呼吸而形成氧气与废气的交换。如果触电人伤害较严重,失去知觉,停止呼吸,但心脏微有跳动,就应采用口对口的人工呼吸法。具体做法是:

① 迅速解开触电人的衣服、裤带,松开上身的衣服、护胸罩和围巾等,使其胸部能自由扩张,不妨碍呼吸。

② 使触电人仰卧,不垫枕头,头先侧向一边清除其口腔内的血块、假牙及其他异物等。

③ 救护人员位于触电人头部的左边或右边,用一只手捏紧其鼻孔,不使漏气,另一只手将其下巴拉向前下方,使其嘴巴张开,嘴上可盖上一层纱布,准备接受吹气。

④ 救护人员做深呼吸后,紧贴触电人的嘴巴,向他大口吹气。同时观察触电人胸部隆起的程度,一般应以胸部略有起伏为宜。

⑤ 救护人员吹气至需换气时,应立即离开触电人的嘴巴,并放松触电人的鼻子,让其自由排气。这时应注意观察触电人胸部的复原情况,倾听口鼻处有无呼吸声,从而检查呼吸是否阻塞,如图 13.4 所示。

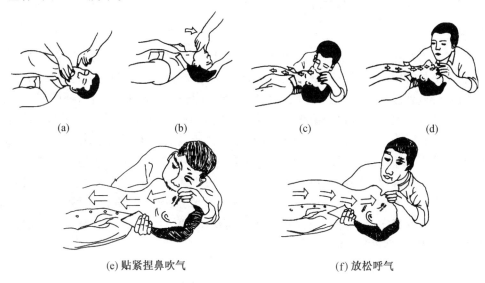

(a)　　　　　　(b)　　　　　　(c)　　　　　　(d)

(e) 贴紧捏鼻吹气　　　　　　(f) 放松呼气

图 13.4　口对口人工呼吸法

(2) 人工胸外挤压心脏法。若触电人伤害得相当严重,心脏和呼吸都已停止,人完全失去知觉,则需同时采用口对口人工呼吸和人工胸外挤压两种方法。如果现场仅有一个人抢救,可交替使用这两种方法,先胸外挤压心脏 4 ~ 6 次,然后口对口呼吸 2 ~ 3 次,再挤压心脏,反复循环进行操作。人工胸外挤压心脏的具体操作步骤如下:

① 解开触电人的衣裤,清除口腔内异物,使其胸部能自由扩张。

② 使触电人仰卧,姿势与口对口吹气法相同,但背部着地处的地面必须牢固。

③ 救护人员位于触电人一边,最好是跨跪在触电人的腰部,将一只手的掌根放在心窝稍高一点的地方(掌根放在胸骨的下 1/3 部位),中指指尖对准锁骨间凹陷处边缘,如图 13.5(a)、(b) 所示,另一只手压在那只手上,呈两手交叠状(对儿童可用一只手)。

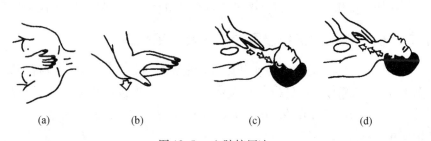

(a)　　　　　　(b)　　　　　　(c)　　　　　　(d)

图 13.5　心脏挤压法

④ 救护人员找到触电人的正确压点,自上而下,垂直均衡地用力挤压,如图 13.5(c)、(d) 所示,压出心脏里面的血液,注意用力适当。

⑤ 挤压后,掌根迅速放松(但手掌不要离开胸部),使触电人胸部自动复原,心脏扩张,

血液又回到心脏。

13.2　预防触电事故的措施

13.2.1　绝缘、屏护和间距

1. 绝缘

绝缘就是用绝缘材料把带电体封闭起来。瓷、玻璃、云母、橡胶、木材、胶木、塑料、布、纸和矿物油等都是常用的绝缘材料。应当注意,很多绝缘材料受潮后会丧失绝缘性能,或在强电场作用下会遭到破坏,丧失绝缘性能。良好的绝缘能保证设备正常运行,还能保证人体不致接触带电部分。设备或电路的绝缘必须与所采用的电压等级相符合,还必须与周围的环境和运行条件相适应。绝缘的好坏,主要由绝缘材料所具有的电阻大小来反映。绝缘材料的绝缘电阻是指加于绝缘材料的直流电压与流经绝缘材料的电流(泄漏电流)之比。足够的绝缘电阻能把泄漏电流限制在很小的范围内,能防止漏电造成的触电事故。不同电路或设备对绝缘电阻有不同的要求。比如新装和大修后的低压电力电路和照明电路,要求绝缘电阻值不低于 0.5 MΩ,运行中的电路可降低到每伏 1 000 Ω(即每千伏不小于 1 MΩ)。绝缘电阻通常用摇表(兆欧表)测定。

2. 屏护

屏护是指采用遮拦、护罩、护盖、箱匣等把带电体同外界隔绝开来,以防止人身触电的措施。例如开关电器的可动部分一般不能包以绝缘材料,所以需要屏护。对于高压设备,不论是否有绝缘,均应采取屏护或其他防止接近的措施。除防止触电的作用之外,有的屏护装置还起到了防止电弧伤人、防止弧光短路或便利检修工作的作用。

3. 间距

间距就是指保证人体与带电体之间安全的距离。为了避免车辆或其他器具碰撞或过分接近带电体造成事故,以及为了防止火灾、防止过电压放电和各种短路事故,在带电体与地面之间,带电体与其他设施和设备之间,带电体与带电体之间均需保证留有一定的安全距离。例如 10 kV 架空电路经过居民区时与地面(或水面)的最小距离为 6.5 m;常用开关设备安装高度为 1.3 ~ 1.5 m;明装插座离地面高度应为 1.3 ~ 1.5 m;暗装插座离地距离可取 0.2 ~ 0.3 m;在低压操作中,人体或其携带工具与带电体之间的最小距离不应小于 0.1 m。

13.2.2　保护接地和保护接零的方式及作用范围

接地,是利用大地为正常运行、发生故障及遭受雷击等情况下的电气设备等提供对地电流构成回路的需要,从而保证电气设备和人身的安全。保护接地和保护接零的方式有下面的几种,如图 13.6 所示,它们的具体作用也有所不同。

1. 保护接地

为了防止电气设备外露的不带电导体意外带电造成危险,将该电气设备经保护接地线与深埋在地下的接地体紧密连接起来的做法称保护接地。由于绝缘破坏或其他原因而可能呈现危险电压的金属部分,都应采取保护接地措施。如电机、变压器、开关设备、照明器具及其他电气设备的金属外壳都应予以接地。一般低压系统中,保护接电电阻应小于 4 Ω。如

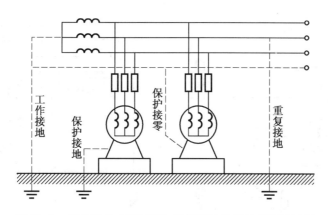

图 13.6　保护接地、工作接地、重复接地及保护接零示意图

图 13.7 所示是保护接地的示意图。保护接地是中性点不接地低压系统的主要安全措施。

当设备的绝缘损坏(如电动机某一相绕组的绝缘受损)而使外壳带电,在外壳未接地的情况下人体触及外壳就相当于单相触电,如图 13.8 所示。这时接地电流 I_e(经过故障点流入大地中的电流)大小取决于人体电阻 R_b 和电路绝缘电阻 R_0。当系统的绝缘性能下降时,就有触电的危险。当设备的绝缘损坏(如电动机某一相绕组的绝缘受损)而使外壳带电,在外壳进行接地的情况下人体触及外壳时(图 13.9),由于人体电阻 R_b 与接地电阻 R_e 并联,通常接地电阻远远小于人体电阻,所以通过人体的电流很小,不会有危险。

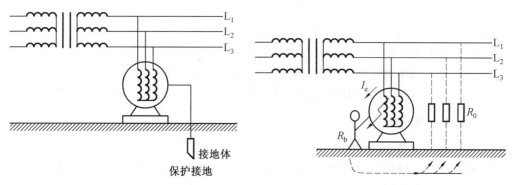

图 13.7　保护接地　　　　　　图 13.8　没有保护接地时的触电危险

2. 工作接地

为了保证电气设备的正常工作,将电力系统中的某一点(通常是中性点)直接用接地装置与大地可靠地连接起来就称为工作接地。

3. 重复接地

三相四线制的零线(或中性点)一处或多处经接地装置与大地再次可靠连接,称为重复接地。

4. 保护接零

在中性点接地的三相四线制系统中,将电气设备的金属外壳、框架等与中性线可靠连接,称为保护接零(图 13.10)。

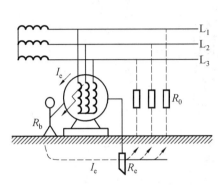

图 13.9　有保护接地时的触电危险

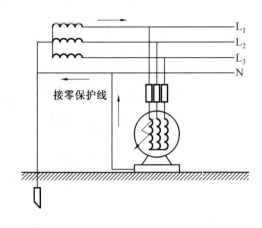

图 13.10　保护接零

13.2.3　电气设备的接地范围

根据安全规程规定,下列电气设备的金属外壳应该接地或接零。

(1) 电机、变压器、电器、照明器具、携带式及移动式用电器具等的底座和外壳,如手电钻、电冰箱、电风扇、洗衣机等。

(2) 交流、直流电力电缆的接线盒,终端头的金属外壳,电线、电缆的金属外皮,控制电缆的金属外皮,穿线的钢管;电力设备的传动装置,互感器二次绕组的一个端子及铁心。

(3) 配电屏与控制屏的框架,室内、外配电装置的金属构架和钢筋混凝土构架,安装在配电电路杆上的开关设备、电容器等电力设备的金属外壳。

(4) 在非沥青路面的居民区中,高压架空电路的金属杆塔、钢筋混凝土杆,中性点非直接接地的低压电网中的铁杆、钢筋混凝土杆,装有避雷线的电力电路杆塔。

(5) 避雷针、避雷器、避雷线和角形间隙等。

13.2.4　接地装置

1. 接地装置的组成

接地装置由接地体和接地线组成。接地体可分为人工接地体和自然接地体。

2. 对接地装置的要求

为了保证接地装置起到安全保护作用,一般接地装置应满足以下要求:

(1) 接地电阻应达到规定值:

① 低压电气设备接地装置的接地电阻不宜超过 4 Ω。

② 低压电路零线每一重复接地装置的接地电阻不应大于 10 Ω。

③ 在接地电阻允许达到 10 Ω 的电力网中,每一重复接地装置的接地电阻不应超过 30 Ω,但重复接地不应少于 3 处。

(2) 接地体的敷设方式。埋设人工接地体前,应尽量考虑利用自然接地体。与大地有可靠连接的自然接地体,如配线的钢管、自来水管和建筑物的金属构架等,在接地电阻符合要求时,一般不另敷设人工接地体,但发电厂、变电所除外。

3. 对接地线的要求

接地线与接地体连接处一般应焊接。如采用搭接焊,其搭接长度必须为扁钢宽度的 2 倍或圆钢直径的 6 倍。如焊接困难,可用螺栓连接,但应采取可靠的防锈措施。

13.3　防雷保护

13.3.1　雷电的危害及种类

雷电是自然界中的一种放电现象。当雷电发生时,放电电流使空气燃烧出一道强烈火花,并使空气猛烈膨胀,发出巨大响声。雷电放电时间仅约 50 ~ 100 μs,但放电陡度可达 50 kA/μs。雷电的特点是:时间短,电流强,频率高,感应或冲击电压大。

雷电的危害主要有以下三种:

(1) 直接雷引起的危害。

(2) 感应雷引起的危害。

(3) 雷电侵入波引起的危害。

13.3.2　防雷措施

1. 架空电路的防雷措施

(1) 装设避雷线。

(2) 装设避雷器或保护间隙。

(3) 提高电路本身的绝缘水平。

(4) 利用自动重合闸。

2. 变电所的防雷措施

(1) 装设避雷针,用来保护整个变电所的建筑物,使之免遭直接雷击。

(2) 高压侧装设阀式避雷器或保护间隙,这主要用来保护主变压器,要求避雷器或保护间隙尽量靠近变电所安装,其接地线应与变压器低压中性点及金属外壳连在一起接地。

(3) 低压侧装设阀式避雷器或保护间隙,这主要用在雷区以防止雷电波由低压侧侵入而击穿变压器绝缘。

3. 建筑物的防雷措施

(1) 对直击雷的防雷措施。

(2) 对高电位侵入雷的防护措施。

13.3.3　接闪器

接闪器是专门用来接受雷击的金属体,如避雷针、避雷线、避雷带和避雷网等。这些接闪器都经过引下线与接地体相连。

1. 避雷针

(1) 避雷针的保护范围。避雷针的保护范围计算方法见表13.3。

(2) 避雷针的制作与安装。避雷针一般用镀锌圆钢或镀锌焊接钢管制成。其长度在 1.5 m 以上时,圆钢直径不得小于 10 mm,钢管直径不得小于 20 mm,管壁厚度不得小于 2.75 mm。

（3）安装避雷针时应注意下列事项：

① 在地上，由独立避雷针配电装置的导电部分间，以及到变电所电气设备与构架接地部分间的空间距离一般不小于 5 m。

② 在地下，独立避雷针本身的接地装置与变电所接地网间最近的地中距离一般不小于 3 m。

③ 独立避雷针的接地电阻一般应不大于 10 Ω。

④ 由避雷针接地线的入地点到主变压器接地线的入地点，沿接地线接地体的距离不应小于 15 m，以防避雷针放电时击穿变压器的低压侧线圈。

表 13.3　避雷针的保护范围计算

名称	图　　　示	保护范围	说　　　明
单支避雷针		（1）避雷针在地面的保护半径 $r = 1.5h$ （2）在 h_x 的平面上保护半径 r_x 当 $h_x \geqslant \dfrac{h}{2}$ 时 $r_x = (h - h_x)p$ 当 $h_x < \dfrac{h}{2}$ 时 $r_x = (1.5h - 2h_x)p$	h 为避雷针的高度（m）；h_x 为被护平面的高度（m）；h_a 为避雷针的有效高度（m）；p 为高度影响系数 $h \leqslant 30$ m 时 $p = 1$ 120 m $\geqslant h > 30$ m 时 $p = \dfrac{5.5}{\sqrt{h}}$

⑤ 为防止雷击避雷针时雷电波沿电线传入室内，危及人身安全，照明线或电话线不要架设在独立避雷针上。

⑥ 独立避雷针及其接地装置不应装设在人、畜经常通行的地方，距离道路应不小于 3 m，否则应采取均压措施，或铺设厚度为 50 ～ 80 mm 的沥青加碎石层。

2. 避雷线

避雷线一般用截面积不小于 35 mm² 的镀锌钢绞线架设在架空电路之上，以保护架空电路免受直接雷击。这时的避雷线也称架空地线。避雷线也可用来保护狭长的设施。

3. 避雷带和避雷网

避雷带和避雷网普遍来保护建筑物免受直击雷和感应雷。

13.4　安装漏电保护装置

为了保证在故障情况下人身和设备的安全，应尽量装设漏电流动作保护器。它可以在设备及电路漏电时通过保护装置的检测机构取得异常信号，经中间机构转换和传递，然后促使执行机构动作，自动切断电源来起保护作用。漏电保护装置可以防止设备漏电引起的触电、火灾和爆炸事故。它广泛应用于低压电网,也可用于高压电网。当漏电保护装置与自动开关组装在一起时,就成为漏电自动开关。这种开关同时具备短路、过载、欠压、失压和漏电等多种保护功能。

当设备漏电时,通常出现两种异常现象:三相电流的平衡遭到破坏,出现零序电流;某些正常状态下不带电的金属部分出现对地电压。漏电保护装置就是通过检测机构取得这两种异常信号,通过一些机构断开电源。漏电保护装置的种类很多,按照反映讯号的种类,可分为电流型漏电保护装置和电压型漏电保护装置。电压型漏电保护装置的主要参数是动作时间和动作电压;电流型漏电保护装置的主要参数是动作电流和动作时间。以防止人身触电为目的的漏电保护装置,应该选用高灵敏度快速型的(动作电流为 30 mA)。

电流型漏电保护装置又可分为单相双极式、三相三极式和三相四极式三类。三相三极式漏电保护开关应用于三相动力电路,而在动力、照明混用的三相电路中则应选用四极漏电保护开关。对于居民住宅及其他单相电路,应用最广泛的就是单相双极电流型漏电保护开关,其动作原理如图 13.11 所示。

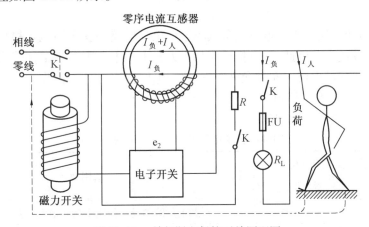

图 13.11　单相漏电保护开关原理图

电路和设备正常运行时,流过相线和零线的电流相等,穿过互感器铁心的电流在任何时刻全等于穿过铁心返回的电流,铁心内无交变磁通,电子开关没有输入漏电信号而不导通,磁力开关线圈无电流,不跳闸,电路正常工作。当有人在相线触电或相线漏电(包括漏电触电)时,电路就对地产生漏电电流,流过相线的电流大于零线电流,互感器铁心中有交变磁通,次级线圈就产生漏电信号输至电子开关输入端,促使电子开关导通,于是磁力开关得电,产生吸力拉闸,完成人身触电或漏电的保护。

在三相五线制配电系统中,零线一分为二:工作零线(N)和保护零线(PE)。工作零线与相线一同穿过漏电保护开关的互感器铁心,只通过单相回路电流和三相不平衡电流。工作零线末端和中端均不可重复接地。保护零线只作为短路电流和漏电电流的主要回路,与所有设备的接零保护线相接。它不能经过漏电保护开关,末端必须进行重复接地。图13.12为漏电保护与接零保护共用时的正确接法。漏电保护器必须正确安装接线。错误的安装接线可能导致漏电保护器的误动作或拒动作。

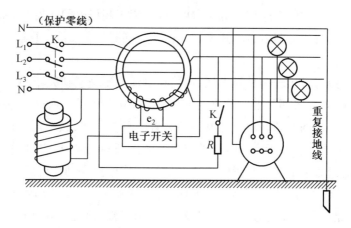

图 13.12　漏电保护与接零保护共用时的正确接法

13.5　采用安全电压

采用安全电压是用于小型电气设备或小容量电气电路的安全措施。根据欧姆定律,电压越大,电流也就越大。因此,可以把可能加在人身上的电压限制在某一范围内,使得在这种电压下,通过人体的电流不超过允许范围,这一电压就称为安全电压。安全电压的工频有效值不超过 50 V,直流不超过 120 V。我国规定安全电压的工频有效值的等级为42 V、36 V、24 V、12 V 和 6 V,见表 13.4。

表 13.4　安全电压等级标准(GB 3805—83)

安全电压(交流有效值)		选用举例
额定值 /V	空载上限值 /V	
42	50	在触电危险的场所使用手持式电动工具
36	43	潮湿场所,如矿井及多导电粉尘环境所使用的行灯等
24	29	可使某些具有人体可能偶然触及的带电体的设备选用
12	15	
6	8	

为了防止因触电而造成的人身直接伤害,在一些容易触电和有触电危险的特殊场所必须采取特定电源供电的电压系列。根据我国国家标准规定,凡手提照明灯、危险环境下的携带式电动工具、高度不足 2.5 m 的一般照明灯,如果没有特殊安全结构或安全措施,应采用42 V 或 36 V 安全电压。凡金属容器内、隧道内、矿井内等工作地点狭窄、行动不便,以及周围有大面积接地导体的环境,使用手提照明灯时应采用 12 V 安全电压。

安全电压与人体的电阻存在一定的关系。从人身安全的角度考虑,人体电阻一般按 1 700 Ω 计算。由于人体允许电流取 30 mA,因此人体允许持续接触的安全电压为

$$U_{saf} = 30 \text{ mA} \times 1\ 700\ \Omega \approx 50 \text{ V}$$

13.6　防止触电的注意事项

（1）不得随便乱动或私自修理电气设备。

（2）经常接触和使用的配电箱、配电板、闸刀开关、按钮开关、插座、插销以导线等,必须保持完好、安全,不得有破损或将带电部分裸露出来。

（3）不得用铜丝等代替保险丝,并保持闸刀开关、磁力开关等盖面完整,以防短路时发生电弧或保险丝熔断飞溅伤人。

（4）经常检查电气设备的保护接地、接零装置,保证连接牢固。

（5）在使用手电钻、电砂轮等手持电动工具时,必须安装漏电保护器,工具外壳进行防护性接地或接零,并要防止移动工具时导线被拉断。操作时应戴好绝缘手套并站在绝缘板上。

（6）在移动电风扇、照明灯、电焊机等电气设备时,必须先切断电源,并保护好导线,以免磨损或拉断。

（7）在雷雨天,不要走进高压电杆、铁塔、避雷针的接地导线周围 20 m 之内。当遇到高压线断落时,周围 10 m 之内禁止人员入内;若已经在 10 m 范围之内,应单足或并足跳出危险区。

（8）对设备进行维修时,一定要切断电源,并在明显处放置"禁止合闸 有人工作"的警示牌。

实训 13.1　触电急救

1. 实训目的

了解触电急救的有关知识,学会触电急救方法。

2. 实训材料与工具

（1）模拟的低压触电现场。

（2）各种工具(含绝缘工具和非绝缘工具)。

（3）体操垫 1 张。

（4）心肺复苏急救模拟人。

3. 实训内容

（1）使触电者尽快脱离电源。

① 在模拟的低压触电现场让一学生模拟被触电的各种情况,要求学生两人一组选择正确的绝缘工具,使用安全快捷的方法使触电者脱离电源。

② 将已脱离电源的触电者按急救要求放置在体操垫上,学习"看、听、试"的判断办法。

（2）心肺复苏急救方法。

① 要求学生在工位上练习胸外挤压急救手法和口对口人工呼吸法的动作和节奏。

② 让学生用心肺复苏模拟人进行心肺复苏训练,根据打印输出的训练结果检查学生急救手法的力度和节奏是否符合要求(若采用的模拟人无打印输出,可由指导教师计时和观察学生的手法以判断其正确性),直至学生掌握方法为止。

③ 完成技能训练报告。

实训 13.2 常用灭火器的使用

1. 实训目的

（1）了解扑灭电气火灾的知识；

（2）掌握常用灭火器的使用方法。

2. 实训器材与工具

（1）模拟的电气火灾现场（在有确切安全保障和防止污染的前提下点燃一盆明火）；

（2）本实训楼的室内消火栓（使用前要征得消防主管部门的同意）、水带和水枪；

（3）干粉灭火器和泡沫灭火器（或其他灭火器）。

3. 实训前的准备

（1）了解有关电气火灾扑救的消防知识；

（2）了解室内消火栓、水带与喷雾水枪的使用方法；

（3）了解干粉灭火器和泡沫灭火器的使用方法；

（4）准备一个合适的地点作模拟火场,准备好点火材料并切实做好意外灭火措施。

4. 实训内容

（1）使用水枪扑救电气火灾的训练步骤。

将学生分成数人一组,点燃模拟火场,让学生完成下列操作：

① 断开模拟电源；

② 穿上绝缘靴、戴好绝缘手套；

③ 跑到消火栓前,将消火栓门打开,将水带按要求滚开至火场,正确连接消火栓与水枪,将水枪喷嘴可靠接地；

④ 持水枪并口述安全距离,然后打开消火栓水掣将火扑灭。

（要求学生分工合作,动作迅速、正确,符合安全要求。）

（2）用干粉灭火器和泡沫灭火器或其他灭火器扑救电气火灾的训练步骤：

① 点燃模拟火场；

② 让学生手持灭火器对明火进行扑救（注意要求学生掌握正确的使用方法）；

③ 清理现场。

（为了节约,可将实训安排在灭火器药品更换期时进行。）

思 考 题

13.1 安全用电应注意哪些事情？

13.2 人体触电有几种类型和形式？

13.3 电流对人体的损害与哪些因素有关？

13.4 什么叫安全电压？我国对安全电压是如何规定的？

13.5 简述触电急救的方法。

13.6 做人工呼吸法之前须注意哪些事项？

13.7　安全用电有哪些预防措施?

13.8　简述触电急救的步骤和方法。

13.9　实训现场起火,你应该怎么办?

13.10　带电设备起火,应如何进行灭火?

13.11　不带电设备起火,应如何进行灭火?

13.12　在商场购物时,若发生火灾,应怎样逃生?

第14章　电气综合实训

重点内容：

◆　晶闸管整流电路的安装与调整

◆　电弧炉

◆　B2012A 型龙门刨床电气控制设备

◆　晶闸管整流电路的安装与调整

◆　晶闸管整流元件和单结晶体管的简易测试

14.1　晶闸管整流元件的简易测试

14.1.1　晶闸管整流元件和单结晶体管的简易测试

1. 晶闸管整流元件的简易测试

（1）晶闸管整流元件的外形识别。晶闸管整流元件是一种功率型半导体器件，又称可控硅。按工作电流和适用条件不同，常用的晶闸管有螺旋式和平板式两种，其外形结构如图14.1 所示。

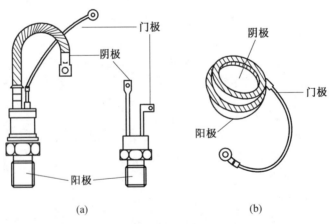

图 14.1　常用晶闸管外形

（2）晶闸管在使用中的安装。

① 螺旋式晶闸管的安装。根据其工作电流与工作条件的要求，螺旋式晶闸管通常采用自然冷却、加装散热片及风冷等散热冷却方式。对工作电流较低，如 1 ~ 20 A 的晶闸管，一

般采用自然冷却方式,其安装方式如图14.2所示。

对工作电流较大的螺旋式晶闸管,通常采用加装散热片、增大散热面积的方法,使元件安全运行。带散热片的螺旋式晶闸管整流元件的安装固定方法如图14.3所示。对带散热片的晶闸管元件进行强迫风冷,要求散热片出口处风速不低于 5 m/s。因此,安装时风路必须通畅,必要时加装制冷风源。

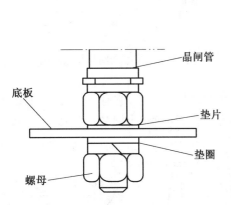

图 14.2　小电流晶闸管的安装

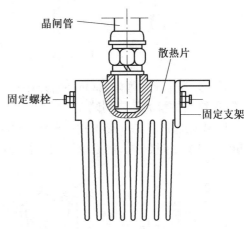

图 14.3　带散热片的螺旋式晶闸管的安装

②平板式晶闸管元件的安装。平板式晶闸管元件一般具有工作电流大、散热量大的特点,在使用中均采用强迫冷却方式,如强迫风冷、水冷。以水冷为例,其安装结构如图14.4所示。

(3)晶闸管整流元件的简易测试。

①晶闸管阴极和阳极间的性能测试。选用万用表 $R×1$ kΩ 挡,测量阴极和阳极间的正反向电阻,正反电阻都应为无穷大,说明晶闸管性能良好。如图14.5所示。

②门极断路与短路测试。用万用表 $R×1$ 挡或 $R×10$ 挡测量门极与阴极间的电阻,然后将表笔对调测量,若两次测量数值一次大(若80 kΩ 左右),另一次小(若2 kΩ 右左),则说明了门极与阴极间的单向导电性,管子是好的。如图14.6所示。

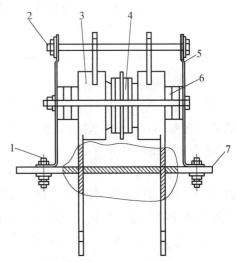

图 14.4　平板式晶闸管的安装
1—定位螺栓;2—整体紧固螺栓;3—散热器;
4—晶闸管;5—支架;6—绝缘体;7—底板

③注意事项:

a.测量时,应把引出线端的氧化层清除干净,不准两手同时接触两个表笔的测试触端。

b.晶闸管元件门极和阴极之间的二极管特性并不太理想,加反向电压测量时,不是完全呈阻断状态,尤其当温度较高时,可能有较大电流流过。因此,有时测得门极与阴极反向阻值较小,并不说明门极特性不好,这时必须观察晶闸管的综合性能。

c.为防止电压过高,使门极反向击穿,进行门极与阴极测量时,通常选用万用表的 $R×$ 10 或 $R×1$ 挡。

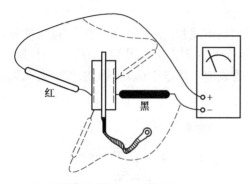

图 14.5 晶闸管阴极和阳极间的性能测试   图 14.6 门极断路与短路测试

2.单结晶体管的简易测试

（1）单结晶体管的外形识别。单结晶体管又称双基极二极管,它有三个极:发射极 e,第一基极 b_1,第二基极 b_2。常见单结晶体管外形结构与管脚排列如图 14.7 所示。

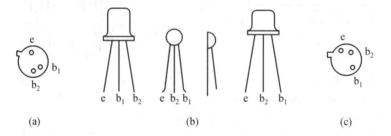

图 14.7 常见单结晶体管外形与管脚排列

（2）单结晶体管的简易测试。

①测量识别发射极 e:选用 $R \times 100$ 挡,依次测量单结晶体管任意两个管脚的正反向电阻,若两次测得的正反向电阻均相等,这两个电极即为基极 b_1 和基极 b_2,余下的一个电极则为发射极 e。如图 14.8 所示。

②测量识别基极 b_1 和基极 b_2:选取 $R \times 100$ 挡,用黑表笔接已知的发射极 e,用红表笔依次接两个基极,分别测得两个正向电阻值,阻值较小时,红笔表所接的电极为 b_2,阻值较大时,红表笔所接的电极为 b_1。如图 14.9 所示。

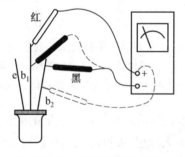

图 14.8 测量识别发射极

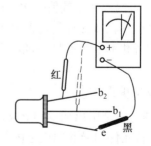

图 14.9 测量识别基极

③单结晶体管性能判别。对于一个管脚已知的单结晶体管,用万用表测量,如果发射极 e 和基极 b_1、b_2 之间没有二极管特性,且两个基极间的电阻值比 3 ~ 12 kΩ 大很多或小得多,则说明该单结晶体管已损坏或不合格。

14.1.2 晶闸管整流电路的装接

1. 单相半控桥式晶闸管整流电路的装接

通过二极管整流电路,可以获得输出直流电压的电源;而利用晶闸管的门极特性,即可控特性,则可以得到一个可调的直流电源。晶闸管单相整流电路可分为单相半波整流、单相全波整流以及单相桥式整流电路,控制方式又分为半控与全控两种。单相半控桥式整流电路在实际中广泛用于中、小容量直流电机调速,其整流回路主电路原理如图 14.10 所示。

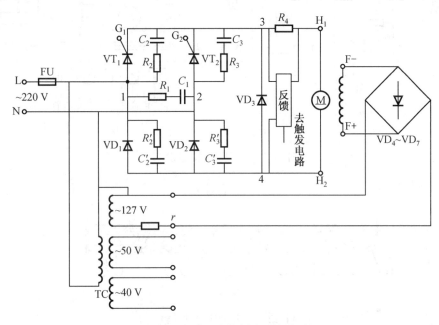

图 14.10　单相半控桥式整流电路原理

(1) 安装前的准备。安装如图 14.10 所示的单相半控桥式整流电路主电路前,应做好以下准备工作:

① 备料:根据原理图 14.10 备齐电阻、电容、二极管、变压器、晶闸管、主电路底板及主电路插接板(该两元件均待装)、接线端子、连接导线、熔断器以及两套插接件等。

② 准备工具:包括尖嘴钳、剥线钳、压接钳、活扳手、焊锡、松香、电烙铁(15 ~ 30 W) 以及万用表等。

③ 校对:根据电路原理图核对元件,用万用表检测元器件质量,根据图 14.11 所示的主电路排列元件,校对主电路底板及插接板是否完善。

(2) 单相半控桥式晶闸管整流电路安装。根据图 14.11 所示的元器件布置图,将各元器件安装固定在对应位置,要求螺旋式固定的晶闸管及二极管整流元件固定牢靠,接触紧密;电阻、电容器件排列整齐,高度一致;安装变压器时要求紧固且不损伤绕组及抽头;安装连接件或插接件时,要保持平直。

所有连线应简洁、明了,不走架空线。全部接好后,仔细检查无误,将连接线(如是多股软线)绑扎后沿底板固定,如图 14.12 所示。

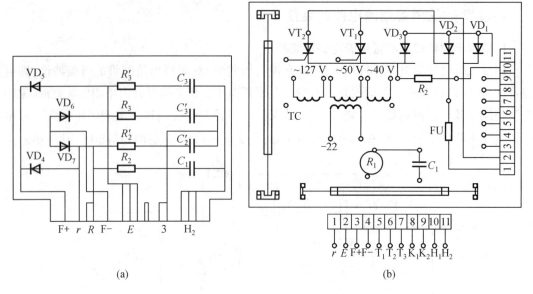

(a)   (b)

图 14.11　元器件布置图

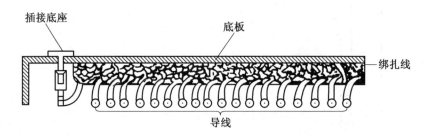

图 14.12　绑扎并固定连接线

2. 三相全控桥式晶闸管整流电路的装接

三相全控桥式晶闸管整流电路应用于大功率且要求三相功率平稳的场合,如晶闸管中高频装置、同步电动机励磁装置等都采用了这种电路。以晶闸管中频装置为例,其三相全控桥式整流电路如图 14.13 所示。

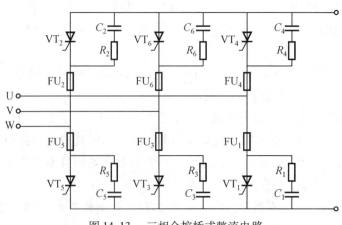

图 14.13　三相全控桥式整流电路

（1）装接前的准备。

① 根据图 14.13 所示的电路选择并备齐元器件，包括 KP 200 A/1 200 V 平板式晶闸管及其支架六套，快速熔断器 RS3 250 A/500 V 六只以及连接铜排、接线端子等。

② 准备的工具包括有关电工工具、万用表、钢锯、木槌、铜（或铝）垫块、锉刀、台虎钳以及钻孔工具或设备等。

③ 检查工具准备是否齐全，用万用表检测电气元器件是否良好。

（2）三相全控晶闸管整流电路的安装。该晶闸管中频装置整流电路双面安装胶木底板上各安装孔、进出线孔已经钻好，如图 14.14 所示。

3. 单结晶体管触发电路的安装

装接时，根据给定元件平面布置图（图 14.15），使元器件一一就位，具体操作如下所述。

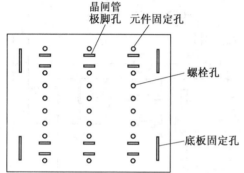

图 14.14　胶木底板图

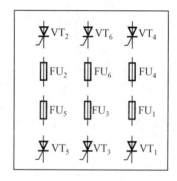

图 14.15　给定元件平面布置图

（1）晶闸管整流元件的安装。

（2）铜排连接线的制作。

（3）连接铜排，引出信号线。

（4）检查。

各部分安装完毕，检查元器件安装是否牢靠，各连接点是否牢固，观察铜排连接点接触是否紧密等（图 14.16 ～ 14.18）。

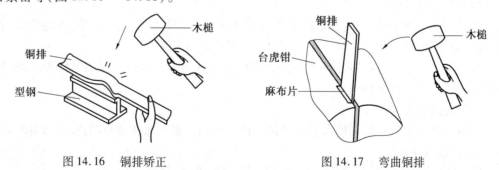

图 14.16　铜排矫正　　　　　　　　图 14.17　弯曲铜排

晶闸管整流电路输出的变化是通过对其门极施加移相触发信号来实现的，而这个触发信号是由触发电路产生的。在中、小容量直流调速控制中，单结晶体管触发电路被广泛采用。单相半控桥式整流电路的单结晶体管触发电路如图 14.19 所示。

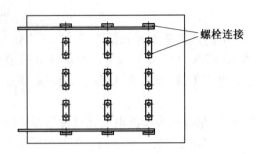

图 14.18　三相全控桥式晶闸管整流电路板后面的铜排连接

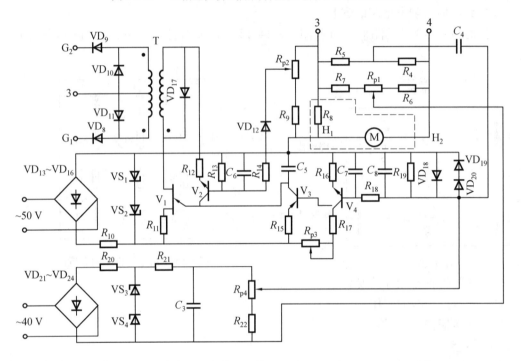

图 14.19　单相半控桥式整流电路的单结晶体管触发电路

（1）安装前的准备。

①工具和材料准备。安装前应装备好电工工具、焊接工具及材料,包括尖嘴钳、斜口钳、螺钉旋具、电烙铁(15 ～ 30 W)、焊锡丝、焊剂及万用表等。

②备料。根据图 14.19 所示的电路原理图准备好所有元器件及印制电路板一块,用万用表检测元器件是否良好。

（2）装接触发电路板。

图 14.20 所示为单结晶体管触发电路元件分布图。根据元件分布图,安装、焊接各元器件,具体要求如下:

①焊接元器件采用卧式安装,元件高度应一致、平整、美观。

②焊接时,烫焊时间不宜过长;焊斑应圆而光滑,大小基本一致。

③焊接时焊剂一律用松香,用量应适宜。焊接完毕,用斜口钳剪去过长的管脚。

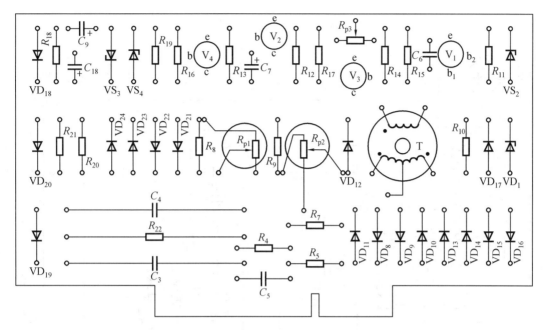

图 14.20　单结晶体管触发电路元件分布图

14.1.3　单相半控桥式晶闸管整流电路的调试

对单相半控桥式整流电路进行整体调试时,应先调试控制回路,再调试主回路;控制回路的各个环节分别调试后,再统调;电源要分步、分系统接入,电压先低后高,电流由小到大。调试前,必须进行如下准备工作:

① 根据电路整体原理图,将触发板与主电路组装、连接,然后再次检查接线是否牢固,是否有遗漏。电路整体原理图如图 14.21 所示。

② 准备好测试时使用的示波器、万用表、电子开关、替代负载电阻及有关电工工具。检查无误,准备结束就可以开始调试了。

1. 同步电压回路各点的测试

测 c 点电压波形:用示波器按图 14.22 所示测量同步直流电压波形,正常的波形如图 14.23 所示。

2. 单结晶体管触发电路的调试

触发电路如图14.20所示。给定电压电路的调整。电路如图14.22所示,用示波器按图中接线测量。

(1) 观察 a、b 两点的电压波形,测得 U_a、U_b,如图 14.23 所示即为正常。同样,c 点的测量及波形如图 14.24,14.25 所示。

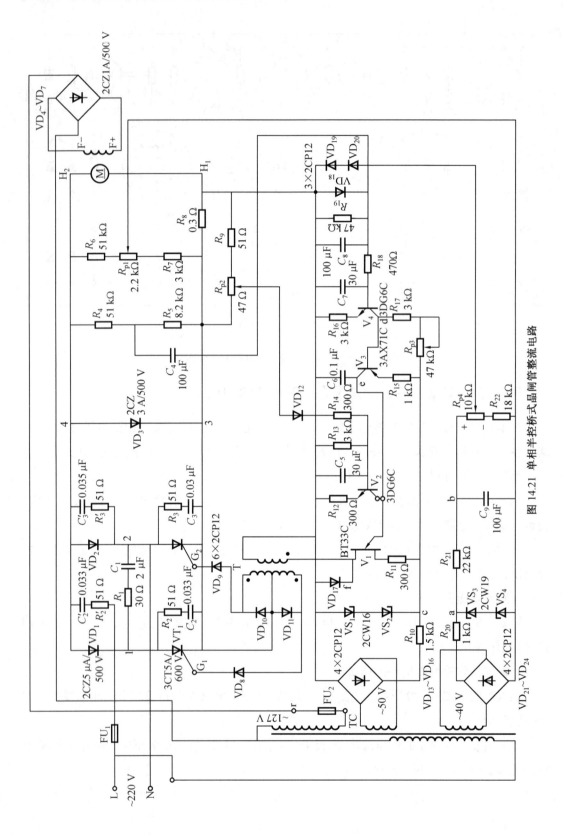

图 14.21 单相半控桥式晶闸管整流电路

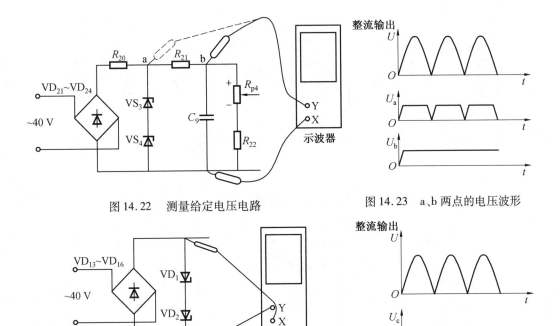

图 14.22　测量给定电压电路

图 14.23　a、b 两点的电压波形

图 14.24　测 c 点电压

图 14.25　c 点的电压波形

（2）测量并观察 d 点的电压变化：如图 14.26 所示，用万用表测试，调整电位器 R_{p4}。

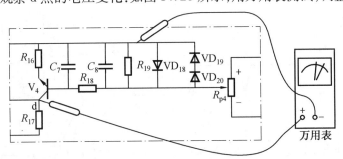

图 14.26　测 d 点电压

（3）测量、观察 e 点波形：同上调整电位器 R_{p4} 从最大（＋）向最小（－）变化，把示波器探头接到电容 C_6 两端。这时，电容充、放电的锯齿波个数由多到少变化，其测量接线及波形如图 14.27 所示。

（4）测量观察 f 点波形：调节 R_{p4} 的方法同上，用示波器测 f 点波形。调节过程中，f 点尖峰脉冲由多到少变化，示波器测量及接线如图 14.28 所示。

（5）检测触发脉冲的极性：将示波器测量端接在替代负载 100 Ω 电阻两端，调整 R_{p4} 电位器从"＋"到"－"，这时脉冲数由多到少，且都是正脉冲，测量接线和脉冲波形如图 14.29 所示。

（6）通过触发脉冲，检查移相范围：示波器接线和 R_{p4} 调整方向同上，图 14.30 所示是调整时移相角的变化情况。

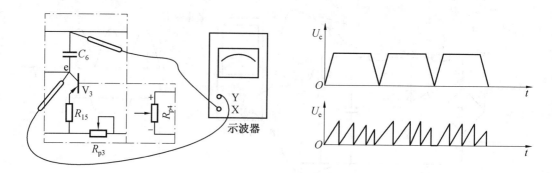

图 14.27　e 点的电压波形

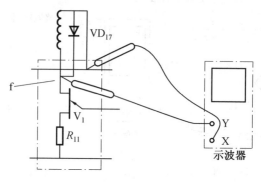

图 14.28　测 f 点波形

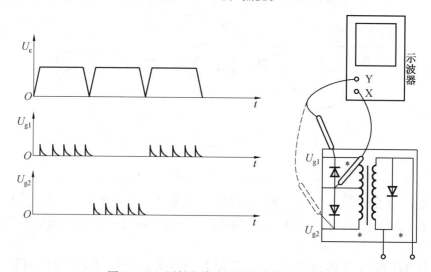

图 14.29　测触发脉冲极性的接线及波形图

3. 单相半控桥式晶闸管整流电路的调试

断开交流电源,移去触发电路的替代负载,将触发电路与晶闸管门极连接。用功率约为负载功率 5% 的电阻做晶闸管整流桥的负载。连接好,装上整流回路熔断器,然后用调压器给主电路送电。调试、操作步骤如下:

(1)首先用调压器给主电路加上 20 ~ 30 V 电压,将 R_{p4} 从"+"开始调整,用示波器观察晶闸管电压的变化情况:其电压随移相角的改变而发生变化,波形如图 14.31 所示。

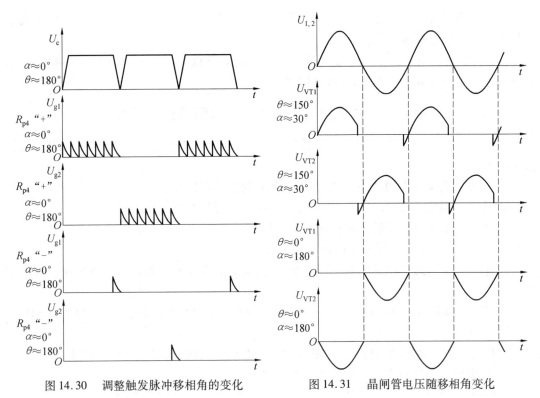

图 14.30　调整触发脉冲移相角的变化　　　　图 14.31　晶闸管电压随移相角变化

（2）用示波器测量并观察电阻负载上电压波形及其变化,其波形及测量接线如图 14.32。 所示。当改变移相角（通过调整 R_{p4} 实现）时,其波形随之变化。

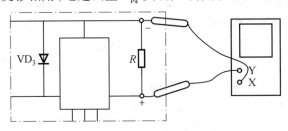

(a) 负载电阻电压波形测量示意图

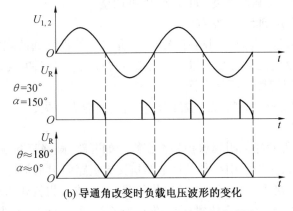

(b) 导通角改变时负载电压波形的变化

图 14.32　测负载电压的接线及波形图

（3）逐步提高主回路电压,同样调整电位器 R_{P4},晶闸管两端、负载两端的电压波形会发生同样变化,而其波峰幅度增大。

（4）上述测试正常后,断电,撤去调压器,接入正式负载,通入交流220 V主回路电压,重新进行上述观测及调试。正常后,调试即告结束。

14.1.4　单相半控桥式晶闸管整流电路的故障诊断与排除

（1）主回路无输出（直流电动机不转）。对于调整电位器,但直流回路无输出的情况,检查方法如下:

① 用万用表检查主回路熔断器、二极管和晶闸管是否良好。

② 排除主回路元器件故障后,检查控制极接线是否断线或短路。

③ 用示波器观测触发脉冲输出功率和极性。

（2）主回路输出调不到最小也达不到最大值。

① 输出达不到最大即晶闸管不能完全开通,或是触发导通不够,检查、处理此故障的方法如下:

a. 用示波器观测同步电压波形,梯形波前沿要足够陡,这就要求同步交流电压在50V左右,不能太低。

b. 检查充放电电容的充电回路（图 14.26 中的 V_4、C_7;图 14.27 中的 V_3、C_6）。

② 输出调不到最小值,其检查、处理方法如下:

a. 检查充放电电容（图 14.26 中的 C_7;图 14.27 中的 C_6）容量是否太小,低于 0.1 μF 应适当加大电容。

b. 检查调整电位器 R_{P4} 是否良好。如有短路或阻值低于 10 kΩ,则要检修或更换电位器。

c. 检查充电回路的三极管 V_3 的漏电流（即穿透电流）,接线方法如图 14.33 所示。

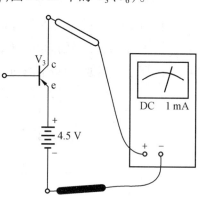

图 14.33　检查 V_3 的漏电流

（3）开机、晶闸管触发开通后又自己关断。

① 测试晶闸管的维持电流,如高于负载电流,则需更换。

② 用示波器观测触发脉冲宽度,如太窄,则可调整电容值 C_6,使脉冲宽度达到 5 ms 左右。

（4）触发电路不开通,直流主回路有输出。这是晶闸管误导通的现象,检修方法如下:

① 检查晶闸管触发电压、电流,若太小,灵敏度过高且易受干扰或误导通,可选用触发电压和电流较大的晶闸管替代原晶闸管。

② 检查晶闸管的正向阻断特性。温度升高时,阻断能力丧失,变成了二极管,这时应更换晶闸管。

③ 检查晶闸管元件两端的阻容保护是否完好。如开路,则修复断线或更换开路元件。

④ 检查晶闸管门极是否因引线与其他电路搭接或短路而引来干扰信号。

⑤ 断开门极引线,接入一只 100 Ω 的替代负载,用示波器测负载两端的电压波形,操作方法如下:将电位器 R_{P4} 旋在“＋”位置,即触发电路不开通,接通电源,观察波形。

（5）因故障停机后,发现晶闸管元件损坏,应按以下方法处理:

① 检查熔断器,核对其型号、规格,并换上合格的快速熔断器。

② 检查整流桥侧各元件两端的阻容保护,尤其是损坏元件的阻容保护是否开路。

③ 用万用表检查门极控制电压是否过高,检查门极引线是否与其他部件有短路现象并排除故障。

④ 提示:晶闸管元件因过电压而损坏,一般表现为短路,正、反向电阻很小;因过电流而损坏,会造成晶闸管元件短路或开路。当门极故障时,一般表现为开路或短路,并且元件正、反向电压特性没有变化。

⑤ 检查电流截止反馈环节,测量 R_{p2},检查设定值是否变化,检查三极管 V_4 及 R_{16} 是否发生静态变化或断路;检查电容 C_7 是否过大;检查三极管 V_2 是否损坏断路;检查回路环节中是否有焊点松头或虚焊。更换不良元件,使各环节恢复正常(将 R_{p2} 设定在要求值)。

(6) 在运行中,电机发出"嗡嗡"声,转速忽高忽低。这种故障实质上是转速振荡,参考电路整体原理图14.21。适当改变振荡电路中的参数,达到改变振荡频率的目的,从而可以避免转速振荡。

14.2　电　弧　炉

电弧炉是一种依靠电极和炉料间产生的电弧,使电能在弧光中转变为热能,并借助辐射和电弧的直接作用加热并熔化金属的设备,其电气设备部分是完成这个能量转换的主要设备。

14.2.1　主回路控制电路

电弧炉的主回路如图14.34所示。主回路主要由隔离开关 QS、高压断路器 QF、电炉变压器 TF(含电抗器)以及低压短网等部分组成。

电炉通过高压电缆供电,电压为 10 kV 以上,隔离开关用于电弧炉检修时断开高压电源,因为没有灭弧装置,只能在无负载时(即高压断路器断开后)才能操作。

1. 电炉变压器继电保护动作值的整定

(1) 过载保护装置:用来保护由工作短路(电极与炉料接触)所引起的过载,一般装在电炉变压器的低压侧,采用具有反时限特性的过电流继电器,如 GL-12 型过电流继电器。

(2) 保护装置:用来保护故障短路电流,在工作短路时不动作,一般装在电炉变压器的高压侧,使用真空断路器操动机构内的瞬动过电流脱扣线圈。

2. 变压器在运行中的监视与维护

(1) 变压器在炉料熔化初期,必须接入串联电抗器才可运行,在电弧燃烧稳定后,方可将其切除。

(2) 变压器内部绝缘材料在频繁、过大的工作短路电流的冲击下,温度会急剧上升,使绝缘加速老化。

(3) 应经常检查温度指示、油面指示和保护装置(如气体继电器、冷却器),以保证其动作可靠;经常查看各密封处是否有渗漏现象。

(4) 变压器油需每六个月进行一次抽样试验,如发现油中水分不断增高或有杂质及沉淀物,则应及时过滤;如油的绝缘性能降低过甚,必须查明原因,若原因不清,则应吊心检查。

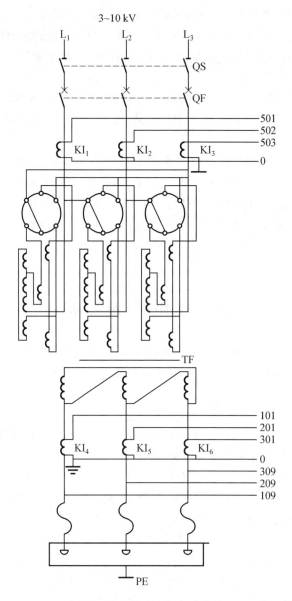

图 14.34　电弧炉主回路简图

（5）若变压器出现异常声响,油面忽高忽低,安全气道玻璃破碎,储油柜冒油等现象,均表示变压器内部发生了故障,此时应立即停止运行,进行检查和修理。

（6）若变压器连续工作,每年应吊心检查一次。

（7）经常检查高、低压出线端与母线之间的连接是否紧密可靠,尤其当用铝母排时,更应加强检查。

（8）经常监视瓷套管是否清洁,有无破裂、裂纹和放电痕迹,并检查冷却、通风和外壳接地情况是否良好。

（9）应经常在空载和不同负载的情况下,监听并比较变压器的声音,以便及时发现变压器内部的故障,例如线圈、螺栓的松动,线圈短路或断裂,引线放电等。

（10）每次操作分接开关后,必须检查指示信号,正确无误后方可将断路器合闸。

14.3　B2012A 型龙门刨床电气控制设备

14.3.1　电气控制电路分析

表 14.1 所示为双电机电路常见故障及排除方法。

表 14.1　双电机电路故障

序号	故障现象	原　因	排除方法
1	一送电,开关 QM 跳闸,电流表 PA$_2$ 读数甚大,转备用相,故障不消失	(1) 双电机绕组接地 (2) 外部线路接地短路	(1) 拆换修理电机 (2) 修理线路
2	送电后,按上升或下降按钮,QM 跳闸,电流表 PA$_2$ 读数甚大,转备用相,故障不消失	双电机绕组相间短路	拆换修理电机
3	按上升(或下降)按钮,电机不转,电流表 PA$_2$ 两相有指示,讯响器 HA 报警,而另一方向正常	外部线断	处理线路
4	运行数分钟后,双电机端盖有明显温升	(1) 冷却水量太少 (2) 机械负载过重或 SA$_3$ 使用不当	(1) 检查进出水路 (2) 检查各传动机械,处理配重
5	运行半小时左右,电机卡死,停些时间又能运转	机械负载过重,超过电机出力	修理传动机械,处理配重
6	下降绕组多次烧坏	钢丝绳在卷筒上缠绕圈数太多,电极经常不够长,长期打滑	按要求绕钢丝绳适时接长电极

表 14.2 所示为测速电路常见故障及排除方法。

表 14.2　测速电路故障

序号	故障现象	原　因	排除方法
1	某相电极不稳定,有窜动迹象,转速表 PV$_2$ 指示不正常或无指示,转"备用",故障不能消失	(1) 熔断器 FU$_3$ 熔断或松脱 (2) 测速发电机电刷有油污或磨损 (3) 测速发电机电枢故障 (4) 电机联轴器松脱	(1) 检查外部线路有无短路,更换或紧固熔断器 (2) 清洗或更换电刷 (3) 更换测速发电机 (4) 处理联轴器
2	某相电极不稳定,有窜动迹象,PV$_2$ 指示不正常,转"备用",故障消失	(1) 电位器 R_{p23} 取值过小 (2) 操作台内有关接线松动 (3) 开关 SA$_2$ 接触不良	(1) 加大后重新调整 (2) 停电检查 (3) 停电检查修理
3	电极严重窜动,励磁信号灯 HL$_1$ 不亮,三相电机都无速度指示	变压器 T$_5$ 失电,熔断器 FU$_4$ 熔断或松动,整流桥 VC$_3$、电容 C_{66} 等元器件故障	更换有故障器件
4	点弧期有明显断弧	(1) 速度负反馈过强,下降速度过低 (2) 立柱与横臂刚性太差,间隙过大	(1) 减小负反馈,重新调整 (2) 修理有关机械部分

B2012A 型龙门刨床电气控制电路如图 14.35 所示。

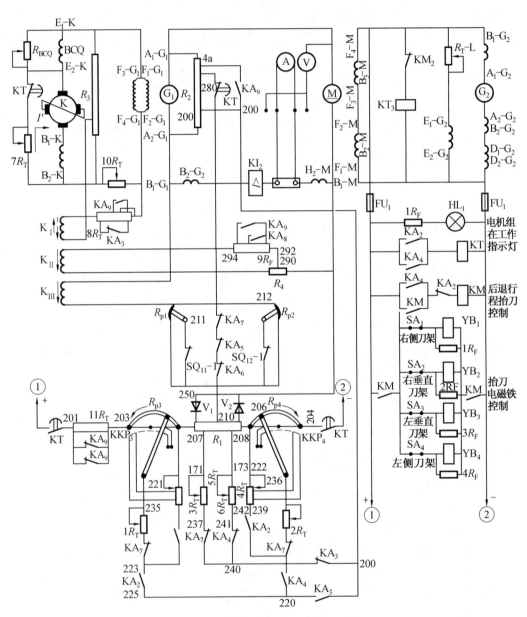

（a）工作台直流调速及电磁抬刀电路

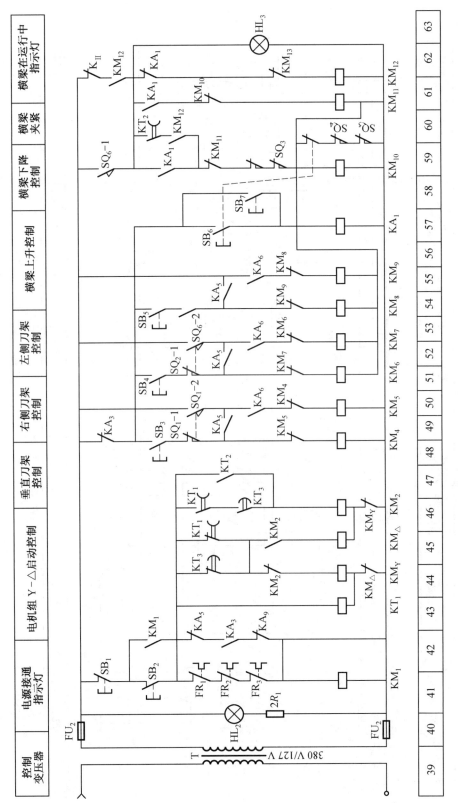

(b) 9 台交流电动机的主电路

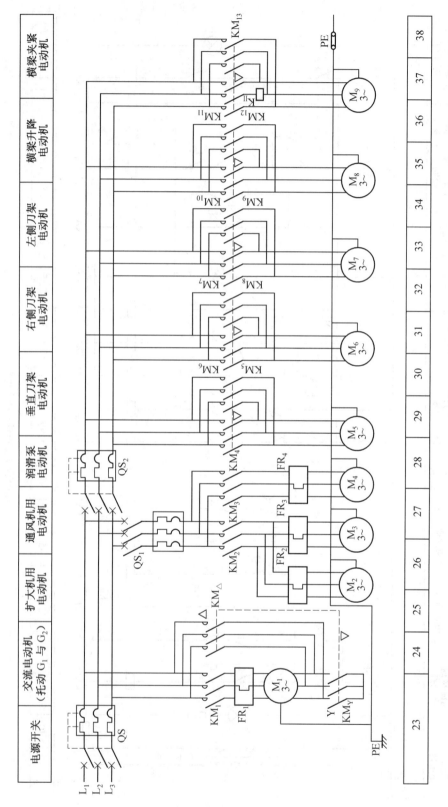

(c) 控制电路 (一)

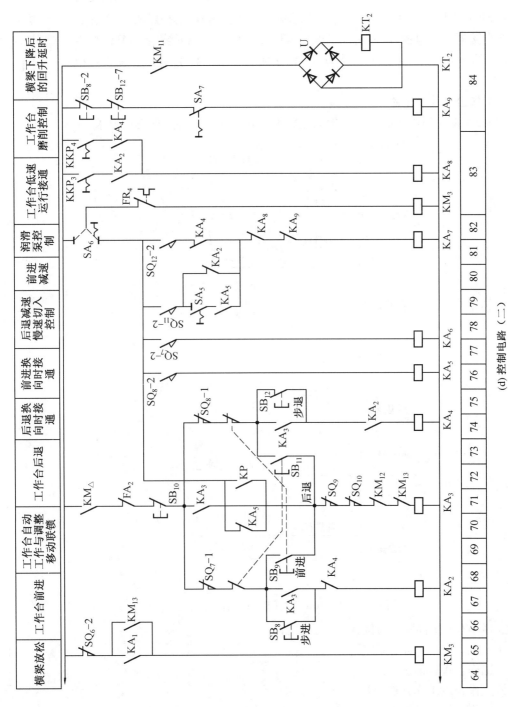

（d）控制电路（二）

图 14.35　132012A 型龙门刨床电气控制电路

1. 电机组启动控制电路

合上低压断路器 QS(23 区)，电源指示灯 HL_2 亮(40 区)，表示控制电路电源接通。按启动按钮 SB_2(41 区)，接触器 KM_1 线圈获电吸合并自锁，KM_1 主触点闭合(24 区)，电动机 M_1 定子绕组接通三相电源，同时时间继电器 KT_1 线圈(43 区)和接触器 KMY(44 区)线圈获电吸合，KMY 主触点闭合(24 区)，电动机 M_1 接成星形减压启动，拖动直流发电机 G_1 和 G_2 运转。

2. 工作台的控制电路

B2012A 型龙门刨床的工作台能满足图 14.36 所示的三种速度图的要求。

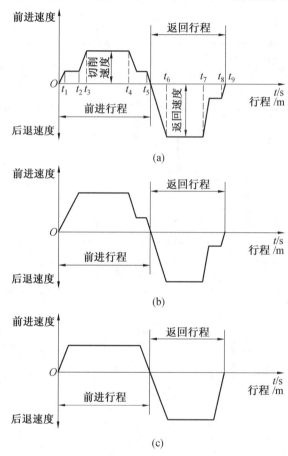

图 14.36　B2010A 型龙门刨床工作台的三种速度

图 14.37 工作台撞块与位置开关位置图。

(1) 工作台的自动循环控制：

① 工作台慢速前进。

② 工作台以工作速度前进。

③ 工作台转为减速前进。

④ 工作台快速退回。

⑤ 工作台转为减速后退。

⑥ 工作台转为下一循环工作。

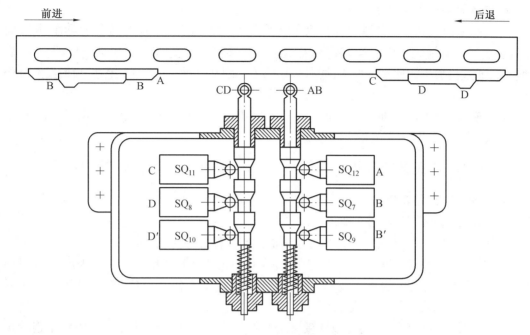

图 14.37　工作台撞块与位置开关位置图

（2）工作台的步进和步退。有时为了调整机床,需要工作台步进或步退移动,这时与工作台联锁的中间继电器 KA_3 未动作, KA_3 的常开触点（15区）断开了工作台自动循环工作时 KⅢ 控制绕组的励磁电路,工作台便可进行步进和步退控制。

（3）停车制动及自消磁电路。为了防止直流电动机由于剩磁在停车后出现"爬行"现象,为使工作台停车准确,工作台采用电压负反馈环节及欠补偿环节组成的自消磁电路,使电机扩大机与发电机消磁。

（4）工作台的低速和磨削工作。当工作台需要低速工作时,可将调速电位器 R_{p3} 上的 KKP_3 触点（81区）或 R_{p4} 上的 KKP_4 触点（82区）接通,使中间继电器 KA_8 线圈获电吸合, KA_8 的常闭触点（79区）断开,使减速中间继电器 KA_7 不能工作,这样,工作台在低速运行时就不会减速。 KA_8 的常开触点（13区）闭合,将 KⅡ 所串联的电阻 9RT 短接了一段,加强了电流正反馈的作用,使工作台在低速下运行。

3. 刀架控制电路

B2012A 型龙门刨床装有左侧刀架、右侧刀架和两个垂直刀架,分别采用三个交流电动机 M_5、M_6 和 M_7 来拖动。

刀架的控制电路能实现刀架的快速移动与自动进给。

（1）垂直刀架控制电路。垂直刀架有两个,每个刀架有快速移动和自动进给两种工作状态,每种工作状态有水平左右进刀、垂直上下进刀四个方向的动作,这些都是由一个垂直刀架电动机 M_5 来完成的。

（2）左、右侧刀架控制电路。左、右侧刀架的工作情况与垂直刀架基本相似,所不同的是左、右侧刀架只有上下两个方向的移动;另一个不同点是,左、右侧刀架电路是经过位置开关 SQ_4 和 SQ_5 的常闭触点和按钮 SB_6 接到电源的。

4. 横梁升降的控制电路

（1）横梁的上升。按横梁上升按钮 SB_6（57区），中间继电器 KA_1 线圈获电动作，KA_1 的常开触点（64区）闭合；接触器 KM_{13} 线圈获电动作，KM_{13} 主触点闭合（38区），电动机 M_9 启动反转，通过机械机构使横梁放松；同时 KA_1 的另一副常开触点（59区）闭合，为横梁上升作准备。

（2）横梁的下降。按横梁下降按钮 SB_7，中间继电器 KA_1 线圈（57区）获电动作，KA_1 的常开触点（61区）闭合，为横梁下降作准备。

14.3.2 常见故障分析

1. 直流电机常见故障

（1）励磁发电机 G_2 的常见故障。

① 励磁发电机 G_2 不发电。产生此故障的原因及处理办法如下：

a. 剩磁消失而不能发电：可断开并励绕组与电枢绕组的连接线，然后在并励励磁绕组中加入低于额定励磁电压的直流电源（一般在 100 V 左右）使其磁化，充磁时间约为 2 ~ 3 min；如仍无效，可将极性变换一下。

b. 励磁绕组与电枢绕组连接极性接反而不能发电：只要将励磁绕组与电枢绕组连接正确即可。

c. 接线盒或控制柜内绕组接线端松脱：应将接线端拧紧。

② 励磁发电机空载电压较高。如果电刷在中性线上，产生此故障的原因一般为调节电阻 R_T – L 与励磁发电机性能配合不好，可将励磁发电机的电刷顺旋转方向移动 1 ~ 2 片换向片距离；也可将一块 140 Ω 或两块 140 Ω 的板形电阻调为两块 188 Ω 的板形电阻。

③ 励磁发电机空载电压正常，加负载后电压显著下降。

（2）直流发电机 G_1 不能发电。直流发电机励磁绕组接线错误造成励磁绕组开路，或接线端接错同时造成两励磁绕组磁通方向相反，都会使发电机不能发电。直流发电机 G_1 励磁绕组的正确接线和错误接线如图 14.38 所示。

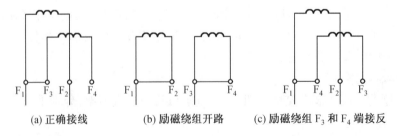

(a) 正确接线　　　(b) 励磁绕组开路　　　(c) 励磁绕组 F_3 和 F_4 端接反

图 14.38　直流发电机励磁绕组的接线

（3）直流电动机 M 接线后不能启动。当直流电动机励磁绕组的出线端 F_1 – M ~ F_2 – M 或 F_3 – M ~ F_4 – M 中有一组出线极性接反时，则在这两组励磁绕组串联后，磁场被抵消，造成直流电动机不能启动。

（4）电机扩大机 K 的常见故障：

① 电机扩大机空载电压很低或不发电。

② 电机扩大机空载时发电正常，带负载时输出电压很低。

③ 电机扩大机换向时火花大,输出电压摆动大。

2. 电机组启动部分常见故障

(1) 按启动按钮 SB$_2$,接触器 KM$_1$ 不动作。

(2) 按下按钮 SB$_2$ 后,电动机 M$_1$ 不能 Y－△ 自动切换。

3. 工作台常见故障

工作台常见故障(见图 14.39、14.40),图 14.41 为电阻器 R_2 上接点的位置。

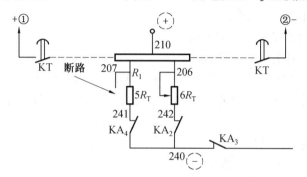

图 14.39　步进、步退电路电阻不平衡

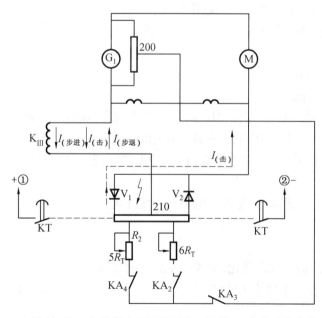

图 14.40　电流截止负反馈环节二极管 V$_1$ 击穿后的电路

(1) 工作台步进、步退控制电路故障:

① 工作台步进或步退开不动。

② 工作台步进、步退电路不平衡。

③ 按下步进或步退按钮后,工作台都是前进且速度很高。

(3) 工作台不受控制:

① 电压负反馈接反。

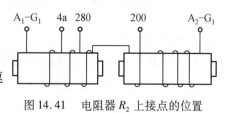

图 14.41　电阻器 R_2 上接点的位置

② 直流发电机励磁绕组接反。

③ 电机扩大机剩磁电压过高。

（4）工作台运行时速度过高：

① 电压负反馈断线。

② 直流电动机 M 的磁场太弱。

③ 电机扩大机过补偿。

（5）工作台运行时速度过低：

① 空载时工作台速度过低且调不高。

② 带重负载时工作台速度下降较多。

（6）工作台低速时"蠕动"。工作台在低速工作时，特别在磨削时，可能产生停止与滑动相交替的运动，在机械上称为"爬行"。在电气上，为了与停车爬行区分起见，把这种"爬行"称为"蠕动"。

4. 工作台换向时的常见故障

（1）换向越位过大或工作台跑出：

① 工作台前进或后退越位均过大。

② 工作台前进（或后退）某一方向越位过大。

（2）工作台换向时越位过小。

（3）传动机构的反向冲击。

（4）换向时加速调节器不起作用。

5. 工作台停车的故障

（1）停车冲程过大。在龙门刨床的产品说明书上规定，刨台最高速停车时的冲程不超过 400 ~ 500 mm；在低于最高速时，停车冲程应相应减小。

（2）停车太猛及停车倒退。停车太猛，机械冲击严重，甚至出现倒退，其原因是停车制动过强。

（3）停车爬行。爬行是指发电机 - 电动机系统在无输入条件下，工作台仍以较低的速度运行。

① 消磁作用太弱。

② 消磁作用太强，造成反向磁化，形成停车后反向爬行。

（4）停车振荡。在工作台停车时，直流电动机与工作台来回摆动几次，称为停车振荡。

实训 14.1   电动机点动与连续运行控制电路装接

1. 实训目的

（1）熟悉低压电气元件的接线及其好坏判断。

（2）熟练分析单向点动与连续运行控制电路的动作原理。

（3）熟练掌握按电气控制电路图装接电路的技能和工艺要求。

（4）熟练掌握用万用表检查主电路、控制电路及根据检查结果或故障现象判断故障位置的方法。

2. 实训材料与工具

（1）电工刀、尖嘴钳、钢丝钳、剥线钳、旋具各 1 把。

（2）五种颜色（BV 或 BVV）、芯线截面积为 1.5 mm^2 和 2.5 mm^2 的单股塑料绝缘铜线若干。

（3）电动机控制实训台 1 台。

（4）三极自动开关 1 个、熔断器 4 个、交流接触器 1 个、三元件热继电器 1 个、按钮 3 个。

（5）接线端子 20 位。

（6）功率为 4 kW 的三相异步电动机 Y - 112 - 4 1 台。

（7）万用表 1 只、钳形电流表 1 只、500 V 摇表 1 只。

3. 实训前的准备

（1）了解三相异步电动机点动与连续运行控制电路的应用；

（2）熟练分析三相异步电动机点动与连续运行控制电路的工作原理及动作过程；

（3）明确低压电器的功能、使用范围及接线工艺要求。

4. 实训内容

（1）分析控制原理。电动机点动控制是利用复合按钮和接触器辅助常开触头来控制电动机点动运转的。其控制简单、经济，维修方便，广泛用于起重、机床和检修的电动机电路。其控制电路如图 14.42 所示。

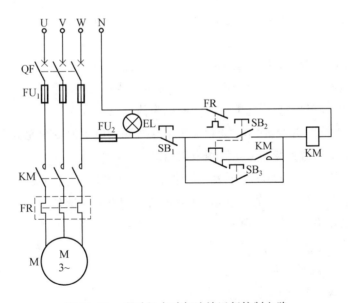

图 14.42　电动机点动与连续运行控制电路

① 电路送电。合上空气开关 QF → 电源指示灯亮。

② 点动运行。

③ 连续运行。

按 SB_3 → KM 线圈得电 ┬ KM 主触头闭合 ─────────────────┬ 电动机 M 连续运行
　　　　　　　　　　　└ KM 动合触头闭合自锁（因 SB_2 动断触头已闭合）┘

④ 停止运行。

按 SB_1 → KM 线圈断电,结果之一:→ KM 主触头断开;结果之二:→ KM 自锁触头断开;所以有电动机 M 停止运行。

⑤ 电路停电。

断开空气开关 QF → 电源指示灯灭

(2) 选择并检查元件。三极自动开关 1 个、熔断器 4 个、交流接触器 1 个、三元件热继电器 1 个、按钮 3 个。

(3) 布局并固定元件。根据电原理图,按照主电路与控制电路分开布局的原则,固定电路控制电器在实训台上。

(4) 布线。按导线并排走、横平竖直、转角 90°、尽量少交叉的原则,选择适当横截面的导线,在实训屏上正确地布线。

(5) 接线。依据电原理图正确地接线。

(6) 电路检查。

① 主电路的检查:在断电的情况下,按下交流接触器的手动开关,用万用表欧姆挡检查主电路的通断情况。

② 控制电路的检查(万用表的挡位在 2 kΩ,表笔放在 EL 两端):

a. 此时读数应为无穷大,按下 SB_2,读数应为 KM 线圈的电阻值。

b. 分别按 SB_3、KM,读数应为 KM 线圈的电阻值。

c. 按下 KM 的同时再轻按 SB_2,读数应由 KM 线圈的电阻值变为无穷大,再同时用力按 SB_2 时,读数又应由无穷大变为 KM 线圈电阻值。

③ 绝缘电阻的检查:用 500 V 摇表测量电路的绝缘电阻(应不小于 0.22 MΩ)。

(7) 通电试车。经上述检查正确后,在老师的监护下通电试车。

① 合上电源开关 QF,指示灯亮。

② 按 SB_2,电动机点动运行。

③ 按 SB_3,电动机连续运行。

④ 按 SB_1,电动机停止运行。

⑤ 断开电源开关 QF,指示灯灭。

(8) 故障分析。电动机没有点动,只有连续运行。故障原因:SB_2 的动断点被短接;SB_2 的动断点和动合点接成了两个按钮。

5. 安全文明要求

(1) 通电试运转时应按电工安全要求操作,未经指导教师同意,不得通电。

(2) 要节约导线材料(尽量利用使用过的导线)。

(3) 操作时应保持工位整洁,完成全部操作后应马上把工位清理干净。

实训 14.2　正、反转接触器联锁控制电路装接

1. 实训目的

（1）掌握电动机正、反转控制的工作原理。

（2）掌握电动机正、反转控制的接线方法及工艺要求。

（3）掌握电动机正、反转控制电路的检查方法及通电运转过程。

（4）掌握常用电工仪表的使用方法。

2. 实训材料与工具

（1）电工刀、尖嘴钳、钢丝钳、剥线钳、旋具各 1 把。

（2）五种颜色（BV 或 BVV）、芯线截面为 $1.5~\mathrm{mm}^2$ 和 $2.5~\mathrm{mm}^2$ 的单股塑料绝缘铜线若干。

（3）电动机控制实训台 1 台。

（4）三极自动开关 1 个、熔断器 4 个、交流接触器 2 个、三元件热继电器 1 个、按钮 3 个。

（5）接线端子 20 位。

（6）功率为 4 kW 的三相异步电动机 Y – 112 – 4 1 台。

（7）万用表 1 只、钳形电流表 1 只、500 V 摇表 1 只。

3. 实训前的准备

（1）了解三相异步电动机正、反转控制电路的应用。

（2）熟练分析三相异步电动机正、反转控制电路的工作原理及动作过程。

（3）明确低压电器的功能、使用范围及接线工艺要求。

4. 实训内容

（1）分析控制原理。

异步电动机的旋转方向取决于磁场的旋转方向，而磁场的旋转方向又取决于三相电源的相序，所以电源的相序决定了电动机的旋转方向。任意改变电源的相序时，电动机的旋转方向也会随之改变。图 14.43 中主回路采用两个接触器，即正转接触器 KM_1 和反转接触器 KM_2。当接触器 KM_1 的三对主触头接通时，三相电源的相序按 $U \rightarrow V \rightarrow W$ 接入电动机。当接触器 KM_1 的三对主触头断开，接触器 KM_2 的三对主触头接通时，三相电源的相序按 $W \rightarrow V \rightarrow U$ 接入电动机，电动机就向相反方向转动。

电路要求接触器 KM_1 和接触器 KM_2 不能同时接通电源，否则它们的主触头将同时闭合，造成 U、W 两相电源短路。为此在 KM_1 和 KM_2 线圈各自支路中相互串联对方的一对辅助常闭触头，以保证接触器 KM_1 和 KM_2 不会同时接通电源，KM_1 和 KM_2 的这两对辅助常闭触头在电路中所起的作用称为联锁或互锁作用，这两对辅助常闭触头就称联锁或互锁触头。这种接触器联锁控制电路简单，操作方便，工作安全可靠，广泛用于正、反转电动机的控制电路中。

① 电路送电。合上电源断路器 → 电路得电。

② 正转控制。

正转：按 SB_1 → KM_1 线圈得电 → KM_1 主触头闭合 → 电动机正转 → KM_1 自锁触头闭合自锁 → 保证电机连续运转 → KM_1 辅助常闭触头断开 → 保证反转电路不能运行。

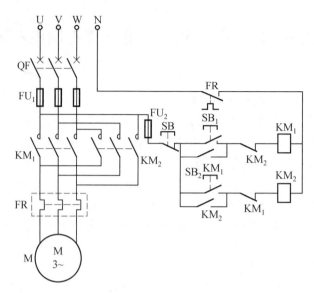

图 14.43　电动机正、反转接触器联锁控制电路

停止:按 SB → KM₁ 线圈断电 → KM₁ 主触头断开 → ① 电动机停转 → ②KM₁ 自锁触头断开 → ③KM₁ 辅助常闭触头闭合。

③ 反转控制。

反转:按 SB₂ → KM₂ 线圈得电 → KM₂ 主触头闭合 → 电动机反转 → KM₂ 自锁触头闭合自锁 → 保证电机连续运转 → KM₂ 辅助常闭触头断开 → 保证正转电路不能运行;

停止:按 SB → KM₂ 线圈断开 → ①KM₂ 主触头断开 → 电动机停转 → ②KM₂ 自锁触头断开 → ③KM₂ 辅助常闭触头闭合。

(2) 选择并检查元件。三极自动开关1个、熔断器4个、交流接触器2个、三元件热继电器1个、按钮3个。

(3) 布局并固定元件。根据电原理图,按照主电路与控制电路分开布局的原则,固定电路控制电器在实训台上。

(4) 布线。按导线并排走、横平竖直、转角90°、尽量少交叉的原则,选择适当横截面的导线,在实训屏上正确地布线。

(5) 接线。依据电原理图正确地接线。

(6) 电路检查。

① 主电路的检查。将万用表置欧姆挡 $R \times 1$ 挡或数字表的200 Ω 挡,断开 QF,把两表笔分别放在 QF 的下端 U 与 V 相处,显示为无穷,按下 KM₁ 或 KM₂ 后,应显示电动机两个绕组的串联电阻值(设电动机为星形接法),而且其他两相 UW 与 VW 都应与 UV 相的电阻值基本相等。断开 KM₁(或 KM₂) 后都应显示为无穷大。

② 控制电路的检查。设交流接触器的线圈电阻为300 Ω,将万用表置欧姆挡 $R \times 10$ 或 $R \times 100$ 挡或数字万用表的2 kΩ 挡。表笔放在控制电路两端,此时万用表的读数应为无穷大,分别按下 SB₁ 或 KM₁,读数应为 KM₁ 线圈的电阻值,同时再按 SB,则读数应变为无穷大;分别按下 SB₂ 或 KM₂,读数应为 KM₂ 线圈的电阻值,同时再按 SB,则读数应变为无穷大;同时按 SB₁、SB₂,读数应为 KM₁ 线圈电阻和 KM₂ 线圈电阻的并联值;同时按 KM₁、KM₂,读数应

变为无穷大。

　　③ 绝缘电阻的检查。用 500 V 摇表测量电路的绝缘电阻(应不小于 0.22 MΩ)。

　　(7) 整定热继电器。

　　(8) 电路的运行与调试。

　　经检查无误后,可在指导教师的监护下通电试运转,掌握操作方法,注意观察电器及电动机的动作和运转情况。

　　① 合上 QF,接通电源。

　　② 按一下启动按钮 SB_1,接触器 KM_1 线圈得电吸合,电动机连续正转。

　　③ 按一下停止按钮 SB,接触器 KM_1 失电断开,电动机停转。

　　④ 按一下启动按钮 SB_2,接触器 KM_2 线圈得电吸合,电动机连续反转。

　　⑤ 按一下停止按钮 SB,接触器 KM_2 失电断开,电动机停转。

　　⑥ 断开 QF。

5. 安全文明要求

　　(1) 通电试运转时应按电工安全要求操作,未经指导教师同意,不得通电。

　　(2) 要节约导线材料(尽量利用使用过的导线)。

　　(3) 操作时应保持工位整洁,完成全部操作后应马上把工位清理干净。

思　考　题

　　14.1　测量电动机的绝缘电阻时,要测哪几组值? 如何测量?

　　14.2　如何测量电气控制电路电动机的相电压、线电压、相电流、线电流和零序电流?测量值与电动机的接法有何关系?

　　14.3　控制电路的电源电压如何确定? 接错会有什么后果?

　　14.4　配电板上装接电气控制电路在工艺上有何要求?

附录1 《应用电工技术及技能实训》实验指导书

《应用电工技术及技能实训》实验概述

《应用电工技术及技能实训》是电类专业重要专业基础课程之一。《电工技术实验》是与其紧密配合的实验课程,是电路教学中必不可少的重要实践环节。本实验指导书所编列的所有课题,均是在学生已学习和掌握电路理论后,部分必须完成(至少9个)或选作的实验。通过实验和实际操作,获得必要的感性认识、进一步验证、巩固和掌握所学的理论知识。通过实验学习,可熟悉并掌握电气仪表的工作原理和使用方法、正确连接电路和实验操作规范、观察实验现象、记读实验数据、绘制实验曲线、分析实验结果和误差、回答实验问题、提出对实验的改进意见等。通过这些环节培养学生的实验技能,提高学生独立分析问题和解决问题的能力及严肃认真、实事求是的科学作风,为今后的工作实践和科学研究奠定初步基础。

为了完成实验教学任务,达到预期的实验教学目的,规范实验程序,培养学生实验操作技能,特提出如下实验工作要求:

(1)实验前的准备。

学生在进入实验室进行实验操作之前,必须认真地预习实验指导书及教材中的相关部分,做到明确实验原理、实验目的和任务;熟悉实验线路,实验步骤、操作程序;了解并掌握本次实验的仪器设备及其技术性能。在此基础上写好实验预习报告,列出记录实验数据的表格。牢牢记住本次实验应该注重的问题,以防在实验操作中损坏实验设备和实验仪表。经实验教师检查并能准确回答实验中应注意的问题之后,才能进入实验室进行实验。

(2)实验中同组学生应有明确的实验分工,分别担任接线、查线、操作、观察、记录等工作,使实验进行得井然有序,不忙不乱。防止出现一人操作,他人观看的现象,更不允许在实验室随意走动、乱动设备、大声喧哗。如有发生,不听劝阻,妨碍他人实验,实验教师有权停止其实验,并逐出实验室。

(3)进入实验室要熟悉 VE5115 型通用电工实验台结构及电源配备情况。选中本次实验所用电源,实验电路板,测量仪表单元板和其他实验设备。如有缺少必要设备和仪表情况,应及时向实验教师提出。

(4)实验时,首先应将本次实验所用设备和仪表、实验电路板安排在合适的位置上,以便于接线、操作、读取数据和观察波形为原则。接线应清楚整齐以便于检查,导线应力求少用并要尽量避免交叉,每个接线柱上不应连接三根以上导线。

按实验电路图接好线路后,本组同学首先要检查线路连接是否正确,发现错误应立即纠正。然后再请实验教师检查,确认无误后方可接通电源进行实验。决不准许未经检查线路正确与否,就草率接通电源以造成实验设备和仪表的损坏。线路检查无误后,于正式实验前可大致试做一遍。试做时可不必仔细读取数据和描绘曲线,目的在于观察实验现象的变化、仪表量程的选取、设备位置是否合适、操作是否方便。如有异常现象出现,如异味、冒烟、发热或打火等现象,应立即断开电源,查找原因并及时处理。

连接线路时一般应先接串联电路,后接并联电路,先接主电路,后接辅助电路,最后接通电源。接通电源时按实验要求逐次接通开关。

在电路过渡过程中,为避免过渡过程冲击电流表和功率表的电流线圈而造成仪表换坏,一般电流表和功率表电流线圈不能固接在电路中,而是通过电流插口或试触法来替代。这样既可保护仪表不受意外损坏,又能提高仪表利用率。

(5)经过试做无问题后,可正式进行实验。按照本次实验的目的内容、实验步骤进行有序操作。实验中应按实验要求有目的地调整实验参数,正确读取数据和描绘曲线。测绘曲线时测量点的间隔和数目要选得合适,被测量的极大值和极小值对应点的数据一定要测出。在曲线的弯曲部分应多选几个测量点。测量点的分布要在所研究整个范围内,不要局限于某一个小范围内,也不要超出研究范围。实验数据应记录在事先准备好的表格中,实验曲线的测量点应在事先准备好的坐标纸上标记。

(6)注意安全用电。

VE5115实验台电源电压一般在$220 \sim 380$ V左右,所以实验中不得用手触及未经绝缘的金属裸露部分,即使是在低压情况下也不例外。实验中应养成单手操作的习惯,能单手操作尽量不用双手操作。闭合或断开闸刀开关应迅速果断,同时用目光监视仪表设备有无异常,如有异常应立即切断电源,停止实验进行检查。

(7)实验工作结束后,先切断电源,但暂时不要拆线,认真检查实验内容和实验结果。确认无一疏漏,实验结果经实验教师检查无误后,方可拆除线路。将实验设备归复原位、整理导线、清理实验台面后经教师允许方可离开实验室。

(8)实验报告的编写。

编写实验报告是将实验结果进行总结、分析和提高的阶段。实验报告应包括如下一些内容:实验名称、实验日期、系、班级、姓名、同组者姓名、实验目的、实验原理、实验步骤、实验数据表格、曲线、波形、实验心得体会,回答实验问题以及对实验的改进意见等。

实验报告在下一次实验前交实验教师批阅,逾期不交者停止做下一课题实验。实验报告不完整、不认真、草率应付,数据、曲线、波形与实验结果相差较大,实验教师可退回实验报告,并要求学生重新补做该实验。

(9)关于实验数据的运算与处理。

在读取实验数据时,测量仪表的指针不一定恰好与表盘刻度线相符合,这就需估计读数的最后一位数。这位数字就是所谓存疑数字,如$I = 1.3$ A,最后一位数字就是存疑数字,1为可靠数字。

有效数字由可靠数字和存疑数字构成,与小数点位置无关。如23.6和2.36及236都是三位有效数字。0在数字之间或数字末尾均算作有效数字,0在数字之前不能算作有效数字。如4.05和4.50都是三位有效数字,而0.45只是两位有效数字。这里4.50中的末位数0是不能省略的。

实验中进行数字运算时,应只保留一位存疑数字,对第二位存疑数字应用四舍五入法。如:45.0 + 3.76 = 48.76 这里4.50中末位数0和3.76中的末位数6均是存疑数字,其和

48.76 中的 7、6 两位数均应是存疑数字,对第二位存疑数字 6 应用四舍五入法,所以

$$45.0 + 3.76 = 48.8$$

同理

$$45.1 \times 3.76 = 169.576$$

将积中第二位存疑数字 7 四舍五入:

$$45.1 \times 3.76 = 169.6$$

一般而言,几个数相乘或相除时,最后结果的有效数字位数与几个数中有效数字位数最少的那个数相同。

实验一　　电工实验通用仪表和设备的使用

一、实验目的

(1)认识电工实验中常用的通用仪表。

(2)掌握通用仪表在电路测量中使用的基本方法。

(3)熟悉 VE – 5115 型通用电工实验台,初步学习电源箱、脉冲信号源、正弦信号源的使用方法。

(4)熟悉示波器,学习用示波器测量方波和正弦波的方法。

二、实验内容和步骤

1. 对交、直流电表的认识

记录本实验台配备的(VE – 5115)直流电压表、(VE – 5115)直流电流表、(VE – 5115)交流电压表和(VE – 5115)交流电流表的表盘附号,并说明其意义。

2. 电压测量

(1)将交流电压表两接线柱用导线接入本实验台上三相交流电源 U – V 插口、V – W 插口和 W – U 插口,测量三相交流电源输出端各线电压,并记录在附表 1.1 中。

(2)将交流电压表两接线柱用导线接入本实验台上三相交流电源 U – N 插口、V – N 插口和 W – N 插口,测量三相交流电源输出端各相电压,并记录在附表 1.1 中。

附表 1.1

项　　目	UV	VW	WU	UN	VN	WN
电压 /V						

(3)按附图 1.1 接线,用交流电压表监视从实验台调压器输出 20 V 和 25 V 交流电压,并接到整流器上,选用直流电压表,测量输出的直流电压,填入附表 1.2 中。

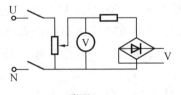

附图 1.1

附表 1.2

交流输入电压	直流输出电压
20 V	
25 V	

（4）选三相灯泡负载、电流测量插口单元板和配电箱上的调压器，按附图1.2接线，从调压器输出220 V交流电压，改变每组灯泡数，用交流电压表测量灯泡两端电压，并用交流电流表插头测量电流 I_1 和 I_2，将数据记录在附表1.3中。

附表1.3

第一组三盏 第二组一盏		第一组二盏 第二组二盏	
U_{AB}	U_{BC}	U_{AB}	U_{BC}
I_1	I_2	I_1	I_2

3. 电功率测量（选作）

按图1.3接线，测量每个灯泡实际消耗的电功率填入附表1.4中。

附表1.4

标示功率	60 W	120 W	180 W
实际功率			

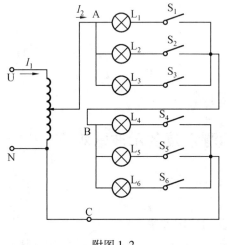

附图1.2

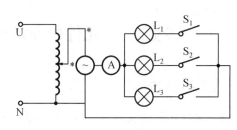

附图1.3

4. 万用表测电阻

在万用表欧姆挡中选择合适倍率，测量动态电路单元板上各电阻的阻值，记录在附表1.5中。

附表1.5

R_1	R_2	R_3	R_4	R_5

5. 用示波器测方波和正弦波

（1）将示波器CH1输入正、负探极接在本实验台上的信号发生器的脉冲信号源"+"、

"–"接线柱上,将示波器的工作方式 CH1 钮按下,信号频率选择在 1 kHz 挡位,调节脉宽、脉幅。适当选取 CH1 的 V/div、和 t/div 位置,旋动释抑时间和触发电平旋钮,使波形稳定。将屏幕显示的 1∶1 占空比方波波形画在坐标纸上。纵轴为电压 U,横轴为时间 t,标出电压值和周期。

(2) 将示波器 CH1 输入正、负探极接在本实验台正弦信号源"+"、"–"接线柱上,信号源频率选择在 ×100 挡位,频率调节旋至 5。适当调节信号源信号输出辐度。将示波器的工作方式 CH1 钮按下,适当选取 CH1 的 V/div 和 t/div 位置,旋动释抑时间和触发电平旋钮,使波形稳定。将屏幕显示的正弦波波形绘在坐标纸上。并标出峰 – 峰电压和周期。

三、实验仪器设备

(1) 本实验台电源箱(调压器、整流器)
(2) 直流电压表　　　　　　　一只
(3) 交流电压表　　　　　　　一只
(4) 交流电流表　　　　　　　一只
(5) 功率表　　　　　　　　　一块
(6) 万用表　　　　　　　　　一块
(7) 三相负载单元板　　　　　一块
(8) 电流测量插口单元板　　　一块
(9) 动态电路单元板　　　　　一块
(10) 示波器　　　　　　　　 一台

四、实验报告

写明实验目的、步骤、测量数据表格及波形坐标图。

实验二　　元件伏安特性的测定及其示波器观察

一、实验目的

(1) 学习直读式仪表、双路稳压电源和示波器的使用方法。
(2) 掌握线性电阻元件、非线性电阻元件 —— 半导体二极管伏安特性的测试技能。
(3) 线性电阻元件、电感元件、非线性电阻元件 —— 半导体二极管伏安曲线的示波器观察。
(4) 掌握并理解电压源、电流源的伏安特性。

二、实验原理

1. 电阻元件

如果一个二端元件在任一瞬间 t 的电压 $U(t)$ 和流经它的电流 $I(t)$ 之间的关系可由 U、I 平面上一条曲线所决定,此二端元件称为电阻元件。这条表示元件电压、电流关系的曲线称为元件的伏安特性曲线。不同的电阻元件有不同的伏安特性曲线,但每一电阻元件只能由一条唯一的伏安特性曲线来研究。

线性电阻元件上的电压与流过它的电流呈线性关系。如果电压、电流为关联方向,则

$$U = RI \tag{1}$$

如果电压、电流参数方向相反,则

$$U = -RI \tag{2}$$

即电阻上的电压与流过电阻的电流成正比,比例常数 R 为其阻值。如以电压 $U(t)$ 为纵坐标、电流 $I(t)$ 为横坐标,构成 $U - I$ 平面,可画出电压、电流的关系曲线。由式(1)知,为一通过坐标原点的直线,该直线的斜率即该线性电阻元件的阻值,如附图2.1所示。

$$R = U/I = \tan \alpha \tag{3}$$

如果将加在线性电阻上的电压和流过它的电流分别由示波器的 y_1、y_2 探极输入示波器,在示波器的屏幕上就可以观察到通过坐标原点的一条直线,它就是线性电阻伏安特性曲线的示波器显示。

半导体二极管是一种非线性电阻元件,它的电阻值随着流过它的电流的大小而变化。半导体二极管的电路符号用 ○─▷|─○ 表示,其伏安特性曲线如附图2.2所示。可见半导体二极管的伏安特性为一非直线,所以它是一非线性电阻元件。

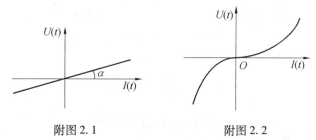

附图 2.1   附图 2.2

比较附图2.1和附图2.2可以发现,线性电阻的伏安特性曲线对称于坐标原点,这种性质称为双向性。为所有线性电阻元件所具备。半导体二极管的伏安特性曲线不但是非线性的,而且对坐标原点亦是非对称的,这种性质称为非双向性,为多数非线性电阻元件所具备。另外从附图2.2还可以看出,半导体二极管的电阻随着其端电压的大小和极性的不同而不同。当外加电压的极性和二极管的极性相同时,二极管导通,其电阻值很小;反之,二极管截止,其电阻值很大。半导体二极管这一性质,称作单向导电性,这与线性电阻元件有很大的不同。

如果将加在二极管上的电压和流过它的电流分别由示波器的 y_1、y_2 探极输入示波器,在示波器的屏幕上可以观察到二极管伏安特性曲线。

2. 电感元件

电感元件的电路符号用 ○───◠◠◠◠───○ 表示。若电感磁通链 ψ_L 的参考方向与通过电感电流 I 的参考方向之间满足右手螺旋关系,则

$$\psi_L(t) = LI(t) \tag{4}$$

以 ψ_L 为纵坐标,I 为横坐标,构成 $\psi_L - I$ 平面,对线性电感元件 $\psi_L - I$ 曲线为一通过坐标原点的直线。直线斜率即是线性电感的自感系数。该直线称作线性电感的韦安特性曲线。如附图2.3所示。非线性电感元件的韦安特性曲线则与之不同。

对于一般的电感元件,韦安特性曲线可用

$$\psi_L(t) = f[IL(t)]$$

函数关系来描述。为观察一般电感元件的 $\psi_L - I$ 特性曲线,我们以附图2.4积分电路来分析 ψ_L 与 I 的函数关系。

在电感电压 U_L 和电感电流 I_L 参考方向一致的情况下,则存在

$$U_L = d\psi_L/dt = dIL/dt$$

所以

$$\psi_L(t) = \int U_L(\xi) d\xi \tag{5}$$

在附图2.4电路中,用虚线框起部分为积分电路。对 RC 电路来说,如果选择电路参数,使时间常数 $\tau = RC$ 很大时,电容的充电、放电过程进行得很缓慢,因此,电容电压 $U_C(t) \ll RI_1(t)$。按 KVL 有

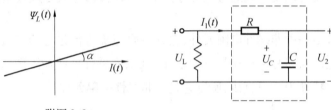

附图2.3　　　　　　　　　　附图2.4

$$U_L(t) = RI_1(t) + U_C(t) \approx RI_1(t)$$

所以

$$I_1(t) = U_L/R$$

又

$$U_C(t) = \int_0^t I_1(\xi) d\xi/C$$

所以

$$U_C(t) = \int_0^t U_L(\xi) d\xi/RC$$

即电路输出电压 $U_2(t)$ 等于输入电压 $U_L(t)$ 积分:

$$U_2(t) = U_C(t) = \int_0^t U_L(\xi) d\xi/RC \tag{6}$$

由式(5)和式(6)可得

$$\psi_L(t) = RCU_2(t) \tag{7}$$

可见 $\psi_L(t) \propto U_2(t)$。如果将 $U_2(t)$ 输入示波器 y_1 探极,则 $\psi_L(t)$ 曲线就可以用 $U_2(t)$ 曲线显示了。

如果按附图2.5来设计电路,r 为取样电阻,由 KCL 有

$$I_r = I_L + I_1$$

R 很大时,I_1 很小,故有 $I_r \approx I_L$,故有

$$U_r = I_r r \approx I_L r \tag{8}$$

由式(7)和式(8)可得

$$\psi_L/I_L = RCrU_2/U_r \tag{9}$$

即

$$\psi_L(t)/I_L(t) \propto U_2(t)/U_r(t)$$

现将 $U_2(t)$、$U_r(t)$ 分别由 y_1、y_2 探极输入示波器,则屏幕上可显示出如附图2.6所示的韦安特性曲线。其中 $U_2(t)$(即 U_{y_1})与 $U_r(t)$ 即(U_{y_2})的关系曲线即代表 $\psi_L(t)$ 与 $I_L(t)$ 的关系曲线。

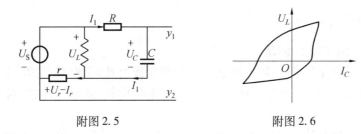

附图 2.5　　　　　　　　　　　附图 2.6

3. 电压源

能够保持端电压为恒定值的电源为电压源。理想电压源具有两个特点：一是端电压恒定，与流过电压源的电流大小无关；二是流过理想电压源的电流并不由电压源本身决定，而是由与之相连接的外电路决定。因此，理想电压源的伏安特性曲线必是平行于横轴（电流 I 轴）的一条直线，如附图 2.7 所示。

实际电压源总是具有一定大小的内阻 r_s，因此实际电压源可以用一个理想电压源与一个电阻串联来模拟。当电压源中有电流 I 流过时，必然会在内电阻 r_s 上产生电压降，所以实际电压源的端电压 U 可表示为

$$U = U_S - Ir_s$$

实际电压源的伏安特性曲线如附图 2.8 所示。

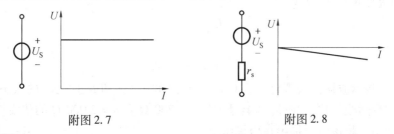

附图 2.7　　　　　　　　　　　附图 2.8

4. 电流源

能够保持恒定输出电流的电源为电流源。理想电流源也具有两个特点：一是输出电流恒定，与加在电流源两端的电压大小无关；二是理想电流源两端的电压不由电流源本身决定，而是由与之相连接的外电路决定。因此理想电流源的伏安特性曲线必是平行于纵轴（电压 U 轴）的一条直线，如附图 2.9 所示。

实际电流源的电流总有一部分在电源内部流动而不会全部外流。故实际电流源可以用一个理想电流源和一个电阻 r_s 并联来模拟。理想电流源的电流 I_s 一部分被 r_s 分流，另一部分才是输出电流 I。所以

$$I = I_s - U/r_s$$

U 为加在理想电流源两端的电压。实际电流源的伏安特性曲线如附图 2.10 所示。

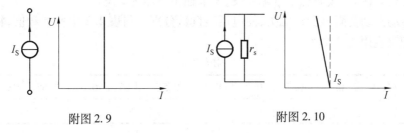

附图 2.9　　　　　　　　　　　附图 2.10

三、实验内容与步骤

1. 线性电阻伏安特性的测定

（1）分别取实验台上 TS – B – 26 伏安特性单元板上 $R = 200\ \Omega$ 和 $R = 2\ 000\ \Omega$ 的电阻作为被测元件，按附图2.11接好线路。$R = 200\ \Omega$ 时采用外接形式，开关倒向1，$R = 2\ 000\ \Omega$ 时采用内接形式，开关倒向2。

（2）线路经检查无误后，打开稳压电源开关，依次调节稳压电源的输出电压为附表2.1中所列数值，并将对应的电流表读数记录在附表2.1中。

附表 2.1

	U/V	0	2	4	6	8	10
$R = 200\ \Omega$	I/mA						
$R = 2\ 000\ \Omega$	I/mA						

（3）根据附表2.1数据，在坐标纸分别绘制 $200\ \Omega$ 和 $2\ 000\ \Omega$ 电阻伏安特性曲性。

（4）分别取 TS – B – 26 伏安特性单元板上 $200\ \Omega$ 和 $2\ 000\ \Omega$ 电阻作为被测元件，于电阻箱上取 $r = 20\ \Omega$ 作为取样电阻，联成附图2.12电路，将 U_R 输入示波器 y_1，U_r 输入示波器 y_2，U_r/r 即为 R 中电流 I_R 这时

$$U_{y_1} = U_R$$

作为 y 轴输入

$$I_R = U_r/r = U_{y_2}/r$$

作为 x 轴输入，将示波器输入耦合拨至 DC、y_1、y_2 工作方式按钮处于"出"的状态，调节 y_1、y_2 的 V/div 开关到适当挡位，观察屏幕上显示的 $R = 200\ \Omega$ 和 $R = 2\ 000\ \Omega$ 的伏安特性曲线，使曲线斜率等于 R。将该曲线描绘在坐标纸上。

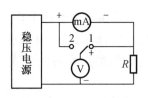

附图 2.11

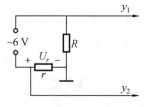

附图 2.12

2. 半导体二极管伏安特性测定

（1）将双路直流稳压电源、滑线变阻器 R、限流电阻 $R_1 = 50\ \Omega$、TS – B – 26 伏安特性单元板上半导体二极管、毫安表、电压表联成附图2.13所示电路。

（2）检查无误后，接通稳压电源开关，调节输出电压为2 V。

（3）移动滑动变阻器滑动触头，使电压表读数分别为附表2.2中所列数值，将对应的毫安表读数记录在附表2.2中。

附表 2.2

U/V	0	0.1	0.2	0.3	0.4	0.5	0.55	0.6	0.65	0.7	0.75
I/mA											

（4）据附表2.2中数据，在坐标纸上绘制二极管正向伏安特性曲线。

（5）按附图2.14连接线路，经检查无误后，开启稳压电源，调节滑动变阻器，使电压表读数分别为附表2.3中所列数值，将对应的微安表读数记录在附表2.3中。

附表2.3

U/V	0	5	10	15	20	25	30
$I/\mu A$							

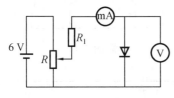 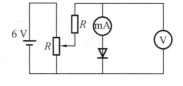

附图2.13　　　　　　　　　附图2.14

（6）根据附表2.3中数据，在坐标纸上绘制二极管反向伏安特性曲线。

（7）将二极管和电阻箱上20 Ω取样电阻按附图2.15接线。将二极管正向导通电压 U 输入示波器 y 轴（y_1），取样电阻电压 U_r 输入示波器 x 轴（y_2），U_r/r 即为二极管导通电流。将示波器输入耦合拨至 AC，y_1、y_2 工作方式处于"出"状态，调节 y_1、y_2 的 V/div 旋钮至合适挡位，观察屏幕上显示的二极管正向导通的伏安特性曲线，并将曲线描绘在坐标纸上。

3. 电感韦安特性示波器观察（选作）

将电感 L、取样电阻 $r = 20$ Ω 和 RC 积分电路，按图2.16连接，经检查无误后，接通6 V 交流电源。示波器输入耦合拨到 AC，y 轴（y_1）输入 U_L，x 轴（y_2）输入 $I_L = U_r/r_1$，调节 y_1、y_2 的 V/div 旋钮至合适挡位，观察屏幕上显示的电感元件韦安特性曲线，并描绘在坐标纸上。

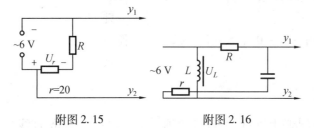

附图2.15　　　　　　　　　附图2.16

4. 电源伏安特性测定

（1）电压源。

将 WU – 30 – 3A 晶体管双路稳压电源与50 Ω电阻串接，以模拟为实际电压源。按附图2.17连接。经检查无误后，开启稳压电源开关，并调节输出电压为 $U_S = 10$ V，由小到大调节可变电阻 R_2，使电流表读数分别为附表2.4所列数值，对应的电压表读数填入附表2.4中。根据附表2.4数据在坐标纸上绘制实际电压的伏安特性曲线。

附表2.4

I/mA	0	40	60	80	100	120
U/V						

（2）电流源。

将双路可调恒流源与620 Ω电阻并接为实际电流源。按附图2.18连接。经检查无误后，开启恒流电源开关，并调节输出电流为 $I_m = 20$ mA，由小到大调节可变电阻 R_2 使电压表读数为附表2.5所列数值，将对应的电流表读数填入附表2.5中。根据附表2.5数据在坐标纸上绘制实际电流源的伏安特性曲线。

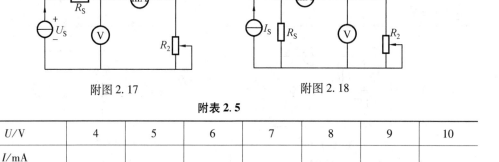

附图2.17　　　　　　　　　　附图2.18

附表2.5

U/V	4	5	6	7	8	9	10
I/mA							

四、仪器设备

双路稳压电源	一台
双踪慢扫描示波器	一台
双路可调恒流源	一台
万能实验板（伏安特性单元板具）	一块
铁心电感	一只
滑线变阻器（1 750 Ω、200 Ω）	各一只
直流电压表	一只
直流电流表（TS－B－01、TS－B－02）	各一只
可变电阻器	一只

五、实验报告

实验报告要按报告单上所列实验原理、实验步骤、实验结果表格、曲线等项目认真书写。

分析实验结果回答下列问题：

说明附图2.11双向开关倒向1、2接点时，电路连接的区别以及两种情况下电流表、电压表测量出的电流值、电压值有什么不同？

实验三　　基尔霍夫定律实验验证

一、实验目的

通过实验验证基尔霍夫电流定律和电压定律，巩固所学理论和加深对电流、电压参考方向的理解。

二、实验原理

基尔霍夫定律是电路理论中最基本最重要的定律。它包括基尔霍夫电流定律(KCL)和基尔霍夫电压定律(KVL)。

KCL:电路中任一节点,在任何时刻所有支路电流的代数和恒等于零,即

$$\sum I_j = 0$$

KCL阐明了电路中任一节点上各支路电流的约束关系。这种约束关系与该节点上各支路元件的性质无关。

KVL:对于线性非线性元件支路、时变非时变元件支路,沿任一回路所有支路电压的代数和恒等于零,即

$$\sum U_j = 0$$

KVL阐明了电路中任一闭合回路中,支路电压间的约束关系。这种约束关系与电路结构有关,与构成回路的各支路上元件性质无关。对于线性非线性、时变非时变、含源非含源元件支路均成立。

基尔霍夫定律表达式中的电流、电压均是代数量,即有正、负之分,这种"正"与"负"表明了电流、电压的方向性。电路中电流的实际方向与参考方向一致时为正,相反时为负。在闭合电路中,指定一个绕行方向为电压参考方向,支路电压与绕行方向一致为正,反之为负。

三、实验内容与步骤

1. 验证 KCL

取实验台面的万能单元板,按附图3.1接线。

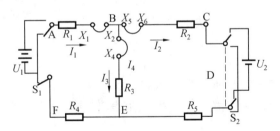

附图 3.1

X_1、X_2、X_3、X_4、X_5、X_6 为节点 B 的三条支路电流测量接口。验证 KCL 时,可假定流入节点的电流为正。将直流电流表正、负极分别接入 X_1、X_2、X_3、X_4、X_5、X_6 接口(电流表接入一个接口时,另两个接口要短路)测量各支路电流。若指针正向偏转读数为正值。反向偏转,可调换电流表正负极,读数为负。将测量结果填入附表3.1中。

2. 验证 KVL

实验电路仍如附图3.1所示,用连接导线将三个电流接口短路。取两个回路 ABEFA、BCDEB。用电压表依次测量各回路中 U_{AB}、U_{BE}、U_{EF}、U_{FA}、U_{BC}、U_{CD}、U_{DE}、U_{EB}。将测量结果填入附表3.2中。两回路均指定顺时针方向为绕行方向。注意表针偏转方向和取值的正、负。

附表3.1

	计算值	测量值	误差
I_1/mA			
I_2/mA			
I_3/mA			
$\sum I$			

附表3.2

ABEFA	U_{AB}	U_{BE}	U_{EF}	U_{FA}	$\sum U$
计算值					
测量值					
误差					
BCDEB	U_{BC}	U_{CD}	U_{DE}	U_{EB}	$\sum U$
计算值					
测量值					
误差					

四、实验设备

双路直流稳压电源	一台
直流毫安表	一块
直流电压表	一块
万能单元板	一块

五、实验报告

利用附表3.1、附表3.2验证 KCL 及 KVL。

将各支路电压、电流计算值填入附表3.1、附表3.2中,分析误差产生的原因。

回答问题。

改变电流参考方向和回路绕行方向,对验证基尔霍夫有无影响? 为什么?

实验四　　戴维宁定理和诺顿定理实验验证

一、实验目的

(1) 通过对戴维宁定理和诺顿定理的实验验证,加深对等效电路概念的理解。

(2) 学会用补偿法测量含源一端口网络等效参数。

二、实验原理

根据戴维宁定理,任何一个线性含源一端口网络,它的外部特性,总可以等效为理想电压源 U_{OC} 和电阻 R_S 的串联组合支路。U_{OC} 为原网络开路电压,R_S 为原网络去源后的端口处的入端电阻,如附图4.1所示。

任何一个线性含源一端口网络,根据诺顿定理,它的外部特性总可以等效为理想电流源 I_{SC} 和一电导 G_S 的并联组合。I_{SC} 为原网络的短路电流,G_S 为原网络去源后端口处的入端电导,如附图4.2所示。

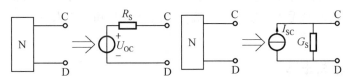

附图4.1   附图4.2

戴维宁定理和诺顿定理是两个完全独立的定理,尽管两定理所述等效电路之间存在对偶形式,且有 $U_{OC}=I_{SC}R_S$,$G_S=1/R_S$ 的关系。电路的等效性在于变换前后原电路和等效电路的外部特性保持不变。即端口 CD 处的电压和端口电流保持不变。在满足这一前提下,含源一端口网络戴维宁等效电路的 U_{OC} 和 R_S 以及诺顿等效电路的 I_{SC} 和 G_S 被称为含源一端口网络的等效参数。等效参数的测量是将含源一端网络等效为戴维宁电路和诺顿电路的关键。

关于含源一端口网络开路电压 U_{OC} 的测量常用方法有两种:直接测量法和补偿法。

1. 直接测量法

当含源一端口网络去源后的入端电阻 R_S 与电压表内阻 R_V 相比,$R_S \ll R_V$,即 R_S 相对于 R_V 可以忽略不计时,可以直接用电压表测量开路电压。如附图4.3(a)所示,电压表读数即是含源一端口网络的开路电压 U_{OC}。

2. 补偿法

当含源一端口网络去源后的入端电阻 R_S 与电压表内阻 R_V 相比较,不可忽略时,用电压表直接测量开路电压,会影响被测电路的原工作状态,使所测电压与实际值之间有较大误差。这时用补偿法可以排除电压表内阻 R_V 对测量所造成的影响。

附图4.3(b)是用补偿法测量开路电压的电路图,测量步骤如下:

先将补偿电路中开关K开启,将 C′D′ 与 CD 对应相接,调整补偿电路中分压器的输出电压,使它近似等于用电压表直接测量闭合回路电压。再闭合开关K,细调补偿电路中分压器的输出电压,待检流计中无电流通过即指针指示为零。此时电压表读数即是被测电源一端口开路电压 U_{OC}。由于检流计中无电流,相当于 CD 开路,补偿电流的接入,没有影响一端口的工作状态。

含源一端口网络入端等效电阻 R_S 的求法:

比较简单的含源一端口网络入端电阻,可将网络中电压源短路,电流源开路(去源)后,根据网络中电阻的串并联组合,通过计算求得 R_S。

比较复杂的含源一端口网络,很难通过计算求得入端电阻。亦可通过测量(直接法、补偿法)含源一端口网络的开路电压 U_{OC} 和短路电流 I_{SC},则

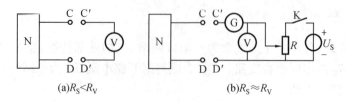

(a)$R_S < R_V$ (b)$R_S \approx R_V$

附图4.3

$$R_S = U_{OC}/I_{SC}$$

对于复杂含源一端口网络还可以将网络去源后,在端口处加一电压源U,按附图4.4接线,用电压表和电流表测无源一端口网络端口处的电压U和电流I,则

$$R_S = U/I$$

三、实验内容与步骤

(1)将万能单元板按附图4.5接线,$U_1 = 25$ V,C,D左侧用虚线框起部分为含源一端口网络。

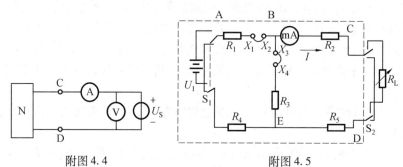

附图4.4   附图4.5

(2)测量含源一端口网络的外部特性:

将S_1、S_2闭合,调节外接电阻R_L,使其分别为附表4.1中所列数值,记录通过R_2电流(即R_L中电流,X_5,X_6接口处毫安表读数)和C、D间电压填入附表4.1中。

附表4.1

R_L/Ω	0	500	1 k	1.5 k	2 k	2.5 k	开路
I/mA							
U/V							

(3)将步骤(2)中$R_L = 0$的电流(短路电流I_{SC})和开路电压(此电压在步骤(2)中采用直接测量法测得)U_{OC}代入公式

$$R_S = R_{CD} = U_{OC}/I_{SC}$$

求出R_S。

(4)再用补偿法重作步骤(3),测量U_{OC} $R_S = R_{CD} = U_{OC}/I_{SC}$

(5)将U_{OC}用直流稳压电源代替,调节直流稳压电源输出电压为U_{OC},与R_S串联组成戴维宁等效电路如附图4.6所示,调节R_L,使其分别为附表4.1中数值,测量R_L电流和CD间电压,填入附表4.2中。比较附表4.1和附表4.2数据,验证戴维宁定理。

附表 4.2

RL/Ω	0	500	1 k	1.5 k	2 k	2.5 k	开路
I/mA							
U/V							

（6）将步骤（1）中 $RL = 0$ 的短路电流 I_{SC} 用恒流源替代,调节恒流源的输出电流等于 I_{SC},与 R_{S} 并联构成诺顿等效电路,如附图4.7所示。调节 R_{L} 使其分别为附表4.3中数值,测量 R_{L} 中电流和 CD 间电压,填入附表4.3中,比较附表4.1和附表4.3中数据以验证诺顿定理。

附表 4.3

RL/Ω	0	500	1 k	1.5 k	2 k	2.5 k	开路
I/mA							
U/V							

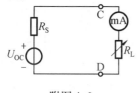
附图 4.6

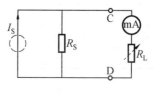
附图 4.7

四、实验设备

直流稳压稳流源	一台
直流毫安表	一块
直流电压表	一块
万能单元板	一块
检流计（或直流微安表）	一块
十进制电阻箱	二只
滑线变阻器	一只
导线若干	

五、实验报告

在同一张坐标纸上画出原一端口网络和各等效网络的伏安特性曲线,并作分析比较,说明如何验证戴维宁定理和诺顿定理。

实验五　叠加原理实验验证

一、实验目的

通过实验验证叠加原理。

二、实验原理

在线性电路中,任一条支路的电流或电压,可以看成是电路中每一个独立源单独作用时,在该支路所产生的电流或电压叠加的代数和

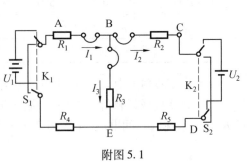

附图 5.1

三、实验内容与步骤

(1)将万能单元板按附图 5.1 联成电路。U_1、U_2 由直流稳压电源供电。其中 $U_1 = 12$ V,$U_2 = 14$ V。

(2)将 K_1 闭合,接通电源 U_1。K_2 倒向短路,U_1 单独作用于电路。测量各支路电流 I_1,I_2 和 I_3 以及各支路电压 U_{AB}、U_{BC}、U_{BE},将测量数据填入附表 5.1 中。

附表 5.1

	I_1/mA	I_2/mA	I_3/mA	U_{AB}/V	U_{BC}/V	U_{BE}/V
U_1 单独作用						
U_2 单独作用						
U_1U_2 一起作用						

(3)将 K_2 倒向电源 U_2、K_2 倒向短路,U_{20} 单独作用于电路。重新测量 I_1、I_2 和 I_3 以及 U_{AB}、U_{BC} 和 U_{BE},将测量数据填入附表 5.1 中。

(4)将 K_1、K_2 均倒向电源 U_1、U_2,两电源 U_1、U_2 共同作用于电路。再测各支路电流、电压。将测量数据填入附表 5.1 中。

(5)根据测量数据,验证叠加定理。

四、实验设备

直流稳压电源	一台
直流电流表	一块
万能单元板	一块
导线若干	

五、实验报告

写出该实验的目的、原理、步骤内容、数据表格;并能说出如何通过实验验证叠加原理。
回答问题:叠加原理的使用条件是什么?

实验六 一阶电路响应实验

一、实验目的

(1)观察一阶电路响应的过渡过程,研究元件参数的变化对过渡过程的影响。

(2)学习脉冲信号发生器和示波器的使用方法。

二、实验原理

一阶电路是仅有一个动态元件(电容或电感)的电路。附图 6.1(a)、(b) 中各含有一个电容或一个电感元件,都是一阶电路。

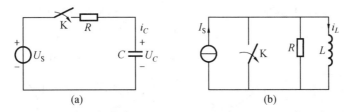

附图 6.1

1. 一阶电路零状态响应

一阶电路在阶跃信号作用下,动态元件的电压 $u_C(t)$ 或电流 $i_L(t)$ 按指数规律上升。

(1)RC 电路的零状态响应

$$u_C(t) = U_0(1 - e^{-t/\tau}) \tag{1}$$

$$i_C(t) = C du_C(t)/dt = U_0 e^{-t/\tau}/R \tag{2}$$

$\tau = RC$ 为电路的时间常数。

(2)RL 电路的零状态响应

$$i_L(t) = I_0(1 - e^{-t/\tau}) \tag{3}$$

$$u_L(t) = L di_L(t)/dt = I_0 R e^{-t/\tau} \tag{4}$$

$\tau = L/R$ 为电路的时间常数。

2. 一阶电路的零输入响应

动态元件的电压 $u_C(t)$ 或电流 $i_L(t)$ 按指数规律衰减。

(1)RC 电路的零输入响应

$$u_C(t) = U_0 e^{-t/\tau} \tag{5}$$

$$i_C(t) = C du_C(t)/dt = U_0 e^{-t/\tau}/R \tag{6}$$

$\tau = RC$ 为电路的时间常数。

(2)RL 电路的零输入响应

$$i_L(t) = I_0 e^{-t/\tau} \tag{7}$$

$$u_L(t) = I_0 R e^{-t/\tau} \tag{8}$$

$\tau = L/R$ 为电路的时间常数。

RC、RL 电路的零状态响应和零输入响应曲线如附图 6.2(a)、(b) 所示。时间常数 τ 是零状态响应上升到稳定值的 63.2% 时需要的时间,或是零输入响应衰减到初始值的 36.8% 时需要的时间。τ 的大小决定了过渡过程进行的快慢。

对于一般的一阶电路,时间常数均较小,在毫秒甚至微秒的数量级。经过 3 ~ 5 个 τ 的时间,过渡过程就基本结束,电路便进入稳定状态。因此用一般的仪表还没来得及反应,过渡过程已经消失,难以观测到电路的响应随时间的变化规律。示波器可以克服这一困难,用示波器可以观察到周期变化的电压波形。如果使电路的过渡过程按一定周期重复出现,在示波器的荧光屏上就可以观察到过渡过程波形。

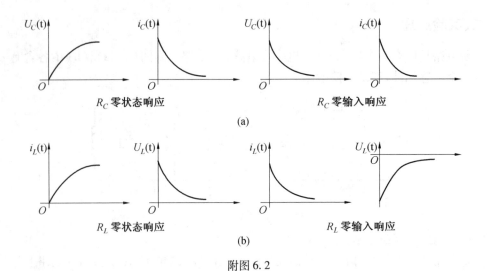

R_C 零状态响应　　　　　　　　　R_C 零输入响应

(a)

R_L 零状态响应　　　　　　　　　R_L 零输入响应

(b)

附图 6.2

本实验采用具有固定频率的方波信号作为一阶电路的激励源。信号周期为 T，占空比为 $1:1$，如附图 6.3 所示。则 RC、RL 电路在 $(0 \sim \frac{T}{2})$ 内产生零状态响应，在 $(\frac{T}{2} \sim T)$ 内产生零输入响应，响应波形如附图 6.4(a)、(b) 所示。在 $(0 \sim \frac{T}{2})$ 内是电容器充电，电感建立磁场的过程，在 $(\frac{T}{2} \sim T)$ 内是电容器放电，电感释放磁能、磁场逐渐衰减的过渡过程。

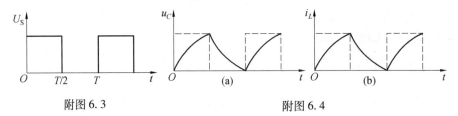

附图 6.3　　　　　　　　　　　附图 6.4

三、实验内容与步骤

1. 观察 RC 电路的过渡过程

(1) 本实验脉冲信号源正、负极接入示波器输入探极，输入工作方式为 CH1。信号源频率选择为 1 kHz。幅度为 3 V，示波器聚焦。辉度旋钮居中，y_1 位移旋钮居中，接通信号源和示波器电源，调解 y_1 的 V/div 和 t/div 旋钮，适当调节释抑时间和触发电平旋钮。使荧光屏上出现稳定的周期为 $T = 1$ ms，占空比为 $1:1$ 的方波波形。

(2) 按附图 6.5 连接电路。$R = 300\ \Omega$，$C = 0.1\ \mu F$，用示波器 y_1 探极输入 $u_C(t)$，在屏幕上观察 $u_C(t)$ 波形，按附图 6.6 连接电路，用 y_1 探极输入 $u_R(t)$，观察 $u_R(t)$ 波形及 $i(t) = u_R(t)/R$ 波形。并将 $u_C(t)$、$u_R(t)$ 和 $i(t)$ 绘制在同一坐标纸上从波形图中测量 $\tau' = $ _____ s；并与理论计算值 $\tau = RC = $ _____ s 进行比较。

(3) 改变电路参数 $R = 800\ \Omega$，C 不变，重复步骤(2)，并将 $u_C(t)$、$u_R(t)$ 和 $i(t)$ 绘制在同一坐标纸上，比较 τ' 和 τ。

$$\tau' = \underline{\hspace{2cm}} \text{s}$$

$$\tau = \underline{\hspace{3cm}} \text{ s}$$

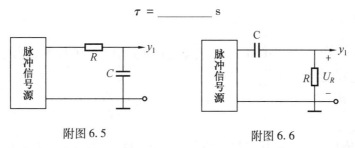

附图 6.5 　　　　　　　　　　　附图 6.6

2. 观察 *RL* 电路的过渡过程

（1）将 $R = 300\ \Omega$，$L = 22\ \text{mH}$，按附图 6.7 连接电路，方波振幅仍为 3 V，频率仍为 1 kHz，占空比为 1∶1，用示波器 y_1 探极输入 $u_L(t)$，观察 $u_L(t)$ 波形并测时间常数 τ。按附图 6.8 连线，观测 $u_R(t)$ 和 $i(t) = u_R(t)/R$，将 $u_L(t)$、$u_R(t)$ 和 $i(t)$ 绘制波形在同一坐标纸上。

$$\tau' = \underline{\hspace{3cm}} \text{ s}$$

计算 　　　　　　　　　　$$\tau = L/R = \underline{\hspace{2cm}} \text{ s}$$

（2）改变电路参数 $R = 800\ \Omega$，L 保持不变，重复步骤（1）。

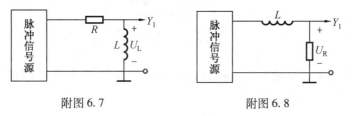

附图 6.7 　　　　　　　　　　　附图 6.8

四、实验设备

双踪慢扫描示波器	一台
信号发生器	一台
动态电路单元板（TS－B－27）	一块
电阻箱	二只

五、实验报告

目的、原理、内容步骤和一阶电路响应波形坐标绘制。

回答问题：

为什么实验中要使 *RC* 电路时间常数较方波周期小很多？ 如果方波周期较 *RC* 时间常数小很多，会出现什么情况？

实验七　串联谐振电路实验

一、实验目的

（1）通过实验掌握串联谐振的条件和特点，测绘 *RLC* 串联谐振曲线。

（2）研究电路参数对谐振特性的影响。

二、实验原理

在附图7.1所示的 RLC 串联电路中,若取电阻 R 两端的电压 U_2 为输出电压,则该电路输出电压与输入电压之比为

$$U_2/U_1 = R/[R + \mathrm{j}(\omega L - 1/\omega C)] = R/\sqrt{R^2 + (\omega L - 1/\omega C)^2} \angle \tan(\omega L - 1/\omega C)/R$$

$$\tag{1}$$

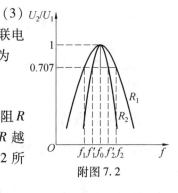

附图7.1

由式(1)可知,输出与输入电压之比是角频率 ω 的函数。当 ω 很高和 ω 很低时,比值都将趋于零,而在某一频率 $\omega = \omega_0$ 时,可使 $\omega_0 L - \dfrac{1}{\omega_0 C} = 0$,输出电压与输入电压之比等于1,电阻 R 上的电压等于输入电源电压达到最大值,电路阻抗最小,电抗为零,电流达到最大且与输入电压同相位。电路的这种工作状态称为 RLC 串联谐振。谐振的条件:

$$\omega_0 L - \frac{1}{\omega_0 C} = 0$$

或

$$\omega_0 = \frac{1}{\sqrt{LC}} \tag{2}$$

改变角频率 ω 时,振幅比随之变化,振幅比下降到峰值的 $1/\sqrt{2} \approx 0.707$ 对应的两个频率 ω_1, ω_2(或 f_1 和 f_2)之差称为该网络的通频带宽。

$$BW = \omega_2 - \omega_1$$

理论上可以推出通频带宽

$$BW = \omega_2 - \omega_1 = R/L \tag{3}$$

由式(3)可知网络的通频带取决于电路的参数。RLC 串联电路幅频特性曲线的陡度,可以用品质因素 Q 来衡量,Q 的定义为

$$Q = \frac{\omega_0}{BW} = \frac{\omega_0 L}{R} = \frac{1}{\omega_0 C}$$

可见品质因数 Q 也取决于电路参数。当 L 和 C 一定时,电阻 R 越小,Q 值越大,通频带越窄,谐振曲线越陡峭。反之,电阻 R 越大,品质因数 Q 越小,通频带宽亦越宽,曲线越平缓,如附图7.2所示。

设 $R_1 > R_2$,当电路发生串联谐振时

$$X_L = X_C, \quad Z = R_2$$

则

$$BW_1 = \omega_2 - \omega_1 > BW_2 = \omega_2' - \omega_1'$$

$$I = U_1/Z = U_1/R$$

$$U_R = IR$$

$$U_L = \mathrm{j}IX_L = \mathrm{j}I\omega_0 L = \mathrm{j}U/R\omega_0 L = \mathrm{j}QU_1$$

$$U_C = -\mathrm{j}IX_C = I/\mathrm{j}\omega_0 C = -\mathrm{j}QU_1$$

当 $X_L = X_C > R$ 时,$U_L = U_C \gg U$。

电路的这一特点,在电子技术通信电路中得到广泛的应用,而在电力系统中则应避免由

此而引起的过压现象。

三、实验内容及步骤

（1）将动态电路板 TS－B－27、正弦信号发生器、电阻 R、电感 L、电容 C 按附图 7.3 联成电路。r 为电感线圈电阻，$L = 33 \text{ mH}$，$C = 0.10 \text{ μF}$，$R = 620 \text{ Ω}$。

（2）调节正弦信号源输出电压，使 $U_1 = 3 \text{ V}$，调节正弦信号输出频率，使之为附表 7.1 中的数值，测量 U_2，U_C，U_L，填入附表 7.1 中。

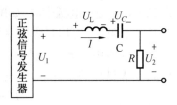

附图 7.3

附表 7.1 $\qquad R = 620 \text{ Ω}$

f/kHz	2.3	2.4	2.5	2.6	2.7	2.8	2.9	3.0	3.1
U_2/V									
U_C/V									
U_L/V									

（3）将 R 改为 $1\,300 \text{ Ω}$，L、C 保持不变，重复步骤（2），将数据填入附表 7.2 中。

附表 7.2 $\qquad R = 1\,300 \text{ Ω}$

f/kHz	2.3	2.4	2.5	2.6	2.7	2.8	2.9	3.0	3.1
U_2/V									
U_C/V									
U_L/V									

四、实验设备

正弦信号发生器	一台
动态电路板(TS－B－27)	一块
毫安表	一块
频率计	一台

五、实验报告

目的、原理、内容步骤。根据附表 7.1、附表 7.2 数据，在坐标纸上绘制谐振曲线。计算 BW 和 Q，并与测量值进行比较。

实验八   改善功率因数实验

一、实验目的

（1）掌握改善日光灯电路功率因数的方法。

（2）进一步掌握功率表的使用方法。

二、实验原理

本实验的交流电路为一普通日光灯管的电路,由镇流器、日光灯管和启辉器串联而成,由 220 V 的交流电源供电,如附图 8.1 所示。镇流器是一带铁心的电感线圈。日光灯电路实质是一电阻电路,其有功功率即平均功率 P 和视在功率 S 是相等的。

在电路中只要有电抗元件(电感 L、电容 C 或 L,C 同时存在),在非谐振的条件下,平均功率 P 总是小于视在功率 S。

$$P = S\cos \alpha$$

式中,$\cos \alpha = P/S$ 称作功率因数。可见功率因数是电路阻抗角的余弦值。阻抗角越大,功率因数越低;反之功率因数越高。

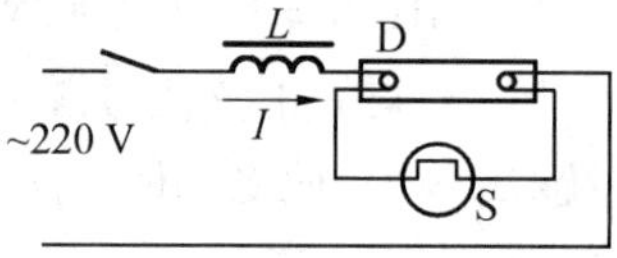

附图 8.1

功率因数的高低实际上反映了电源容量的利用情况。电路负载的功率因数低,电源容量不能被充分利用,因此提高功率因数,使电源容量得到充分利用,这正是人们所企盼的。

提高功率的途径,根本在于减小电路阻抗的阻抗角,在实际应用电路中,感性负载居多。所以提高感性负载电路功率因数的有效途径,是在负载两端并联一合适的电容器,使由 R、L、C 组成的负载阻抗角减小,从而达到提高功率因数的目的。

三、实验内容与步骤

(1)将实验台上镇流器 L、启辉器 S、日光灯管 D,并联电容器组(VE – 5115)、电流测量插口等单元板和低功率因数功率表连成如附图 8.2 所示电路。

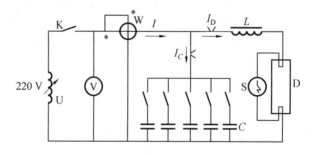

附图 8.2

(2)电路经检查无误后,闭合开关 K,调节调压器旋钮,逐渐增大输出电压,使输出电压增至 220 V 时,日光灯管亮。记录电源电压 U、功率表读数 P、电流表读数 I、I_D、I_C 记录在附表 8.1 中。

附表 8.1

电容 $C(\mu F)$ 项目	0	1	2	3	4	5	6	7
U/V								
I/mA								
I_D/mA								
I_C/mA								
P								
$\cos \alpha$								

(3) 逐次闭合电容器组单元板上的开关,将电容逐次并联在电路中,依次增大并联电容器电容量,使其等于附表8.1中的数值,再将对应 U、I、I_D、I_c、P 读数记录在附表8.1中。

(4) 计算未并入电容器和各次并联电容器后的功率因数,填在附表8.1中。

四、实验设备

日光灯管	一只
镇流器(TS – B – 19)	一块
启辉器(TS – B – 20)	一块
电容器组单元板(TS – B – 21)	一块
交流电流表(TS – B – 04)	一块
交流电压表(TS – B – 06)	一只
功率表(0.300 V、0 – 0.5 – 1 A、cos α = 0.2)	一只

五、实验报告

目的、原理、内容步骤、表格数据。根据表格数据计算日光灯等效电阻 R、电路电抗 X、阻抗 Z。

回答问题:

并联电容器后电路电流 I、功率 P 如何变化?为什么?

实验九　　三相电路的研究

一、实验目的

(1) 学习三相负载的星形、三角形连接方法。

(2) 掌握对称三相电路线电压与相电压、线电流与相电流的关系。

(3) 熟悉负载的星形连接时中线的作用。

(4) 观察不对称负载分别作星形、三角形连接时的工作情况。

二、实验器材与设备

三相电源(线电压220 V)、三相负载、交流电压表、交流电流表、测电流插座。

三、实验内容与要求

(1) 负载星形连接,按附表9.1要求,分别测量:

① 负载对称(每相负载开启三盏灯):在有中线、无中线两种情况下,测量线电压、相电压、线电流(相电流)、中线电压和中线电流。观察有无中线两种情况下各相灯泡亮度是否一致。

② 负载不对称(A、B、C 相各开启1、2、3 盏灯):在有中线、无中线两种情况下,测量线电压、相电压、线电流(相电流)、中线电压和中线电流。观察有无中线两种情况下各相灯泡亮度是否一致。

附表 9.1

测量项目	U_{AB}	U_{BC}	U_{CA}	U_{AX}	U_{BY}	U_{CZ}	U_O	I_A	I_B	I_C	I_O	各相灯数			各相亮度		
测量单位												A	B	C	A	B	C
负载情况及中线 对称 有中线																	
负载情况及中线 对称 无中线																	
负载情况及中线 不对称 有中线																	
负载情况及中线 不对称 无中线																	

（2）负载三角形连接，按附表 9.2 要求，分别测量：

① 负载对称：测量线电压（相电压）、线电流、相电流。

② 负载不对称：测量线电压（相电压）、线电流、相电流。

附表 9.2

测量项目	U_{AB}	U_{BC}	U_{CA}	I_A	I_B	I_C	I_{AB}	I_{BC}	I_{CA}	各相灯数	各相亮度
测量单位											
负载 对称											
负载 不对称											

四、预习要求和实验注意事项

（1）复习三相电路的有关内容。

（2）画出三相负载星形连接、三角形连接的电路图，在需要测电流的地方画出测电流插座。

（3）接拆线路必须断电，线路接好后，必须经教师检查后才可接通电源，在操作过程中，要注意人身和设备安全。

五、实验报告要求

（1）根据实验数据，计算当负载对称时：星形连接 $U_L/U_P =$ ？三角形连接 $I_L/I_P =$ ？

（2）用实验结果分析三相电路星形连接时中线的作用。

（3）根据实验结果，说明原应作三角形连接的负载，如误接成星形，会产生什么后果？而原应作星形连接的负载，如误接成三角形，会产生什么后果？

实验十　　三相异步电动机

一、实验目的

(1) 了解三相异步电动机的结构及铭牌数据的意义。

(2) 学习异步电动机的一般检验方法。

(3) 学习异步电动机的接线方法,直接启动及反转的操作。

二、实验器材与设备

三相异步电动机、兆欧表、钳形电流表、万用表、转速表。

三、实验内容与要求

1. 记录电动机的铭牌数据

2. 实验判别定子绕组始末端的方法

三相异步电动机出线盒通常有六个引出端,如附图 10.1 所示,标有 U_1、V_1、W_1 和 U_2、V_2、W_2,若 U_1、V_1、W_1 为三相绕组的始端,则 U_2、V_2、W_2 是相应的末端。根据电动机的额定电压应与电源电压相一致的原则,若电动机铭牌上标明"电压 220/380 V,接法 △/Y",如三相电源线电压为 220 V,则电动机三相绕组应接成三角形;如三相电源线电压为 380 V,则电动机三相绕组应接成星形。

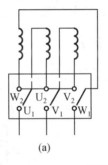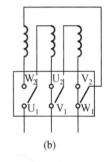

附图 10.1

判别定子绕组首末端时,首先确定哪两个引线端属于同一相绕组。用万用表 Ω 挡测量任意两个端子间的电阻,如电阻极小,就表示这两个端子属于同一绕组。

3. 绝缘检验

切断电动机与其他电气设备的联系,用兆欧表测量各绕组之间的绝缘电阻和每相绕组与机壳的绝缘电阻,这些绝缘电阻应不小于 0.5 MΩ。

4. 电动机的启动

把三相异步电动机的定子绕组接成星形,三条引出线接到线电压为 380 V 的三相电源上,合上开关,观察电动机的转动,并用钳形电流表测量启动时的启动电流和稳定时的空载电流,用转速表测量电动机的转速,将测量数据记录于自拟的表格中。

5. 电动机的正反转

将电动机与三相电源连接的任意两条线对调,合上电源,观察对调前后电动机转向的变化。

四、预习要求和实验注意事项

(1) 复习有关电动机的内容,理解它的工作原理。

（2）电动机定子绕组的连接方式要与三相电源相适配。

（3）测量电动机启动电流时,所用钳形电流表量程应在电动机额定电流的 7 倍以上。

（4）测量电动机转速时,转速表的橡皮头应正对电动机转轴的中心孔,使电动机转轴与转速表轴在同一条直线上。

五、实验报告要求

画出相关实验电路图及记录数据的表格。

实验十一　　电动机的基本控制电路

一、实验目的

（1）了解交流接触器、控制按钮等低压电器的规格、型号和结构。

（2）掌握三相异步电动机直接启动、连续运转、停止的控制电路原理。

（3）掌握三相异步电动机多工位控制的电路原理和接线。

（4）学习使用万用表检查继电接触控制线路的方法。

二、实验器材与设备

三相异步电动机、控制按钮（附图 11.1）、交流接触器（附图 11.2）、万用表。

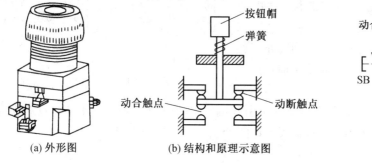

(a) 外形图　　　　　　(b) 结构和原理示意图　　　　　　(c) 符号

附图 11.1　按钮开关

三、实验内容与要求

（1）参考附图11.3,画出三相异步电动机直接启动、保持、停止的控制电路图,根据电路图连接线路试运行。

（2）设计由两个工位同时控制同一台电动机启动、保持、停止的控制电路。

四、预习要求和实验注意事项

（1）学习低压电器和继电接触控制的有关知识,了解其规格、型号及使用方法。

（2）注意安全,连接好线路后经老师检查正确后方能通电。

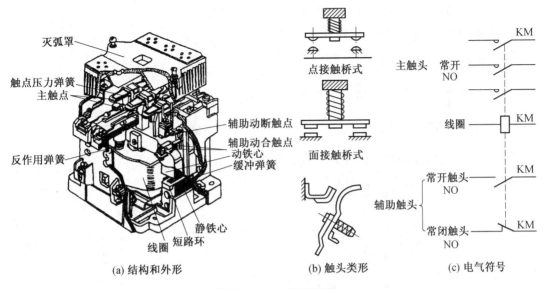

附图 11.2　交流接触器

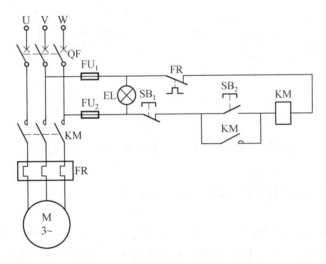

附图 11.3　电动机单向运转控制线路

五、实验报告要求

(1) 按标准符号画出实验电路图，并简述工作原理。

(2) 若实验过程出现过问题，说明其原因及解决方法。

实验十二　　电动机正、反转接触器联锁控制电路安装

一、实验目的

(1) 掌握三相异步电动机正反转控制电路的工作原理，加深对控制电路基本环节的作用的理解。

（2）学习简单控制环节的设计方法和提高综合应用能力。

（3）掌握控制电路的接线及检查方法。

二、实验器材与设备

三相异步电动机、控制按钮、交流接触器、万用表。

三、实验内容与要求

电动机正、反转接触器联锁控制电路如附图 12.1 所示。

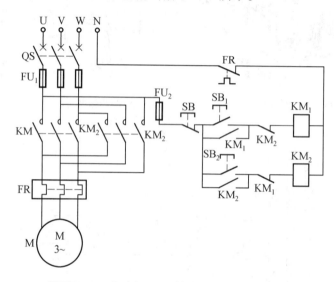

附图 12.1　电动机正、反转接触器联锁控制电路

1. 控制过程

（1）电路送电。合上电源断路器 → 电路得电

（2）正转控制。

正转：按 SB_1 → KM_1 线圈得电 → KM_1 主触头闭合 → 电动机正转 → KM_1 自锁触头闭合自锁 → 保证电机连续运转 → KM_1 辅助常闭触头断开 → 保证反转电路不能运行。

停止：按 SB → KM_1 线圈断电 → KM_1 主触头断开 → 电动机停转 → KM_1 自锁触头断开 → KM_1 辅助常闭触头闭合。

（3）反转控制。

反转：按 SB_2 → KM_2 线圈得电 → KM_2 主触头闭合 → 电动机反转 → KM_2 自锁触头闭合自锁 → 保证电机连续运转 → KM_2 辅助常闭触头断开 → 保证正转电路不能运行。

停止：按 SB → KM_2 线圈断开 → KM_2 主触头断开 → 电动机停转 → KM_2 自锁触头断开 → KM_2 辅助常闭触头闭合。

2. 线路检查

（1）主电路的检查。将万用表置欧姆挡 $R×1$ 挡或数字表的 200 Ω 挡，断开 QF，把两表笔分别放在 QF 的下端 U 与 V 相处，显示为无穷，按下 KM_1 或 KM_2 后，应显示电动机两个绕组的串联电阻值（设电动机为星形接法），而且其他两相 UW 与 VW 都应与 UV 相的电阻值基本相等。断开 KM_1（或 KM_2）后都应显示为无穷大。

（2）控制电路的检查。设交流接触器的线圈电阻为300 Ω,将万用表置欧姆挡 $R \times 10$ 或 $R \times 100$ 挡或数字万用表的 2 kΩ 挡。表笔放在控制电路两端,此时万用表的读数应为无穷大,分别按下 SB₁ 或 KM₁,读数应为 KM₁ 线圈的电阻值,同时再按 SB,则读数应变为无穷大;分别按下 SB₂ 或 KM₂,读数应为 KM₂ 线圈的电阻值,同时再按 SB,则读数应变为无穷大;同时按 SB₁、SB₂,读数应为 KM₁ 线圈电阻和 KM₂ 线圈电阻的并联值;同时按 KM₁、KM₂,读数应变为无穷大。

（3）绝缘电阻的检查。用 500 V 摇表测量线路的绝缘电阻(应不小于 0.22 MΩ)。

3. 要求

（1）画出对三相异步电动机正反转控制的控制电路,完成接线并实现正常运行。

（2）设计两台三相异步电动机顺序启动的控制电路。要求第一台电动机 M_1 启动后,第二台电动机 M_2 才能启动;第二台电动机 M_2 停止后,第一台电动机 M_1 才能停止,完成接线并试运行。

四、预习要求和实验注意事项

（1）学习低压电器和继电接触控制的有关知识,了解其规格、型号及使用方法。

（2）注意安全,连接好线路后经老师检查正确后方能通电。

五、实验报告要求

（1）按标准符号画出实验电路图,并简述工作原理。说明在正反转控制电路中,为什么既要有机械联锁,又要有电气联锁?

（2）若实验过程出现过问题,说明其原因及解决方法。

实验十三　　蓄电池技术参数的测试

一、实验目的

掌握蓄电池技术参数的测试,明确蓄电池的维修维护。

二、实验器材与设备

测量仪表:

（1）测量电压的仪表精度应不低于 0.5 级,电压表内阻大于 1 kΩ/V。

（2）测量电流的仪表精度应不低于 1.5 级。

（3）测量温度用的温度计应具有适当的量程,其每个分度值应不大于 1 ℃,温度计的标定精度不低于 0.5 ℃。

（4）测量时间用的仪器应按 h、min、s 分度,应具有 ±1 s/h 的精度。

三、实验内容与要求

1. 容量测量

蓄电池组(防酸隔爆式或阀控式) 容量的测量视情况不同可用下列三种方法进行测

量。

（1）离线式测量法。

①将脱离供电系统的蓄电池组充满电后静置 1 ~ 24 h,在环境温度为(25 ±5)℃ 的条件下开始放电;

②放电开始前应测蓄电池组的端电压,放电期间应记录测量的蓄电池组的放电电流、时间及环境温度,放电电流波动不得超过规定值的 1% ;

③放电期间应测蓄电池组的端电压及室温,测量时间间隔为:10 h 率放电 1 h,3 h 率放电 0.5 h,1 h 率放电 10 min。在放电末期要随时测量,以便准确地确定达到放电终止电压的时间。

④放电电流乘以放电时间即为蓄电池组的容量。蓄电池组按 10 h 率放电时,如果温度不是 25 ℃ 时,则应将实际测量的容量按下式换算成 25 ℃ 时的容量 C_e:

$$C_e = \frac{C_r}{1 - K(t - 25)}$$

式中:t 为放电时的环境温度;K 为温度系数(10 h 率放电时 $K = 0.006/℃$,3 h 率放电时 $K = 0.008/℃$,1 h 率放电时 $K = 0.01/℃$);C_r 为试验温度下的电池容量。

⑤放电结束后,要对蓄电池组充电,充入电量应是放出电量的 1.2 倍。

（2）在线式测量法。

①在供电系统中,关掉整流器由蓄电池组放电供给通信设备,在蓄电池组放电中找出蓄电池组中电压最低、容量最差的一只电池来作为容量试验的对象。

②打开整流器对蓄电池组进行充电,等蓄电池组充满电后稳定 1 h 以上。

③对①中放电时找出最差的那只电池进行 10 h 率放电试验。放电前后要记录测量的该电池的端电压、温度、放电时间和室温。以后每隔 1 h 测量并记录一次,放电快到终止电压时,应随时测量并记录,以便准确记录放电时间。

④放电时间乘以放电电流即为该组电池的容量。当室温不是 25 ℃ 时,应按上式换算成 25 ℃ 时的容量。

⑤放电试验结束后,用充电机对该电池进行充电,恢复其容量。

⑥根据记录测量的数据绘制放电曲线。

（3）核对性容量试验法。

为了能随时掌握蓄电池组的大致容量,进行核对性放电试验是必要的,其方法如下:

①在直流供电系统中,关掉整流器,让蓄电池组对通信设备供电,蓄电池组放电前后要记录测量的每只电池的端压、温度、比重、室温和放电时间。放出额定容量的30% ~ 40% 为止。

②放电结束后,要对蓄电池组充电,充入电量应是放出电量的 1.2 倍。

③根据记录测量的数据作出放电曲线,留作以后再次测试时比较。

2. 连接电压降的测量

蓄电池组按 1 h 率电流放电时,两只电池之间的连接电压降,用 0.5 级直流电压表在蓄电池的极柱根部测量的电压值应小于等于 10 mV。

3. 蓄电池组端电压均匀性测试

蓄电池组经过浮充、均充电工作三个月后,用 0.5 级直流电压表或三位半数字万用表在电池极柱根部测其每组电池中各单体电池的端电压,每只电池端电压之间的最大差值应小于等于 100 mV。

由若干个单体组成一体的蓄电池组,当环境温度为 (25 ± 5) ℃ 时,对充满电的蓄电池组静置 24 h,用 0.5 级直流电压表在极柱根部测其各单体间的开路电压,其最高与最低差值应小于等于 20 mV。

4. 外观检查

用目测法检查蓄电池组的外观,有无漏液、变形、裂纹、污迹、腐蚀及螺母松动等现象。

5. 落后电池的判断

落后电池在放电时端电压低,因此落后电池应在放电状态下测量。如果端电压在连续三次放电循环中测试均是最低的,就可判为该组中的落后电池。有落后电池就应对电池组进行均充充电。

四、实验报告要求

(1) 按要求记录测量原始数据,并简述工作原理。

(2) 若实验过程出现过问题,说明其原因及解决方法。

五、思考题

如何测试蓄电池的各技术指标?

实验十四　　地网接地电阻的测量

一、实验目的

掌握地网接地电阻的测量及相关理论知识

二、实验器材与设备及要求

常用的测量仪表有 DER2571 型数字地阻仪、ZC – 8 型接地电阻测量仪和 K – 7 型地阻仪等。对测量仪表的具体要求如下:

(1) 接地电阻的测量工作有时在野外进行,因此,测量仪表应坚固可靠,机内自带电源,质量轻、体积小,并对恶劣环境有较强的适应能力。

(2) 应具有大于 20 dB 以上的抗干扰能力,能防止土壤中的杂散电流或电磁感应的干扰。

(3) 应具有大于 500 kΩ 的输入阻抗,以便减小因辅助极棒探针和土壤间接触电阻引起的测量误差。

(4) 内测量信号的频率应在 25 Hz ~ 1 kHz 之间,测量信号频率太低和太高易产生极化影响,或测试极棒引线间感应作用的增加,使引线间电感或电容的作用,造成较大的测量误差,即布极误差。

(5) 在耗电量允许的情况下,应尽量提高测试电流,较大的测试电流有利于提高仪表的抗干扰性能。

（6）仪表应操作简单，读数最好是数字显示，以减小读数误差。

三、实验内容与要求

1. 接地电阻的定义

工频电流从接地体向周围大地散流时，土壤呈现的电阻值称为接地电阻 R_0，接地电阻的数值等于接地体的电位 U_0 与通过接地体流入大地中电流 I_d 的比值，用公式表示为

$$R_0 = \frac{U_0}{I_d}$$

当冲击电流或雷电流通过接地体向大地散流时，不再用工频接地电阻而是用冲击接地电阻来度量冲击接地的作用。冲击接地电阻 R_{CH} 等于接地体对地冲击电压的幅值与冲击电流幅值之比。

冲击接地电阻 R_{CH} 与工频接地电阻 R_0 的关系是：

$$R_{CH} = \alpha \cdot R_0$$

式中：α 为冲击系数，α 的大小与大地电阻率有关，它们的关系为

当大地电阻率 $\rho \leqslant 100 \ \Omega \cdot m$ 时，$\alpha \approx 1$；

当大地电阻率 $\rho \leqslant 500 \ \Omega \cdot m$ 时，$\alpha \approx 0.667$；

当大地电阻率 $\rho \leqslant 1\ 000 \ \Omega \cdot m$ 时，$\alpha \approx 0.5$；

当大地电阻率 $\rho > 1\ 000 \ \Omega \cdot m$ 时，$\alpha \approx 0.333$。

2. 测量方法

接地电阻值测试的准确性与地阻仪测量电极布置的位置有直接关系。按测量电极的不同布置方式要求掌握直线布极法。

（1）首先要弄清被测地网的形状、大小和具体尺寸，确定被测地网的对角线长度 D（或圆形地网的直径 D）。

（2）在距接地网（2～3）D 处，打下地阻仪的电流极棒，地阻仪的电压极棒应设在电流极棒到地网距离的 0.618 处（优选法）。

四、预习要求和实验注意事项

（1）测试前，应了解被测地网的结构形式，地网尺寸以及周围空中、地下的环境情况，如有无架空线、地下金属管道、地下电缆等，在测量时尽量避开，或采取相应措施，以便减小测量误差。

（2）直线布极法测量地网接地电阻时，如果地网的中心位置不能确定，可根据情况假设一个中心，取电流极距为（2～3）D，而将电压极棒设在距假设中心为 $0.5(2～3)D$，$0.6(2～3)D$，$0.7(2～3)D$ 的位置进行测试，三次测得的电阻为 R_1、R_2、R_3，实际接地电阻 R_0 可由下式求得

$$R_0 = 21.6R_1 - 1.9R_2 + 0.73R_3$$

（3）选择电流极棒和电压极棒的测量位置，应避开架空线路和地下金属管道走向，否则测量的接地电阻将大大偏低。

（4）测试极棒应牢固可靠地接地，防止松动或与土壤间有间隙。同时，地网、电流极棒、电压极棒应在一条直线上，否则将产生较大的测量误差。

（5）测量接地电阻的工作,不宜在雨天或雨后进行,以免因湿度使测量不准确。

（6）处于野外或山区的通信局站,由于当地的土壤电阻率一般都比较高,测量地网接地电阻时,应使用两种不同测量信号频率的地阻仪分别测量,将两种地阻仪测量结果进行比较,以便确定接地电阻的大小。测量信号频率不恰当时,容易产生极化效应或大地的集肤效应,使测量结果不准或出现异常现象。

（7）当测试现场不是平地,而是斜坡时,电流极棒和电压极棒距地网的距离应是水平距离投影到斜坡上的距离。

（8）接地电阻直接受大地电阻率的影响,大地电阻率越低,接地电阻就越小。而大地电阻率受土壤所含水分、温度等因素的影响,这些因素随季节的变化而变化。因此,全年中各月份测得的土壤电阻率是不同的,因而接地电阻也不同。为了满足全年中最大土壤电阻率的月份接地体的接地电阻仍能满足使用要求,因此需要采用季节修正系数 K,即

$$T = \frac{m}{K}$$

式中,K 为季节修正系数;ρ 为计算接地电阻时采用的土壤电阻率,$\Omega \cdot m$;ρ' 为在全年不同月份所实际测到的土壤电阻率,$\Omega \cdot m$。

五、实验报告要求

（1）按要求记录测量原始数据,并简述工作原理。

（2）若实验过程出现过问题,说明其原因及解决方法。

六、思考题

如何测量地网接地电阻?

附录 2　习题参考答案与提示

第 1 章

1.1　(1)$E = 233$ V;(2)向电网输送电能,功率平衡方程式: $-EI + I^2 R_0 + UI = 0$.

1.2　(1)$I_N = 4$ A;$R = 12.5$ Ω;(2)$E = 52$ V;(3)$I_S = 104$ A.

1.3　100 W 的灯泡更亮;40 W 的灯泡更亮;两者原因略.

1.4　电压源形式:$U_S = 6$ V,$r_0 = 0.2$ Ω;电流源形式:$I_S = 30$ A,$r_0 = 0.2$ Ω.

1.5　(a)$I = -0.1$ A;(b)$U = 50$ V,$I = 1$ A;(c)$U = -50$ V,$I = -1$ A;
　　　(d)$U = 40$ V,$I = -1$ A.

1.6　$I_1 = \dfrac{4}{3}$ A,$I_2 = 1$ A,$U = 4$ V.

1.7　$I_1 R_1 - E_1 + I_2 R_2 - I_3 R_3 + E_3 - E_2 - I_4 R_4 = 0$.

1.8　(1)以 B 为参考点时:$V_A = 60$ V,$V_C = 140$ V,$V_D = 90$ V;$U_{AC} = -80$ V,$U_{AD} = -30$ V,$U_{CD} = 50$ V;
　　　(2)以 C 为参考点时:$V_A = -80$ V,$V_C = 0$ V,$V_D = -50$ V;$U_{AC} = -80$ V,$U_{AD} = -30$ V,$U_{CD} = 50$ V.

1.9　$U_{AB} = 9$ V.

1.10　$I_{13} = -5$ A;$I_1 = \dfrac{1}{3}$ A;$I_2 = \dfrac{7}{3}$ A;$I_3 = \dfrac{8}{3}$ A.

第 2 章

2.1　1. KVL:① $-E_1 + I_1 R_1 + I_3 R_3 + I_4 R_4 = 0$;②$E_2 - I_2 R_2 - I_3 R_3 - I_5 R_5 = 0$;
　　　③$I_5 R_5 - I_6 R_6 - I_4 R_4 = 0$;
　　　2. KCL:①$I_1 + I_2 - I_3 = 0$;②$I_3 - I_4 - I_5 = 0$;③$I_4 - I_1 - I_6 = 0$.

（注意:原理图中所设定的电流方向以及基尔霍夫电压、电流的绕行方向请读者根据参考答案的方程自行画出）

2.2　均不适用;原因略.

2.3　$I = 3$ A.

2.4　(a)① 等效电压源:$E = 10$ V,$R_0 = 5$ Ω;② 等效电流源:$I_S = 2$ A,$R_0 = 5$ Ω;
　　　(b)① 等效电压源:$E = \dfrac{10}{3}$ V,$R_0 = \dfrac{17}{6}$ Ω;② 等效电流源:$I_S = \dfrac{20}{17}$ A,$R_0 = \dfrac{17}{6}$ Ω.

2.5　①等效电流源:$I_s = \dfrac{5}{2}$ A,$R_0 = 4$ Ω;②等效电压源:$E = 10$ V,$R_0 = 4$ Ω.

2.6　$I_1 = \dfrac{22}{3}$ A;$I_2 = I_3 = -\dfrac{11}{3}$ A.

2.7　$I_3 = -0.5$ A;$U = -7$ V.

2.8　$I_3 = -0.5$ A;$U = -7$ V.

2.9　$I = 0$ A.

2.10　$U = 5$ V.

2.11　$E = 215$ V.

2.12　$I = -\dfrac{425}{1\ 712} \approx -0.248$ A.

2.13　$I = \dfrac{12}{11}$ A.

2.14　(a)$E = 20$ V,$R_0 = 1$ Ω;(b)$E = \dfrac{40}{3}$ V,$R_0 = \dfrac{8}{3}$ Ω;(c)$E = \dfrac{8}{3}$ V,$R_0 = \dfrac{1}{3}$ Ω.

2.15　(a)$E = 8$ V,$R_0 = \dfrac{22}{3}$ Ω;(b)$E = 10$ V,$R_0 = 3$ Ω.

2.16　(a)$U_{ab} = 6$ V,$R_{ab} = 3$ Ω;(b)$U_{ab} = 15$ V,$R_{ab} = 10$ Ω;(c)$U_{ab} = 66$ V,$R_{ab} = 6$ Ω;

　　　(d)$U_{ab} = 10$ V,$R_{ab} = \dfrac{10}{3}$ Ω.

2.17　$U_A = -\dfrac{100}{7}$ V.

2.18　S断开时:$U_A = -4$ V;S闭合时:$U_A = 1$ V.

第3章

3.1　(1)$I_m = 10$ mA,$f = 1$ kHz,$\varphi = 45°$,图略;

　　　(2)$U_m = 220\sqrt{2}$ V,$f = 50$ Hz,$\varphi = -120°$,图略;

　　　(3)$U_m = 5$ V,$f = 1$ kHz,$\varphi = 90°$,图略.

3.2　$u = 220\sqrt{2}\sin(\omega t + 0°)$ V,$i_1 = 6\sqrt{2}\sin(\omega t + 90°)$ A,$i_2 = 8\sqrt{2}\sin(\omega t - 30°)$ A.

3.3　$u_a = 220\sqrt{2}\sin(\omega t - 60°)$ V,$u_b = 220\sqrt{3}\sin(\omega t + 30°)$ V.

3.4　$X_L = 500$ Ω,$i = 0.44\sqrt{2}\sin(314t - 90°)$ A.

3.5　$X_c = 100$ Ω,$i = 2.2\sqrt{2}\sin(314t + 90°)$ A.

3.6　$I = 152$ mA,$\cos\varphi = 0.6$,$P = 35$ W,$Q = 46$ var,$S = 58$ VA.

3.7　$R = 25$ Ω,$L = 0.137\ 8$ H.

3.8　$Z = 100 - 100$ jΩ,$\dot{I} = 2\angle 90°$ A,$\dot{U} = 200\sqrt{2}\angle 45°$ V.

3.9　$X_L = 62.8$ Ω,$X_C = 31.8$ Ω,$Z = 32.6$ Ω,$I = 6.1$ A.

3.10　$\dot{I}_1 = \dfrac{66}{13}\angle -90°$ A,$\dot{I}_2 = \dfrac{44}{13}\angle -90°$ A,$\dot{I}_3 = \dfrac{22}{13}\angle -90°$ A.

3.11　$\dot{I} = 50\angle -36.9°$ mA.

3.12 (1)$\dot{I} = 5\sqrt{5} \angle (\arctan - 0.5)° \text{ A} \approx 5\sqrt{5} \angle - 26.565° \text{ A}$,图略;

(2)$P = 1\,000 \text{ W}, \cos\varphi = \dfrac{2\sqrt{5}}{5} \approx 0.894.$

3.13 $\dot{I} = 20\angle 37° \text{ A}, \dot{U}_1 = 20\sqrt{2} \angle - 45° \text{ V}, \dot{U}_2 = 100\angle 53° \text{ V}.$

3.14 $\dot{U} = -100 \text{ V}.$

3.15 (1)10 Ω,容性;(2)10 Ω,感性;(3)10 Ω,感性;(4)10 Ω,感性.

3.16 $L = 1.5 \text{ μH}.$

3.17 $C = 3.79 \text{ μF}.$

3.18 $u = 110(\sqrt{2} + 1) + j110(\sqrt{2} - 1) \text{ V}.$

3.19 (1)0°;(2)180°;(3)90°;(4)$10\sqrt{13}$ A.

3.20 $i = 10\sqrt{2}\sin(\omega t + 30°) \text{ A}, P = 1\,000 \text{ W}.$

3.21 $X_L = 80 \text{ Ω}, i = 3.75\sqrt{2}\sin(314t - 30°) \text{ A}, Q = 825 \text{ var}.$

3.22 $X_C = 100 \text{ Ω}, u = 220\sqrt{2}\sin\omega t \text{ V}, Q = 484 \text{ var}.$

第4章

4.1 $U_W = 380\sin(\omega t + 150°) \text{ V}, U_V = 380\sin(\omega t - 90°) \text{ V}, U_{WU} = 380\sqrt{3}\sin(\omega t + 180°)$ $\text{V}, U_{VW} = 380\sqrt{3}\sin(\omega t - 60°) \text{ V}, U_{UV} = 380\sqrt{3}\sin(\omega t + 60°) \text{ V}.$

4.2 $\dot{U}_U = 220\angle - 120° \text{ V}, \dot{U}_{WU} = 220\sqrt{3}\angle 30° \text{ V}, \dot{U}_V = 220\angle 120° \text{ V}.$

4.3 略.

4.4 (1)Fales;(2)Fales;(3)True.

4.5 分成三组,每组40个,对称接成"Y"型;$I_L = I_p = \dfrac{200}{11} \text{ A}, I_N = 0 \text{ A}.$

4.6 相电压 $U_p = \dfrac{380}{\sqrt{3}} = 220 \text{ V}, \dot{U}_U = 220\angle 0° \text{ V}, \dot{U}_V = 220\angle - 120° \text{ V}, \dot{U}_W = 220\angle 120°$ $\text{V}, \dot{I}_U = 22\angle - 53° \text{ A}, \dot{I}_V = 22\angle - 173° \text{ A}, \dot{I}_W = 22\angle 67° \text{ A}.$ 图略.(注意:这里以 U_U 为参考电压相量)

4.7 (1)$\dot{I}_U = 22\angle 0° \text{ A}, \dot{I}_V = 11\angle - 120° \text{ A}, \dot{I}_W = \dfrac{22}{3}\angle 120° \text{ A},$

$\dot{I}_N = \dfrac{11(3\sqrt{3} - 2)}{3}\angle - 30° \text{ A} \approx 11.72\angle - 30° \text{ A};$

(2)$\dot{U}_U = 0 \text{ V}$,其他两相不变;

(3)$\dot{U}_U = 0 \text{ V}, \dot{U}_V = 152\angle - 90° \text{ V}, \dot{U}_W = 228\angle - 90° \text{ V}, \dot{I}_U = 0 \text{ A};$

(4)$\dot{U}_U = 0 \text{ V}, \dot{I}_U = 0 \text{ A}, \dot{I}_V = 19\angle 30° \text{ A}, \dot{I}_W = \dfrac{38}{3}\angle - 90° \text{ A}.$

4.8 (1)$\dot{I}_U = \dfrac{26}{\sqrt{3}}\angle 0° \text{ A}, \dot{I}_V = \dfrac{26}{\sqrt{3}}\angle - 120° \text{ A}, \dot{I}_W = \dfrac{26}{\sqrt{3}}\angle 120° \text{ A};$

(2)$\dot{I}_W = 0 \text{ A}$,其他两相不变;

（3）$\dot{I}_U = \dfrac{26}{\sqrt{3}} \angle 0° \text{ A}, \dot{I}_V = \dot{I}_W = \dfrac{13}{\sqrt{3}} \angle 0° \text{ A}.$

4.9　$R = 15.2 \ \Omega, X_L = 34.9 \ \Omega.$

4.10　$P_Y = 14\ 479.9 \text{ W} \approx 14.5 \text{ kW}, P_\triangle = 25\ 010.8 \text{ W} \approx 25 \text{ kW}.$

4.11　图略.（提示：灯适用"Y"型接法；电动机适用"△"型接法）

参 考 文 献

[1] 全国建设职业教育教材编委会编.电气安装实际操作[M].北京:中国建筑工业出版社, 2000.

[2] 张盖楚.电工实用技术[M].北京:金盾出版社,2007.

[3] 谈笑君,尹春燕.变电所及其安全运行[M].北京:机械工业出版社,2003.

[4] 刘光源.电工常用技术手册[M].上海:上海科学技术出版社,2003.

[5] 杨其富.供配电系统运行管理与维护[M].北京:高等教育出版社,2005.

[6] 郑凤翼.电工识图[M].北京:人民邮电出版社,2000.

[7] 曾令琴.电工电子技术[M].北京:人民邮电出版社,2004.

[8] 章振周.电工基础[M].北京:机械工业出版社,2008.

[9] 韩广兴.电气安装技能上岗实训[M].北京:电子工业出版社,2008.

[10] 宋美清.电工技能训练[M].北京:中国电力出版社,2006.

[11] 陆国和.电路与电工技术[M].2版.北京:高等教育出版社,2006.

[12] 赵承获.电工技术[M].2版.北京:高等教育出版社,2006.

[13] 罗挺前.电工与电子技术[M].2版.北京:高等教育出版社,2006.

[14] 戴裕崴.电工与电子技术基础[M].2版.大连:大连理工大学出版社,2008.

[15] 秦曾煌.电工学[M].7版.北京:高等教育出版社,2009.

[16] 白乃平.电工基础[M].2版.西安:西安电子科技大学出版社,2001.

[17] 郑凤翼.电工工具与电工材料[M].北京:人民邮电出版社,1999.

[18] 陆荣华.物业电工手册[M].北京:中国电力出版社,2004.

[19] 谷立新,齐俊平.电工电子技术[M].北京:航空工业出版社,2016.

[20] 张兴福,王雁,滕颖辉,等.电机及电力拖动[M].镇江:江苏大学出版社,2017.

[21] 金红基,郑火胜.设备控制技术[M].北京:航空工业出版社,2016.

[22] 任元吉,曾一新,陈吹信.电工基础[M].北京:航空工业出版社,2017.